再生混凝土损伤分析

Damage Analysis of Recycled Concrete

彭一江　应黎坪　著

科学出版社

北　京

内 容 简 介

再生混凝土材料的应用技术是一项重大的工程课题，其细观结构与宏观力学性能关系及破坏机理研究是十分重要的科学问题及学科前沿热点。本书结合这一学科热点课题，针对再生混凝土材料细观结构的细观力学分析方法开展系统深入的研究，提出了平面和空间的静动态损伤问题的基面力单元法模型，发展了多种再生混凝土的细观建模方法和细观损伤演化本构关系，研发了一系列高性能并行计算的基面力单元法分析集成软件，开展了大量的程序验证工作，实现了混凝土类材料的二维和三维的大规模静态、动态数值模拟。针对再生混凝土材料细观结构破坏机理和破坏规律这个科学课题的系统计算、分析和研究工作，取得了大量具有创新性的研究成果。

本书可作为土木工程、水利工程、交通工程、材料科学与工程、工程力学等专业工程技术人员、教师和研究生的参考书。

图书在版编目(CIP)数据

再生混凝土损伤分析/彭一江，应黎坪著. —北京：科学出版社，2021.12
ISBN 978-7-03-070868-7

Ⅰ. ①再…　Ⅱ. ①彭…　②应…　Ⅲ. ①再生混凝土-损伤(力学)-研究
Ⅳ. ①TU528.59

中国版本图书馆 CIP 数据核字（2021）第 259095 号

责任编辑：刘信力／责任校对：彭珍珍
责任印制：吴兆东／封面设计：无极书装

科学出版社 出版
北京东黄城根北街 16 号
邮政编码：100717
http://www.sciencep.com
北京建宏印刷有限公司 印刷
科学出版社发行　各地新华书店经销
*
2021 年 12 月第　一　版　开本：720 × 1000　B5
2021 年 12 月第一次印刷　印张：18 1/2
字数：357 000

定价：178.00 元
(如有印装质量问题，我社负责调换)

前　　言

本书可以看作是作者《再生混凝土细观分析方法》的第二版，或扩充与修改版,着重介绍作者在新型有限元法——“基面力单元法 (base force element method, BFEM)” 应用于再生混凝土材料细观损伤分析领域的最新研究成果。

再生骨料混凝土 (recycled aggregate concrete, RAC) 简称再生混凝土 (recycled concrete)，是将废弃混凝土经过清洗、破碎、分级和按一定比例与级配混合形成再生骨料，部分或者全部代替砂石等天然骨料配制成的新混凝土。它作为一种绿色环保型建筑材料已经得到广泛的重视。再生骨料混凝土技术可实现对废弃混凝土的再加工，使其恢复原有的性能，形成新的建材产品，从而既能使有限的资源得以再利用，又解决了部分环保问题。目前，再生混凝土新技术是世界各国共同关心的课题，已成为国内外工程界和学术界关注的热点和前沿问题之一。

关于再生混凝土这种非均质复合材料的细观损伤分析方法及应用研究仍是目前混凝土理论研究的前沿课题。由于再生混凝土材料细观结构的复杂性，数值模拟较为困难。目前，国内外一些学者在这方面开展了系列研究工作。但是，现有的研究工作以利用大型商业软件对试件进行计算分析居多。而对这一课题的研究，尚缺少对再生混凝土材料细观结构进行精细化仿真模拟分析的高效计算方法、静动态损伤分析模型、任意多边形随机骨料模型、三维随机骨料模拟生成软件、再生混凝土动态本构关系、静动态应力应变软化曲线、静动态多轴强度、静动态尺寸效应、静动态变形、高应变率影响以及静动态损伤破坏机理等科学问题的深入、系统研究。因此，从细观层次上分析再生混凝土的破坏机理仍是具有挑战性的课题，且具有较重要的理论意义及工程应用价值。

本书是在第一作者的指导下由第二作者应黎坪博士在再生混凝土材料细观损伤分析领域从事系统研究、开发和应用分析取得的最新研究成果，本研究成果已写入应黎坪博士的博士学位论文。

主要内容包括：基于势能原理的静动态损伤问题基面力单元法算法、基于数字图像技术的再生混凝土细观模型、再生混凝土二维随机凸多边形骨料模型、再生混凝土三维随机球体和凸多面体骨料模型、精细化网格剖分算法、自动插设零厚度界面单元算法、多折线和分段曲线损伤演化本构模型、再生混凝土骨料复合球等效模型、串并联均质化分析模型、高性能并行计算算法，以及大量的再生混凝土材料细观损伤数值分析算例。

本书的研究工作得到了国家自然科学基金 (编号 11172015)、北京市自然科学基金 (编号 8162008) 的资助，本书的出版得到了北京工业大学土木工程学科的大力资助，在此表示衷心的感谢！在本书的研究和写作过程中，本课题组广泛阅读、学习、利用和借鉴了许多国内外同行的研究成果，在此表示诚挚的感谢！

本书的出版旨在交流有关再生混凝土材料细观损伤分析方面的最新学术成果。由于作者水平有限，书中难免有疏漏和不妥之处，敬请读者提出宝贵意见。

作　者

2021 年 11 月于北京

目录

主要符号

$x^i(i=1,2,3)$	物质点的 Lagrange 坐标
$\boldsymbol{P}$，$\boldsymbol{Q}$	变形前后物质点的径矢
$\boldsymbol{P}_i$，$\boldsymbol{Q}_i$	变形前后的协变基矢量
$\boldsymbol{P}^i$，$\boldsymbol{Q}^i$	变形前后的逆变基矢量
$\boldsymbol{T}^i(i=1,2,3)$	坐标系 x^i 中 $\boldsymbol{Q}$ 点的基面力
V_P，V_Q	变形前后的基容
A^i	基面积
$\boldsymbol{\sigma}$	Cauchy 应力张量
ρ_0，ρ	变形前和变形后的物质密度
W	单位质量的应变能函数
$\boldsymbol{T}^I$	作用在单元各边中点上面力的合力，简称为单元面力 (或节点力)
$\boldsymbol{P}_I$	由原点 O 指向单元边中点 I 的径矢
A	单元的面积
V	单元的体积
$\boldsymbol{K}^{IJ}$	单元刚度矩阵
$\boldsymbol{M}^{IJ}$	单元质量矩阵
$\boldsymbol{C}^{IJ}$	单元阻尼矩阵
$\boldsymbol{U}$	单位张量
E	弹性模量
ν	泊松比
D	材料损伤因子
λ	拉梅常量
G	剪切模量
m	材料均质度

第 1 章 绪　　论

1.1 课题背景及意义

世界经济的快速增长，促使了各国对建筑行业的大量投资，尤其是在中国、印度和巴西 [1]。世界范围内对建筑骨料的需求呈逐年上升趋势 [2]，最近的统计数据显示，全球对建筑骨料的需求预计将从 2017 年的 450 亿吨增加到 2025 年底的 660 亿吨 [3]。然而，建筑行业产生和排放的大量的二氧化碳，以及该行业大规模自然资源的消耗都是全球范围内的主要环境问题 [4]。例如，水泥在其生产过程中会产生大量的二氧化碳 [6]，许多工程活动需要开采大量的天然骨料，如混凝土制备、岩土工程 (填料，路堤和某些类型的大坝) 等，而其开采会消耗大量资源能源 [5]。

此外，与其他主要经济活动相比，建筑业产生了大量的建筑废料 [7,8]。目前全球每年产生的建筑废料的数量巨大，并呈逐年上升之势。在中国，2011 年，建筑废料的估计总量约为 21.85 亿吨 [9]，另外，根据有关行业协会测算，近几年，每年建筑废料的总量均超过了 2 亿吨，占城市固体废物总量的 40%左右。在印度，建筑废料的年总量为 1000~1200 万吨，相当于每人每年 8.3~10.0kg[10]。在美国，美国环境保护局估计 2014 年建筑废料的总量约为 4.84 亿吨 [11]。在欧洲，2014 年，这一数据约为 8.68 亿吨 [12]。很显然，在全世界范围内产生了数量巨大的建筑废弃料，因此，用建筑废料代替天然骨料可很好地解决资源、环境的协调发展问题 [13]。在当前的建筑行业中，研究重复利用建筑废料，闭环生产已相当紧迫 [7]，这也符合当前“绿色可持续发展”的大趋势。

使用不同的建筑废料来代替天然骨料，特别是针对混凝土配合比设计中粗和/或细的天然骨料。碎混凝土、碎砖石 [14]、瓦片 [15]、橡胶 [16]、塑料 [17] 和玻璃 [18] 等是可以添加到混凝土中作为再生骨料的，但前提是要仔细研究混凝土中的混合比例并根据每种废料的性能进行调整。

在上述废料的应用中，再生骨料混凝土的使用时间最长，使用范围最广。再生骨料混凝土 (recycled aggregate concrete，RAC) 简称再生混凝土 (recycled concrete)，是将废弃混凝土经过清洗、破碎、分级和按一定比例与级配混合形成再生混凝土骨料，部分或者全部代替砂石等天然骨料配制成的新混凝土。它的使用在许多标准中都有规定，例如中国的行业技术标准 [19] 和地方性规范 [20]、西班牙规范 [21] 和意大利规范 [22] 等。使用再生混凝土骨料，可产生性能较好的混凝土，在这方面有大量的试验证明 [23]，并且有许多综述论文，包括：抗压强度 [24]、力学行为 [25]、耐久性 [26] 和细再生骨料性能 [27]、自密实再生混凝土的性能 [28] 等。

然而，材料的宏观力学性能是其空间几何构成、各相材料性质及其相互作用等因素的集中体现，由于试验条件的限制，再生混凝土的破坏机理和破坏规律往往不能由力学试验结果全部反映。随着细观力学理论的发展和高速度大容量电子计算机的出现，为数值分析再生混凝土的破坏机理和破坏规律提供了一种新的途径。然而，针对再生混凝土的细观力学分析方法、理论模型、数值模拟技术及软件研究工作与试验研究工作水平相比，还较为落后，需要进行深入、系统地研究和开发。目前，国内外一些学者在这方面开展了系列研究工作，现有的研究工作以利用大型商业软件对试件进行计算分析居多，且往往需要较大的计算算力和较多的时间。关于这一课题的研究，作者对精细化仿真模拟分析的高效计算方法、再生混凝土细观结构模型、再生混凝土本构模型等科学问题进行了深入、系统的研究，建立了一整套基面力单元法数值计算方法，从理论层面构建了一种新的数值分析方法，发展了再生混凝土细观结构精细化建模的新方法，并开发了一套高性能基面力单元法计算分析集成软件，针对再生混凝土的静动态应力-应变软化曲线、静动态多轴强度、静动态变形、应变率影响以及静动态损伤破坏机理等科学问题进行了大规模的验证和分析，为再生混凝土建筑的设计开发提供理论基础和技术储备。需要强调的是，在当前国际大背景下，开发编写一套自主可用的软件尤为重要，本套计算软件计算效率高、内存需求小，不仅针对再生混凝土，对其他类混凝土均可适用，这也使得本工作尤为有意义。

1.2　再生混凝土力学性能研究

再生混凝土在硬化状态下的特性包括抗压强度、抗弯强度、抗拉强度、弹性模量、密度等。而再生粗骨料的物理和力学特性、水灰比、养护时间以及微观结构等因素都会显著影响再生混凝土的这些性能。由于再生粗骨料中天然骨料与老砂浆之间的黏结性差、在破碎过程中再生粗骨料中存在裂缝以及再生粗骨料表面附着有强度较弱的多孔砂浆，使再生粗骨料力学性能较差。因此，再生混凝土力学性能的巨大差异可能是由再生骨料的品质和水灰比的变化所致 [29,30]。近年来，许多学者研究了硬化状态下再生混凝土的各种性能，研究表明再生混凝土的性能会受到再生骨料取代率的影响 [25]。总体而言，在大多数情况下，随着再生骨料取代率的增加，其宏观力学性能表现越来越差 [31]。Silva 等 [24] 和 Le 等 [39] 对再生混凝土从材料的力学性能到结构做了较全面的综述，从细观结构上来说，其表现结果与再生骨料中的老界面过渡区, 以及再生骨料与新水泥浆之间的新界面过渡区 [32-35]，以及再生骨料的力学行为等 [36-38] 本质上相关，本书接下来分别对再生混凝土的抗压强度、抗拉强度、弹性模量、峰值应变、极限应变和单轴压缩下的应力-应变曲线作简要介绍。

1.2.1 抗压强度

抗压强度是表征混凝土力学性能最重要的参数。大量的文献研究了再生骨料对再生混凝土抗压强度的影响，基于 119 篇论文资料，Silva 等 [24] 研究了 100% 再生骨料取代率的再生混凝土的抗压强度为天然骨料混凝土的 0.56~1.17 倍，平均值为 0.89 倍。由于各种不同的原因，试验得到的结果差异较大，首先，通常将再生混凝土与使用天然骨料的常规混凝土进行比较，但是如果被取代的天然骨料力学性能不同，使用相同的再生骨料会产生不同的结果；其次，采用了不同的策略来比较不同再生骨料取代率的再生混凝土 (例如，相同的总水灰比、相同的有效水灰比或相同的和易性等)；最后，试验结果还取决于再生骨料的特征 (例如形状、尺寸、力学性能等)。

基于试验统计结果的研究，de Larrard[41] 提出的模型对经典 Feret 模型进行了修正，该模型适用于再生混凝土，并具有较高的精确度 [40,42,43]。在此模型中，混凝土的平均抗压强度 f_{cm} 由下式确定：

$$f_{\mathrm{cm}} = K_g \cdot R_{c28} \cdot [V_C/(V_C + V_W + 0.5V_A)]^2 \cdot \mathrm{EMP}^{-0.13} \tag{1-1}$$

其中，R_{c28} 是 28 天水泥浆的特征抗压强度。V_C，V_W 和 V_A 分别是水泥、水和空气的体积。其中混凝土中的空气量为总体积的 1%~3%。EMP 是混凝土中浆体的最大厚度 (两个大骨料之间的距离)，其计算公式为

$$\mathrm{EMP} = D_{\max} \left(g'/g\right)^{1/3} - 1 \tag{1-2}$$

其中，$D_{\max}$ 是骨料的最大粒径；g' 是骨料骨架的容量，其可以通过骨料骨架的干密度与混凝土试件密度之比来确定；g 是骨料骨架体积与混凝土体积之比；K_g 是骨料系数，取决于骨料的力学性能，它与骨料强度以及骨料与水泥浆之间的黏结质量相关。针对混凝土中的不同骨料 (天然骨料、再生骨料、细骨料、粗骨料) 分别计算 K_g：

$$K_g = \sum \left(\mathrm{VF}_j \cdot K_{g,j}\right) \tag{1-3}$$

其中，VF_j 是所考虑的骨料 j 的体积分数；$K_{g,j}$ 是所考虑的骨料 j 的骨料系数。

根据 Dao 等的研究 [44]，再生粗骨料的骨料系数可通过以下公式估算：

$$K_{g,g} = -0.0952 \cdot \mathrm{MDE} + 8.3927 \tag{1-4}$$

其中，MDE 是指定骨料的磨损系数，可以通过微狄瓦尔 (micro-Deval) 磨耗试验确定。

这种方法很有意义，不仅因为它可以将骨料、水泥强度、水灰比的影响分开，而且还可以在知道参考混凝土的抗压强度时估算再生混凝土的抗压强度。

1.2.2 抗拉强度

多项研究表明，当再生骨料取代率提高时，再生混凝土的抗拉强度会降低。在 Silva 等 [45] 的文献综述中，100%取代率的再生混凝土抗拉强度为天然骨料混凝土的 0.40 至 1.14 倍，平均值为 0.88。

de Larrard[41] 提出了一个抗拉强度 f_{ctm} 可由抗压强度 f_{cm} 计算得到的公式，该公式已经被大量研究验证，表明了该公式具有较高的精确性 [42,46]：

$$f_{\mathrm{ctm}} = k_t \cdot f_{\mathrm{cm}}^{0.57} \tag{1-5}$$

其中，k_t 可以由以下公式确定：

$$k_t = \sum (\mathrm{VF}_j \cdot k_{t,j}) \tag{1-6}$$

多项研究 [24,47] 表明，抗拉强度与抗压强度之间的上述关系与骨料的取代率无关。

Ghorbel 等 [42] 和 Ajdukiewicz 等 [46] 测定了 $k_{t,j}$ 值。天然骨料的系数为 0.373～0.471(骨料力学性能越好，系数值越高)，而再生骨料的系数为 0.312～0.446。通常，再生骨料的 k_t 值比相应的天然骨料的 k_t 值低 7%～13%。

1.2.3 弹性模量

在弹性模量方面，与天然混凝土相比，再生混凝土的性能较差。这主要与再生骨料的刚度较低以及再生骨料与水泥浆之间的界面过渡区较弱有关 [49-54]。Silva 等 [55] 表明，100%再生骨料混凝土的弹性模量约为天然骨料混凝土的 0.44～0.96 倍。

de Larrard [41] 提出了一种基于三相球模型的方法来确定普通混凝土的弹性模量，该模型可以适用于再生混凝土 [42]。混凝土的平均弹性模量 E_{cm} 由下式确定：

$$E_{\mathrm{cm}} = \left\{1+2g\cdot\left(E_g^2-E_m^2\right)/\left[(g-g')\cdot E_g^2+2\left(2-g'\right)\cdot E_g\cdot E_m+(g+g')\cdot E_m^2\right]\right\}\cdot E_m \tag{1-7}$$

其中，g' 是骨料骨架的容量，通过骨料骨架的干密度与混凝土试件密度之比来确定；g 是骨料骨架体积与混凝土体积之比；E_m 是水泥净浆的弹性模量，可以根据水泥的抗压强度估算：$E_m = 226R_c$；E_g 是骨料的弹性模量，针对混凝土中的不同骨料分别计算 E_g：

$$E_g = \sum (\mathrm{VF}_j \cdot E_{g,j}) \tag{1-8}$$

其中，VF_j 是所考虑的骨料 j 的体积分数；$E_{g,j}$ 是所考虑的骨料 j 的弹性模量。

对于再生骨料，Dao 等 [44] 指出，再生细骨料和再生粗骨料的弹性模量相近(相差小于 7%)，并提出了一个公式来计算再生骨料的弹性模量 $E_{g,\mathrm{RA}}$：

$$E_{g,\mathrm{RA}} = 0.65E_s + 0.35E_{\mathrm{gs}} \tag{1-9}$$

其中，E_s 为原混凝土弹性模量；E_{gs} 为原天然骨料的弹性模量。

$E_{g,\mathrm{RA}}$ 的值通常是 35~60GPa，低于大多数天然骨料。这就解释了为什么当骨料取代率增加时，混凝土的弹性模量会降低。

1.2.4 峰值应变和极限应变

峰值应变 $\varepsilon_{\mathrm{cp}}$ 即为单轴压缩中最大应力对应的应变。大量研究表明，当骨料取代率增加时，峰值应变也会增加 [48,54-56]。极限应变 $\varepsilon_{\mathrm{cu}}$ 对应于最大应力的 0.6 倍应力的峰后应变，当骨料取代率增加时，极限应变也增加 [48]。

经过对不同现有公式的比较研究，Ghorbel 等 [42] 在 Wardeh 等 [56] 提出的公式的基础上修正，以预测再生混凝土峰值应变：

$$\varepsilon_{\mathrm{cp}} = 1.1\left(f_{\mathrm{cm}}\right)^{0.175} \tag{1-10}$$

对于极限应变，Ghorbel 等 [42] 提出了针对抗压强度 $f_{\mathrm{ck}} \leqslant 50\mathrm{MPa}$ 的混凝土的公式：

$$\varepsilon_{\mathrm{cu}} = \left\{0.00298 - 0.0625\left[(50 - f_{\mathrm{cm}})/100\right]^4\right\} \cdot (1 + 0.2\varGamma_m) \tag{1-11}$$

但是，还应有更多的实验数据来验证该公式的准确性。

1.2.5 单轴压缩下应力-应变关系

在以前的研究中已经提出了一些模型来描述再生混凝土的应力-应变关系，Xiao 等 [57] 对其进行了总结。

Xiao 等 [49] 提出的归一化应力-应变模型如下:

$$\frac{\sigma_c}{f_{\mathrm{cm}}} = \begin{cases} a\eta + (3-2a)\eta^2 + (a-2)\eta^3, & 0 \leqslant \delta_n < 1 \\ \dfrac{\eta}{b(\eta-1)^2 + \eta}, & \eta \geqslant 1 \end{cases} \tag{1-12}$$

其中，a 和 b 是常数。参数 a 是无量纲应力-应变曲线的初始切线的斜率，反映了混凝土的初始弹性模量，参数 b 与无量纲应力-应变曲线下降段的底部面积有关。

根据实验得到的 30%、50%、70%和 100%再生骨料取代率下的再生混凝土试件的应力-应变曲线，Xiao 等 [49] 提出了参数 a 和 b 的公式:

$$a = 2.2 \times \left(0.748r^2 - 1.231r + 0.975\right) \tag{1-13}$$

$$b = 0.8 \times (7.6483r + 1.142) \tag{1-14}$$

此外，Xiao 等 [49] 将不同再生骨料取代率的再生混凝土试件的试验结果与中国规范 (GB50010—2010)[58] 中普通混凝土的应力-应变关系的表达式进行了比较，验证了该公式与再生混凝土的相关性。

$$\sigma_c = (1 - d_c) E_c \varepsilon_c \tag{1-15}$$

式中，d_c 是单轴压缩下混凝土的损伤因子，并使用以下公式确定：

$$d_c = \begin{cases} 1 - \dfrac{\rho_c m}{m - 1 + \eta^m}, & 0 \leqslant \eta < 1 \\ 1 - \dfrac{\rho_c}{\alpha_c(\eta - 1)^2 + \eta}, & \eta \geqslant 1 \end{cases} \tag{1-16}$$

式中，$\rho_c = \dfrac{\sigma_{cp}}{E_c \varepsilon_{cp}}$，$m = \dfrac{E_c \varepsilon_{cp}}{E_c \varepsilon_{cp} - \sigma_{cp}}$，$\sigma_{cp}$ 是峰值应力 (轴向抗压强度)，而 α_c 是与单轴载荷下混凝土应力-应变曲线的下降分支有关的形状参数。α_c 可以由以下公式确定：

$$\alpha_c = 0.157\sigma_{cp}^{0.785} - 0.905 \tag{1-17}$$

另外，González-Fonteboa Belén[37] 在欧洲现行规范 [59] 的基础上得到再生混凝土的应力-应变曲线:

$$\frac{\sigma_c}{f_{cm}} = \left(k\eta - \eta^2\right)/(1 + (k - 2)\eta) \tag{1-18}$$

式中，σ_c 是压缩应力，f_{cm} 是抗压强度。$\eta = \dfrac{\varepsilon_c}{\varepsilon_{cp}}$，$k = 1.05 \cdot E_{cm} \cdot |\varepsilon_{cp}|/f_{cm}$，$\varepsilon_c$ 是压缩应变，ε_{cp} 是峰值应变，E_{cm} 是应力从 0 到 $0.40f_{cm}$ 之间的割线模量。

再生混凝土的应力-应变曲线在常规混凝土规范的基础上可以得到，González-Fonteboa Belén 提出了三个转换系数，从而得到割线模量 E_{cm} (φ_{cm}^{rec})、峰值应变 ε_{cp} (α_c^{rec}) 和极限应变 ε_{cu} (β_{cu}^{rec})。

$$\begin{cases} E_{cm}\,(\text{再生混凝土}) = \varphi_{cm}^{rec} \cdot E_{cm}\,(\text{常规混凝土}) \\ \varepsilon_{cp}\,(\text{再生混凝土}) = \alpha_c^{rec} \cdot \varepsilon_{cp}\,(\text{常规混凝土}) \\ \varepsilon_{cu}\,(\text{再生混凝土}) = \beta_{cu}^{rec} \cdot \varepsilon_{cu}\,(\text{常规混凝土}) \end{cases} \tag{1-19}$$

式中，转换系数由以下关系式得到：

$$\begin{cases} \varphi_{cm}^{rec} = -0.0020 \times \%\text{RAC} + 1 \\ \alpha_c^{rec} = 0.0021 \times \%\text{RAC} + 1 \\ \beta_{cu}^{rec} = 0.0022 \times \%\text{RAC} + 1 \end{cases} \tag{1-20}$$

这些模型表明，在相同的抗压强度下，与常规混凝土相比，再生混凝土的弹性模量较低，峰值应变较高。再生混凝土的应力-应变曲线软化段比常规混凝土更陡。

以上对再生混凝土材料的抗压强度、抗拉强度、弹性模量、峰值应变、极限应变和单轴压缩下的应力-应变关系等模型的研究做了详细总结。总体来说，各模型由试验统计得到，考虑了配合比、再生骨料取代率等因素，使模型更加科学、应用范围更广，这为再生混凝土的设计提供了很有价值的指导。然而，材料的宏观力学性能是其空间几何构成、各相材料性质及其相互作用等因素的集中体现，骨料的形状、分布、体积分数，新、老界面过渡区的厚度以及各相介质的强度对再生混凝土的整体宏观弹性模量、强度以及微裂纹的萌生和扩展的影响很难基于试验量化分析，因此，研究再生混凝土材料细观结构的细观力学分析方法有重要的现实意义。

1.3 混凝土力学性能的动态效应

考虑到工程实际中的混凝土除承受正常设计的静力载荷作用之外，还要承受较多的不确定因素，诸如爆炸载荷、冲击载荷、地震载荷、风载荷等动力载荷的作用。在不同性质的动态载荷作用下混凝土表现出不同的动力反应，因而通过试验研究混凝土的动态力学性能显得十分重要。混凝土结构在承受不同载荷作用时，产生的应变率范围分布很广，如图 1-1 所示。蠕变状态的应变率小于 $10^{-6}s^{-1}$，地震载荷作用下结构的应变率响应主要集中在 10^{-3}~$10^{-2}s^{-1}$ 的范围内，冲击载荷 (碰撞) 作用下应变率主要分布在 10^{0}~$10^{1}s^{-1}$ 的量级，爆炸载荷作用下的应变率高于 $10^{2}s^{-1}$。

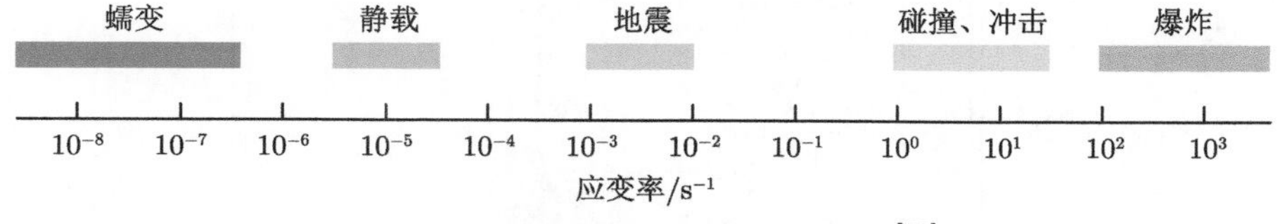

图 1-1 不同应变率对应的载荷类型 [70]

目前，很多学者对混凝土的动态特性已进行了大量的研究 [60-75]，包括抗压强度、抗拉强度、弯曲强度、弹性模量、峰值应变、泊松比等。大多数研究表明，抗压强度随着加载应变率的增加而增加，直至应变速率大约为 $10^{-1}s^{-1}$ 时，抗压强度随应变速率的每个数量级 (因子 10) 的增加而近似呈线性关系 [62-64]。在高应变率下，强度的增加更为显著，而当应变率达到 100 s^{-1} 时，动态强度可能是静态强度的 1.5 倍 [65]。混凝土的弹性模量也随应变率的增加而增加，但对应变率的敏感性不如强度 [66,67]，然而随着应变率的增加，其增幅尚无统一的结论。此外，关于峰值应变的率依赖性还没有明确的结论，一些学者发现它随应变率的增加而增加 [68]，而另一些学者发现其随应变率的增加而减小 [69]。应变速率对混凝土泊松比的影响尚未得到广泛研究 [62,69]。关于应力-应变曲线，只有很少的研究，结果发现，虽然强度和峰值应变可能会发生变化，但总体上曲线的形状是相似的 [62]。Bischoff 和 Perry[70] 较全面研究了应变速率对混凝土抗压强度的影响，并比较了应变速率对断裂特性、弹性模量、峰值应变、泊松比的影响。Malvar 和 Ross[71]，Chen 等 [72,73] 对混凝土材料的动态拉伸行为进行了研究，他们发现混凝土在拉伸下比在压缩下对应变率更敏感。

1.3.1　动力增强系数

欧洲混凝土协会 (CEB) 在总结多数试验的基础上，规定了一个准静态应变率，定义动力强度和准静态应变率下的强度的比值为动力增强系数 (DIF)，用以表征混凝土率效应，并推荐了不同应变率下混凝土材料的抗压强度、抗拉强度的动态增强系数。很多学者为总结混凝土强度率的相关规律，对众多试验结果进行整理综述 [70,71,74,75]。图 1-2 和图 1-3 分别列出了部分混凝土抗拉、抗压强度 DIF 的试验结果 [76]，得到以下两点规律。

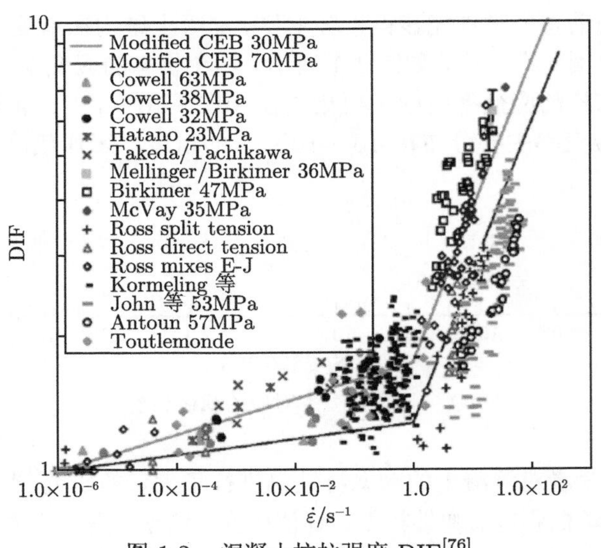

图 1-2　混凝土抗拉强度 DIF[76]

(1) 混凝土动态拉、压强度随应变率的增加而增加，两者规律相似，但在同一应变率下抗拉强度的率敏感性比抗压强度的率敏感性显著；

(2) 抗拉强度和抗压强度的 DIF 的增长存在临界应变率，抗拉强度临界应变

率在 $10^0 s^{-1}$ 左右，抗压强度临界应变率在 $10^1 s^{-1}$ 左右，当超过临界应变率时，DIF 随应变率的增加而明显变大。

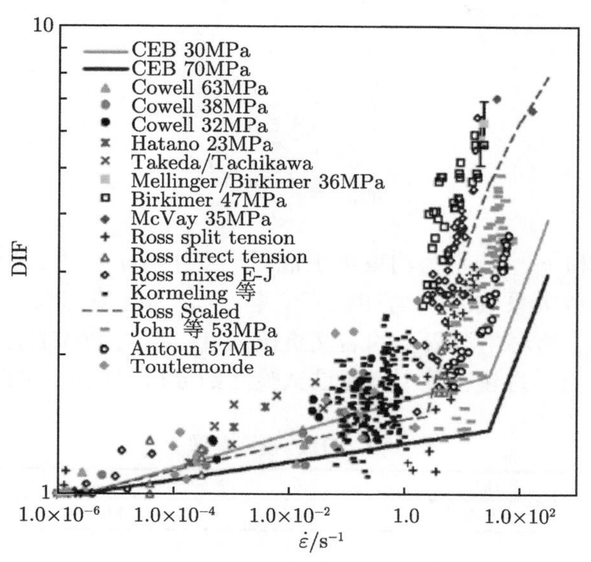

图 1-3 混凝土抗压强度 DIF[76]

在再生混凝土方面，国内外对再生混凝土材料力学性能应变率敏感性方面的研究工作还较少，Xiao 等 [61] 完成了不同加载应变率下模型再生混凝土试件的单轴受压试验，他们的研究表明，随着应变率的提高，各模型应力-应变曲线形状相似，峰值应变的变化无明显规律，但峰值应力和弹性模量表现出增大的趋势。此外，Xiao 等 [77] 还完成了在高应变率下的不同取代率再生混凝土试件的分离式霍普金森压杆冲击试验 (SHPB 试验)，根据试验结果，加载应变率在 20~110 s^{-1} 范围内时，再生混凝土试件的抗压强度 DIF 与应变速率的关系可由下式描述：

$$\mathrm{DIF} = a + b \cdot \log 10\left(\dot{\varepsilon}_d\right) \tag{1-21}$$

不同再生骨料取代率的再生混凝土试件参数 a 和 b 的值见表 1-1。

表 1-1 参数 a 和 b 在不同再生骨料取代率下的值 [77]

参数	NAC	RAC-30	RAC-50	RAC-70	RAC-100
a	−1.787	−1.504	−1.898	−0.702	−1.555
b	0.893	0.825	0.906	0.623	0.845

注：NAC 代表天然骨料混凝土；RAC-X 代表再生骨料混凝土-再生骨料取代率。

肖建庄 [78] 等完成了约束再生混凝土短柱动态力学试验，并提出了约束再生

混凝土的 DIF 模型，其数学表达式为

$$k_{f_c}=\left(\frac{\dot{\varepsilon}_c}{\dot{\varepsilon}_{c0}}\right)^{\alpha_a\left(\frac{1}{\beta_a+\theta_a f_{\mathrm{cm}}}\right)} \tag{1-22}$$

$$k_{\varepsilon_c}=\left(\frac{\dot{\varepsilon}_c}{\dot{\varepsilon}_{c0}}\right)^{\phi} \tag{1-23}$$

$$k_{\varepsilon_{2c}}=\left(\frac{\dot{\varepsilon}_c}{\dot{\varepsilon}_{c0}}\right)^{\varphi} \tag{1-24}$$

其中，k_{f_c}，k_{ε_c} 和 $k_{\varepsilon_{2c}}$ 分别为约束再生混凝土受压峰值应力、受压峰值应变和受压极限应变动态放大系数；$\dot{\varepsilon}_c$ 为加载应变率；$\dot{\varepsilon}_{c0}$ 为准静态载荷下的参考应变率，取 $10^{-5}\ \mathrm{s}^{-1}$；f_{cm} 为再生混凝土的名义抗压强度，取为 30MPa。

表 1-2 中列出了肖建庄等 [78] 通过试验回归分析得到的 DIF 模型参数。

表 1-2　DIF 模型参数 [78]

α_a	β_a	θ_a	ϕ	φ
6.664	6.943	8.656	0.01597	0.002

从肖建庄 [78] 等建议的 DIF 模型可以总结出，应变率对受压约束再生混凝土的峰值应力影响最大，其次是峰值应变，对极限应变的影响最小。

1.3.2　破坏模式

在高速加载条件下，混凝土的破坏模式发生改变，静力状态下容易在最薄弱的位置发生开裂和扩展，但动力情况下，很多学者在试验中观察到了多裂纹的产生，以及裂纹穿透骨料等动力破坏现象 [79,80]。秦川等 [82] 完成了混凝土冲击劈拉试验，如图 1-4 所示，可以发现，在较低应变率条件下，混凝土试件发生劈拉破坏，最终形成一条细长主干式裂纹，而在较高的应变率条件小，混凝土试件的破坏程度明显增加，破坏区域平行于加载方向，呈带状分布。此外，文献 [79, 83, 84] 都得到了类似的结果。

$3.5\mathrm{s}^{-1}$

$4.1\mathrm{s}^{-1}$

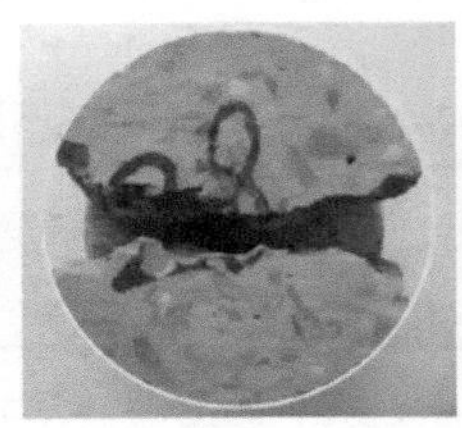
$9.2\mathrm{s}^{-1}$

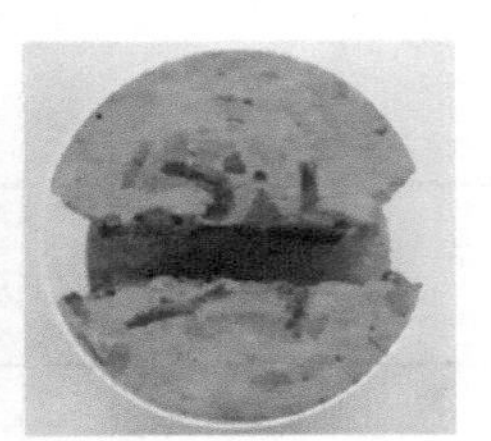
$10.8\mathrm{s}^{-1}$

图 1-4　混凝土在不同应变率下的冲击劈拉破坏模式 [82]

对于再生混凝土，Xiao 等的研究结果 [77] 表明，在高应变率下，不同再生骨料取代率的再生混凝土的破坏模式是相似的，随着加载应变率的增加，裂纹密度越来越高，如图 1-5 所示，试件在低应变率下出现少量可见裂纹，在较高的应变率下，试件碎裂成几大块，随着加载速度进一步提高，试件被粉碎成细小的碎块。

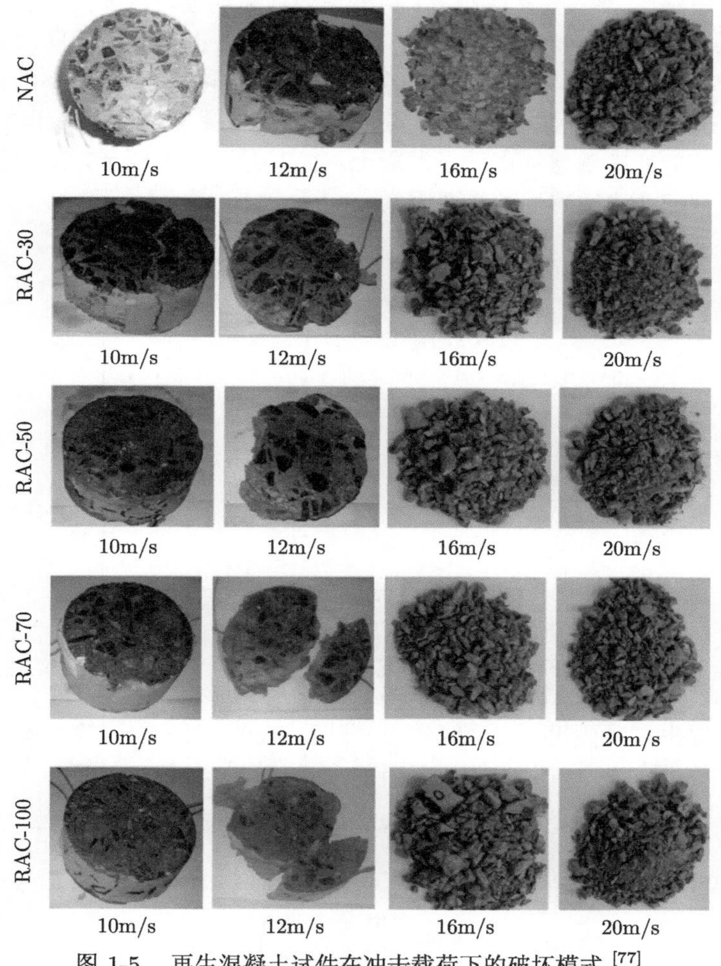

图 1-5 再生混凝土试件在冲击载荷下的破坏模式 [77]

1.3.3 动力破坏机理研究

对于混凝土动力破坏机理，学者们提出了很多种可能的原因，但目前尚无完善的理论可以很好地解释其中的机理。现有的理论假设主要包括以下几种。

1. 黏性作用

部分学者认为黏性是混凝土率效应的原因之一，混凝土是亲水材料，因内部有大量的空隙具有巨大的内表面积，水分子及其在空隙处产生的表面力凸显出强烈的液体与固体的相互作用。1990 年，Reinhardt 等 [85] 通过试验发现，在低应变率下，含水率对混凝土的动力效应有显著影响，即混凝土中的自由水影响着混凝土材料的率敏感性 [85]。含水率越高，应变率效应越明显。通过类似的试验，Rossi 等 [87]、Ross 等 [88]、Kaplan 等 [86]、闫东明等 [89] 也得到了相同的结论。对于再生混凝土材料，Xiao 等 [77] 完成混凝土和 100%再生骨料取代率的再生混凝土在干、湿状态下的动力压缩试验，得到的试验结果 (图 1-6) 可以看出类似的规律，即湿混凝土的应变率敏感性高于干混凝土，尤其是再生混凝土，结果表明，含水率是影响试件应变率敏感性的重要因素。

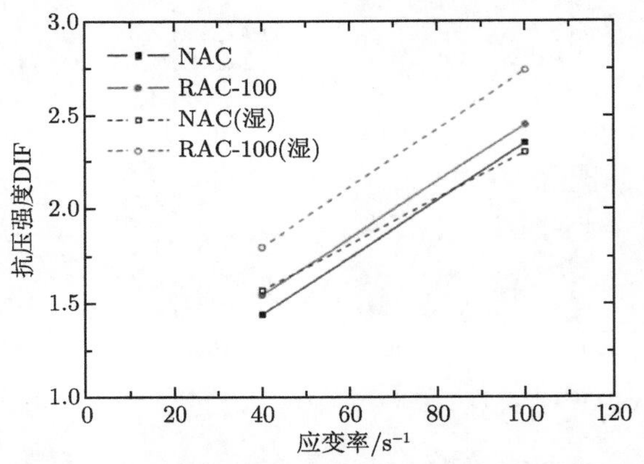

图 1-6　干、湿状态下混凝土和再生混凝土的抗压强度 DIF 随应变率的变化 [77]

学者们提出多种假设，如蠕变效应 [90] 和 Stefan 效应 [87] 等。其中 Stefan 效应由 Rossi 等 [87] 提出，并得到了学者们广泛认可，如图 1-7 所示，在两个距离为 h 的平行板之间如果有黏度为 η、体积为 V 的液体存在，当以 $\dfrac{\mathrm{d}h}{\mathrm{d}t}$ 的速度分开时，由 Stefan 效应引起的反力为

$$F=\frac{3\eta V^2}{2\pi h^5}\left(\frac{\mathrm{d}h}{\mathrm{d}t}\right) \tag{1-25}$$

由上式可以看出，速度越大，微孔洞越细，毛细水分越多，由 Stefan 效应引起的反力也就越大。

2. 惯性作用

目前，比较流行的观点是在低应变率下的率效应主要由 Stefan 效应控制，在高应变率下的率效应主要由惯性作用控制。即有一个率效应过渡区，不同应变率的动力破坏机理存在差异。关于惯性作用的机理，许多学者也提出了很多假设，如惯性约束效应 [91-93]、动态破坏能量释放率效应 [94] 等。其中，惯性约束效应认为动力载荷引起的惯性力总是倾向于抵抗外载荷引起的力学行为，如图 1-8 所示。

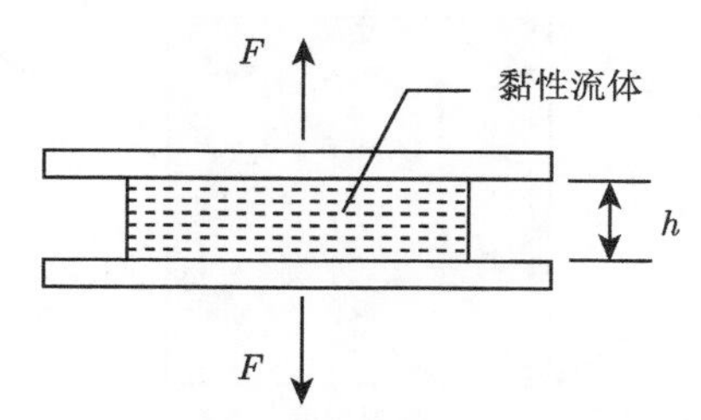

图 1-7 混凝土微孔中的 Stefan 效应 [87]

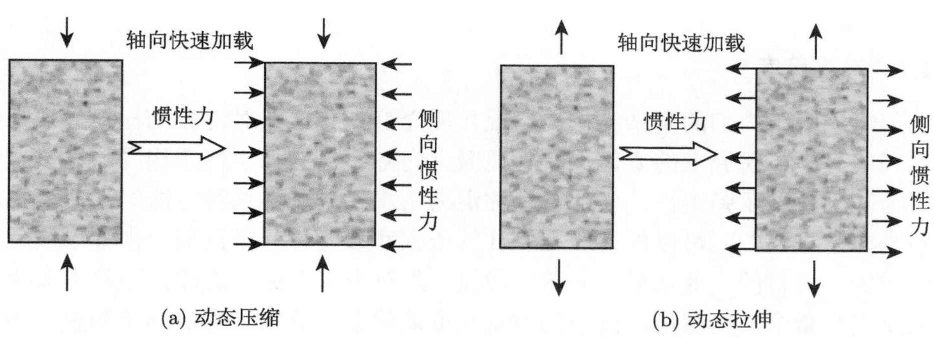

图 1-8 惯性约束效应示意图 [94]

以上对混凝土材料在动态载荷作用下的宏观力学行为和破坏机理做了详细综述。再生混凝土作为一种特殊的混凝土材料，其动态力学效应必然与混凝土相似，然而，其也受到诸如再生骨料取代率、再生骨料体积分数及其细观力学性能等许多因素的影响，可以发现针对再生混凝土材料的动态力学效应，无论在试验方面的研究还是理论方面的研究都较少，且远不及混凝土，这不利于再生混凝土在抗震设计中的应用。因此发展再生混凝土细观力学的动力问题研究方法为这项工作提供了更多的可能性。

1.4 混凝土多尺度结构

固体变形直至破坏，跨越了从原子结构到宏观的 9 至 11 个尺度量级，结构上的细微观缺陷，在力场的作用下，往往会非线性地涌现为整体的突发灾变。关于从材料的微结构演化到结构整体失效，大体涉及了三个物理尺度 [95,96]，即微观尺度、细观尺度和宏观尺度，其中后两个尺度的耦合是问题的关键 [97]，如图 1-9 混凝土多尺度结构示意图所示 [96]。

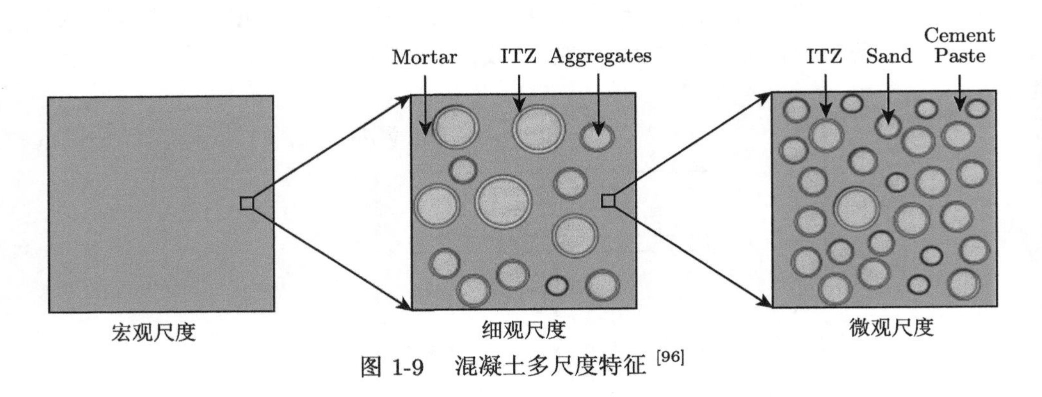

图 1-9 混凝土多尺度特征 [96]

1.4.1 宏观尺度

忽略混凝土内部的复杂结构，研究尺度 $\geqslant 10^{-1}$m。在对混凝土材料的宏观结构研究中，为了研究上的方便，认为混凝土内部各点的力学性质相同，并以试验结果为基础发展了弹塑性、黏弹塑性的混凝土本构关系，这种方法对于研究工程问题是非常重要的，可以作为工程设计的依据和参考。但是混凝土内部本质上是非均质的，材料的失效从最薄弱部位成核，经过取向形成微裂纹，最终发展为宏观裂纹直至整个结构破坏，微小的细观尺度缺陷会被放大，影响到结构整体的力学特性。因此，进行材料微、细观结构的模拟对于了解混凝土的宏观破坏机理是非常重要的。

1.4.2 细观尺度

研究尺度为 10^{-3}~10^{-1}m，常规混凝土的细观结构通常被认为是三相：天然骨料、界面过渡区和砂浆基质。混凝土中天然骨料的存在打破了水泥颗粒的连接，在骨料和砂浆基质之间形成界面过渡区，增加了材料的非均质性 [103]，该区域中含有较高体积分数的氢氧化钙晶体和钙矾石，其孔隙度相比较大 [217]。然而，再生骨料混凝土比天然骨料混凝土的细观结构要复杂得多，一方面，再生骨料的组成本身是可变的，它取决于老水泥浆的特性，以及天然骨料的组成和组分；另一方面，附着在天然骨料上的老砂浆会导致再生骨料中固有存在界面过渡区 [218]。此外，与天然骨料相比，老砂浆固有的较高的孔隙率，导致其吸水率的增加，从而形成一个疏松多孔的新界面过渡区 [32,34,186]。与在天然骨料混凝土中观察到的相反，在再生骨料与新砂浆之间的新界面过渡区特性呈现出更高的变化，主要取决于再生骨料的类型、原始质量和含水率、新砂浆基质的水灰比等。因此，再生混凝土细观结构可以被认为是五相复合材料，包括新砂浆、老砂浆、新界面过渡区 (新砂浆和再生骨料之间)、老界面过渡区 (老砂浆和天然骨料之间) 和原始天然粗骨料 [50,99,186]。细观内部裂隙的发展直接影响混凝土材料的宏观力学性能，因此在细观尺度上混凝土材料的破坏表现为材料内部潜在的缺陷引起裂纹的萌生和扩展。

1.4.3 微观尺度

混凝土各相材料的微观结构极其复杂，并显示出多尺度特征 (包括孔隙)[100]，范围从纳米级 (例如 C-S-H 凝胶) 到微米级 (例如未水化的水泥颗粒、氢氧化钙或界面过渡区) 再到毫米级 (沙粒在水泥净浆中的随机分布结构及粗骨料在砂浆中的随机分布结构)(图 1-10)。

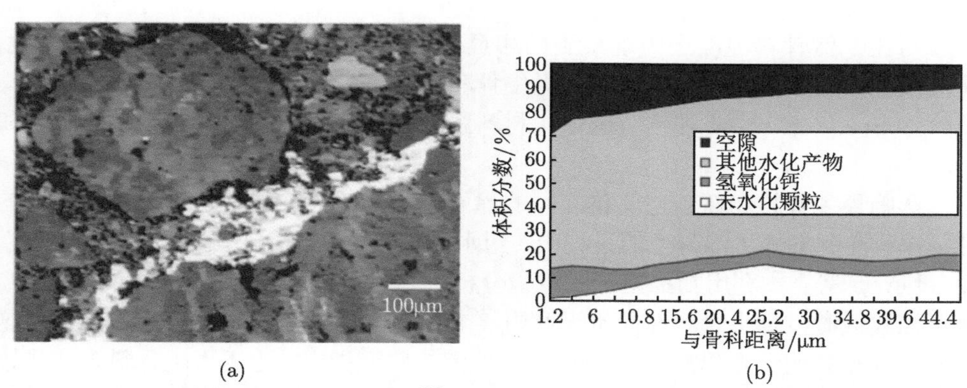

图 1-10 混凝土界面过渡区的非均匀性 [1]：(a) 界面过渡区微观形貌；(b) 微观构成相沿界面过渡区的平均分布

混凝土的微观结构取决于水泥的化学性质、细度和含量，水灰比，添加剂 (例如粉煤灰，硅粉，高效减水剂)，配合比设计和养护工艺等 [101]。它还取决于骨料的类型和性质，即使所有其他参数保持不变，再生骨料部分或完全取代天然骨料，也会在所生产的混凝土中，尤其是在界面过渡区引起很大的微观结构改变。

1. 天然骨料与砂浆基体之间的界面过渡区

混凝土内水化水泥浆体的微观结构特征往往与砂浆净浆本身的微观结构特征差别不大 [102]。然而，混凝土含有砂浆净浆中没有的特征：骨料的存在打破了水泥颗粒的连接，在骨料和砂浆基体之间形成界面过渡区，增加了材料非均质性 [103]。该区域的宽度与水泥颗粒的数量级相同 [103]，通常在骨料表面的 50μm 以内。在混凝土搅拌过程中，由于骨料颗粒的加入，以及砂浆和骨料的相对运动，界面过渡区的微观结构与砂浆基体相比有较大的变化 (图 1-10(a))。这些包括水泥颗粒的缺陷、较高的孔隙率、较大的密度变化、较高的氢氧化钙体积分数和钙矾石分数。但是，界面过渡区和砂浆基体之间没有明显的边界，从骨料表面到砂浆基体，混凝土的微观结构变化是渐进的 [104,105]，并且在接近骨料的 15~20μm 处变化最显著 [104]。

2. 再生骨料和砂浆基体之间的界面过渡区

再生骨料混凝土的细观结构可以被认为是五相复合材料，包括新砂浆、黏结老砂浆、新界面过渡区 (新砂浆和再生骨料之间)、老界面过渡区 (黏结砂浆和天然骨料之间) 和原始天然粗骨料 [50,99]。很明显，当原始骨料没有任何黏结老砂浆附着在其表面时，新界面过渡区的力学行为类似于常规混凝土 [50]。反之，再生骨料的新界面过渡区比天然骨料混凝土中的界面过渡区更加复杂，需要考虑额外的参数。

与在天然骨料混凝土中观察到的相反，界面过渡区厚度呈现出更高的变化。研究发现界面过渡区的厚度取决于再生骨料的含水率，其范围从 5~10μm[105]，甚至到 80μm 以上 [106]。在这一区域，材料强度和刚度往往要比砂浆基体的强度和刚度弱得多 [34]。

影响再生骨料和新砂浆基体之间的界面过渡区的关键因素之一是再生骨料的孔隙率。在制备再生混凝土的过程中，用水量会影响到界面过渡区的密度和强度。Etxeberria 等 [50] 利用扫描电子显微镜分析了几个再生骨料混凝土的试件，发现，水灰比较低时，再生骨料在新水泥和附着老砂浆之间产生了强度较高的界面。这些研究也被其他学者观察到 [32,107,108]，他们的研究指出，由于再生骨料含水量较低，水泥浆体会向再生骨料内部迁移，增强了界面过渡区的力学性能。一些学者在细再生骨料混凝土中也观察到了类似的结果 [106,109]。反之，过量的水可能导致水泌出，这将增加界面过渡区的孔隙的尺寸和数量 [105]。

1.5　细观尺度模型的研究

宏观尺度模型的缺点是缺少准确的材料本构模型来描述混凝土各材料相变化时的实际非线性行为。然而，混凝土细观尺度模型提供了一种独特的方法来研究微裂缝的萌生、扩展并形成主要裂缝的复杂损伤演化过程 [111]，而这些损伤演化过程是宏观尺度模型无法得到的。对于细观尺度模型，通过采用已知的材料本构模型描述各材料相，可以得到不同配合比下的宏观力学响应 [112]。因此，细观模型可以有效地研究混凝土配合比对混凝土宏观性能和非线性特征的影响 [113]。Comby-Peyrot[114] 认为，考虑混凝土的非均质性，从细观层次进行建模，对于研究混凝土的损伤演化、配合比、局部变形机理和力学退化等是非常重要的。因此，具有准确材料本构的细观模型被视为是一种可预测混凝土的力学行为和优化配合比设计的经济有效的替代方法。

1.5.1 细观数值模型的分类

根据分析过程的不同，细观模型主要分为两类 [115]。

(1) 非连续介质细观力学模型，即将混凝土的细观结构看成离散介质，使用不同的单元，如球、桁架等来表示混凝土的细观结构，常用的非连续介质细观力学模型包括离散元模型 [116-119]、刚体弹簧元模型 [121-123]、界面元模型 [124]、格构模型 [120,125] 等。

(2) 连续介质细观力学模型，即将混凝土的细观结构看成连续介质，骨料、砂浆与界面过渡区等组分在相应的子空间与交界面域均按协调连续分布模拟 [115]，连续介质细观力学模型主要采用有限单元法或有限差分法进行分析。

与非连续介质细观力学模型相比，连续介质细观力学模型可以精确地生成混凝土细观结构的几何形状，根据满足所需体积分数的骨料级配曲线，可以真实地对骨料建模，因此，连续介质细观力学模型更适合参数化分析。此外连续介质模型具有复杂的本构关系来描述各相材料的力学行为，与非连续介质力学模型相比，描述材料行为的材料参数数量更多，要获得准确的材料参数是一个挑战。本研究的重点是采用连续介质细观力学方法开发再生混凝土细观模型，并进行大规模的参数化分析，因此，以下简要介绍混凝土连续介质细观力学模型的生成方法及应用。

1.5.2 连续介质细观力学模型的生成方法

通常，在连续介质模型的细观尺度建模中有两种几何模型的生成方法 [126]。一种是使用图像处理技术的方法，另一种是通过参数化建模来生成细观结构 [127]。

1. 基于数字图像技术的方法

在本方法中，拍摄混凝土的数字图像并使用图像处理技术，对这些图像进行处理，生成细观几何模型 [128]。对于二维问题，采用数码相机或显微镜等成像设备，可生成高精度的混凝土细观结构。对于三维问题，生成细观几何模型主要包含两种处理方法。一种方法是通过对混凝土试件分片切割，用扫描仪拍摄二维图像，并将这些图像组合起来得到混凝土试件的完整三维几何模型 [129]。另一种方法是使用 X 射线计算机断层扫描仪 (XCT) 扫描实际的混凝土立方体，并使用体像素生成网格 [130-139]。

使用基于数字图像的方法，由于所生成的细观骨料模型在几何上与实际试件相似，因此可以对所建立的细观模型进行完整的验证 [139]。然而，生成细观结构的过程是耗时且昂贵的。此外，当需要大量的试件进行统计分析时，这种方法将变得不可行。另一个缺点是，当通过堆叠二维图像进行三维细观结构重建时，由于二维图像的间距比图像分辨率大，水平方向和垂直方向的分辨率会不同 [133]。

2. 参数化建模的方法

参数化建模方法，即混凝土的细观结构由参数化表征细观结构的算法生成，其核心问题是建立的模型需能够反映混凝土材料真实的空间结构。通常该方法有两种建模思路 [140]：第一种思路是根据混凝土骨料级配生成各种形状的骨料，并将这些骨料投放在一定空间内，而已投放的骨料周围的空间则定为砂浆，将有限元网格投影到该空间中，各单元的材料特性由不同类型单元的位置确定，从而得到细观模型，该思路的优点是能够建立较为真实的几何模型，而其缺点是若采用常规的网格划分技术，判断的界面过渡区相很不精确，并且由于考虑了界面过渡区尺寸，使模型自由度较大，从而不适合计算大体积混凝土；第二种思路是先划分有限元网格，再根据混凝土骨料级配选择单元集合作为骨料，该思路的优点是建模过程简单，而其缺点是很难识别界面过渡区相，即使识别也会遇到第一种思路的问题。

1.5.3 连续介质细观力学模型的应用

1. 混凝土材料

基于连续介质力学的细观数值模型在混凝土的力学分析中已被广泛应用，本节将简要叙述这些应用及各学者获得的结果。

混凝土的宏观力学性能分析和损伤演化研究是细观数值模型的主要应用之一。Wriggers 和 Moftah[113] 分析了压缩载荷下的细观模型，并得到了混凝土应力-应变曲线和损伤演化。Feng 等 [176-179] 建议在有限元模型中包含随机分布的微裂纹，通过这种方法，Feng 研究了含微裂纹混凝土的有效弹模和材料的断裂扩展及破坏演化过程。Pedersen 等 [147] 研究了在冲击载荷作用下带有缺口的二维细观混凝土模型的断裂和损伤行为。Du 等 [148] 研究了带缺口混凝土试件在动态载荷下的裂纹扩展行为，研究发现裂纹的扩展取决于试件的加载应变率。Musiket 等 [149,150] 通过 ABAQUS 模拟了不同应变率条件下的三点弯曲预裂梁的断裂行为，研究发现，在较高的应变率下，裂纹更加弥散，梁的脆性也更低。Lu 和 Tu[180] 研究了压缩载荷下加载面摩擦的影响。他们采用摩擦弹簧模拟试件加载面的摩擦行为，研究发现要得到符合实际的试件抗压强度，应考虑加载面的摩擦效应，此外，在考虑加载面摩擦效应的情况下，混凝土试件的破坏模式也由斜裂缝模式转变为双锥裂缝模式，与试验结果吻合较好。黎超等 [181] 采用基于 CT 图像的细观混凝土模型对中低应变率冲击下端部摩擦效应进行了研究，结果表明，端摩擦能够提高混凝土的抗压强度，但当摩擦系数达到 0.3 后其影响不再明显。Snozzi 等 [163] 使用内聚力模型研究了具有不同硬度骨料的混凝土的裂纹扩展行为，为了表现出沙浆中的裂缝，可以将零厚度的界面单元嵌入细观模型的砂浆中 [130,164]。熊学玉等 [151] 将混凝土内聚力模型的适用范围从细观受拉断裂模拟拓展到了细观受压断裂模拟。杨贞军等 [152] 建立了含随机三维多面体骨料的混凝土细观有限元模型，并插设三维零厚度的黏结界面单元，结果表明，建立的有限元模型能有效描述混凝土复杂三维断裂过程，裂缝面的位置与形态决定于砂浆、界面黏结裂缝单元的抗拉强度相对比值以及断裂能相对比值。Naderi 等 [153] 使用基于 Voronoi 的网格划分技术，开发了由实际形状的粗骨料，砂浆，以及它们之间的界面过渡区组成的混凝土三维细观模型，并采用黏聚力单元来模拟混凝土的拉伸断裂行为，结果表明，不规则形状的骨料在微裂纹成核和最终断裂模式中起着重要作用，但对混凝土的抗拉强度影响不大，这主要取决于应变率以及混凝土骨料的随机位置和尺寸分布。Caballero 等 [165-167] 在三维细观模型的潜在裂缝平面中使用了零厚度的界面单元，采用这种方法时，裂纹只能在预先建立的裂纹路径上发展。Grondin 等 [168] 研究了高温下的混凝土的破坏行为，并与试验结果吻合良好。此外，还有很多学者使用细观模型研究了腐蚀引起的混凝土开裂 [169-173]。

参数分析是细观数值模型应用的一个主要领域，通过采用参数分析，可以研究关键参数对混凝土性能的影响。Kim 和 Al-Rub[141] 使用圆形骨料开发了二维细观数值模型，并通过改变如骨料体积分数等关键参数进行参数分析，研究发现当骨料体积分数增加时，混凝土中的裂缝会局部化，混凝土的刚度也会增加。Wang 等 [142] 开发了一个采用椭圆形骨料的二维细观数值模型，并分析了骨料体积分数、孔隙率和试件尺寸的影响，研究发现随着混凝土试件尺寸的增加、骨料体积分数的增加以及孔隙率的增加，混凝土的峰值强度均降低。Häfner 等 [143] 通过改变骨料体积分数、骨料刚度、骨料形状等参数对混凝土进行了类似的参数研究，并预测了对混凝土性能 (例如抗压强度和弹性模量) 的影响。Wang 等 [144] 将空隙假定为球体投放到细观模型中，并进行了参数研究，研究空隙对宏观混凝土力学行为的影响。Zheng 等 [184] 使用三维细观数值模型，并考虑了骨料形状、骨料体积分数、界面过渡区厚度和骨料级配，研究了界面过渡区体积分数，研究发现，与等体积分数的其他骨料级配相比，富勒骨料级配具有较低的界面过渡区体积分数。Zhou 和 Hao[185] 研究了界面过渡区的强度对混凝土性能的影响，研究发现当界面过渡区的强度更高时，混凝土的抗拉强度增加，另外，研究发现当界面过渡区较厚时，破坏开始较早，并且试件的抗拉强度也较低。Gangnant 等 [174] 发现，通过细观模型研究发现，当骨料体积分数增加时，混凝土裂缝路径曲折度的增加，将导致断裂能的增加。

混凝土的尺寸效应研究是细观数值模型参数分析应用的一个主要领域。金浏等 [155-160] 采用细观数值模型，分别研究了混凝土动态压缩、动态拉伸和动态劈拉，研究发现动态加载和静态加载下压缩强度尺寸效应规律存在明显差异。Wu 等 [161] 针对珊瑚骨料混凝土 (CAC) 开发了一种三维细观模型，并利用三维细观模型，对 CAC 的动态压缩响应，即应力-应变关系，破坏模式和过程，能量演化过程等进行了系统的模拟和分析，提出了应变速率和试样尺寸对 CAC 强度的耦合效应规律，这对于 CAC 的性能预测具有重要意义。Zhou 等 [154] 通过建立缺口混凝土梁数值模型，提出了断裂过程区与尺寸相关强度的理论模型，并讨论了尺寸效应的机理。Y. F. Hao 和 H. Hao[162] 建立了混凝土圆柱体的细观模型来模拟混凝土的劈裂拉伸试验，发现随着试件直径的增大，混凝土的动态劈裂拉伸强度增大。

2. 再生混凝土材料

对于再生骨料混凝土，细观连续介质模型在此方面的应用还比较少，其中一些学者初步建立了一些细观模型。在再生混凝土纳米压痕的基础上，Xiao 等 [186-188] 开发了一个模型来模拟再生混凝土轴压和轴拉下的应力-应变曲线。研究发现，新砂浆的性能对再生混凝土的宏观力学性能有显著影响，界面过渡区弹性模量/强度比会影响再生混凝土的宏观应力-应变曲线和破坏形态。Liu 等 [189] 研究了在单轴压缩载荷下，再生混凝土中的界面过渡区的应力分布，发现由于老砂浆减弱了新界面过渡区中骨料形状的影响，骨料形状对整个老界面过渡区的应力集中的影响要大于新界面过渡区。Wang 等 [190] 针对碳化再生骨料混凝土进行了细观建模，并模拟了拔拉试验。其所提出的模型准确模拟了载荷-位移曲线和破坏模式，证实了暴露于碳化中的再生混凝土骨料的性能取决于碳化深度、老砂浆的分布和再生骨料的初始形状。Mazzucco 等 [191] 模拟了再生骨料混凝土的抗压强度，他们认为再生混凝土由三相组成，即天然骨料、老砂浆和新砂浆，而不考虑新老界面过渡区的影响。他们进一步考虑了老砂浆没有完全包裹天然骨料的情况，该模型准确地描述了受侧向约束再生混凝土柱的局部变形行为和非线性力学行为。Guo 等 [192] 通过建立二维再生混凝土有限元模型，分析了再生混凝土在受力过程中的损伤演化规律，并研究了老砂浆含量对再生混凝土断裂的影响。Yu 等 [193] 基于离散元法建立了二维再生混凝土细观模型，证明了采用离散元建立的细观模型是研究再生混凝土力学行为的有效方法，同时证实了新砂浆与老砂浆的相对强度对再生混凝土的开裂过程有显著影响，老砂浆的加入会使再生混凝土的力学性能严重退化。本书作者基于基面力单元法，结合再生混凝土材料的细观结构与宏观力学性能关系的分析方法课题，在专著 [215] 中系统地研究和探索了适合于再生混凝土的细观损伤力学分析方法。作者基于数字图像技术的方法 [214] 和参数化建模 [209-211] 的方法，建立了不同骨料形状的细观力学模型，分析了再生混凝土的破坏机理，此外，研究了再生混凝土的动态力学性能及动态破坏机理 [212,213]，分析了加载速率的影响规律，得到了许多较为有意义的研究结果。

1.6 基面力单元法简介

2003 年，Gao[194] 较系统地提出了“基面力”(base forces, BF) 的理论体系，并利用基面力概念给出了推导空间任意多面体单元刚度矩阵和柔度矩阵显示表达式的思路；利用“基面力”概念，可以完全替代传统的各种二阶应力张量描述一物质点在初始构型和当前构型的应力状态，可以得到弹性力学基本方程 (平衡方程、边界条件、本构关系) 的简洁表达式，还可以建立势能原理和余能原理。在研究物体的力学行为，特别是有限变形的分析中，一阶张量基面力具有传统的二阶应力张量无法比拟的优越性，提供了一个很好的分析工具。2006 年，高玉臣 [195] 基于基面力概念提出了弹性大变形余能原理，其表达形式与小变形完全一样，解决了国际上多年未能很好解决的问题。这些理论为基面力概念在有限元领域的应用奠定了基础。

彭一江等从 2001 年开始从事基于基面力概念的有限元理论研究及软件开发工作，并将这种基于基面力概念的有限元法称为：“基面力单元法”(base force element method, BFEM)[206]，此后，彭一江等 [196-206] 在基面力单元法模型研究、软件开发和基面力元性能分析方面进行了一些前期的基础研究和开发工作，并且成功将基面力单元法应用于混凝土和再生混凝土领域，分析材料的破坏机理，取得了大量成果 [207-214]。进一步探索“基面力单元法” (BFEM) 在大规模工程计算中的应用，拓宽此方法的应用范围，将具有较重要的理论意义和应用价值。

1.7 现存主要问题

本书主要针对静动态损伤问题的基面力单元法及其在再生混凝土细观结构分析中的应用进行研究，目前这一领域仍需解决的问题主要有如下问题。

(1) 基面力单元法具有对网格畸变不敏感，对网格依赖性小，计算精度高的特点，其数学模型为积分显示，计算效率高，可以进行大规模工程计算。因而，提出动力问题的基面力单元法模型，并进一步提出静、动态损伤问题的基面力单元法模型，开发相应的分析软件，具有较为广阔的应用前景。

(2) 由前述可见，目前针对混凝土的细观力学模型的研究和应用已经取得了较为丰富的研究成果，然而现有的细观力学模型受网格质量和网格尺寸的较大影响，存在对网格的依赖性较强、计算效率低等问题，此外，现有的细观力学模型通常采用大型商业通用有限元软件建模分析，建模过程复杂，效率较低。这些问题对于再生混凝土的细观力学模型同样存在，因而，针对混凝土和再生混凝土的细观力学模型的建立和分析，结合基面力单元法的优势，研发高性能并行计算的静动态损伤问题的基面力单元法分析的集成软件，对于混凝土和再生混凝土的细观力学分析和应用都具有巨大的实用价值。

(3) 目前，针对再生混凝土细观力学模型的研究和应用还比较少，再生混凝土的细观建模存在几何空间构造复杂、网格划分困难和界面过渡区太薄而难以模拟的问题，现有的大部分研究通常以二维圆骨料试件的几何模型为主，采用均匀的结构化网格划分方法，不考虑界面过渡区或者对界面过渡区作简化处理。因此，急需发展二维和三维的不同骨料形状的生成方法、网格划分技术和界面过渡区的处理方法等，并提出相应的算法，开发相应的分析软件，为再生混凝土细观结构的计算分析奠定基础。

(4) 为了从有限元分析中获得准确的力学行为，对组成相采用合适的材料参数和材料本构模型是至关重要的。目前，对于混凝土材料，由于其本身内部结构十分复杂，要建立一个能够完全适用各种加载方式和充分考虑各种内、外因素的损伤本构模型几乎是不可能的，因此需要根据实际情况建立合适的损伤本构关系。

(5) 再生混凝土的研究目前还多集中在基本性能的试验研究，相比于混凝土，再生混凝土材料细观结构的静动态破坏机理和破坏规律的研究还远远不够，亟待加强研究。因此，从细观角度量化分析再生混凝土的强度作用机理和规律是具有创新性的研究工作，本书针对再生混凝土材料细观结构静动态破坏机理和破坏规律这个科学课题的系统计算、分析和研究工作，积累了大量数据，取得了丰富的创新性研究成果。

1.8　本书的主要内容

本书从高玉臣院士提出的基面力概念出发，基于基面力概念的新型势能原理有限元法的基础上，推导出平面基面力元模型及空间基面力元模型，并将该算法运用于大规模工程计算，研究再生混凝土的细观损伤与宏观力学性能。

除第 1 章绪论外，本书共分为三大部分：第一部分基于势能原理的基面力单元法；第二部分再生混凝土细观损伤分析模型及模拟方法；第三部分数值仿真论证并模拟再生混凝土材料破坏机理和破坏规律。各部分简介如下。

第一部分为基于势能原理的基面力单元法，该部分工作详见第 2 章，主要有：

(1) 从“基面力”概念出发，利用最小势能原理，分别建立了平面和空间的基面力单元法模型，提出了动力问题的基面力单元法模型；

(2) 提出了静、动态损伤问题的基面力单元法模型，开发了相应的分析软件。

第二部分为再生混凝土细观损伤分析模型及模拟方法，包括第 3 章 ~ 第 7 章，主要有：

(1) 分别研究采用基于数字图像建模的方法和参数化建模的方法建立了二维

再生混凝土细观模型。其中采用参数化建立细观模型的方法，其核心包括了骨料形状的生成方法、骨料粒径的生成方法、骨料投放方法、网格划分技术和界面过渡区的处理方法等。

(2) 建立了三维随机球骨料几何模型，并提出了凸多面体再生混凝土骨料的生成算法，建立了三维随机凸多面体骨料试件几何模型。发展了高质量高效率的网格划分算法。针对界面过渡区，提出了使用单独的可控厚度的基面力单元和零厚度界面单元表示界面过渡区的两种方法。

(3) 介绍了再生混凝土双折线损伤本构模型，进一步，提出了多折线损伤演化本构模型、分段曲线损伤演化本构模型和一种应变空间下的多轴损伤本构模型。此外，采用 Weibull 随机分布函数描述材料本构参数的空间分布，从而建立非均质再生混凝土的细观数值模型。

(4) 针对界面过渡区厚度较小，网格划分需较细的问题，提出了再生混凝土圆骨料复合球等效模型，将再生混凝土中的五相介质等效为三相介质。针对大体量结构的计算量大、耗时较多的问题，提出一种针对再生混凝土的细观均质化模型，从而达到使再生混凝土细观分析结果相对精确的同时计算效率提高的目的。

(5) 研发出一系列高性能并行计算的集成软件，其包括了静动态损伤问题的基面力单元法并行计算模块、前处理可视化建模模块和后处理输出结果可视化模块。

第三部分为数值仿真论证并模拟分析再生混凝土材料破坏机理和破坏规律，包括第 8 章 ~ 第 11 章，主要有：

(1) 针对再生混凝土二维试件的静态损伤问题，首先以模型再生混凝土试件和不同取代率条件下的再生混凝土方形试件为例来说明本书方法的可行性，通过对轴拉和轴压载荷下的应力-应变曲线、破坏形态和破坏过程的研究表明，该模型方法能够准确模拟再生混凝土的力学响应和断裂过程。并进一步研究了再生骨料替代率影响规律、微裂纹的统计分布效应规律、各组分细观力学参数影响规律、骨料形状影响规律等。此外，论证了基于数字图像技术的二维再生混凝土基面力单元法模型，并与其他数值模型进行了对比分析。探讨了零厚度界面单元在界面过渡区的应用。研究了细观力学参数的非均质性的对数值模拟结果的影响。初步验证了细观均质化模型的计算效果。

(2) 针对再生混凝土二维试件的动态损伤问题，结合材料的细观力学特征，通过对再生混凝土的单轴动态拉伸试验、动态弯拉试验、动态剪拉试验和单轴动态压缩试验进行数值分析，对再生混凝土试件的动态力学性能及破坏机理进行研究，分析加载速率的影响规律。

(3) 针对再生混凝土三维试件的静态损伤问题，分别以带双口槽预裂缝的试件为例进行轴拉数值模拟和以圆柱形试件为例进行轴压数值模拟来说明模型方法的有效性，从细观角度再现了试件在加载过程中的内部损伤发展，通过宏观应力-应变曲线，损伤单元分布、应变云图等相关信息，分析试件的破坏过程。此外，通过参数化分析，探讨了骨料分布影响规律、骨料体积分数影响规律、再生骨料取代率影响规律、老砂浆含量影响规律、骨料形状影响规律、界面过渡区厚度影响规律、各组分细观力学参数影响规律等。以预裂纹三点弯曲梁为例，通过与试验对比分析，验证了零厚度界面单元在界面过渡区应用的可行性，同时研究了不同再生粗骨料取代率的三点弯曲梁的断裂行为。

(4) 针对再生混凝土三维试件的动态损伤问题，以哑铃形试件动态拉伸试验和圆盘体动态压缩试验为例论证了模型方法的可行性，同时，从细观角度考察试件在不同加载速率下的损伤发展规律、强度变化规律、裂纹形态和破坏程度等，并且参数化研究再生骨料取代率、再生骨料体积分数的影响规律。

第 2 章　基于势能原理的基面力单元法

本章将根据连续介质力学理论，以高玉臣院士提出的基面力理论为基础，首先介绍了位移与各应变张量的关系表达式、基面力与各应力张量的关系表达，然后给出了基面力单元法所需的平衡方程、边界条件、本构关系的简洁表达式，之后，利用“基面力”概念和势能原理，建立平面基面力元模型、空间基面力元模型和动力问题的基面力元模型，并编制相应的有限元程序。

2.1　基面力基本理论简介

2.1.1　基面力

考虑三维弹性体区域，$\boldsymbol{Q}$ 表示变形后的径矢，$x^i(i=1,2,3)$ 表示 Lagrange 坐标，则变形后的坐标标架为 [194,196]

$$\boldsymbol{Q}_i=\frac{\partial \boldsymbol{Q}}{\partial x^i} \tag{2-1}$$

在当前构型 $\boldsymbol{Q}$ 作一个平行六面体微元，其三条棱边分别为 $\mathrm{d}x^1\boldsymbol{Q}_1$，$\mathrm{d}x^2\boldsymbol{Q}_2$，$\mathrm{d}x^3\boldsymbol{Q}_3$，其所对应的正侧面上的力分别记为 $\mathrm{d}\boldsymbol{T}^1$，$\mathrm{d}\boldsymbol{T}^2$，$\mathrm{d}\boldsymbol{T}^3$，如图 2-1 所示，并做如下定义：

$$\boldsymbol{T}^i=\frac{1}{\mathrm{d}x^{i+1}\mathrm{d}x^{i-1}}\mathrm{d}\boldsymbol{T}^i,\quad \mathrm{d}x^i\to 0 \tag{2-2}$$

这里约定 $3+1=1$，$1-1=3$。式中，$\boldsymbol{T}^i(i=1,2,3)$ 称为坐标系 x^i 中 $\boldsymbol{Q}$ 点的基面力。

为了说明 $\boldsymbol{T}^i$ 的作用，作一个外法线为 $\boldsymbol{n}$ 的任意平面 π 与坐标轴在 $\mathrm{d}x^i(i=1,2,3)$ 处相交，如图 2-2 所示。

由三个坐标面与平面 π 所围成的四面体侧面上受的力向量为$-\boldsymbol{T}^i\mathrm{d}x^{i+1}\mathrm{d}x^{i-1}/2$，而在平面 π 上受的力向量以 $\mathrm{d}S\boldsymbol{\sigma}^n$ 表示。这里 $\mathrm{d}S$ 为平面 π 的面积，$\boldsymbol{\sigma}^n$ 为 π 上的应力向量。由四面体的平衡条件，并考虑式 (2-2)，可得

$$\boldsymbol{\sigma}^n\mathrm{d}S=\frac{1}{2}\mathrm{d}x^1\mathrm{d}x^2\mathrm{d}x^3\left(\frac{1}{\mathrm{d}x^1}\boldsymbol{T}^1+\frac{1}{\mathrm{d}x^2}\boldsymbol{T}^2+\frac{1}{\mathrm{d}x^3}\boldsymbol{T}^3\right) \tag{2-3}$$

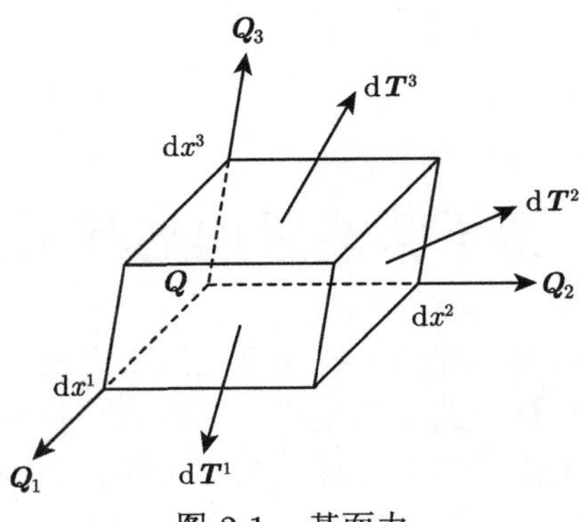

图 2-1　基面力

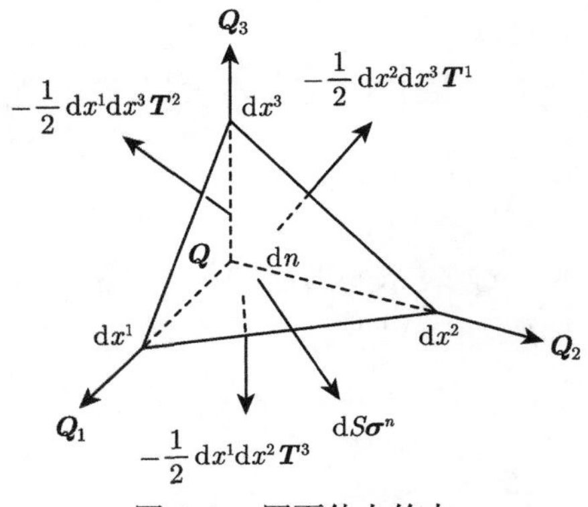

图 2-2　四面体上的力

若以 $\mathrm{d}V$ 表示四面体的体积，$\mathrm{d}n$ 表示从点 $\boldsymbol{Q}$ 到平面 π 的垂线长度，则

$$\mathrm{d}V=\frac{1}{6}V_Q\mathrm{d}x^1\mathrm{d}x^2\mathrm{d}x^3=\frac{1}{3}\mathrm{d}n\cdot\mathrm{d}S \tag{2-4}$$

式中，V_Q 为 x^i 系统的基容。

$$V_Q=(\boldsymbol{Q}_1,\boldsymbol{Q}_2,\boldsymbol{Q}_3) \tag{2-5}$$

由方程 (2-3) 和 (2-4)，可得

$$\boldsymbol{\sigma}^n=\frac{1}{V_Q}\boldsymbol{T}^i\frac{\partial n}{\partial x^i} \tag{2-6}$$

注意，这里有

$$\frac{\partial n}{\partial x^i}=\boldsymbol{Q}_i\cdot\boldsymbol{n}=n_i \tag{2-7}$$

则式 (2-6) 可写为

$$\boldsymbol{\sigma}^n = \frac{1}{V_Q}\boldsymbol{T}^i n_i \tag{2-8}$$

方程 (2-8) 表明，基面力可以给出一点应力状态的完整描述。

任意方位的平面上的应力 $\boldsymbol{\sigma}^n$ 可由其法向量 $\boldsymbol{n}$ 与 Cauchy 应力张量 $\boldsymbol{\sigma}$ 点乘得到，即

$$\boldsymbol{\sigma}^n = \boldsymbol{\sigma} \cdot \boldsymbol{n} \tag{2-9}$$

为了进一步解释基面力 T^i 的含义，令 $\boldsymbol{\sigma}^i$ 表示第 i 个坐标面上的应力，根据式 (2-2)，得

$$\boldsymbol{T}^i = A^i \boldsymbol{\sigma}^i \tag{2-10}$$

其中，

$$A^i = \left|\boldsymbol{Q}_{i+1} \times \boldsymbol{Q}_{i-1}\right| \tag{2-11}$$

A^i 被称为基面积，在式 (2-10) 中 i 不求和。

2.1.2 基面力与应力张量关系表达式

由基面力 $\boldsymbol{T}^i$ 可以构造 Cauchy 应力张量 $\boldsymbol{\sigma}$，即

$$\boldsymbol{\sigma} = \frac{1}{V_Q}\boldsymbol{T}^i \otimes \boldsymbol{Q}_i \tag{2-12}$$

由上面可知，Cauchy 应力张量可以用基面力来表示，故此可以看出基面力和其他应力张量一样可以用来描述一点的应力状态。

2.1.3 基面力理论基本方程

1. 基面力表示的平衡方程

微元体平衡方程的物理含义就是应力、体积力和惯性力相平衡。对于静态问题，平衡方程可写成

$$\frac{\partial}{\partial x^i}\boldsymbol{T}^i + \rho_0 V_P \boldsymbol{f} = 0 \tag{2-13}$$

或

$$\frac{\partial}{\partial x^i}\boldsymbol{T}^i + \rho V_Q \boldsymbol{f} = 0 \tag{2-14}$$

式中，$\boldsymbol{f}$ 为单位质量物体的体力。

2. 位移梯度表示的几何方程

对于小变形情况，几何方程可写为

$$\boldsymbol{\varepsilon}=\frac{1}{2}\left(\boldsymbol{u}_i\cdot\boldsymbol{P}_j+\boldsymbol{P}_i\cdot\boldsymbol{u}_j\right)\boldsymbol{P}^i\otimes\boldsymbol{P}^j \tag{2-15}$$

或

$$\boldsymbol{\varepsilon}=\frac{1}{2}\left(\boldsymbol{u}_i\otimes\boldsymbol{P}^i+\boldsymbol{P}^i\otimes\boldsymbol{u}_i\right) \tag{2-16}$$

3. 基面力表示的物理方程

基面力 $\boldsymbol{T}^i$ 表示的物理方程为

$$\boldsymbol{T}^i=\rho_0 V_P\frac{\partial W}{\partial \boldsymbol{Q}_i}=\rho V_Q\frac{\partial W}{\partial \boldsymbol{Q}_i} \tag{2-17}$$

式中，W 表示变形前单位质量的应变能函数；ρ_0、ρ 分别表示变形前、变形后的物质密度；V_P 和 V_Q 分别表示变形前和变形后的基容：

$$V_P=(\boldsymbol{P}_1,\boldsymbol{P}_2,\boldsymbol{P}_3),\quad V_Q=(\boldsymbol{Q}_1,\boldsymbol{Q}_2,\boldsymbol{Q}_3) \tag{2-18}$$

4. 基面力表示的边界条件

如图 2-3 所示的物质区域，S_u 为给定位移 $\boldsymbol{u}$ 的边界，S_T 为给定面力的边界。

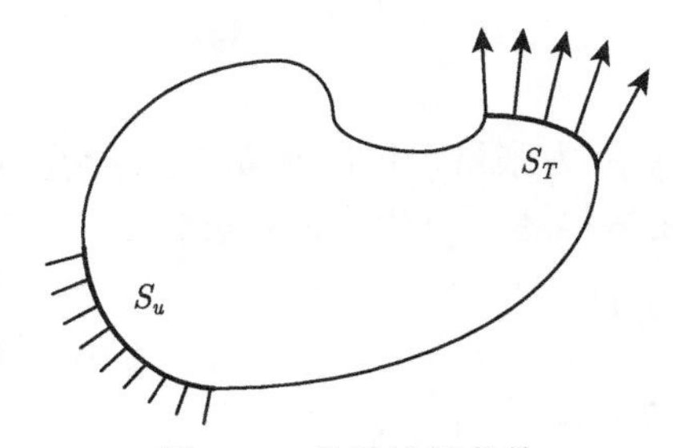

图 2-3　各种边界条件

(1) 位移边界条件：

$$\boldsymbol{u}=\bar{\boldsymbol{u}}，\text{在 } S_u \text{ 上} \tag{2-19}$$

式中，$\bar{\boldsymbol{u}}$ 为当前边界上给定的位移。

(2) 应力边界条件：

$$\frac{1}{V_Q}\boldsymbol{T}^i n_i=\bar{\boldsymbol{T}}，\text{在 } S_T \text{ 上} \tag{2-20}$$

式中，$\bar{\boldsymbol{T}}$ 为当前边界上给定的面力；$\boldsymbol{n}$ 为当前面 S_T 的法线。

2.2　二维势能原理基面力单元法

2003 年高玉臣院士 [194] 从基面力的概念出发，利用连续介质力学理论推导出线弹性单元刚度矩阵的直接表达式。通过前期的研究表明 [196]：

(1) 该模型数学表达简洁，不需积分，且公式中数学量均有明显的物理意义。

(2) 具有对网格畸变不敏感，对网格依赖性小，计算精度高的特点。

(3) 基面力单元法在大变形问题中的模型推导简洁，非线性运算的收敛性好。

(4) 数学模型为积分显示，计算效率高，可以进行大规模工程计算，具有较为广阔的应用前景和进一步研发的价值。

在本节中，利用“基面力”概念和势能原理，建立平面基面力元模型。为后续进一步研究损伤问题的非线性基面力单元法及开发相应的分析软件奠定基础。

2.2.1　平面三角形基面力元模型

基于“基面力的概念”推导一个平面基面力元刚度矩阵的显式表达式。如图 2-4 为一个三角形基面力单元，用 I，J，K 表示各节点，$\boldsymbol{u}_I$，$\boldsymbol{u}_J$，$\boldsymbol{u}_K$ 表示各节点的位移。

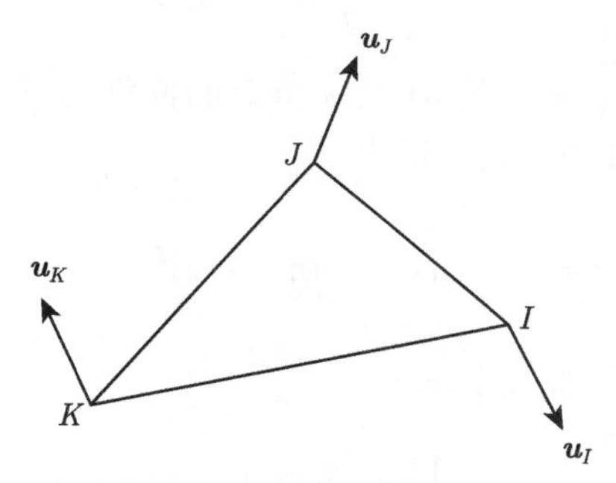

图 2-4　三角形基面力单元

单元真实应变 $\boldsymbol{\varepsilon}$ 可以用平均应变 $\overline{\boldsymbol{\varepsilon}}$ 与应变偏量之和来表示：

$$\boldsymbol{\varepsilon} = \overline{\boldsymbol{\varepsilon}} + \widetilde{\boldsymbol{\varepsilon}} \tag{2-21}$$

对于小变形问题，$\widetilde{\boldsymbol{\varepsilon}}$ 可以忽略，则 $\boldsymbol{\varepsilon}$ 可由 $\overline{\boldsymbol{\varepsilon}}$ 来代替。我们可以得到单元的平均应变：

$$\overline{\boldsymbol{\varepsilon}} = \frac{1}{A}\int_A \boldsymbol{\varepsilon}\mathrm{d}A \tag{2-22}$$

式中，A 为单元面积。

将公式 (2-16) 代入公式 (2-22) 得到

$$\bar{\boldsymbol{\varepsilon}} = \frac{1}{2A}\int_A (\boldsymbol{u}_\alpha \otimes \boldsymbol{P}^\alpha + \boldsymbol{P}^\alpha \otimes \boldsymbol{u}_\alpha)\mathrm{d}A \tag{2-23}$$

根据 Green 公式，单元应变表达式 (2-23) 可改写为

$$\bar{\varepsilon} = \frac{1}{2A}\int_S (\boldsymbol{u} \otimes \boldsymbol{n} + \boldsymbol{n} \otimes \boldsymbol{u})\mathrm{d}S \tag{2-24}$$

式中，$\boldsymbol{n}$ 为单元边界 S 的外法线矢量。

当单元区域足够小时，公式 (2-24) 可改为

$$\bar{\boldsymbol{\varepsilon}} = \frac{1}{2A}\sum_{i=1}^{3} L_i(\boldsymbol{u}_i \otimes \boldsymbol{n}_i + \boldsymbol{n}_i \otimes \boldsymbol{u}_i) \tag{2-25}$$

式中，L_i 为边界 $i(i=1,2,3)$ 的长度，$\boldsymbol{n}_i$ 表示三角形单元的第 $i(i=1,2,3)$ 个边的外法线，$\boldsymbol{u}_i$ 表示边 $i(i=1,2,3)$ 几何中心的位移向量。

此外，假设变形过程中三角形单元的任意边界保持为直线。于是我们可以得到 $\boldsymbol{u}_i$ 的表达式如下：

$$\boldsymbol{u}_i = \frac{1}{2}(\boldsymbol{u}_I + \boldsymbol{u}_J) \tag{2-26}$$

$\boldsymbol{u}_I$ 和 $\boldsymbol{u}_J$ 分别表示边 i (i =1, 2, 3) 两端节点的位移向量。

将 (2-26) 式代入 (2-25) 式，得出

$$\bar{\boldsymbol{\varepsilon}} = \frac{1}{2A}(\boldsymbol{u}_I \otimes \boldsymbol{m}^I + \boldsymbol{m}^I \otimes \boldsymbol{u}_I) \tag{2-27}$$

该式中隐含着求和约定，且式中 $\boldsymbol{m}^I$ 为

$$\boldsymbol{m}^I = \frac{1}{2}(L_{IJ}\boldsymbol{n}^{IJ} + L_{IK}\boldsymbol{n}^{IK}) \tag{2-28}$$

式中，$L_{IJ}, L_{IK}, \cdots$，分别为边界 IJ，IK，$\cdots$，的长度；$\boldsymbol{n}^{IJ}$，$\boldsymbol{n}^{IK}$，$\cdots$，分别表示边界 IJ，IK，$\cdots$，的外法线向量。

对于各向同性材料，单元应变能的表达式为

$$W_D = \frac{AE}{2(1+\nu)}\left[\frac{\nu}{1-2\nu}(\bar{\boldsymbol{\varepsilon}} : \boldsymbol{U})^2 + \bar{\boldsymbol{\varepsilon}} : \bar{\boldsymbol{\varepsilon}}\right] \tag{2-29}$$

式中，E 为杨氏模量，ν 为泊松比。

将单元的应变张量表达式 (2-27) 代入单元应变能 W_D 的表达式 (2-29)，则可得到

$$W_D=\frac{E}{4A(1+\nu)}\left[\frac{2\nu}{1-2\nu}(\boldsymbol{u}_I\cdot\boldsymbol{m}^I)^2+(\boldsymbol{u}_I\cdot\boldsymbol{u}_J)m^{IJ}+(\boldsymbol{u}_I\cdot\boldsymbol{m}^J)(\boldsymbol{u}_J\cdot\boldsymbol{m}^I)\right] \tag{2-30}$$

式中，

$$m^{IJ}=\boldsymbol{m}^I\cdot\boldsymbol{m}^J \tag{2-31}$$

由式 (2-30) 可以得到作用在节点 I 上的力：

$$\boldsymbol{f}^I=\frac{\partial W_D}{\partial \boldsymbol{u}^I}=\boldsymbol{K}^{IJ}\cdot\boldsymbol{u}_J \tag{2-32}$$

式中，

$$\boldsymbol{K}^{IJ}=\frac{E}{2A(1+\nu)}\left[\frac{2\nu}{1-2\nu}\boldsymbol{m}^I\otimes\boldsymbol{m}^J+m^{IJ}\boldsymbol{U}+\boldsymbol{m}^J\otimes\boldsymbol{m}^I\right] \tag{2-33}$$

这里，$\boldsymbol{K}^{IJ}$ 为二阶张量，即所谓的单元刚度矩阵。

对于平面应变问题，以 x，y 表示直角坐标，单元刚度矩阵中任意元素 $\boldsymbol{K}^{IJ}$ 的表达式可展开为

$$\begin{aligned}
\boldsymbol{K}^{IJ}&=\frac{E}{2A(1+\nu)}\left[\frac{2\nu}{1-2\nu}\boldsymbol{m}^I\otimes\boldsymbol{m}^J+m^{IJ}\boldsymbol{U}+\boldsymbol{m}^J\otimes\boldsymbol{m}^I\right]\\
&=\frac{E}{2A(1+\nu)}\left[\frac{2\nu}{1-2\nu}m_i^I\boldsymbol{e}_i\otimes m_j^J\boldsymbol{e}_j+\left(m_i^I\boldsymbol{e}_i\cdot m_j^J\boldsymbol{e}_j\right)\delta_{kl}\boldsymbol{e}_k\otimes\boldsymbol{e}_l+m_j^J\boldsymbol{e}_j\otimes m_i^I\boldsymbol{e}_i\right]\\
&=\frac{E}{2A(1+\nu)}\left[\frac{2\nu}{1-2\nu}m_i^I m_j^J\boldsymbol{e}_i\otimes\boldsymbol{e}_j+\left(m_i^I m_j^J\boldsymbol{e}_i\cdot\boldsymbol{e}_j\right)\delta_{kl}\boldsymbol{e}_k\otimes\boldsymbol{e}_l+m_i^I m_j^J\boldsymbol{e}_j\otimes\boldsymbol{e}_i\right]\\
&=\frac{E}{2A(1+\nu)}\left[\frac{2\nu}{1-2\nu}m_i^I m_j^J\boldsymbol{e}_i\otimes\boldsymbol{e}_j+\left(m_i^I m_i^J\right)\delta_{kl}\boldsymbol{e}_k\otimes\boldsymbol{e}_l+m_i^I m_j^J\boldsymbol{e}_j\otimes\boldsymbol{e}_i\right]\\
&=\frac{E}{2A(1+\nu)}\left[\frac{2\nu}{1-2\nu}(m_x^I m_x^J\boldsymbol{e}_x\otimes\boldsymbol{e}_x+m_x^I m_y^J\boldsymbol{e}_x\otimes\boldsymbol{e}_y+m_y^I m_x^J\boldsymbol{e}_y\otimes\boldsymbol{e}_x\right.\\
&\quad+m_y^I m_y^J\boldsymbol{e}_y\otimes\boldsymbol{e}_y)+(m_x^I m_x^J+m_y^I m_y^J)(\boldsymbol{e}_x\otimes\boldsymbol{e}_x+\boldsymbol{e}_y\otimes\boldsymbol{e}_y)\\
&\quad\left.+(m_x^I m_x^J\boldsymbol{e}_x\otimes\boldsymbol{e}_x+m_x^I m_y^J\boldsymbol{e}_y\otimes\boldsymbol{e}_x+m_y^I m_x^J\boldsymbol{e}_x\otimes\boldsymbol{e}_y+m_y^I m_y^J\boldsymbol{e}_y\otimes\boldsymbol{e}_y)\right]
\end{aligned} \tag{2-34}$$

式中，I,J 为单元节点局部码。

对平面应力问题，只要将上式中 $\dfrac{E}{1-\nu^2}$ 换为 E，$\dfrac{\nu}{1-\nu}$ 换为 ν 即可。

式 (2-34) 中，$\boldsymbol{m}^I$ 和 $\boldsymbol{m}^J$ 的表达式可展开为 (如图 2-5 所示)：

$$\boldsymbol{m}^I=m_i^I\boldsymbol{e}_i=\frac{1}{2}(L_{IJ}\boldsymbol{n}^{IJ}+L_{LI}\boldsymbol{n}^{LI})=\frac{1}{2}(L_{IJ}n_i^{IJ}\boldsymbol{e}_i+L_{LI}n_i^{LI}\boldsymbol{e}_i)$$

$$= \frac{1}{2}(L_{IJ}n_i^{IJ} + L_{LI}n_i^{LI})\boldsymbol{e}_i \tag{2-35}$$

$$\boldsymbol{m}^J = m_i^J\boldsymbol{e}_i = \frac{1}{2}(L_{JK}\boldsymbol{n}^{JK} + L_{IJ}\boldsymbol{n}^{IJ}) = \frac{1}{2}(L_{JK}n_i^{JK}\boldsymbol{e}_i + L_{IJ}n_i^{IJ}\boldsymbol{e}_i)$$

$$= \frac{1}{2}(L_{JK}n_i^{JK} + L_{IJ}n_i^{IJ})\boldsymbol{e}_i \tag{2-36}$$

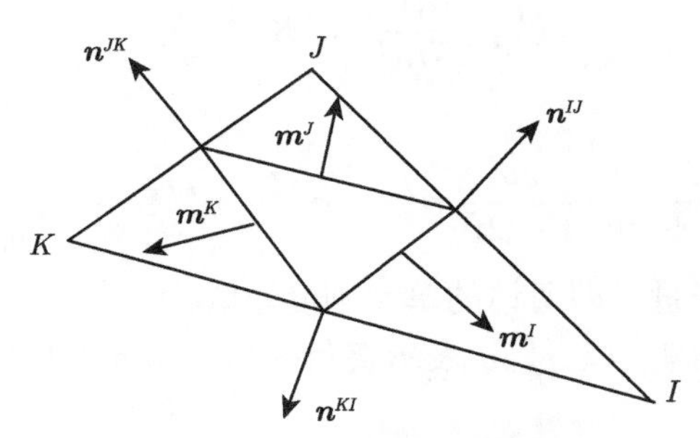

图 2-5　三角形单元刚度的构建

当单元取足够小时，用平均应变代替真实应变，平均应力代替真实应力。单元平均应变的三个分量：

$$\varepsilon_x = \frac{1}{A}\sum_{I=1}^{n}(u_{Ix}m_x^I) \tag{2-37}$$

$$\varepsilon_y = \frac{1}{A}\sum_{I=1}^{n}(u_{Iy}m_y^I) \tag{2-38}$$

$$\gamma_{xy} = \frac{1}{A}\sum_{I=1}^{n}(u_{Ix}m_y^I + u_{Iy}m_x^I) \tag{2-39}$$

平面应力问题的应力分量表达式为

$$\sigma_x = \frac{E}{1-\nu^2}(\varepsilon_x + \nu\varepsilon_y) \tag{2-40}$$

$$\sigma_y = \frac{E}{1-\nu^2}(\varepsilon_y + \nu\varepsilon_x) \tag{2-41}$$

$$\tau_{xy} = \frac{E}{2(1+\nu)}\gamma_{xy} \tag{2-42}$$

将上式中的 E 换为 $\dfrac{E}{1-\nu^2}$，ν 换为 $\dfrac{\nu}{1-\nu}$，可得到平面应变问题的应力分量表达式。

2.2.2 势能原理基面力单元法主程序流程图

本研究开发了势能原理基面力单元法主程序流程图，如图 2-6 所示。

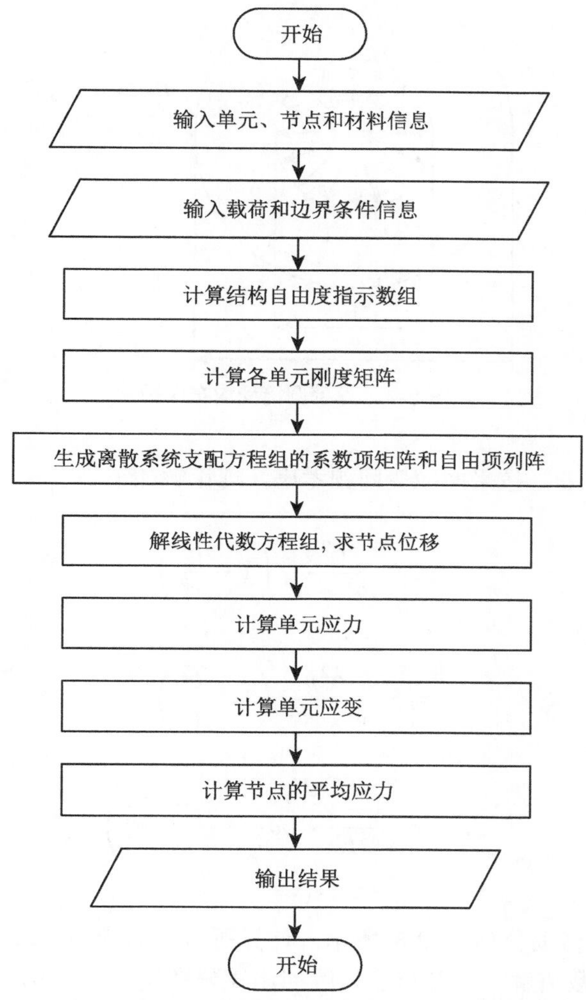

图 2-6 势能原理基面力单元法主程序流程图

2.2.3 模型正确性验证

为验证本章基面力元模型及程序的正确性，对厚壁圆桶受压的弹性理论问题进行算例分析。

计算条件如下。

一厚壁圆桶受内压作用，几何尺寸、材料参数及内、外压值采用无量纲化，如图 2-7 所示。

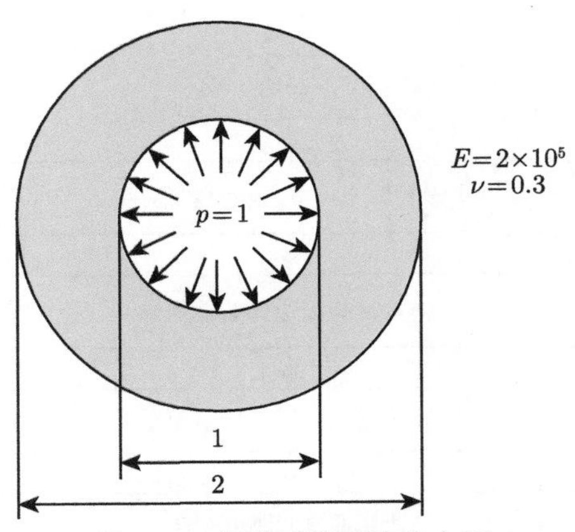

图 2-7　厚壁圆筒受均布内压

根据文献 [216]，按平面应变问题考虑，理论解如下。

径向应力

$$\sigma_r = \frac{a^2 p}{b^2 - a^2}\left(1 - \frac{b^2}{r^2}\right) \tag{2-43}$$

环向应力

$$\sigma_\theta = \frac{a^2 p}{b^2 - a^2}\left(1 + \frac{b^2}{r^2}\right) \tag{2-44}$$

径向位移

$$u_r = r \cdot \frac{1 - \nu^2}{E}\left(\sigma_\theta - \frac{\nu}{1 - \nu}\sigma_r\right) \tag{2-45}$$

计算结果如下。

计算时的网格划分如图 2-8 所示，计算所得径向应力 σ_r、环向应力 σ_θ 和径向位移 u_r 的数值解，以及与理论解的比较分别绘于图 2-9，并列于表 2-1 和表 2-2。

可以看出，采用本章方法的数值解与理论解吻合较好，研究结果证明，本章刚度模型可适用三角形单元的网格划分。与传统常应变三角形单元有限元法相比，本章方法的数学模型的推导思路较为新颖，数学表达式更为简洁，物理概念更加清楚，计算、编程更为方便。

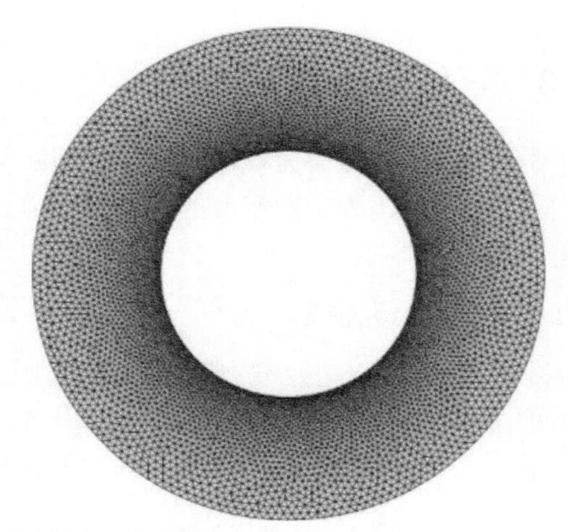

图 2-8 厚壁圆筒网格划分 (单元数：13157 个；节点数：6831 个)

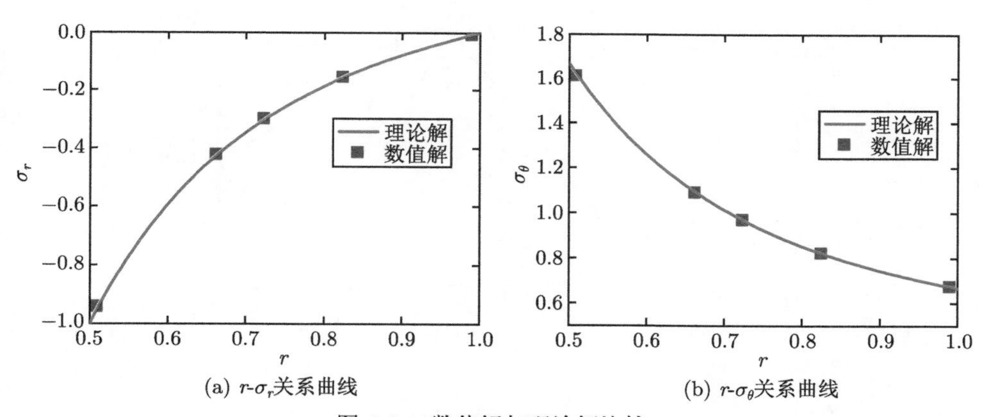

(a) r-σ_r关系曲线 (b) r-σ_θ关系曲线

图 2-9 数值解与理论解比较

表 2-1 厚壁圆筒的应力解

位置 r	0.5097	0.6621	0.7235	0.82485	0.9899
数值解 σ_r	−0.94101	−0.42286	−0.29955	−0.15612	−0.00682
理论解 σ_r	−0.94973	−0.42705	−0.30346	−0.15659	−0.00684
数值解 σ_θ	1.60989	1.08876	0.96932	0.82245	0.67350
理论解 σ_θ	1.61640	1.09371	0.97013	0.82326	0.67350

表 2-2 厚壁圆筒的位移解

位置 r	0.5097	0.6621	0.7235	0.82485	0.9899
数值解 $u_r/10^{-5}$	0.46911	0.38458	0.36212	0.33412	0.30466
理论解 $u_r/10^{-5}$	0.46926	0.38462	0.36217	0.33416	0.30467

2.3　三维势能原理基面力单元法

本节建立空间四节点四面体基面力元模型，推导空间四节点四面体单元的刚度矩阵表达式、单元应变表达式，为开发相应的三维基面力元程序及继续研究基面力元的空间问题奠定基础。

2.3.1　空间四节点四面体基面力元模型

基于“基面力的概念”，推导空间四节点四面体单元刚度的显示表达式。如图 2-10 所示为一个考虑边界问题的四节点四面体单元，用 A, B, C, D 表示各顶点，$u_{Ij}\,(I=A,B,C,D; j=x,y,z)$ 表示 I 节点在 j 方向上的位移分量，$\alpha, \beta, \chi, \cdots$，表示单元的四个面。

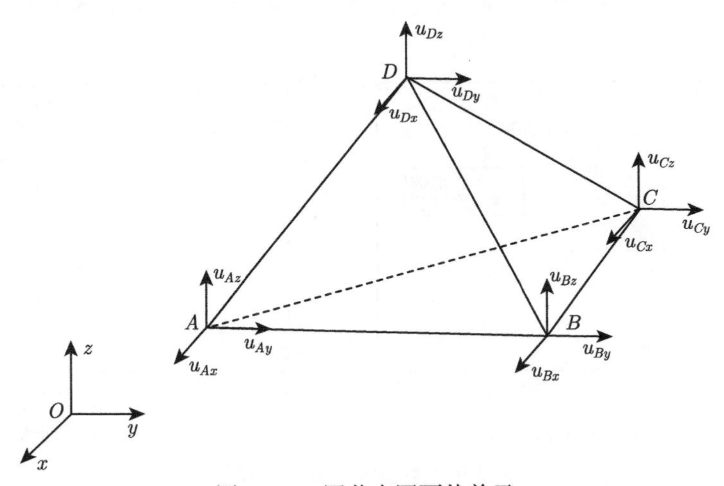

图 2-10　四节点四面体单元

考虑任意多面体中的一个面 α，如图 2-11 所示，连接该面的形心 g 与每一条边的中点，因此，α 面可以被分为几个区域 $\alpha_A, \alpha_B, \alpha_C, \cdots$。用 S_α 表示该面的面积，$S_{\alpha I}\,(I=A,B,C,\cdots)$ 表示 $\alpha_A, \alpha_B, \alpha_C, \cdots$，的面积。假设单元在变形的过程中，$\alpha$ 面始终保持平面形状且各边均保持直线。则单元 α 面形心处的位移可以表示为 [196]

$$\boldsymbol{u}_\alpha = \frac{1}{S_\alpha}\left(S_{\alpha A}\boldsymbol{u}_A + S_{\alpha B}\boldsymbol{u}_B + \cdots\right) \tag{2-46}$$

1. 三维空间单元的应变

单元的真实应变 $\boldsymbol{\varepsilon}$ 可用平均应变 $\bar{\boldsymbol{\varepsilon}}$ 与应变偏量 $\tilde{\boldsymbol{\varepsilon}}$ 之和表示：

$$\boldsymbol{\varepsilon}=\overline{\boldsymbol{\varepsilon}}+\widetilde{\boldsymbol{\varepsilon}} \tag{2-47}$$

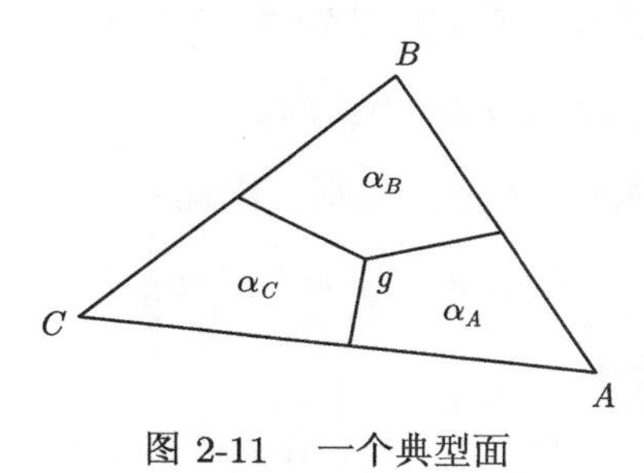

图 2-11 一个典型面

对于小变形问题，$\widetilde{\boldsymbol{\varepsilon}}$ 可以忽略，则 $\boldsymbol{\varepsilon}$ 可由 $\overline{\boldsymbol{\varepsilon}}$ 来代替，可以得到单元的平均应变：

$$\overline{\boldsymbol{\varepsilon}}=\frac{1}{V}\int_V \boldsymbol{\varepsilon}\mathrm{d}V \tag{2-48}$$

将公式 (2-16) 代入公式 (2-48) 得到单元平均应变的表达式：

$$\overline{\boldsymbol{\varepsilon}}=\frac{1}{2V}\int_V\left(\boldsymbol{u}_\alpha\otimes\boldsymbol{P}^\alpha+\boldsymbol{P}^\alpha\otimes\boldsymbol{u}_\alpha\right)\mathrm{d}V=\frac{1}{2V}\int_S\left(\boldsymbol{u}\otimes\boldsymbol{n}+\boldsymbol{n}\otimes\boldsymbol{u}\right)\mathrm{d}S \tag{2-49}$$

若以 $\boldsymbol{n}_I$ 表示单元的第 $I\,(\alpha,\beta,\chi,\cdots)$ 面的外法线，则单元平均应变的表达式可以表示为

$$\overline{\boldsymbol{\varepsilon}}=\frac{1}{2V}\left(\boldsymbol{u}_I\otimes\boldsymbol{n}_I+\boldsymbol{n}_I\otimes\boldsymbol{u}_I\right)S_{(I)} \tag{2-50}$$

式中，该式隐含求和约定；$S_{(I)}$ 为单元第 $I\,(\alpha,\beta,\chi,\cdots)$ 个面的面积，不参与求和；$\boldsymbol{u}_I$ 为单元第 $I\,(\alpha,\beta,\chi,\cdots)$ 个面形心处的位移向量；V 为单元体积。

根据张量运算的求和约定规则，得到用节点位移表示单元应变张量的表达式：

$$\overline{\varepsilon}=\frac{1}{2V}\left(\boldsymbol{u}_I\otimes\boldsymbol{m}^I+\boldsymbol{m}^I\otimes\boldsymbol{u}_I\right) \tag{2-51}$$

式中，隐含求和约定，且有

$$\boldsymbol{m}^I=S_{\alpha I}\boldsymbol{n}_\alpha+S_{\beta I}\boldsymbol{n}_\beta+S_{\gamma I}\boldsymbol{n}_\gamma+\cdots \tag{2-52}$$

对于四节点四面体单元，$\boldsymbol{m}^I$ 的展开表达式为

$$\begin{aligned}\boldsymbol{m}^I&=S_{\alpha I}\boldsymbol{n}_\alpha+S_{\beta I}\boldsymbol{n}_\beta+S_{\gamma I}\boldsymbol{n}_\gamma\\&=S_{\alpha I}\left(\boldsymbol{n}_{\alpha x}\boldsymbol{e}_x+\boldsymbol{n}_{\alpha y}\boldsymbol{e}_y+n_{\alpha z}\boldsymbol{e}_z\right)+S_{\beta I}\left(\boldsymbol{n}_{\beta x}\boldsymbol{e}_x+\boldsymbol{n}_{\beta y}\boldsymbol{e}_y+\boldsymbol{n}_{\beta z}\boldsymbol{e}_z\right)\end{aligned}$$

$$
\begin{aligned}
&+S_{\gamma I}\left(n_{\gamma x}\boldsymbol{e}_{\boldsymbol{x}}+\boldsymbol{n}_{\gamma \boldsymbol{y}}\boldsymbol{e}_{\boldsymbol{y}}+\boldsymbol{n}_{\gamma z}\boldsymbol{e}_{\boldsymbol{z}}\right)\\
&=\left(S_{\alpha I}\boldsymbol{n}_{\alpha x}+S_{\beta I}\boldsymbol{n}_{\beta x}+S_{\gamma I}\boldsymbol{n}_{\gamma x}\right)\boldsymbol{e}_{\boldsymbol{x}}+\left(S_{\alpha I}\boldsymbol{n}_{\alpha \boldsymbol{y}}+S_{\beta I}\boldsymbol{n}_{\beta \boldsymbol{y}}+S_{\gamma I}\boldsymbol{n}_{\gamma \boldsymbol{y}}\right)\boldsymbol{e}_{\boldsymbol{y}}\\
&+\left(S_{\alpha I}\boldsymbol{n}_{\alpha z}+S_{\beta I}\boldsymbol{n}_{\beta z}+S_{\gamma I}\boldsymbol{n}_{\gamma z}\right)\boldsymbol{e}_{\boldsymbol{z}}
\end{aligned}
\tag{2-53}
$$

在正四面体单元中，各平面均为正三角形，因此有

$$
S_{\alpha I}=S_{\beta I}=S_{\gamma I}=\frac{1}{3}S \tag{2-54}
$$

式中，S 为单元各面的面积。

因此，式 (2-53) 可以写成

$$
\boldsymbol{m}^{I}=\frac{1}{3}S\left[\left(\boldsymbol{n}_{\alpha x}+\boldsymbol{n}_{\beta x}+\boldsymbol{n}_{\gamma x}\right)\boldsymbol{e}_{\boldsymbol{x}}+\left(\boldsymbol{n}_{\alpha y}+\boldsymbol{n}_{\beta y}+\boldsymbol{n}_{\gamma y}\right)\boldsymbol{e}_{\boldsymbol{y}}+\left(\boldsymbol{n}_{\alpha z}+\boldsymbol{n}_{\beta z}+\boldsymbol{n}_{\gamma z}\right)\boldsymbol{e}_{\boldsymbol{z}}\right]
\tag{2-55}
$$

设单元共有 n 个节点，根据求和约定，将式 (2-51) 展开，得

$$
\begin{aligned}
\overline{\boldsymbol{\varepsilon}}&=\frac{1}{2V}\sum_{I=1}^{n}\left(\boldsymbol{u}_{I}\otimes\boldsymbol{m}^{I}+\boldsymbol{m}^{I}\otimes\boldsymbol{u}_{I}\right)\\
&=\frac{1}{2V}\sum_{I=1}^{n}\left(u_{Ii}\boldsymbol{e}_{i}\otimes m_{j}^{I}\boldsymbol{e}_{j}+m_{i}^{I}\boldsymbol{e}_{i}\otimes u_{Ij}\boldsymbol{e}_{j}\right)
\end{aligned}
\tag{2-56}
$$

以 x,y,z 表示直角坐标系坐标，式 (2-56) 可以表示为

$$
\begin{aligned}
\overline{\boldsymbol{\varepsilon}}=\frac{1}{2V}\sum_{I=1}^{n}&\left(2u_{Ix}m_{x}^{i}\boldsymbol{e}_{x}\otimes\boldsymbol{e}_{x}+2u_{Iy}m_{y}^{i}\boldsymbol{e}_{y}\otimes\boldsymbol{e}_{y}\right.\\
&+2u_{Iz}m_{z}^{i}\boldsymbol{e}_{z}\otimes\boldsymbol{e}_{z}+\left(u_{Ix}m_{y}^{I}+u_{Iy}m_{x}^{I}\right)\boldsymbol{e}_{y}\otimes\boldsymbol{e}_{x}\\
&+\left(u_{Ix}m_{y}^{I}+u_{Iy}m_{x}^{I}\right)\boldsymbol{e}_{x}\otimes\boldsymbol{e}_{y}+\left(u_{Ix}m_{z}^{I}+u_{Iz}m_{x}^{I}\right)\boldsymbol{e}_{x}\otimes\boldsymbol{e}_{z}\\
&+\left(u_{Ix}m_{z}^{I}+u_{Iz}m_{x}^{I}\right)\boldsymbol{e}_{z}\otimes\boldsymbol{e}_{x}+\left(u_{Iy}m_{z}^{I}+u_{Iz}m_{y}^{I}\right)\boldsymbol{e}_{y}\otimes\boldsymbol{e}_{z}\\
&\left.+\left(u_{Iy}m_{z}^{I}+u_{Iz}m_{y}^{I}\right)\boldsymbol{e}_{z}\otimes\boldsymbol{e}_{y}\right)
\end{aligned}
\tag{2-57}
$$

因此可以得到单元平均应变的六个分量，即

$$
\begin{aligned}
&\overline{\varepsilon}_{\boldsymbol{x}}=\frac{1}{V}\sum_{I=1}^{n}\left(u_{Ix}m_{x}^{I}\right),\quad \overline{\varepsilon}_{\boldsymbol{y}}=\frac{1}{V}\sum_{I=1}^{n}\left(u_{Iy}m_{y}^{I}\right)\\
&\overline{\varepsilon}_{\boldsymbol{z}}=\frac{1}{V}\sum_{I=1}^{n}\left(u_{Iz}m_{z}^{I}\right),\quad \overline{\gamma}_{\boldsymbol{xz}}=\frac{1}{V}\sum_{I=1}^{n}\left(u_{Ix}m_{z}^{I}+u_{Iz}m_{x}^{I}\right)\\
&\overline{\gamma}_{\boldsymbol{xy}}=\frac{1}{V}\sum_{I=1}^{n}\left(u_{Ix}m_{y}^{I}+u_{Iy}m_{x}^{I}\right),\quad \overline{\gamma}_{\boldsymbol{yz}}=\frac{1}{V}\sum_{I=1}^{n}\left(u_{Iy}m_{z}^{I}+u_{Iz}m_{y}^{I}\right)
\end{aligned}
\tag{2-58}
$$

2. 三维空间单元的刚度矩阵

对于线弹性材料，单元的应变能表达式可以表示为

$$W_D=\frac{AE}{2\left(1+\nu\right)}\left[\frac{\nu}{1-2\nu}\left(\overline{\boldsymbol{\varepsilon}}:\boldsymbol{U}\right)^2+\overline{\boldsymbol{\varepsilon}}:\overline{\boldsymbol{\varepsilon}}\right] \tag{2-59}$$

式中，E 为杨氏模量；ν 为泊松比。

将式 (2-56) 代入 (2-59) 得

$$W_D=\frac{E}{4V\left(1+\nu\right)}\left[\frac{2\nu}{1-2\nu}\left(\boldsymbol{u}_I\times\boldsymbol{m}^I\right)^2+\left(\boldsymbol{u}_I\cdot\boldsymbol{u}_J\right)\boldsymbol{m}^{IJ}+\left(\boldsymbol{u}_I\cdot\boldsymbol{m}^J\right)\left(\boldsymbol{u}_J\cdot\boldsymbol{m}^I\right)\right] \tag{2-60}$$

式中，

$$\boldsymbol{m}^{IJ}=\boldsymbol{m}^I\cdot\boldsymbol{m}^J$$

由式 (2-60) 可以得到作用在单元节点 I 上的力:

$$\boldsymbol{f}^I=\frac{\partial W_D}{\partial\boldsymbol{u}^I}=\boldsymbol{K}^{IJ}\cdot\boldsymbol{u}_J \tag{2-61}$$

式中，$\boldsymbol{K}^{IJ}$ 为二阶张量，即刚度矩阵：

$$\boldsymbol{K}^{IJ}=\frac{E}{2V\left(1+\nu\right)}\left[\frac{2\nu}{1-2\nu}\boldsymbol{m}^I\otimes\boldsymbol{m}^J+\boldsymbol{m}^{IJ}\boldsymbol{U}+\boldsymbol{m}^J\otimes\boldsymbol{m}^I\right] \tag{2-62}$$

单元刚度矩阵中任意元素 $\boldsymbol{K}^{IJ}$ 的表达式可展开为

$$\begin{aligned}
\boldsymbol{K}^{IJ}=&\frac{E}{2V\left(1+\nu\right)}\left[\frac{2\nu}{1-2\nu}m_i^Im_j^J\boldsymbol{e_i}\otimes\boldsymbol{e_j}+m_i^Im_j^J\delta_{\boldsymbol{kl}}\boldsymbol{e_k}\otimes\boldsymbol{e_l}+m_i^Im_j^J\boldsymbol{e_j}\otimes\boldsymbol{e_i}\right]\\
=&\frac{E}{2V\left(1+\nu\right)}\left[\frac{2\nu}{1-2\nu}\left(m_x^Im_x^J\boldsymbol{e_x}\otimes\boldsymbol{e_x}+m_x^Im_y^J\boldsymbol{e_x}\otimes\boldsymbol{e_y}+m_y^Im_x^J\boldsymbol{e_y}\otimes\boldsymbol{e_x}\right.\right.\\
&+m_y^Im_y^J\boldsymbol{e_y}\otimes\boldsymbol{e_y}+m_y^Im_z^J\boldsymbol{e_y}\otimes\boldsymbol{e_z}+m_z^Im_y^J\boldsymbol{e_z}\otimes\boldsymbol{e_y}\\
&\left.+m_x^Im_z^J\boldsymbol{e_x}\otimes\boldsymbol{e_z}+m_z^Im_x^J\boldsymbol{e_z}\otimes\boldsymbol{e_x}+m_z^Im_z^J\boldsymbol{e_z}\otimes\boldsymbol{e_z}\right)\\
&+\left(m_x^Im_x^J+m_y^Im_y^J+m_z^Im_z^J\right)\left(\boldsymbol{e_x}\otimes\boldsymbol{e_x}+\boldsymbol{e_y}\otimes\boldsymbol{e_y}+\boldsymbol{e_z}\otimes\boldsymbol{e_z}\right)\\
&+m_x^Im_x^J\boldsymbol{e_x}\otimes\boldsymbol{e_x}+m_x^Im_y^J\boldsymbol{e_y}\otimes\boldsymbol{e_x}+m_y^Im_x^J\boldsymbol{e_x}\otimes\boldsymbol{e_y}\\
&+m_y^Im_y^J\boldsymbol{e_y}\otimes\boldsymbol{e_y}+m_y^Im_z^J\boldsymbol{e_z}\otimes\boldsymbol{e_y}+m_z^Im_y^J\boldsymbol{e_y}\otimes\boldsymbol{e_z}\\
&\left.+m_x^Im_z^J\boldsymbol{e_z}\otimes\boldsymbol{e_x}+m_z^Im_x^J\boldsymbol{e_x}\otimes\boldsymbol{e_z}+m_z^Im_z^J\boldsymbol{e_z}\otimes\boldsymbol{e_z}\right]
\end{aligned} \tag{2-63}$$

进一步整理可得

$$
\begin{aligned}
\boldsymbol{K}^{IJ} = \frac{E}{2V(1+\nu)} \Bigg[& \boldsymbol{e_x} \otimes \boldsymbol{e_x} \left(\frac{2-2\nu}{1-2\nu} m_x^I m_x^J + m_y^I m_y^J + m_z^I m_z^J \right) \\
& + \boldsymbol{e_x} \otimes \boldsymbol{e_y} \left(\frac{2\nu}{1-2\nu} m_x^I m_y^J + m_y^I m_x^J \right) + \boldsymbol{e_y} \otimes \boldsymbol{e_x} \left(\frac{2\nu}{1-2\nu} m_y^I m_x^J + m_x^I m_y^J \right) \\
& + \boldsymbol{e_x} \otimes \boldsymbol{e_z} \left(\frac{2\nu}{1-2\nu} m_x^I m_z^J + m_z^I m_x^J \right) + \boldsymbol{e_z} \otimes \boldsymbol{e_x} \left(\frac{2\nu}{1-2\nu} m_z^I m_x^J + m_x^I m_z^J \right) \\
& + \boldsymbol{e_y} \otimes \boldsymbol{e_z} \left(\frac{2\nu}{1-2\nu} m_y^I m_z^J + m_z^I m_y^J \right) + \boldsymbol{e_z} \otimes \boldsymbol{e_y} \left(\frac{2\nu}{1-2\nu} m_z^I m_y^J + m_y^I m_z^J \right) \\
& + \boldsymbol{e_y} \otimes \boldsymbol{e_y} \left(\frac{2-2\nu}{1-2\nu} m_y^I m_y^J + m_x^I m_x^J + m_z^I m_z^J \right) \\
& + \boldsymbol{e_z} \otimes \boldsymbol{e_z} \left(\frac{2-2\nu}{1-2\nu} m_z^I m_z^J + m_x^I m_x^J + m_y^I m_y^J \right) \Bigg]
\end{aligned} \tag{2-64}
$$

式中，$I, J = 1, 2, 3, 4$ 表示单元节点码。

根据张量运算规则，有

$$
\boldsymbol{m}^I = m_i^I \boldsymbol{e_i} = m_x^I \boldsymbol{e}_x + m_y^I \boldsymbol{e}_y + m_z^I \boldsymbol{e}_z \tag{2-65}
$$

由式 (2-55) 及式 (2-65) 可得

$$
m_x^I = \frac{1}{3} S \left(\boldsymbol{n}_{\alpha \boldsymbol{x}} + \boldsymbol{n}_{\beta \boldsymbol{x}} + \boldsymbol{n}_{\gamma \boldsymbol{x}} \right) \tag{2-66}
$$

$$
m_y^I = \frac{1}{3} S \left(\boldsymbol{n}_{\alpha \boldsymbol{y}} + \boldsymbol{n}_{\beta \boldsymbol{y}} + \boldsymbol{n}_{\gamma \boldsymbol{y}} \right) \tag{2-67}
$$

$$
m_z^I = \frac{1}{3} S \left(\boldsymbol{n}_{\alpha \boldsymbol{z}} + \boldsymbol{n}_{\beta \boldsymbol{z}} + \boldsymbol{n}_{\gamma \boldsymbol{z}} \right) \tag{2-68}
$$

式中，$\boldsymbol{n}_{IJ} \, (I = \alpha, \beta, \gamma; J = x, y, z)$ 表示 I 面在 J 方向的法线向量。

2.3.2　空间问题主应力及其计算公式

根据弹性力学理论可知，物体内部一点的主应力方程为

$$
\sigma^3 - I_1 \sigma^2 + I_2 \sigma - I_3 = 0 \tag{2-69}
$$

式中，I_1, I_2, I_3 为应力张量不变量。

$$
I_1 = \sigma_{\boldsymbol{x}} + \sigma_{\boldsymbol{y}} + \sigma_{\boldsymbol{z}} \tag{2-70}
$$

$$I_2=\begin{vmatrix}\sigma_x & \tau_{xz}\\ \tau_{zx} & \sigma_z\end{vmatrix}+\begin{vmatrix}\sigma_x & \tau_{xy}\\ \tau_{yx} & \sigma_y\end{vmatrix}+\begin{vmatrix}\sigma_y & \tau_{yz}\\ \tau_{zy} & \sigma_z\end{vmatrix} \tag{2-71}$$

$$I_3=\begin{vmatrix}\sigma_x & \tau_{xy} & \tau_{xz}\\ \tau_{yx} & \sigma_y & \tau_{yz}\\ \tau_{zx} & \tau_{zy} & \sigma_z\end{vmatrix} \tag{2-72}$$

式中，$\sigma_x,\sigma_y,\sigma_z,\tau_{xy},\tau_{xz},\tau_{yz}$ 为一点的六个应力分量。

方程 (2-69) 的 3 个根就是 3 个主应力，其计算公式为

$$\left.\begin{aligned}\sigma_{(1)}&=\sigma_0+\sqrt{2}\tau_0\cos\theta\\ \sigma_{(2)}&=\sigma_0+\sqrt{2}\tau_0\cos\left(\theta+\frac{2}{3}\pi\right)\\ \sigma_{(3)}&=\sigma_0+\sqrt{2}\tau_0\cos\left(\theta-\frac{2}{3}\pi\right)\end{aligned}\right\} \tag{2-73}$$

$$\left.\begin{aligned}\sigma_0&=\frac{1}{3}\left(\sigma_x+\sigma_y+\sigma_z\right)\\ \tau_0&=\frac{1}{3}\sqrt{\left(\sigma_x-\sigma_y\right)^2+\left(\sigma_y-\sigma_z\right)^2+\left(\sigma_z-\sigma_x\right)^2+6\left(\tau_{xy}^2+\tau_{yz}^2+\tau_{zx}^2\right)}\\ \theta&=\frac{1}{3}\arccos\left(\frac{\sqrt{2}J_3}{\tau_0^3}\right)\\ J_3&=I_3-\frac{1}{3}I_1I_2+\frac{2}{27}I_1^3\end{aligned}\right\} \tag{2-74}$$

该式中的 σ_0 和 τ_0 具有物理概念。σ_0 为八面体面上的正应力，也称为平均应力或静水压力；τ_0 为八面体面上的切应力。

将式 (2-73) 求得的 $\sigma_{(1)}$, $\sigma_{(2)}$ 和 $\sigma_{(3)}$ 按代数值大小排序，即可得到第一、第二和第三主应力 σ_1, σ_2 和 σ_3。

由于主应力的大小和方向不随坐标的变化而改变，通常主应力还被用于构造强度理论，以此来判断材料是否被破坏。

2.3.3 三维基面力单元法主程序开发

本研究开发了三维基面力单元法线弹性分析程序流程图，采用 FORTRAN 语言编制，程序流程图如图 2-12 所示。

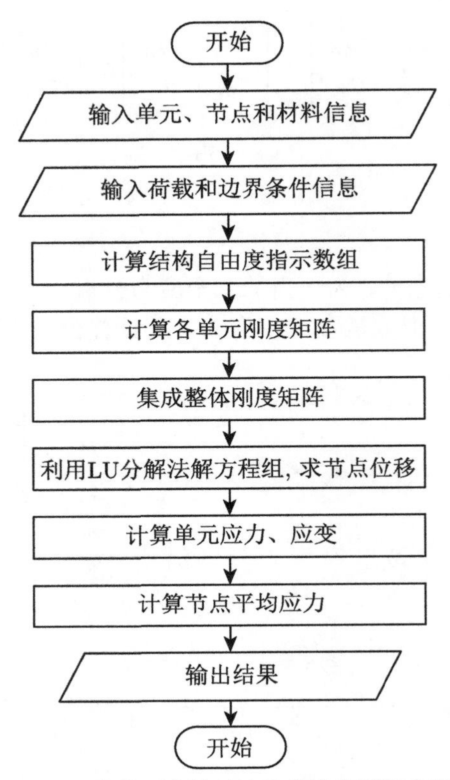

图 2-12　三维基面力单元法线弹性分析程序流程图

2.3.4　模型正确性验证

为验证模型及程序的正确性，本节将该模型应用在承受均匀压力的球壳问题上，并与理论结果对比分析。

计算条件如下。

一球壳受内外均匀压力作用，几何尺寸、材料参数及内外表面压力值采用无量纲化，如图 2-13 所示。

根据文献 [236]，其理论解如下。

径向应力

$$\sigma_r = \frac{p_b b^3 - p_a a^3}{a^3 - b^3} + \frac{(p_b - p_a)\, a^3 b^3}{(a^3 - b^3)} \frac{1}{r^3} \tag{2-75}$$

环向应力

$$\sigma_\theta = \sigma_\varphi = \frac{p_b b^3 - p_a a^3}{a^3 - b^3} - \frac{(p_b - p_a)\, a^3 b^3}{2\,(a^3 - b^3)} \frac{1}{r^3} \tag{2-76}$$

径向位移

$$u_r = \frac{p_b b^3 - p_a a^3}{(3\lambda + 2G)(a^3 - b^3)} r - \frac{(p_b - p_a) a^3 b^3}{4G(a^3 - b^3)} \frac{1}{r^2} \tag{2-77}$$

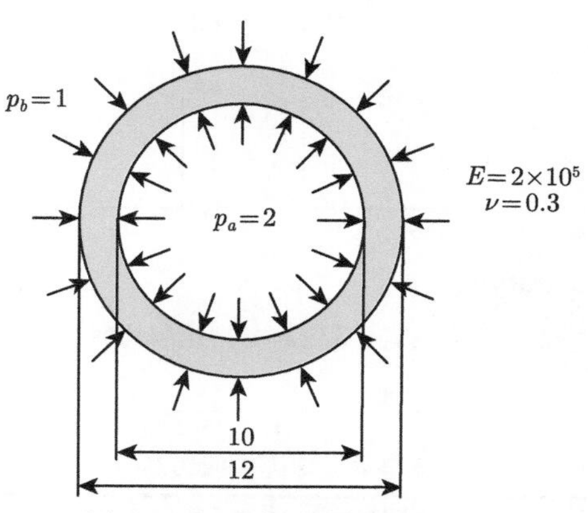

图 2-13 球壳受均匀内外压力

计算结果如下。

计算时取 1/8 结构进行分析，网格划分如图 2-14 所示，计算所得径向应力 σ_r、环向应力 σ_θ 和径向位移 u_r 的数值解，以及与理论解的比较分别绘于图 2-15，并列于表 2-3 和表 2-4。

图 2-14 1/8 球壳结构的网格划分 (单元数：90675 个；节点数：17676 个)

由以上结果可以看出，本研究数值模拟所得的解与理论解相同，从而验证三维基面力元模型的正确性以及程序的适用性。

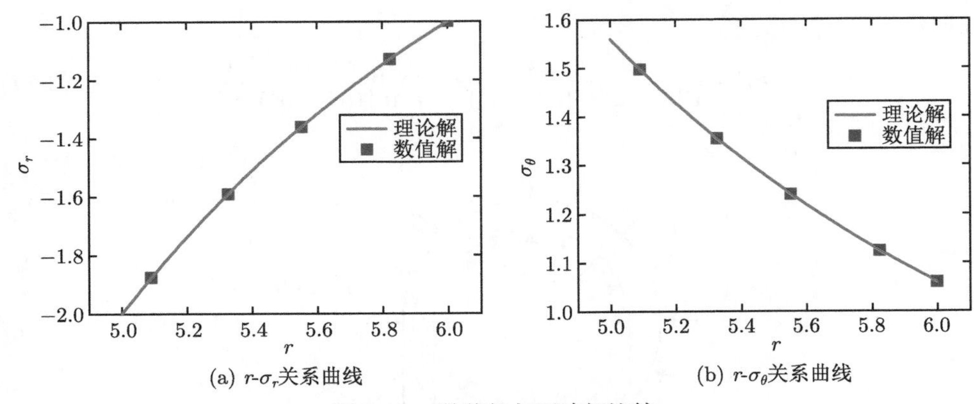

(a) r-σ_r关系曲线　　(b) r-σ_θ关系曲线

图 2-15　数值解与理论解比较

表 2-3　球壳的应力解

位置 r	5.0913	5.3264	5.5524	5.8237	6.0000
数值解 σ_r	−1.87401	−1.58986	−1.35955	−1.12872	−0.9987
理论解 σ_r	−1.87458	−1.58983	−1.35970	−1.12857	−1.0000
数值解 σ_θ	1.49789	1.35557	1.24032	1.12445	1.06035
理论解 σ_θ	1.49773	1.35535	1.24029	1.12472	1.06044

表 2-4　球壳的位移解

位置 r	5.0913	5.3264	5.5524	5.8237	6.0000
数值解 $u_r/10^{-5}$	4.1001	3.79692	3.54274	3.27838	3.12689
理论解 $u_r/10^{-5}$	4.1005	3.79692	3.54274	3.27838	3.12692

2.4　动力问题的基面力单元法模型

动力分析与静力分析的区别是需要考虑惯性力，因此在平衡方程中增加了质量矩阵和阻尼矩阵，在动力分析中，引入了时间坐标。运用达朗贝尔原理可以得到各节点的动力平衡方程。在动力方程的构建过程中，基面力单元法采用与常规有限元法相同的方法，因此，动力基面力元方程如下：

$$\boldsymbol{M}\ddot{\boldsymbol{u}}_t + \boldsymbol{C}\dot{\boldsymbol{u}}_t + \boldsymbol{K}\boldsymbol{u}_t = \boldsymbol{P}_t \tag{2-78}$$

式中，$\ddot{\boldsymbol{u}}_t$, $\dot{\boldsymbol{u}}_t$ 和 $\boldsymbol{u}_t$ 分别表示结构各节点的加速度向量、速度向量和位移向量；$\boldsymbol{M}$, $\boldsymbol{C}$, $\boldsymbol{K}$ 分别表示结构的整体质量矩阵、阻尼矩阵和刚度矩阵；$\boldsymbol{P}_t$ 表示结构的动载荷列阵。

2.4.1 质量矩阵和阻尼矩阵

1. 质量矩阵

结构的每个单元的质量矩阵集成为结构的整体质量矩阵。质量矩阵分为集中质量矩阵和一致质量矩阵。由于在计算时一致质量矩阵所占用的空间会比集中质量矩阵大，并且采用两种质量矩阵计算精度相差不大，因此在进行工程动力计算分析时通常采用集中质量矩阵 [212,213]。

例如，对于平面单元，按照静力等效原则将单元的质量平均分配到节点上，三角形单元的集中质量矩阵表示如下：

$$\boldsymbol{M}^e = \frac{\rho_b TA}{3g}\begin{bmatrix} 1 & 0 & 0 & 0 & 0 & 0 \\ 0 & 1 & 0 & 0 & 0 & 0 \\ 0 & 0 & 1 & 0 & 0 & 0 \\ 0 & 0 & 0 & 1 & 0 & 0 \\ 0 & 0 & 0 & 0 & 1 & 0 \\ 0 & 0 & 0 & 0 & 0 & 1 \end{bmatrix} \tag{2-79}$$

式中，ρ_b 为单元容重；g 为重力加速度；A 为三角形单元的面积；T 表示单元的厚度，对于二维平面问题，取 $T=1$。

2. 阻尼矩阵

在结构动力响应问题中，一般采用高度理想化的黏性阻尼假设来考虑阻尼，阻尼系数采用黏性阻尼消耗的能量等于所有阻尼机制引起的能量消耗的方法确定，即黏性阻尼力与质点当前的运动速度成正比。因此，在加载速率较高的动力结构分析中，阻尼作用不可忽略，然而实际工程分析中，要精确地求解阻尼矩阵相当困难。

Rayleigh 阻尼模型作为被广泛运用的一种正交阻尼模型，其可表达为质量矩阵和刚度矩阵的线性组合：

$$\boldsymbol{C} = \alpha\boldsymbol{M} + \beta\boldsymbol{K} \tag{2-80}$$

式中，α 和 β 是不依赖于频率的比例系数。

对于 n 阶振型有关系式如下：

$$2\xi_n = \frac{\alpha}{\omega_n} + \beta\omega_n \tag{2-81}$$

式中，ω_n 表示 n 阶模态下的特征频率，ξ_n 为阻尼比。

通常情况下，工程结构的阻尼比的范围在 0.01~0.1。

2.4.2　动力方程的求解

本研究采用时域逐步积分方法中的 Newmark-β 法进行动力方程的求解。在混凝土材料的损伤破坏过程中，刚度矩阵是随着材料内部损伤的发展而变化的，在第 5 章中，定义了刚度矩阵是损伤变量 $D(\varepsilon)$ 的函数，研究表明，混凝土材料在加载过程中是由线性体系转变为非线性体系的，为了本研究中程序计算的高效性，本研究假定当体系中有 99%的单元未损伤时 $(D(\varepsilon)=0)$ 试件为线性体系，反之为非线性体系。对于线性体系，采用 Newmark-β 法的计算步骤如下。

(1) 初始计算：

(a) 确定运动初始值 $\ddot{\boldsymbol{u}}_0$、$\dot{\boldsymbol{u}}_0$ 和 $\boldsymbol{u}_0$；

(b) 形成刚度矩阵 $\boldsymbol{K}$、质量矩阵 $\boldsymbol{M}$、阻尼矩阵 $\boldsymbol{C}$；

(c) 选择时间步长 Δt、控制参数 β 和 $\gamma(\beta=0.25(0.5+\gamma)^2, \gamma\geqslant 0.5)$，并计算积分常数;

$$\alpha_0=\frac{1}{\beta\Delta t^2},\quad \alpha_1=\frac{\gamma}{\beta\Delta t},\quad \alpha_2=\frac{1}{\beta\Delta t},\quad \alpha_3=\frac{1}{2\beta}-1$$

$$\alpha_4=\frac{\gamma}{\beta}-1,\quad \alpha_5=\frac{\Delta t}{2}\left(\frac{\gamma}{\beta}-2\right),\quad \alpha_6=\Delta t(1-\gamma),\quad \alpha_7=\gamma\Delta t \tag{2-82}$$

(d) 形成有效刚度矩阵 $\hat{\boldsymbol{K}}$；

$$\hat{\boldsymbol{K}}=\boldsymbol{K}+\alpha_0\boldsymbol{M}+\alpha_1\boldsymbol{C} \tag{2-83}$$

(2) 对于每一时间步长计算：

(a) 计算时间 $t+\Delta t$ 的有效载荷

$$\hat{\boldsymbol{P}}_{t+\Delta t}=\boldsymbol{P}_{t+\Delta t}+\boldsymbol{M}(\alpha_0\boldsymbol{u}_t+\alpha_2\dot{\boldsymbol{u}}_t+\alpha_3\ddot{\boldsymbol{u}}_t)+\boldsymbol{C}(\alpha_1\boldsymbol{u}_t+\alpha_4\dot{\boldsymbol{u}}_t+\alpha_5\ddot{\boldsymbol{u}}_t) \tag{2-84}$$

(b) 求解时间 $t+\Delta t$ 的位移

$$\hat{\boldsymbol{K}}\boldsymbol{u}_{t+\Delta t}=\hat{\boldsymbol{P}}_{t+\Delta t} \tag{2-85}$$

(c) 计算时间 $t+\Delta t$ 的加速度和速度

$$\ddot{\boldsymbol{u}}_{t+\Delta t}=\alpha_0(\boldsymbol{u}_{t+\Delta t}-\boldsymbol{u}_t)-\alpha_2\dot{\boldsymbol{u}}_t-\alpha_3\ddot{\boldsymbol{u}}_t \tag{2-86}$$

$$\dot{\boldsymbol{u}}_{t+\Delta t}=\dot{\boldsymbol{u}}_t+\alpha_6\ddot{\boldsymbol{u}}_t+\alpha_7\ddot{\boldsymbol{u}}_{t+\Delta t} \tag{2-87}$$

另外，对于时间步长的选取，一种不复杂，但非常有用的选择时间步长的方法是：先用一个看起来合理的时间步长求解问题，然后以稍小的时间步长重复求解，对比结果，持续这个过程直到连续的两个解足够接近。

2.5 静动态损伤问题的基面力单元法模型

对于混凝土材料，加载进入软化段后，由于损伤比较严重引起了较强的非线性，因此，有必要研究合适的计算模型，提高计算精度。针对材料的损伤问题，本节讨论提出了静动态损伤问题的基面力单元法模型。

2.5.1 直接迭代法

对于材料非线性的问题，可通过迭代过程来分析求解。采用直接迭代法求解动力非线性平衡方程如下：

$$\boldsymbol{\psi}(u)=\boldsymbol{K}(u)-\boldsymbol{P}=0 \tag{2-88}$$

式中，$\boldsymbol{K}(u)$ 表示等效动刚度矩阵 $\hat{\boldsymbol{K}}_d$ 与节点位移向量 $\boldsymbol{u}$ 的点乘积，$\boldsymbol{P}$ 表示等效外载荷向量。

对于直接迭代法来说，首先假定由各初始状态的试探解

$$\boldsymbol{u}=\boldsymbol{u}^{(0)} \tag{2-89}$$

代入上式 $\boldsymbol{K}(u)$ 中，可求得改进了的第一次近似解

$$\boldsymbol{u}^{(1)}=\left(\boldsymbol{K}^{(0)}\right)^{-1}\boldsymbol{P} \tag{2-90}$$

其中，

$$\boldsymbol{K}^{(0)}=\boldsymbol{K}\left(\boldsymbol{u}^{(0)}\right) \tag{2-91}$$

重复上述过程，到第 n 次近似解

$$\boldsymbol{u}^{(n)}=\left(\boldsymbol{K}^{(n-1)}\right)^{-1}\boldsymbol{P} \tag{2-92}$$

上述求解过程直到误差的某种范数小于规定的容许小量 e_r，即

$$\|e\|=\left\|\boldsymbol{u}^{(n)}-\boldsymbol{u}^{(n-1)}\right\|\leqslant e_r \tag{2-93}$$

上述迭代可以终止。

从上述过程可以看出，要执行直接迭代法的计算，首先需要假设一个初始的试探解 $\boldsymbol{u}^{(0)}$，在材料的非线性问题中，$\boldsymbol{u}^{(0)}$ 通常可以从首先求解的线弹性问题得到。其次是直接迭代法的每一次迭代都需要形成新的刚度矩阵 $\boldsymbol{K}\left(\boldsymbol{u}^{(n-1)}\right)$，对于这类问题，应力可以由应变 (或应变率) 确定，也可以由位移 (或位移变化率) 确定。

2.5.2　收敛准则

在迭代计算中，为了终止迭代过程，必须确定一个收敛标准。在实际应用中，可以从结点的不平衡力向量和位移增量向量两个方面来判断迭代计算的收敛性。

取位移增量为衡量收敛判断标准的位移准则称为位移准则，若满足下列条件就认为迭代收敛：

$$\|\Delta \boldsymbol{u}_{i+1}\| \leqslant \alpha_d \|\boldsymbol{u}_i + \Delta \boldsymbol{u}_{i+1}\| \tag{2-94}$$

式中，α_d 为位移收敛容差；$\|\Delta \boldsymbol{u}_{i+1}\|$ 为位移增量向量的某种范数。

取不平衡结点力为衡量收敛标准的准则称为平衡力准则，若满足下列条件就认为迭代收敛：

$$\|\Delta \boldsymbol{P}_i\| \leqslant \alpha_{\boldsymbol{p}} \|\boldsymbol{p}\| \tag{2-95}$$

式中，$\boldsymbol{P}$ 为外载荷向量；$\Delta \boldsymbol{P}_i$ 为不平衡力向量；$\alpha_{\boldsymbol{p}}$ 为不平衡力收敛容差。

实践证明，对于再生混凝土材料，由于损伤严重而引起非线性较强，前后两次得到的节点位移向量范数之比和节点不平衡力向量范数之比会出现剧烈跳动，以导致收敛不可靠。而相比采用增量法计算，由于负刚度的引入带来刚度矩阵的奇异性，从而解奇异刚度矩阵引入数值误差，本研究采用全量法进行迭代计算，假定再生混凝土试件承受一定的初始位移载荷，首先按照初始材料参数进行加载，算出各个单元的单元主应变，根据材料损伤本构模型计算出损伤后材料参数，然后以损伤后材料参数为基础重新加载，重新计算出各单元的主应变，重复这个过程，直到前后两次加载的力之差小于预先指定的某个数即可停止迭代，接着以前一步的损伤计算得到的材料参数进行下一载荷步计算，重复以上过程。需要注意的是，混凝土单元损伤以后，其材料性能是不能恢复的，因此，设定下一载荷步的单元刚度小于等于上一载荷步的值。

2.5.3　求解步骤

(1) 给初始值。对于第 I 载荷步，即在 $t+\Delta t$ 时刻。

(2) 初始化 $n=0$。

$$\boldsymbol{K}_{I+1}^{(0)} = \boldsymbol{K}_I\left(D_{ijkl}^{(t)}\right)$$

形成刚度矩阵。

$$P_{I+1} = P_{I+1}^{\text{ext}}$$

对于位移加载，采用乘大数法形成节点载荷列阵。

(3) 进行第 n 次迭代。

(a) 计算刚度矩阵项

$$\boldsymbol{K}_{I+1}^{(n)} = \boldsymbol{K}_I\left(D_{ijkl}^{(n-1)}\right)$$

(b) 计算节点位移

$$\boldsymbol{u}^{(n)}=\left[\boldsymbol{K}_{I+1}^{(n)}\right]^{-1}P_{I+1}$$

(c) 计算每个单元的应力-应变状态，并判断单元损伤状态。

(d) 计算损伤因子或非线性指标，求刚度矩阵。

(e) 计算试件加载宏观名义应力和名义应变。

(f) 验证是否收敛。若不满足要求，且迭代次数小于最大容许次数则进入下一步迭代，如迭代次数大于最大容许次数，或精度满足要求转到第 (4) 步。

(4) 判断试件是否失稳破坏或达到给定载荷步，如满足，停止计算，否则进入下一加载步。

对于动力方程求解的问题，只需采用 Newmark-β 法，将上述步骤中的刚度矩阵和载荷列阵换为有效刚度矩阵和有效载荷列阵。

2.6 静动态损伤问题的基面力单元法程序设计

2.6.1 程序流程图

为将本研究中的方法应用到后续的数值试验中，作者编制了相应的基面力单元法程序，如图 2-16 为该程序的流程控制图。该程序包含了三部分：① 前处理；② 模型计算部分；③ 后处理。

2.6.2 损伤问题的基面力单元法程序验证

为了验证本章程序算法的正确性，本节以尺寸为 100mm×100mm×100mm 的立方体试块受压为例，进行单轴位移加载，材料细观单元应力-应变关系分别为双折线和双曲线应力-应变关系，如下所示。

(1)

$$\sigma=\begin{cases}E_0\varepsilon, & \varepsilon\leqslant\varepsilon_0\\ 1.3\dfrac{\varepsilon_0}{\varepsilon}-0.3, & \varepsilon_0<\varepsilon\leqslant\varepsilon_r\\ 0.1\dfrac{\varepsilon_0}{\varepsilon}, & \varepsilon_r<\varepsilon\end{cases}\tag{2-96}$$

其中，$E_0=30\text{GPa}$，$\varepsilon_0=0.001$，$\varepsilon_r=0.004$。

(2)

$$\sigma=\begin{cases}\left(1-A_1\left(\dfrac{\varepsilon}{\varepsilon_f}\right)^{B_1}\right)\varepsilon, & 0\leqslant\varepsilon<\varepsilon_f\\ \dfrac{A_2\varepsilon}{0.003\sigma_f^2\left(\varepsilon/\varepsilon_f-1\right)^2+\varepsilon/\varepsilon_f}, & \varepsilon\geqslant\varepsilon_f\end{cases}\tag{2-97}$$

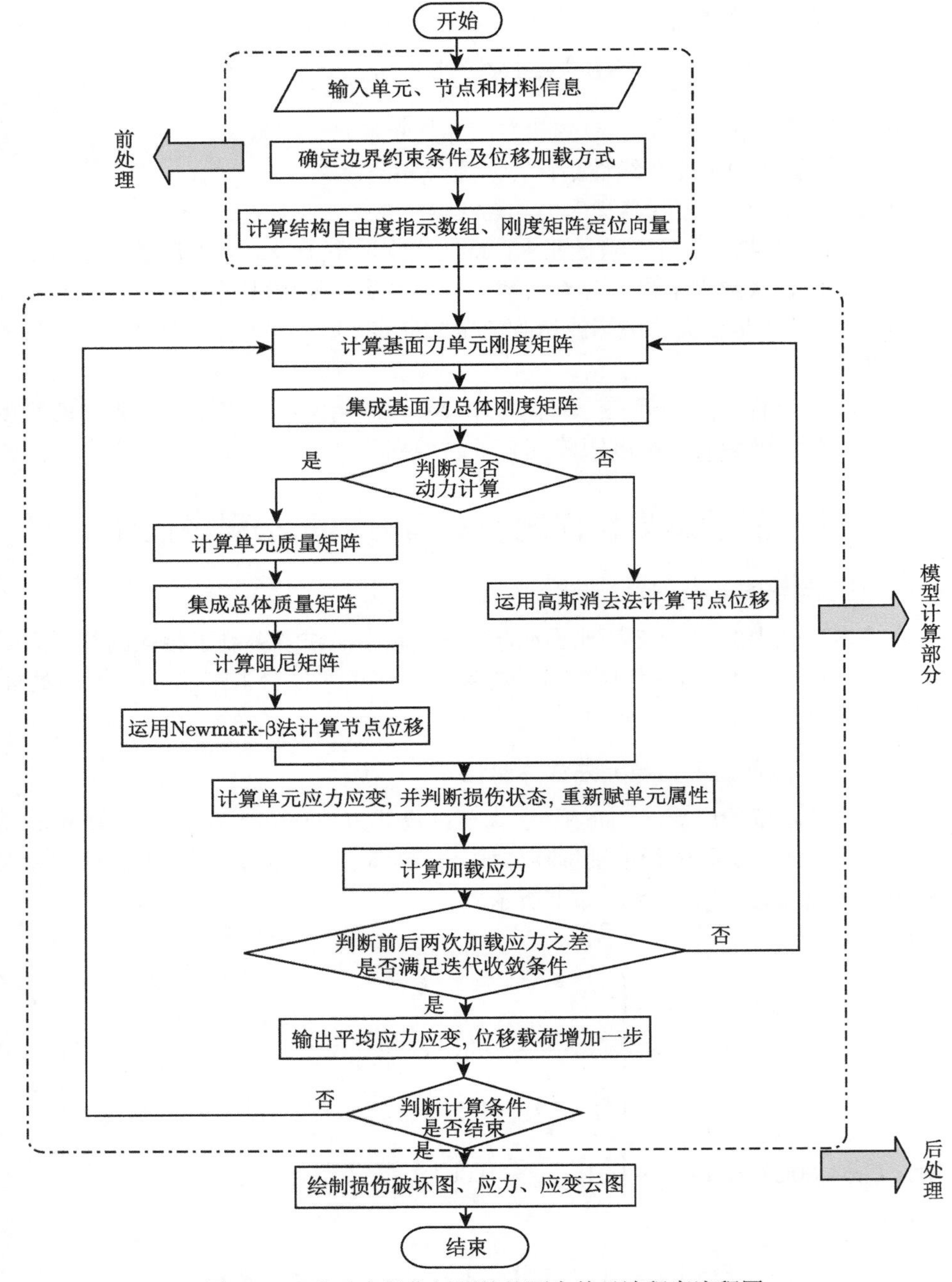

图 2-16 静动态损伤问题的基面力单元法程序流程图

其中，$A_1 = 1 - \dfrac{\sigma_f}{E_0\varepsilon_f}$，$B_1 = \dfrac{\sigma_f}{E_0\varepsilon_f - \sigma_f}$，$A_2 = \dfrac{\sigma_f}{E_0\varepsilon_f}$，$E_0 = 30\text{GPa}$，$\sigma_f = 30\text{MPa}$，$\varepsilon_f = 0.002$。

试块的网格尺寸为 5mm，位移加载步长为 0.01mm，用以上损伤问题的非线性基面力单元法程序求解试块应力-应变关系。

计算得到的结果如图 2-17 所示，图中显示了损伤问题的非线性基面力单元法程序计算的宏观应力-应变曲线与理论曲线完全吻合，说明了本程序的计算准确性，为后续章节再生混凝土试件的数值试验提供了可靠的理论基础和试验条件。

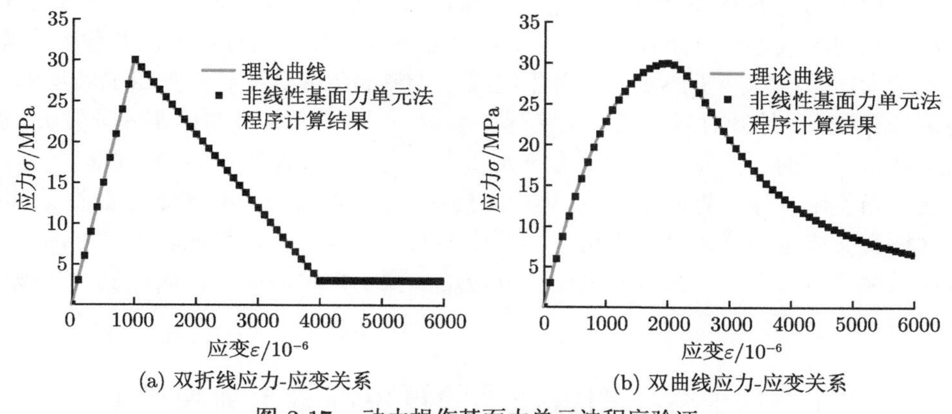

(a) 双折线应力-应变关系　　(b) 双曲线应力-应变关系

图 2-17　动力损伤基面力单元法程序验证

2.7 本章小结

(1) 本章简单对高玉臣院士提出的基面力的描述方法做了介绍，与常规有限元法的描述相比，二者理念上有本质区别。另外，基面力可建立与各种应力张量之间的关系，用基面力描述一点应力状态，弹性力学方程的表达式简洁。

(2) 本章利用基面力基本理论和已有的有限元技术，分别建立了平面和空间的基面力单元法模型。

(3) 本章建立了动力问题的基面力单元法模型以及运用 Newmark-β 法求解动力方程。方程以一般动力学方程的形式给出，其中包括惯性力项、Rayleigh 阻尼项和弹性项，并探讨了阻尼的简化。运用 Newmark-β 法求解动力学方程具有很好的稳定性，本章详细介绍了 Newmark-β 法的求解过程。

(4) 针对混凝土材料静、动态损伤问题，提出了静、动态损伤问题的基面力单元法求解模型的基本过程，并开发出相应的分析软件，通过算例证明了本方法的可行性。

第 3 章　再生混凝土二维细观模型

固体材料细观结构对其损伤演化导致破坏的作用是不容忽视的。本章将分别研究采用基于数字图像建模的方法和参数化建模的方法建立再生混凝土细观模型。其中采用参数化建立细观模型的方法，其核心包括了骨料形状的生成方法、骨料粒径的生成方法、骨料投放方法、网格划分技术和界面过渡区的处理方法等。在本章中，重点发展了凸多边形再生混凝土骨料的生成算法、高质量高效率的网格划分算法。此外针对界面过渡区实际厚度较小，而力学性质与砂浆差异较大，提出了使用单独的可控厚度的基面力单元和零厚度界面单元表示界面过渡区的两种方法，当使用零厚度界面单元表示界面过渡区时，研究采用不可交叉渗透条件纠正网格交叉渗透的问题，并提出了零厚度界面单元自动插入算法。本章中的模型将在后续章节通过大量数值算例论证并应用，揭示再生混凝土的破坏机理和破坏规律。

3.1　基于数字图像技术的再生混凝土细观模型

本节将建立基于数字图像技术的再生混凝土细观模型，该模型可以得到真实的骨料形状和分布情况，适用于分析实际的混凝土试件。

图 3-1(a) 为刘琼 [234] 制作的再生混凝土板试件 (100mm × 100mm × 20mm) 的切面照片，为了便于区分各相材料，在制备过程中，天然骨料、新砂浆和老砂

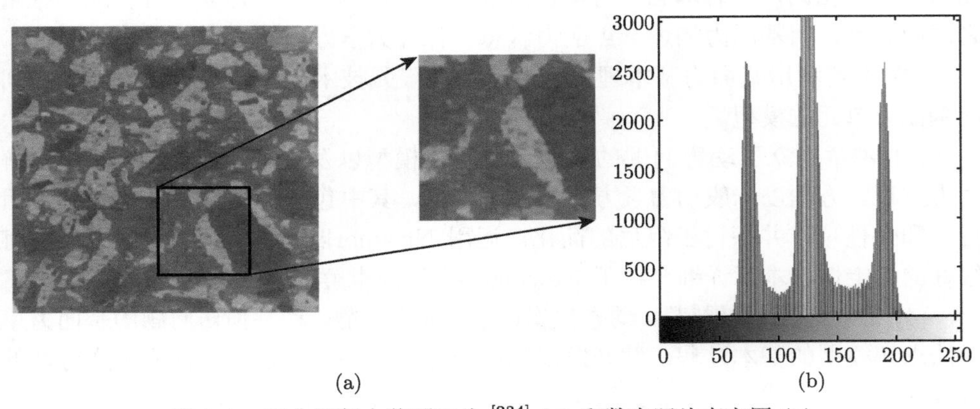

图 3-1　再生混凝土截面照片 [234] (a) 和数字照片直方图 (b)

浆分别采用了不同的颜色，其中，黑色是天然骨料，其面积百分比为 25.1%，白色是老砂浆，面积百分比为 22.6%，灰色是新砂浆，面积百分比为 52.4%。由于图片中各相材料边界区分不明显，且杂质的干扰使照片灰度值分布不均匀，需要对图片进行数字图像处理。在数字化处理时作如下假定：① 将再生混凝土看作是由骨料、老砂浆和新砂浆组成的三相材料，不考虑空隙和裂缝等；② 不考虑图片中小骨料碎末；③ 不考虑照片采样、量化过程引起的误差。

3.1.1 再生混凝土各相材料分布信息的提取

首先将由数码相机采集到的真彩色图片转化为灰度图片。数字图像可以看成是由有限数量的像素组成的二维矩阵，每个像素点都有自己的位置和值。因此，图像即为由许多不同像素点值组成的矩阵，用二维函数 $f(x,\ y)$ 表示。对于灰度图像，像素矩阵中每个位置的像素点值为其对应的灰度值，由不同灰度值的像素点构成了整个灰度图像。

用二维离散函数 $f(x,y)$ 表示像素总数为 $m\times n$ 的数字图像。其表达式为

$$\boldsymbol{F}=\begin{bmatrix} f(0,0) & f(0,1) & \cdots & f(0,n-1) \\ f(1,0) & f(1,1) & \cdots & f(1,n-1) \\ \vdots & \vdots & \ddots & \vdots \\ f(m-1,0) & f(m-1,1) & \cdots & f(m-1,n-1) \end{bmatrix} \tag{3-1}$$

其中，(x,y) 分别表示图像中相应像素点的行和列。不同的灰度值对应不同的材料信息，可以通过像素的不同灰度值来提取材料信息。

3.1.2 图像分段变换

由于只考虑骨料、新砂浆和老砂浆三相材料，所以对灰度图片进行三值化处理，即将这三相以不同的灰度值进行标记。绘制样本直方图，如图 3-1(b) 所示。依据直方图可知，骨料的灰度值主要分布在 0~100，老砂浆的灰度值主要在 160~255，新砂浆灰度值主要在 100~160。

在 MATLAB 中编辑函数式：

$$f(i,j)=\begin{cases} 0, & f(i,j)<\xi \\ 0.5, & \xi\leqslant f(i,j)<\delta \\ 1, & f(i,j)\geqslant\delta \end{cases} \tag{3-2}$$

式中，$f(i,j)$ 为图像中第 i 行第 j 列像素的灰度值；ξ 为骨料和新砂浆灰度值的分界阈值；δ 为新砂浆和老砂浆灰度值的分界阈值。

依据直方图确定 ξ 取 100，δ 取 160，则由以上函数式变换后，天然骨料灰度值为 0，新砂浆为 0.5，老砂浆为 1。

3.1.3　滤波除噪

由于拍摄环境以及分段变换等因素，生成的图片不可避免地存在噪声的影响，因此需要对分段变换结果进行滤波除噪，去除骨料和砂浆区域的杂质信息。经过上述处理后，骨料区域和新老砂浆区域为连续的单质块状区域，因此滤波过程要求还原三区域中的内部信息。

中值滤波的原理是将图像中某点灰度值用该点的领域 (即单位处理区域) 中各点值的中值代替。若设定单位处理区域为 A，则中值滤波器输出为

$$f(i,j)=\mathrm{Med}\{x_{ij}\}=\mathrm{Med}\left\{x_{(i+r)(j+s)},(r,s)\in A\right\} \tag{3-3}$$

式中，$f(i,j)$ 为滤波后第 i 行第 j 列像素的灰度值；Med{} 为取中值的函数；x_{ij} 为数字图像中原来各点的灰度值；r, s 分别为单位处理区域 A 的长和宽，单位为像素。

3.1.4　边界处理

本研究在处理完以上两步后，从图 3-2 中可以看出，在骨料和老砂浆边缘，有一层"新砂浆像素点"，这是由于在进行三值化处理时，当骨料和老砂浆相邻时，其边缘的灰度值由小到大渐变，其中将有一层像素的灰度值与新砂浆相近，从而按照新砂浆处理，变换后骨料和老砂浆将被一层"新砂浆"隔开。

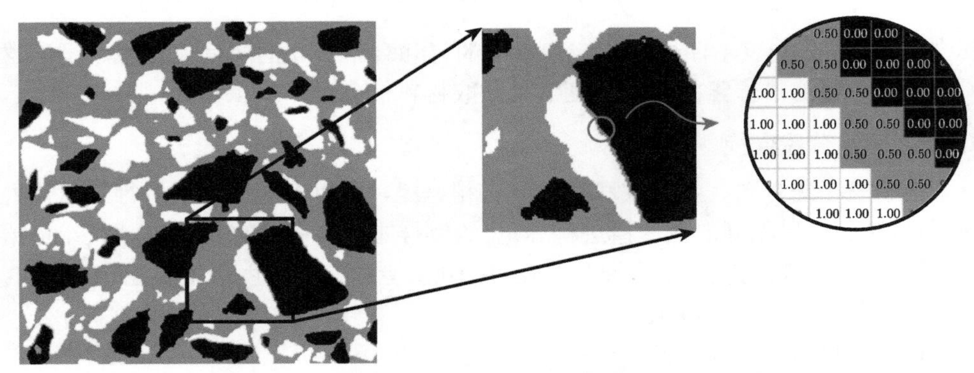

图 3-2　三值化和滤波除噪后的再生混凝土数字图像

对骨料和老砂浆进行膨胀处理来消除骨料和老砂浆边缘的新砂浆，首先对骨料和老砂浆边缘进行检测，再分别对骨料、老砂浆向外横向纵向扩大一定的像素点，从而消除骨料和老砂浆之间的"新砂浆像素点"，如图 3-3 所示。

对骨料、老砂浆和新砂浆进行界面过渡区处理。依次判断两个相邻的像素点的灰度值，当前后灰度值或上下灰度值不相同时，该像素点位置即为材料的边界，变换该点处的像素灰度值并提取作为界面过渡区单元。

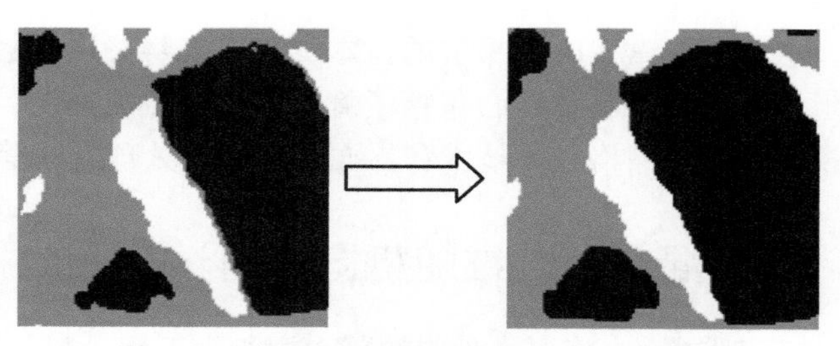

图 3-3 边界处理后的再生混凝土数字图像

进过上述处理后，骨料、新老砂浆及其之间的黏结带已经基本清晰，如图 3-4 所示，红色是骨料，蓝色是老砂浆，绿色是新砂浆，灰色是界面过渡区。因此接下来对各相进行提取，记录下相应的灰度代码，以一个像素点对应一个单元的形式，形成再生混凝土真实细观数值模型，如图 3-5 所示。

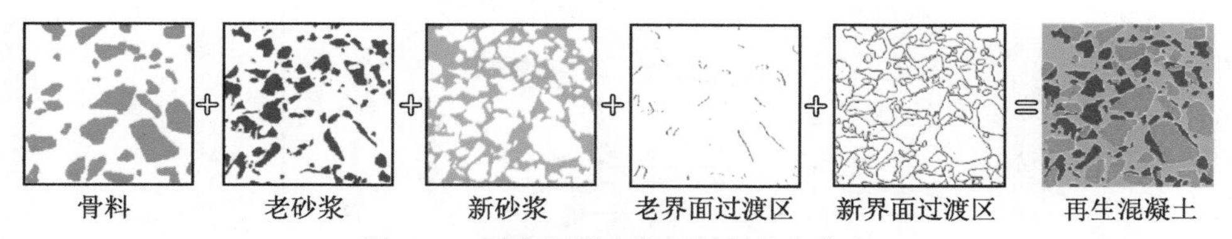

图 3-4 再生混凝土各相材料分布信息

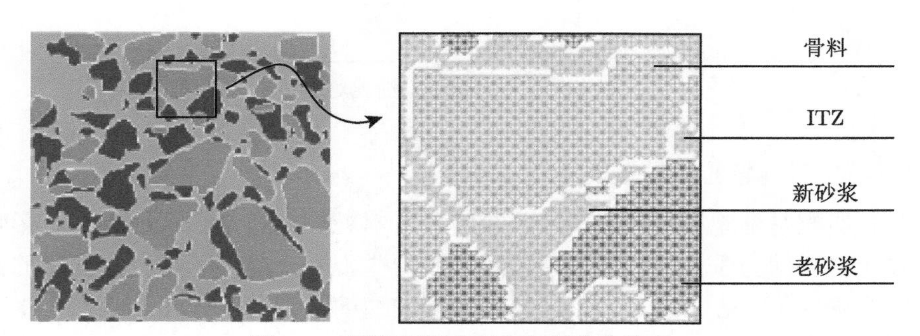

图 3-5 再生混凝土真实细观数值模型

需要注意的是，本研究细观模型是基于像素点进行的网格划分。为了在考虑计算效率和计算精度的前提下，减少单元数量，可通过 MATLAB 的图像压缩命令“imresize”对图像进行压缩，在本书后续的数值模型计算分析中，讨论了分辨率对数值结果的影响。

基于数字图像技术的方法建立的再生混凝土细观模型，在骨料几何分布上与实际试件相同，这种建模方法适合于分析实际的混凝土试件，可以完全验证所建立的细观模型。然而，对于大量试件的统计分析和参数化研究，尤其在三维模型中，这种建模方法将是非常费时和昂贵的。本章接下来将采用参数化建模的方法建立再生混凝土细观模型，具体核心包括了骨料形状的生成方法、骨料粒径的生成方法，骨料投放方法，网格划分技术和界面过渡区的处理方法等。

3.2　再生混凝土二维随机圆骨料试件几何模型

如上所述，在细观层次上将再生骨料混凝土视为由天然骨料、老水泥砂浆、新水泥砂浆、天然骨料与老水泥砂浆之间的老界面过渡区、老水泥砂浆与新水泥砂浆之间的新界面过渡区组成的五相复合材料。因此，可将再生骨料简化为两个同心圆，如图 3-6 所示。

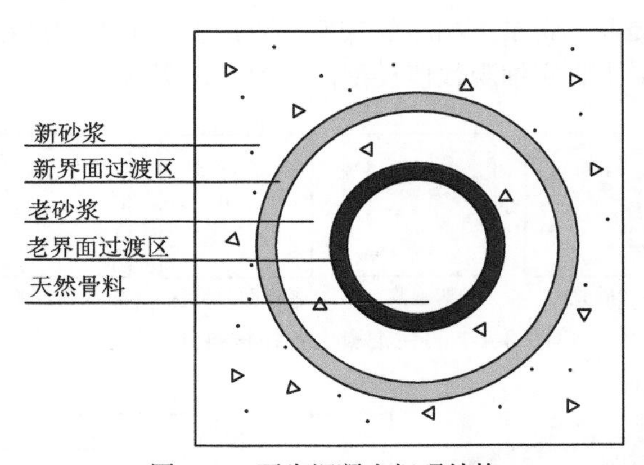

图 3-6　再生混凝土细观结构

3.2.1　再生骨料颗粒数与级配

骨料级配是细观模型建立的一个重点，骨料粒径分布是否合适将严重影响再生混凝土材料的力学性能。富勒级配可以使再生混凝土能够获得较为优化的密实度和宏观强度 (详见 4.1.1 节)，在富勒级配曲线的基础上，Walraven[219] 将三维骨料级配曲线转化成二维横断面骨料级配曲线，本研究将采用 Walraven 公式计算二维横断面不同粒径的骨料颗粒数。

粒径 $D < D_0$ 骨料的累积分布概率如下：

$$P_c(D < D_0) = P_k \left[1.065\left(\frac{D_0}{D_{\max}}\right)^{1/2} - 0.053\left(\frac{D_0}{D_{\max}}\right)^4 - 0.012\left(\frac{D_0}{D_{\max}}\right)^6 - 0.0045\left(\frac{D_0}{D_{\max}}\right)^8 + 0.0025\left(\frac{D_0}{D_{\max}}\right)^{10}\right] \tag{3-4}$$

式中，P_k 为骨料体积与混凝土总体积的百分比，一般取 0.75；P_c 为粒径小于 D_0 的骨料的累积分布概率。

计算横断面面积为 A 的再生骨料混凝土试件中，粒径 $D_1 < D < D_2$ 的骨料颗粒数 n，公式如下：

$$n = [P_c(D < D_2) - P_c(D < D_1)] \times A/A_i \tag{3-5}$$

式中，A_i 为直径是代表粒径的再生骨料面积。

在生成骨料颗粒后，须在一定空间内进行骨料投放。本研究中，采用“取放法”建立二维再生骨料随机分布几何模型，建立方法详见 4.1.4 节。

3.2.2 再生骨料老砂浆层厚度

黏结老砂浆的力学性能对再生混凝土的力学性能有重大影响 [37,77,193,320]，因此须先知道废弃混凝土附着的砂浆质量含量。肖建庄等 [220] 运用图像处理软件分析再生混凝土试件切割断面照片，得到再生骨料中老砂浆的质量百分比含量为 41.0%。沈大钦 [221] 采用煅烧的方法分离出老砂浆，得到再生骨料中老砂浆的质量百分比含量平均为 42.1%。Gutiérrez 等 [222] 研究表明，附着在再生骨料上的砂浆的量可能从粗集料质量的 23%～44%不等。本研究假定再生骨料中老砂浆的质量百分比含量为 42%。

有研究表明 [223]，混凝土中骨料的体积百分比与某一断面处的骨料的面积百分比基本相等。由此可以计算出某一断面处再生骨料中老砂浆和天然骨料的面积比，进而求出再生骨料中老砂浆层的厚度

$$\omega = \frac{m_s}{m_{总}} = \frac{V_s \cdot \rho_s}{V_s \cdot \rho_s + V_g \cdot \rho_g} \tag{3-6}$$

$$\bar{\omega} = \frac{V_s}{V_g} = \frac{\rho_g \cdot \omega}{\rho_s \cdot (1 - \omega)} \tag{3-7}$$

式中，V_s, V_g 分别表示再生骨料中老砂浆和骨料所占的面积，ρ_s, ρ_g 分别表示老砂浆和骨料的密度，$m_s, m_{总}$ 分别表示老砂浆和再生骨料的质量，ω 表示老砂浆的质量含量，$\bar{\omega}$ 表示老砂浆面积与骨料面积比。

由面积比得出砂浆层厚度 h

$$h = \frac{a - a\sqrt{\dfrac{1}{1 + \bar{\omega}}}}{2} \tag{3-8}$$

式中，a 表示骨料粒径。

3.3　再生混凝土二维随机凸多边形骨料试件几何模型

粗骨料是混凝土的重要组成部分，骨料形状作为骨料重要特征之一，对混凝土力学性能的影响不可忽视。骨料形状在很大程度上影响着混凝土的工程特性，如刚度、抗剪强度、抗疲劳能力、耐久性、压缩性及渗透性等 [224]。基于细观层次建立的混凝土数值模型成为分析混凝土力学性能的重要手段，不仅可以弥补试验的缺陷，还能分析试验中难以观测的内部裂缝开展情况。目前已有的混凝土细观力学模型，通常将骨料简化成圆形 [121,225,226]、规则多边形 [227] 或球体 [91]。这样的简化有一定的合理性，但与实际骨料形状还存在较大差别。

任意多边形骨料的生成主要包括以下几个关键问题 [228]：① 骨料形状与实际是否相符；② 骨料的随机投放及骨料级配的合理性；③ 骨料投放的效率及所能达到的最大骨料体积分数。高政国 [229]、刘光廷等 [231] 提出了由基骨料随机延凸生成任意多边形 (体) 凸骨料的方法，并以骨料面积为参数判断骨料的重叠状况。孙立国等 [232] 先随机投放所有三角形基骨料，然后通过随机延凸生成任意多边形骨料。以上算法尽管提高了骨料的生成效率，但所建立的混凝土力学模型没有考虑实际骨料级配 [233]。马怀发等 [233] 在此基础上，基于 Walraven 公式确定二维混凝土试件中圆形骨料的面积，并以此为控制参数，通过延凸圆形骨料内接多边形生成了凸多边形随机骨料，所建立的凸多边形骨料模型反映了混凝土中骨料的实际级配和含量。本节中，参考马怀发等 [233] 研究，发展了再生混凝土任意多边形骨料模型。

在圆形骨料试件模型的基础上，生成随机多边形骨料试件模型。依次先将每个外圆的内接多边形向外延凸，再将每个内圆的内接多边形向外延凸，直至分别达到外圆和内圆的面积为止，即生成了与圆形骨料面积相同的多边形随机骨料模型，如图 3-7 所示。

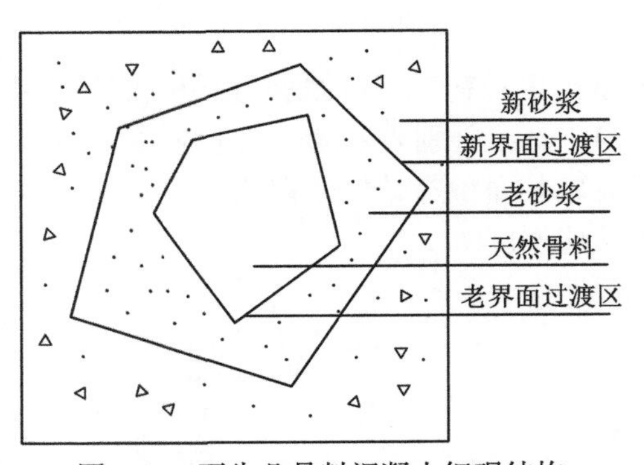

图 3-7　再生凸骨料混凝土细观结构

(1) 在每个圆周上随机生成数个点作为多边形骨料基框架。注意大骨料基点数多于小骨料，控制点与点之间的距离，使骨料圆心在生成的多边形内部。

(2) 依次将每个圆形骨料内接多边形向外延凸，直至达到圆形骨料所占试件内截面的面积为止。优先选择比对应圆骨料面积小得多的多边形骨料，并选择较长的边向外延凸。

如图 3-8 所示，对于任意凸多边形的各个顶点 A_1，A_2，$\cdots$，A_i，A_{i+1}，$\cdots$，A_n。多边形顶点 A_i 的坐标为 (x_i, y_i)，A_{i+1} 的坐标为 (x_{i+1}, y_{i+1})。

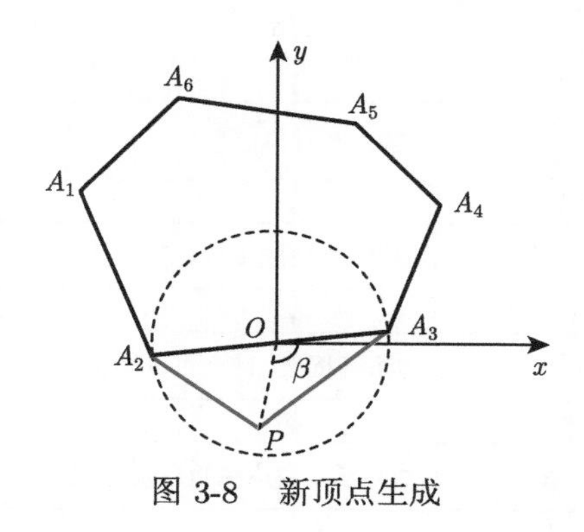

图 3-8 新顶点生成

新插入点坐标为

$$\begin{cases} x = \dfrac{1}{2}(x_i + x_{i+1}) + \dfrac{1}{2}\overline{A_iA_{i+1}}R_1\cos(2\pi R_2) \\ y = \dfrac{1}{2}(y_i + y_{i+1}) + \dfrac{1}{2}\overline{A_iA_{i+1}}R_1\sin(2\pi R_2) \end{cases} \tag{3-9}$$

式中，R_1, R_2 为 (0, 1) 区间内的随机数。

同时，新插入的点要满足以下要求：① 新插入点不能超出试件尺寸范围；② 新形成的边长要大于设定的最小值；③ 满足凸条件；④ 对于老砂浆边界的延凸，要保证骨料之间不出现交叉重叠，天然骨料边界的延凸须保证延凸点在与其对应的老砂浆边界内。

当延凸后的多边形面积大于等于对应的圆面积时，延凸结束。多边形骨料生成过程如图 3-9 所示。

利用上述方法，编制凸多边形骨料几何模型的自动生成软件，如图 3-10 为主程序流程图，将再生混凝土二维随机圆骨料几何模型转变成再生混凝土二维随机凸多边形骨料几何模型，这两种模型的骨料级配、对应骨料体积分数和老砂浆含量相同，只是骨料形状不同。如图 3-11 所示为再生混凝土随机凸多边形骨料几何模型的生成过程。

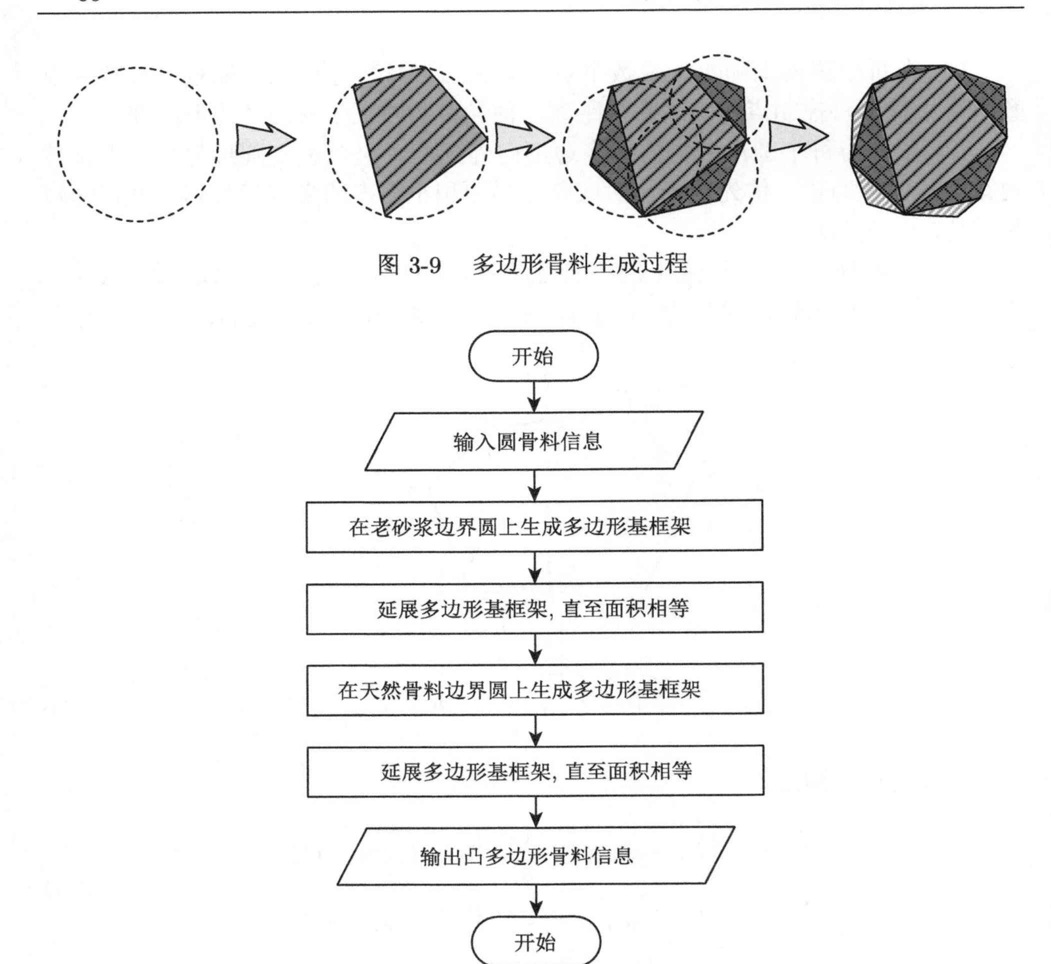

图 3-9　多边形骨料生成过程

图 3-10　建立多边形骨料几何模型的主程序流程图

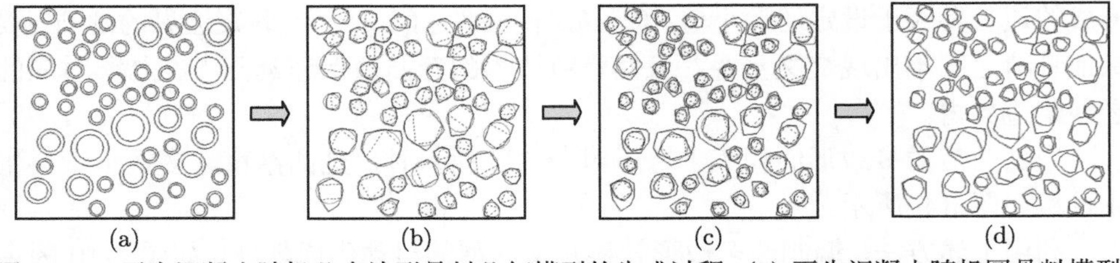

图 3-11　再生混凝土随机凸多边形骨料几何模型的生成过程: (a) 再生混凝土随机圆骨料模型; (b) 在外圆上生成内接多边形 (蓝线)，并向外延伸为凸再生骨料的外边界 (黑线)；(c) 在内圆上生成内接多边形 (蓝线)，向外延伸作为凸天然骨料的外边界 (黑线)；(d) 再生混凝土随机凸多边形骨料模型

3.4 非结构化网格划分策略与实现

当生成几何模型后，需要将其网格化以进行有限元分析。对于基于数字图像的建模方法，网格可基于像素点的网格划分 [314]。对于参数化的建模方法，很多学者已经开发应用了各种网格划分技术。一种方法是使材料相界面与有限元边界重合 [235]，这将在基质和骨料颗粒之间产生清晰的边界，这种网格已被许多学者使用 [236-239]。另一种方法是在材料界面与有限元边界不重合的地方使用不对齐的网格，采用这种方法，有限单元内将具有材料的不连续性。

可以使用网格划分软件或编程来划分已建立的几何模型。Zhou 等 [175] 使用了网格划分程序 TetGen[241]，该程序使用了 Delaunay 三角剖分来划分几何模型。Han 等 [130] 使用了 MSC/PATRAN 商业预处理软件，采用 10 节点四面体单元对几何模型进行网格划分。

对界面过渡区进行网格划分也是细观模型网格生成的重要方面。由于界面过渡区的厚度比骨料小得多，因此生成网格将导致很多问题。如果使用厚度为 10~50μm 的六面体或四面体单元网格划分界面过渡区，将生成数百万个单元，这是不可行的。S. G. Li 和 Q. B. Li [240] 提出了一种称为骨料膨胀法 (AEM) 的方法，用厚度为 50μm 的楔形单元对界面过渡区进行网格划分。通常，在细观模型中，为了兼顾计算精度和计算效率，界面过渡区单元的厚度为 0.2~0.8mm[185]。

Zohdi 和 Wriggers [235] 在开发的细观模型中使用了立方体网格。当使用立方体网格对混凝土圆柱体进行建模时，由于圆柱体的弯曲形状，无法获得混凝土圆柱体的实际形状 [183]。另外，当骨料为球形时，由于网格立方体的特性，骨料不能划分为光滑的形状，而只能几何近似，此时只能采用较小的网格尺寸，使网格模型更接近实际。

本节中，为了生成高质量的网格，作者将利用 Per-Olof Persson[242] 针对隐函数规定的几何形状的网格生成算法，考虑界面过渡区的边界和网格细化，优化并应用到再生混凝土模型，得到高质量的再生混凝土网格模型。

3.4.1 网格优化策略

基于三角形网格的边与桁架结构之间的物理类比，使用线性力-位移关系求解桁架结构中的平衡问题来改善初始网格 [242]。平面中的任何一组点都可以由 Delaunay 算法 [243] 进行三角化，节点移动时，通过重新计算 Delaunay 三角剖分或通过局部更新来优化网格以改善单元质量。在平衡状态下，单元往往具有很高的质量，并且该方法可以推广到更高的维度。

单元每一条边的力 F 取决于它的当前长度 l 及其理想长度 l_0 的差值:

$$F=\begin{cases} k\left(l_0-l\right), & l<l_0 \\ 0, & l \geqslant l_0 \end{cases} \tag{3-10}$$

其中，k 为模拟线性弹簧杆的系数，可设置为 1。当 $F>0$ 时，使网格边界拉长。对于所有的内部节点，存在平衡: $\sum\limits_i F_i=0$。对于大多数杆都是排斥力 $(F>0)$，以帮助节点在整个几何边界内展开。这就意味着当前长度在理想长度附近时，F 应该大于零。这可以通过适当放大需要的理想长度而实现，通常为 20%(Fscale=1.2)。

单元杆的理想长度 l_0 由网格尺寸函数 $h(x, y)$ 描述，注意，$h(x, y)$ 不必等于实际大小，它给出了域上的相对分布。为了避免单元尺寸的较大变化，我们通过限制 $h(x, y)$ 中的梯度来实现

$$l_0=\text{Fscale}\cdot h\left(x_i, y_i\right)\cdot\left(\frac{\sum l_i^2}{\sum h\left(x_i, y_i\right)^2}\right)^{0.5} \tag{3-11}$$

$$h\left(x_i, y_i\right)=\min\left(\min\left(a+b*\left\{\left|d\left(x_i, y_i\right)\right|\right\}\right), c\right) \tag{3-12}$$

其中，$d\left(x_i, y_i\right)$ 为距离函数，$\left\{\left|d\left(x_i, y_i\right)\right|\right\}$ 则为点 $\left(x_i, y_i\right)$ 到各个骨料界面处的距离绝对值的集合。a, b, c 为界面处网格的相对尺寸。

3.4.2　网格内部边界层形成策略

在网格生成过程中，需将距离骨料几何边界一定范围内的节点“拉回”到距离界面过渡区边界上最近的点 (使用距离函数)。如图 3-12 所示，界面过渡区厚度为 h, 节点修正距离为 hp，则可以简单假定距离骨料几何边界 $\pm h/2$ 为界面过渡区，将距界面过渡区几何边界 hp 范围内的点移动到其边界上。

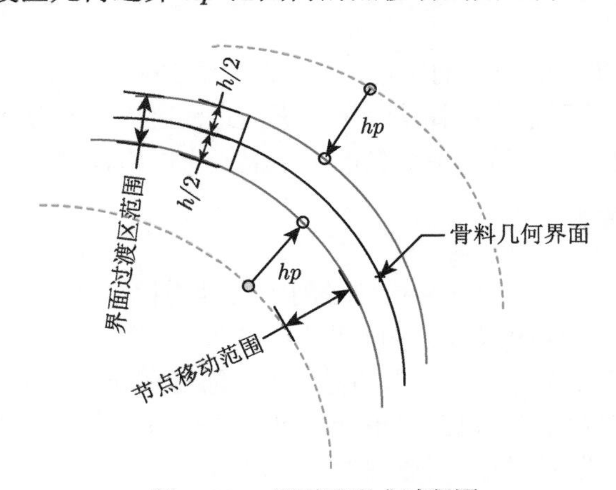

图 3-12　界面层形成过程图

本节中采用一阶泰勒近似计算修正距离向量，从而形成内部边界层。一般的，给定一个点 $\boldsymbol{P}$ 和界面函数 $F(\boldsymbol{P})$，需要找到修正的 $\Delta\boldsymbol{P}$，满足以下关系:

$$F(\boldsymbol{P}+\Delta\boldsymbol{P})=0 \tag{3-13}$$

$$\Delta\boldsymbol{P}\parallel\nabla F(\boldsymbol{P}+\Delta\boldsymbol{P}) \tag{3-14}$$

需要注意的是，修正的 $\Delta\boldsymbol{P}$ 应该平行于边界点 $\boldsymbol{P}+\Delta\boldsymbol{P}$ 处的梯度，而不是在初始点位置 $\boldsymbol{P}$。因此可以添加附加参数 t，将式 (3-14) 变化形式为

$$\Delta\boldsymbol{P}+t\nabla F=0 \tag{3-15}$$

将式 (3-13) 一阶泰勒展开

$$F(\boldsymbol{P}+\Delta\boldsymbol{P})=F+\nabla F\cdot\Delta\boldsymbol{P} \tag{3-16}$$

由式 (3-15) 和 (3-16) 可以得到

$$t=\frac{F}{|\nabla F|^2} \tag{3-17}$$

从而可以得到

$$\Delta\boldsymbol{P}=\frac{F}{|\nabla F|^2}\nabla F \tag{3-18}$$

3.4.3 算法

以 100mm×100mm 的二维试件为例，在试件中心放置一颗半径 25mm 再生圆骨料，其中老砂浆厚度为 5mm，界面过渡区为 1mm。对试件网格划分，算法如下。

(1) 在几何边界内创建均匀分布的节点，对应为等边三角形单元，如图 3-13(a) 所示，是边长为 1mm 的等边三角形网格。

(2) 计算每个节点的尺寸函数 $h(x,y)$，采用舍选抽样法以 $1/h(x_i,y_i)^2$ 的概率选取节点。如图 3-13(b) 所示，在天然骨料内部，网格细化梯度为 1，在天然骨料外部，网格细化梯度为 0.2，并规定网格尺寸最大值为 3mm。

(3) 进入主循环，节点位置不断迭代优化:

(a) 去除质心在试件边界外的三角网格;

(b) 通过网格尺寸函数 $h(x,y)$ 计算理想的三角形边长，基于与实际边长的差值调整边长、移动节点。如图 3-13(c) 所示，为第 1 次移动节点后 Delaunay 三角剖分图;

(c) 如果点在更新之后移动到试件几何边界之外，则将其移回到其边界上最近的点 (使用距离函数)，避免节点流失。

(d) 将距离界面过渡区一定距离的点拉回到界面过渡区边界上，形成内部边界层。

(4) 终止循环，终止条件是由当前迭代中的节点的最大运动位移决定的。

如图 3-13(d)~(f) 所示，假定界面过渡区为 1mm 时，分别是第 1 次、第 5 次和第 100 次完成迭代后的 Delaunay 剖分图，从图中可以看出随着迭代进行，网格质量越来越高，最后产生的三角形单元几乎是等边的。论文中 [244] 讨论了许多“单元质量”的评价指标。一种常用的网格质量评价指标是最大内切圆 (乘以 2) 的半径与最小外切圆的半径之比 [242]：

$$q = 2\frac{r_{\text{in}}}{r_{\text{out}}} = \frac{(b+c-a)(c+a-b)(a+b-c)}{abc} \tag{3-19}$$

其中，a, b, c 为边长。根据经验，如果所有三角形的 $q > 0.5$，则结果良好 [244]。

图 3-14 为分别对图 3-13(d)~(f) 计算网格质量后的直方图，由图 3-14 可以看出，随着迭代对网格质量的优化，该算法生成的网格单元质量和均匀性越来越好，当第 100 次迭代时，所有单元的 $q > 0.6$，并且平均质量为 0.9359，即生成的网格质量为极高。

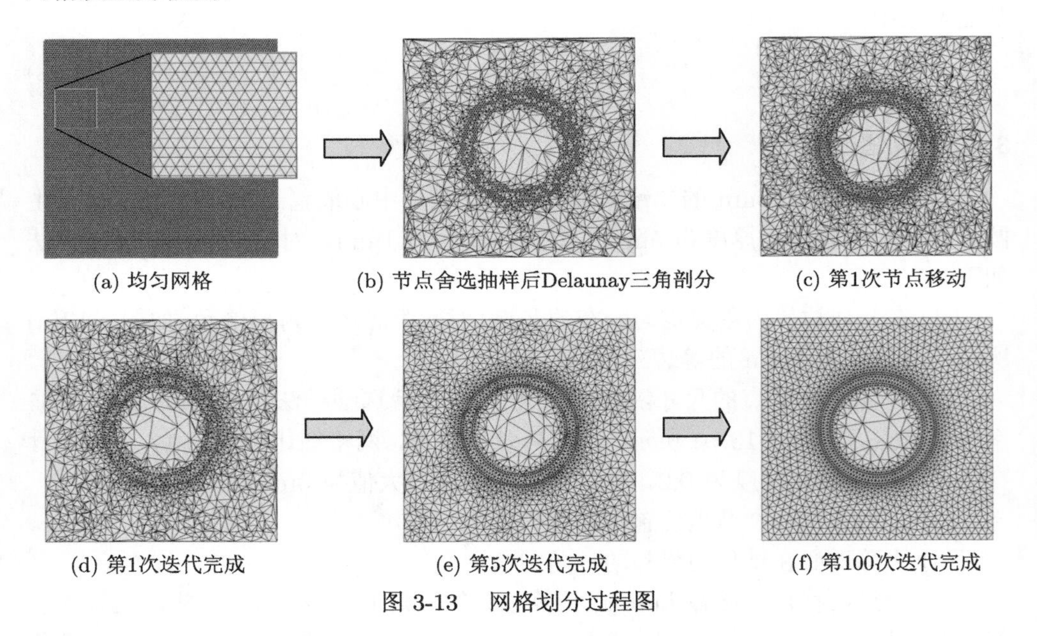

图 3-13　网格划分过程图

需要注意的是，由于天然骨料单元强度往往较高，在载荷作用下很少发生损伤，同时也为了减少计算规模，在天然骨料内部和外部采取了不一样的网格细化参数，从而减少试件整体自由度。

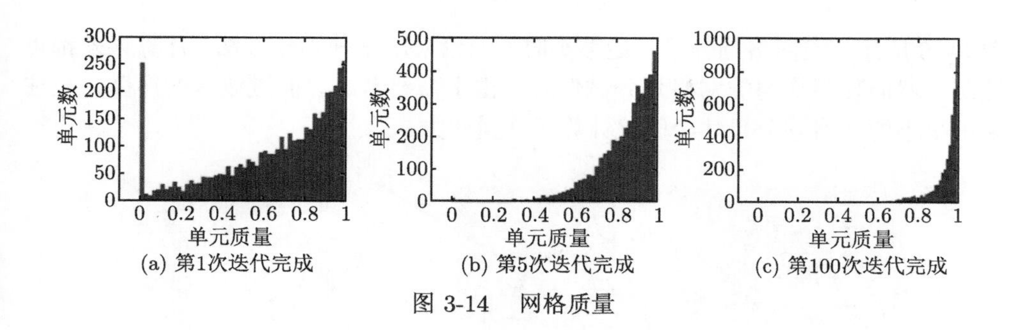

(a) 第1次迭代完成　(b) 第5次迭代完成　(c) 第100次迭代完成

图 3-14　网格质量

3.5　再生混凝土投影网格模型

建立模型时先建立试件的整体模型，并对其进行网格划分，随后将骨料投影到单元区域，进行单元的材料属性赋值。通过判断单元节点的相对位置来确定其单元类型。当单元所有节点均落在天然骨料区域时，此单元将被定义为天然骨料单元；当所有节点均落在老砂浆区域时，此单元被定义为老砂浆单元；当所有节点均落在新砂浆区域时，此单元被定义为新砂浆单元；而当有部分节点在天然骨料区域，部分落在老砂浆区域时，将被定义为老界面过渡区单元；当部分节点在老砂浆区域，部分落在新砂浆区域时，此单元为新界面过渡区单元。最后，对生成的单元进行材料参数赋值。如图 3-15(a) 所示，采用 3.4 节的网格模型生成投影网格模型，在图中，浅蓝色区域表示新砂浆基质，蓝色区域表示老砂浆基质，红色区域为天然骨料，再生骨料体颗粒周围的白色薄层区域为界面过渡区。此外，采用相同的方法，对于凸骨料混凝土模型，亦可生成质量较高的投影网格模型，如图 3-15(b) 所示。另外，也可采用均匀的网格划分方法生成投影网格模型，如

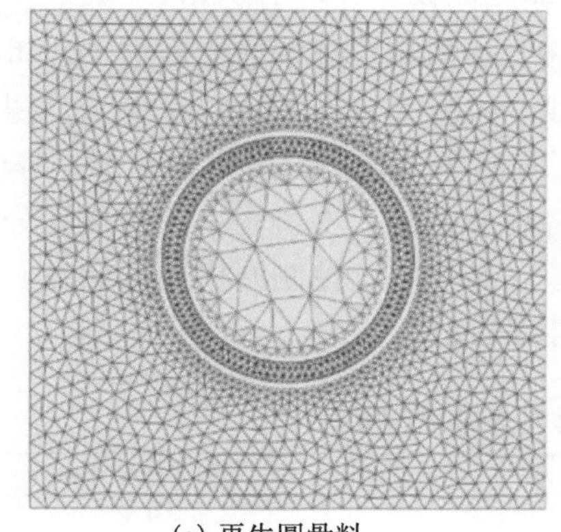

(a) 再生圆骨料

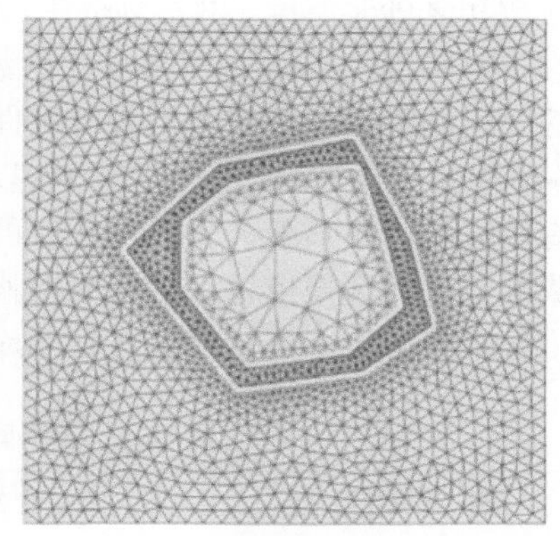

(b) 再生凸骨料

图 3-15　投影网格模型

图 3-16 所示，当网格划分尺寸足够小时，无论采用哪种划分方法，计算误差都可控制，然而使用均匀的网格划分试件时，由于需要考虑界面过渡区的厚度，往往采用很小的网格划分尺寸，因此计算工作量较大。

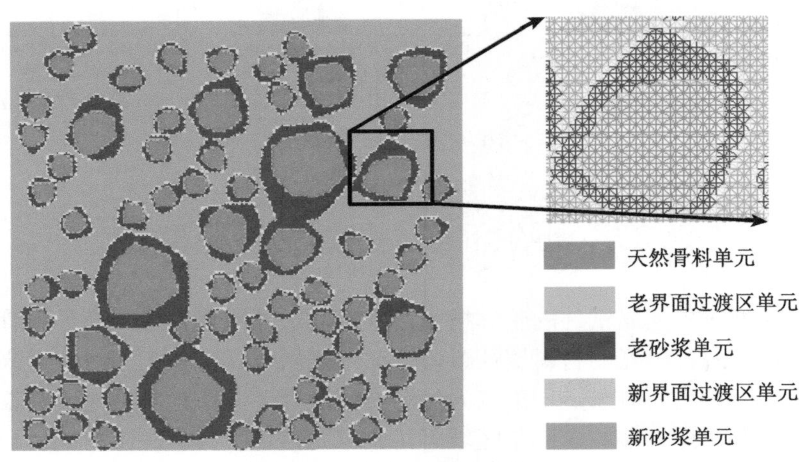

图 3-16　均匀投影网格模型

3.6 实例应用

在以下实例中，以 100mm×100mm 的方形试件作为代表，假定骨料由粗骨料、中骨料和细骨料三种粒径组成，其直径分别为 17.5mm、12.5mm 和 7.5mm，骨料体积分数为 40%，骨料中附着老砂浆含量为 42%，界面过渡区的厚度为 0.25mm。采用 Walraven 公式计算得到骨料各粒径颗粒数，如表 3-1 所示为计算得到的骨料颗粒数和老砂浆厚度。网格划分中，假定初始网格尺寸为 0.25mm，界面过渡区节点修正范围为 0.2mm，网格尺寸函数如表 3-2 所示。分别建立混凝土和再生混凝土的随机圆骨料和凸多边形骨料试件模型，如图 3-17 ~ 图 3-20 所示，图中看出，各模型的单元平均质量都在 0.94 以上，表明各模型中的单元几乎都是等边的，模型有较高的网格质量，另外与传统的网格划分相比，本研究中的网格划分方法可生成界面过渡区厚度可调的背景网格模型，另外通过控制网格加密梯度，可使自由度数量显著较小，且网格质量和均匀性都较好。

表 3-1　骨料颗粒数及老砂浆厚度

代表粒径/mm	骨料颗粒数	老砂浆厚度/mm
17.5	3	2.470
12.5	10	1.764
7.5	41	1.059

表 3-2 网格尺寸函数

	网格尺寸函数 $h(x)$	加密梯度
天然骨料外	$\min(\min(1+0.2*\{\lvert d(x_i,y_i)\rvert\}),3)$	0.2
天然骨料内	$\min(1+\{\lvert d(x_i,y_i)\rvert\})$	1

注: $\{\lvert d(x_i,y_i)\rvert\}$ 为点 (x_i,y_i) 到各骨料界面处的距离绝对值的集合

(1) 100mm×100mm 圆骨料混凝土方形板。

节点数：39514；单元数：78484；平均质量：0.9473。

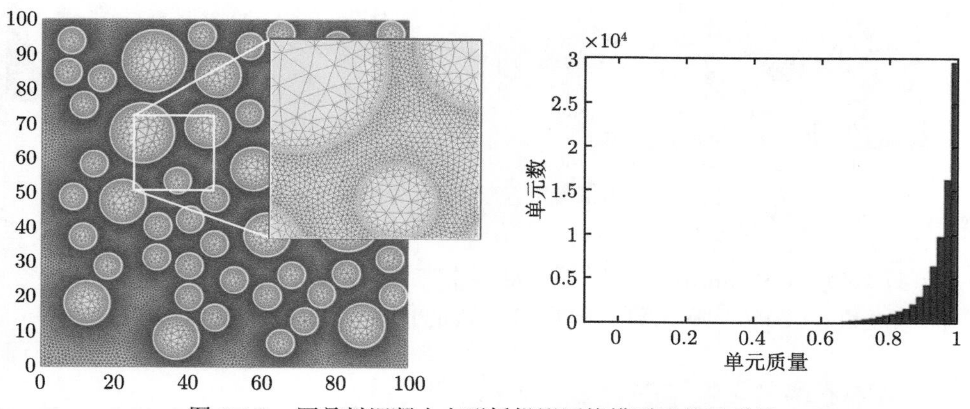

图 3-17 圆骨料混凝土方形板投影网格模型及单元质量

(2) 100mm×100mm 圆骨料再生混凝土方形板。

节点数：50923；单元数：101285；单元平均质量：0.9440。

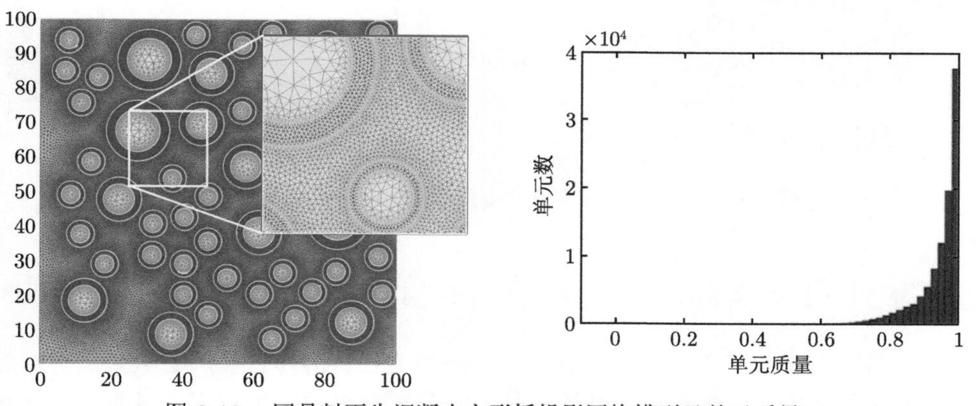

图 3-18 圆骨料再生混凝土方形板投影网格模型及单元质量

(3) 100mm×100mm 凸骨料混凝土方形板。

节点数：40800；单元数：81029；单元平均质量：0.9477。

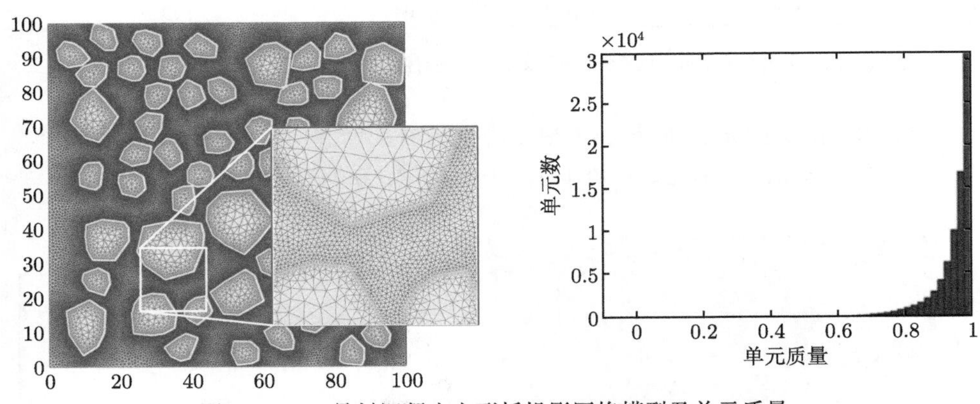

图 3-19　凸骨料混凝土方形板投影网格模型及单元质量

(4) 100mm×100mm 凸骨料再生混凝土方形板。

节点数：52066；单元数：103563；单元平均质量：0.9429。

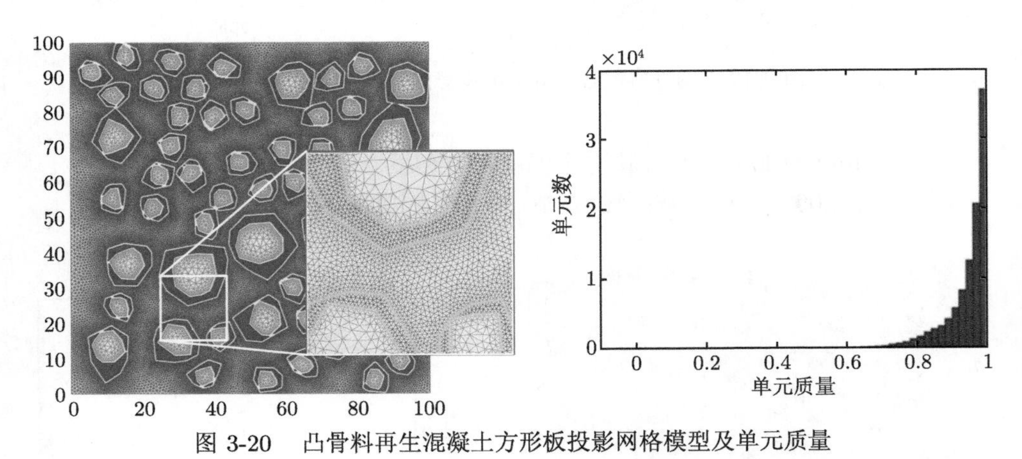

图 3-20　凸骨料再生混凝土方形板投影网格模型及单元质量

3.7　不可交叉渗透的零厚度界面单元在界面过渡区的应用

界面过渡区 (ITZ) 是细观尺度建模的重要方面，因为它被广泛认为是引发裂缝的最薄弱部位。许多学者已使用各种方法在细观模型中模拟界面过渡区。混凝土中界面过渡区的实际厚度为 10~50μm[187,245]，而且其力学性质与骨料和砂浆基质完全不同 [187]。但是，在细观尺度模型中，有限元单元数量的急剧增加导致计算量的增加，以如此小的厚度来建模计算效率不高。因此，考虑网格中的单元尺度，使用可行的界面过渡区厚度。通常为界面过渡区设定的有限元单元厚度 (大于 0.01mm) 远大于实际值 [141,246]，而其弹性模量和强度通常选择 0.2~0.8 倍的砂浆值，或者根据纳米压痕的结果界定 [187,247]，他们模型的共同点是假设界面厚度在所有方向上都是恒定的，然而，通常由于界面过渡区厚度严重依赖于单元尺寸，模型的精确度受到了影响。

界面过渡区可以使用单独的有限元或者零厚度界面单元表示，在 3.4 节中，采用了一种新的非结构化网格划分方法，生成了界面过渡区厚度可控的网格模型，在本节中采用另一种方法即使用零厚度界面单元 [249-254] 模拟界面过渡区。零厚度的界面单元是一种退化了的四边形单元，即宽度等于零的四边形单元。它首先由美国学者 Goodman[248] 提出，并用于岩石力学中作为节理单元。由于这种单元宽度为零，所以可以作为界面，并且不影响骨料和砂浆的单元几何划分。将零厚度界面单元插入骨料和砂浆相之间，在大多数情况下，可以发现采用零厚度界面单元较好地模拟了界面过渡区。但是，在零厚度的界面单元中沿厚度方向施加压力时，单元节点可能会交叉渗透，这可能会导致模拟错误。Tu 和 Lu[255] 用开发了两个考虑界面过渡区的细观尺度模型。在一个模型中，界面过渡区使用零厚度的界面单元建模，而在另一个模型中，界面过渡区使用常规有限元表示，结果发现，使用零厚度界面单元的模型无法产生真实的力学行为，而使用有限元模拟界面过渡区的模型则表现出真实的力学行为，原因是在使用零厚度界面单元表示界面过渡区的情况下，观察到了界面节点的交叉渗透。

在本节中，界面过渡区将采用零厚度的界面单元，并采用不可交叉渗透条件纠正了网格交叉渗透的问题。

3.7.1 基本原理

图 3-21 所示为一个零厚度界面单元，节点用 1、2、3、4 表示，它的宽度 $t=0$，这表示 1 和 4，3 和 2 节点在开始时占有同一空间位置。设单元局部坐标为 $x'O'y'$，其方向由 $O'x'$ 与总体坐标的 Ox 夹角来确定。

界面单元上、下表面的位移场由下式给出

$$\boldsymbol{u}^{+}=\boldsymbol{N}^{\text{int}}\boldsymbol{u}_I^{+},\quad \boldsymbol{u}^{-}=\boldsymbol{N}^{\text{int}}\boldsymbol{u}_I^{-} \tag{3-20}$$

用 $\boldsymbol{N}^{\text{int}}$ 表示界面单元的形状函数矩阵，而 $\boldsymbol{u}^{+}$ 和 $\boldsymbol{u}^{-}$ 分别表示上表面和下表面的节点位移。

上下面的相对滑移的位移差为

$$\Delta\boldsymbol{u}(\boldsymbol{x})=\boldsymbol{u}^{+}-\boldsymbol{u}^{-}=\boldsymbol{N}^{\text{int}}\left(\boldsymbol{u}_I^{+}-\boldsymbol{u}_I^{-}\right) \tag{3-21}$$

将节点力和位移差联系起来

$$\boldsymbol{r}=\boldsymbol{T}\Delta\boldsymbol{u}(\boldsymbol{x})=\boldsymbol{T}\boldsymbol{N}^{\text{int}}\left(\boldsymbol{u}_I^{+}-\boldsymbol{u}_I^{-}\right) \tag{3-22}$$

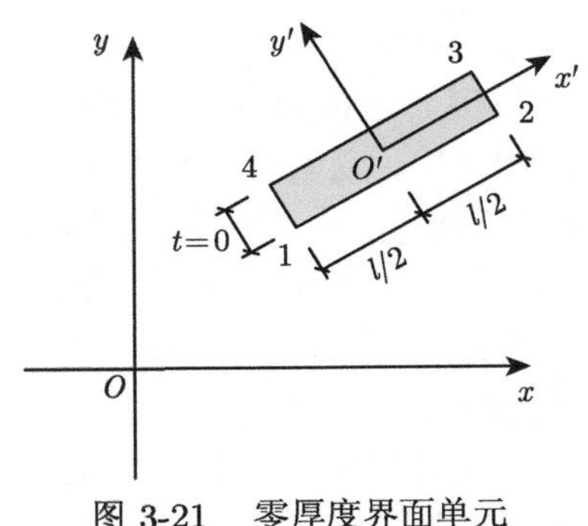

图 3-21　零厚度界面单元

运用能量原理，可以得到单元刚度矩阵

$$\boldsymbol{K}=\begin{bmatrix}\int_{\Gamma}\boldsymbol{N}^{\mathrm{T}}\boldsymbol{T}\boldsymbol{N}\mathrm{d}\Gamma & -\int_{\Gamma}\boldsymbol{N}^{\mathrm{T}}\boldsymbol{T}\boldsymbol{N}\mathrm{d}\Gamma \\ -\int_{\Gamma}\boldsymbol{N}^{\mathrm{T}}\boldsymbol{T}\boldsymbol{N}\mathrm{d}\Gamma & \int_{\Gamma}\boldsymbol{N}^{\mathrm{T}}\boldsymbol{T}\boldsymbol{N}\mathrm{d}\Gamma\end{bmatrix} \tag{3-23}$$

利用坐标转换矩阵 $\boldsymbol{Q}$ 到全局坐标系为

$$\boldsymbol{K}_e^{\mathrm{int}}=\boldsymbol{Q}^{\mathrm{T}}\boldsymbol{K}\boldsymbol{Q} \tag{3-24}$$

$\boldsymbol{Q}$ 是

$$\boldsymbol{Q}=\begin{bmatrix}\boldsymbol{n} & \boldsymbol{s}\end{bmatrix} \tag{3-25}$$

式中，$\boldsymbol{n}$ 为界面元的法向单位向量，$\boldsymbol{s}$ 是界面元的切向单位向量。

需要注意的是，由于零厚度界面单元法向方向在受拉和受压作用下的刚度不一致 (详见 5.3 节)，因此为了计算法向位移差的大小，需要准确判断界面单元的上下面，然而，由于零厚度界面单元在厚度方向上为零，无法确定上下表面，因此实际编程过程中，需要借助相邻单元来判断。如图 3-22 所示为一个界面单元，其相邻单元的节点编号分别为 3、4、5 和 1、2、6，假定局部坐标系下，节点 5 和节点 6 的坐标为 (x_5', y_5') 和 (x_6', y_6')，判断局部坐标系下两个节点纵坐标的大小，当 $y_5' > y_6'$ 时，界面单元上表面为面 3-4，反之，界面单元上表面为面 1-2。关于界面单元的相邻单元查找识别问题，如图 3-22 所示，可简单先查找节点 1 的相关单元，再查找节点 2 的相关单元，节点 1 和节点 2 中相同编号的相关单元即为界面单元的相邻单元。

本研究为了避免界面单元两侧的单元在受压下相互嵌入，假定了零厚度界面单元受压下的法向刚度取一大值 (本研究设定为 1×10^{10})，在受拉下取一小值。当单元刚度采用大值时，法向位移的微小误差，容易造成法向应力的较大误差，因此本研究中首先采用法向位移差 δ_n 判断节点受力状态，当 δ_n 的值接近 0 时改用法向节点力判断节点受力状态。首先采用了较小值试算，判断试件内部每个界面单元的受力状态，重新赋予参数并计算节点位移，循环上述步骤直到相邻结果接近时停止该加载步计算。

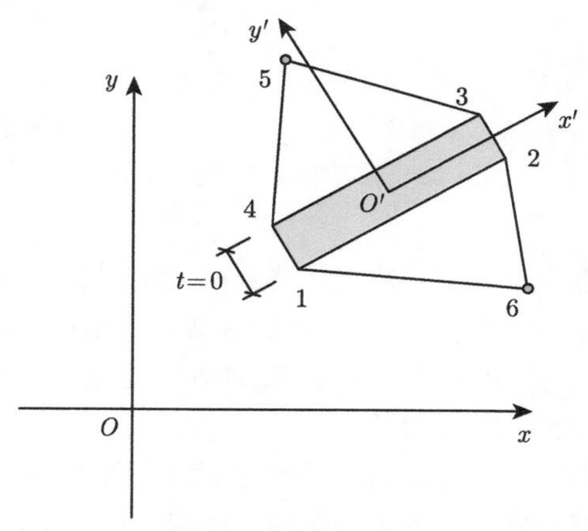

图 3-22 零厚度界面单元上下面的判断

采用节点位移 $\boldsymbol{\delta}^e$ 可求解出节点力：

$$\boldsymbol{F}^e = \int_\Omega \boldsymbol{B}^{\mathrm{T}}\boldsymbol{D}\boldsymbol{B}\boldsymbol{\delta}^e \mathrm{d}\Omega \tag{3-26}$$

对节点 i 所有相关单元节点力求和

$$F_i = \sum_\Omega \boldsymbol{Q}^{\mathrm{T}}\boldsymbol{A}^{\mathrm{T}}\boldsymbol{F}^e \tag{3-27}$$

式中，$\boldsymbol{Q}$ 为坐标转换矩阵，$\boldsymbol{A}$ 为界面单元节点指示向量。

在实际编程计算中，由于程序计算和存储的误差，因此设定了法向节点力判断的容错值 (设定为 1×10^{-8})，即 $F_i \geqslant -1\times10^{-8}$ 时，单元受拉，$F_i < 1\times-10^{-8}$ 时，单元受压。

3.7.2 自动插设零厚度界面单元算法

在界面处插设零厚度的界面单元，如图 3-23 所示。

具体插设算法如下。

(1) 读取网格数据，并搜索界面的位置。依次循环每一个单元，检查其相邻单元的属性，当该单元与相邻单元属性不同时，其共有边即为材料界面。

(2) 在材料界面处插设零厚度的界面单元，并对该单元编号索引。如图 3-23 中②号单元和⑦号单元属性不同时，将在其共有边插设零厚度的界面单元，编码为⑩。

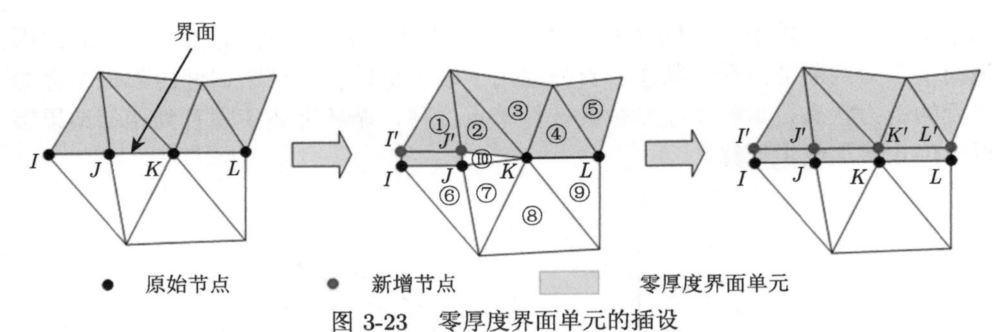

图 3-23　零厚度界面单元的插设

(3) 对界面单元的节点编码。注意，界面节点的编码顺序须一致。

(4) 对于没有处理过的界面节点，须复制该节点坐标并编号索引，如图 3-23 中界面节点 K，复制节点 K 的坐标并索引到 K', 将 K 和 K' 赋予界面单元。同时，②号单元 K 节点的编码改为 K'。

(5) 对于处理过的界面节点，直接将节点赋予界面单元。

(6) 界面节点的相关单元节点重新编号，在相关单元中，相邻单元属性相同则共用同一节点。图 3-23 中，②～④号单元属性相同，将该相关节点重新编为 K'。

经过上述步骤，在所有内部边界处插入了零厚度界面单元，如图 3-24 所示。

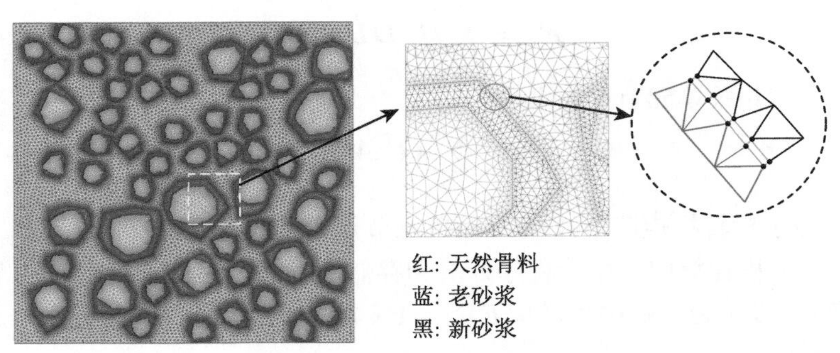

图 3-24　再生混凝土网格模型

3.8　本 章 小 结

本章分别采用了参数化建模的方法和基于数字图像技术的方法建立细观模型。在再生混凝土细观力学中，再生骨料的尺寸、形状、分布和老砂浆含量等直接影响着再生混凝土力学特性，因此，本章讨论了不同骨料形状的生成方法、骨料颗粒数计算方法和骨料分布算法。此外，发展了一种非结构化网格划分方法，并根据单元节点与骨料的相对位置生成投影网格模型。最后，针对界面过渡区实际厚度较小，而力学性质与砂浆差异较大，提出了采用零厚度界面单元模拟界面过渡区的细观模型。

(1) 在建立再生混凝土细观模型时，可以采用参数化方法或基于数字图像的方法来生成细观几何模型。采用参数化方法适用于参数研究和结果的统计分析，基于数字图像的方法适用于分析实际的混凝土试件。

(2) 二维模型中，骨料的形状有圆形和凸多边形，其中，凸多边形更接近实际情况，因而本章重点讨论了凸多边形骨料的生成算法。另外，本章采用 Walraven 公式计算二维试件代表粒径的骨料颗粒数，采用蒙特卡罗法随机投放骨料。

(3) 为了生成高质量的网格，本章考虑界面过渡区的边界和网格细化区域，通过物理类比桁架结构中的力-位移关系来改善初始网格，得到高质量的再生混凝土网格模型。

(4) 界面过渡区可以使用单独的基面力单元或者零厚度界面单元表示。使用单独的基面力单元表示时，本章的网格划分算法可生成界面过渡区厚度可调的网格模型。当使用零厚度界面单元表示界面过渡区时，由于节点交叉渗透而可能发生模拟错误，本章采用了不可交叉渗透条件纠正了网格交叉渗透的问题。

第 4 章 再生混凝土三维细观模型

针对块体结构，二维模型无法准确地模拟和解释三维裂缝的形成与扩展机理，具有一定的局限性。本章将进行再生混凝土三维细观结构模型的深入研究和开发，建立了三维随机球骨料几何模型，并提出了凸多面体再生混凝土骨料的生成算法，建立了三维随机凸多面体骨料几何模型。发展了高质量高效率的网格划分算法。针对界面过渡区，提出了使用单独的可控厚度的基面力单元和零厚度界面单元表示界面过渡区的两种方法，当使用零厚度界面单元表示界面过渡区时，类比二维零厚度界面单元，推导了空间六节点零厚度界面单元，研究采用不可交叉渗透条件纠正了网格交叉渗透的问题，提出了零厚度界面单元自动插入算法，并成功应用到了三维模型中。本章中的三维模型将在后续章节通过数值算例论证和应用，验证本书方法的可行性和有效性。

4.1 再生混凝土三维随机球骨料试件几何模型

骨料颗粒的生成是采用参数化建模生成细观模型的第一步，二维模型中的骨料形状多采用圆形、椭圆形和凸多边形等，三维模型中的骨料形状多采用球体、椭球体和凸多面体等，其中球体在三维空间中由中心坐标和骨料半径唯一表示，其可较方便地生成，因而被广泛采用[113,256,257]。在本节中，将再生骨料简化为两个同心球，如图 4-1 所示。

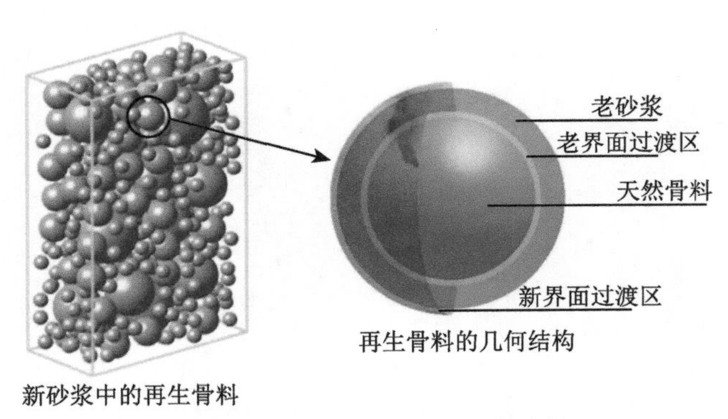

图 4-1 再生混凝土三维细观结构

4.1.1 富勒颗粒级配理论

骨料级配是细观模型建立的一个重点，它影响着断裂 [264]、应力-应变曲线走势等在内的宏观力学行为。大多数学者已使用富勒曲线来获得骨料级配曲线，用于混凝土的细观尺度建模 [113,162,256,261,265-267]。该曲线的理论依据是将固体颗粒按照粒径的大小进行有序组合，从而获得密实度最大、孔隙最小的材料 [113]。

富勒级配曲线假定细骨料的颗粒级配用椭圆形曲线表示，粗骨料的颗粒级配用与椭圆曲线相切的直线表示。表达式为

$$(P-7)^2=\frac{b^2}{a^2}\left(2a-d^2\right) \tag{4-1}$$

式中，P 为通过筛孔孔径 d 的重量百分比；d 为筛分孔径；a、b 分别为椭圆曲线的横轴的顶点和纵轴的顶点。

为简化起见，假定骨料形状为球形，从而建立再生混凝土的细观结构模型。简化后的为抛物线曲线，表达式为

$$P=100\left(\frac{d}{D_{\max}}\right)^n \tag{4-2}$$

式中，$D_{\max}$ 为骨料的最大粒径；n 为方程指数，范围为 0.45~0.70，本研究取 0.5。

4.1.2 骨料颗粒粒径的随机产生算法

在数值模型中，采用富勒级配曲线生成骨料颗粒，大部分文献都采用代表粒径分段生成，这样的骨料粒径分布实则上并不连续，本书采用富勒级配曲线，推导随机生成公式，随机生成连续的骨料粒径，与实际情况更加吻合。

假定富勒级配曲线方程指数 n =0.5, 则骨料体积分数级配曲线为

$$V=V_{\max}\left(\frac{d}{D_{\max}}\right)^{0.5} \tag{4-3}$$

式中，$D_{\max}$ 为骨料的最大粒径；$V_{\max}$ 为骨料体积分数。

对上式取变分为

$$\Delta V=0.5\cdot V_{\max}\left(\frac{d}{D_{\max}}\right)^{-0.5} \tag{4-4}$$

则有

$$\frac{\pi}{6}\cdot d^3\cdot\Delta k=0.5\cdot V_{\max}\left(\frac{d}{D_{\max}}\right)^{-0.5}\cdot\Delta d \tag{4-5}$$

对两端积分有

$$k = A \cdot \left(D_{\min}^{-2.5} - d^{-2.5}\right) \tag{4-6}$$

式中，$D_{\min}$ 为骨料的最小粒径；$A = 0.3819 \cdot \dfrac{V_{\max}}{D_{\max}^{-0.5}}$。

假定各个骨料粒径在级配曲线上出现的概率相同

$$P = \frac{D_{\min}^{-2.5} - d^{-2.5}}{D_{\min}^{-2.5} - D_{\max}^{-2.5}} \tag{4-7}$$

式中，P 为 $\begin{bmatrix} 0 & 1 \end{bmatrix}$ 均匀分布。

则随机产生的骨料粒径有

$$d = \left[D_{\min}^{-2.5} - P \cdot \left(D_{\min}^{-2.5} - D_{\max}^{-2.5}\right)\right]^{-2.5} \tag{4-8}$$

当骨料直径较小时，满足该直径的一定重量百分比的骨料颗粒数量将非常高，因此在大多数研究 [257,270,271] 中，未对直径小于 5mm 的骨料进行建模，而假定砂浆基质中已包含小于该直径的颗粒 [272]。本研究后续计算分析中，假定粗骨料最小粒径为 5mm。

4.1.3　再生骨料老砂浆层厚度

通过天然骨料的密度、砂浆的密度及其质量含量百分比计算老砂浆的体积含量百分比，进而求出老砂浆层厚度。

$$\omega = \frac{m_s}{m_{总}} = \frac{V_s \cdot \rho_s}{V_s \cdot \rho_s + V_g \cdot \rho_g} \tag{4-9}$$

$$\bar{\omega} = \frac{V_s}{V_g} = \frac{\rho_g \cdot \omega}{\rho_s \cdot (1-\omega)} \tag{4-10}$$

式中，V_s, V_g 分别表示再生骨料中老砂浆和骨料所占的体积，ρ_s, ρ_g 分别表示老砂浆和骨料的密度，m_s, $m_{总}$ 分别表示老砂浆和再生骨料的质量，ω 表示老砂浆的质量含量，$\bar{\omega}$ 表示老砂浆面积与骨料面积比。

由体积比得出砂浆层厚度 h

$$8h^3 - 12dh^2 + d^2h - \frac{\omega}{1-\omega}d^3 = 0 \tag{4-11}$$

式中，d 表示骨料粒径。

4.1.4 骨料随机投放算法

通常，投放骨料颗粒时需要满足三个条件：① 骨料应完全在投放空间边界内；② 骨料颗粒之间不应有任何重叠；③ 由于骨料颗粒之间应有砂浆间隔开，所以两个骨料颗粒之间应有最小距离。对于最小距离的规定，Schlangen 和 van Mier[268] 提出使用 $0.1 \cdot (d_1 + d_2)$，其中 d_1 和 d_2 是两个骨料颗粒的直径。Wang 等 [237] 提出采用 $\gamma \cdot d$，其中 d 是相邻两个骨料的较小粒径，而 γ 是常数。这将确保两个骨料颗粒之间的砂浆层与骨料尺寸成正比。常数 γ 的值很重要，如果使用较高的值，可以获得更均匀的骨料分布，但是可能难以获得所需的骨料体积分数。

细观建模中最重要的是能生成实际的骨料体积分数，以准确表示混凝土的行为。通常，混凝土的粗骨料体积分数为 35%～50%[256]。

使用多种方法可以完成骨料的投放，目前使用最广泛的方法是 “取放法”[225,237,268,269]。在此方法中，将骨料由最大颗粒到最小颗粒的顺序投放到一定空间内，直到达到指定的体积分数。从最大的颗粒开始而不是最小的颗粒开始将骨料投放在指定空间内，可以大大提高骨料投放算法的效率 [258]。使用由随机数生成器生成的坐标投放骨料颗粒，并检查投放的颗粒是否符合要求。

“取放法” 由于其简单性，可以作为投放球形骨料颗粒的最佳方法。使用 “取放法”，可以实现球形骨料颗粒的实际体积分数，并且在当前的计算机算力下，生成时间将是微不足道的。“取放法” 可用于实现多面体骨料颗粒的较小体积分数，最高可达 30%[175]。但是，对于多面体颗粒，使用取放方法很难获得更高的体积分数，因此，对于多面体颗粒，可使用骨料收缩法 [261]，该方法可以实现高达 67% 的体积分数。

本节中，采用了 “取放法”，首先建立再生骨料三维随机分布几何模型，建立方法如下：

(1) 确定骨料所在的空间范围；

(2) 根据球心坐标及半径确定骨料的具体位置，球心坐标的 x, y, z 由乘加同余法随机给出，可以保证球体在空间范围内随机分布；

(3) 定位球心坐标时未投放骨料与全部已投放骨料循环比较，所有骨料必须满足两两之间的距离大于两球体的半径之和，以保证球体互不侵入。

依据骨料粒径大小顺序依次投放，以立方体试件和圆柱体试件为例，图 4-2 为骨料随机投放模型图，其中蓝色颗粒代表天然骨料颗粒，青色颗粒代表再生骨料颗粒。

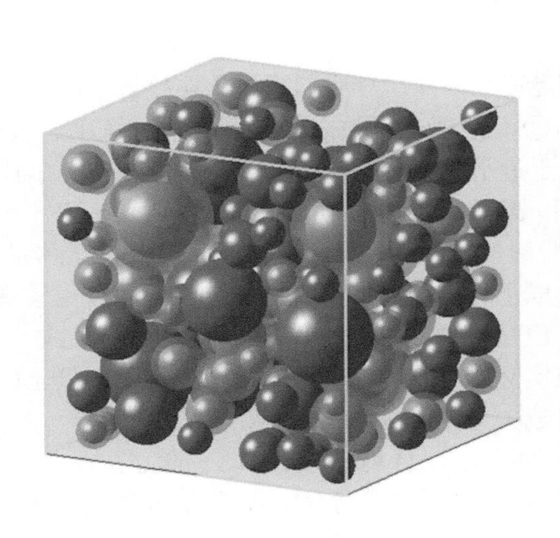

(a) 立方体

(b) 圆柱体

图 4-2　再生混凝土三维随机骨料投放模型图

4.2　再生混凝土三维随机凸多面体骨料试件几何模型

在三维细观混凝土模拟中，将骨料假设为球体是一种简化的建模方法 [273]，虽然可以高效地生成细观结构，但无法反映骨料形态的影响。椭球体也已被采用为细观混凝土模型中的骨料颗粒形状，可以使用 9 个参数在三维空间中唯一表示椭球体，分别为三个中轴的长度、三个中心坐标和三个欧拉角。然而，球体和椭球体等颗粒形状实际上并不能分析碾碎骨料角部的应力集中区。

Häfner 等 [258] 提出将正弦函数添加到球体和椭圆体公式中，使最终生成的骨料表面不均匀。Qian[259] 利用球谐函数开发了不规则形状的骨料颗粒的生成算法，其中骨料的不规则形状使用一组球谐系数唯一定义。Mazzucco 等 [191] 使用激光扫描仪和 CAD 软件生成了细观尺度模型中骨料颗粒的精确形式，从而简化了计算工作。

使用椭球体和球体表示未压碎的骨料体 (例如具有光滑表面的卵石) 是可适用的。但是，碾压骨料颗粒，尤其是再生骨料，由于其生产过程决定了其具有粗糙的表面 [260]。由于骨料颗粒的凸角，会产生局部应力集中，这将导致裂纹萌生 [143]，采用多面体颗粒可以真实地模拟这种行为。Zhang 等 [261,262] 开发了三维 Voronoi 图以形成多面体骨料颗粒形状。Zhou 等 [175] 使用空间中的随机点生成具有多面体形状的骨料，这些随机点使用凸包进行绑定，并使用收缩和膨胀比生成薄片状和细长的骨料形状。

在本书中，提出了由三维球骨料模型转变为三维凸多面体骨料模型，即采用基于球体的方式产生凸多面体，凸多面体的各顶点均位于球面上，该球体称为多面体的基球。

(1) 在外基球上随机生成数个点作为凸多面体骨料基框架。保持基点相对位置不变，扩大外基球半径，使生成的外凸多面体体积和外球体积相等，如图 4-5(a) 和 (b) 所示。同时，凸多面体的顶点需要满足一下要求：①骨料颗粒的任意顶点不能超出试件尺寸范围；②要保证骨料之间不出现交叉重叠，即检查骨料颗粒的任意顶点位于其他骨料内部还是外部，检查骨料边界线是否相交。

(2) 用同样方法在内基球上随机生成内凸多面体，使生成的内凸多面体体积和内球体积相等。同时，内凸多面体的顶点需保证在与其对应的外凸多面体内，如图 4-5(c) 所示。

具体算法如下。

在基球面上随机产生 10～18 个点作为多面体的顶点。多面体顶点可以表示为

$$\begin{cases} x = r_0 \cdot \sin(\alpha_i) \cdot \cos(\beta_i) + x_0 \\ y = r_0 \cdot \sin(\alpha_i) \cdot \sin(\beta_i) + y_0 \\ z = r_0 \cdot \cos(\alpha_i) + z_0 \end{cases} \tag{4-12}$$

式中，(x_0, y_0) 是球心的坐标，r_0 是球的半径；α_i 在 $[0, \pi]$ 范围内随机产生，β_i 在 $[0, 2\pi]$ 范围内随机产生。

为防止顶点距离太近而造成三角形面畸形 (不利于后续网格划分)，需保证球面上的顶点间距不少于 ηr_0，本节中取 $\eta = 0.55$。然后采用 MATLAB 的算法 “convhulln” 基于这些顶点建立三角形面，这些面构成了凸多面体基骨料。依据基球的体积 V_s 和凸多面体基骨料的体积 V_c 之比 r_i，扩大基球体积，而顶点的相对位置保持不变。若骨料之间出现交叉重叠，则重复以上步骤重新生成顶点。

$$r_i = \left(\frac{V_s}{V_c}\right)^{\frac{1}{3}} \cdot r_0 \tag{4-13}$$

关于检查骨料颗粒的顶点位于其他骨料内部还是外部的问题，针对其他骨料的形状有不同的解决方法。对于骨料与任意凸多面体骨料的相对位置判断，则问题转化为判断一般点 $P(x, y, z)$ 是否在任意多面体内。

(1) 首先需将多面体划分成多个四面体，MATLAB 提供的直接使用的函数 delaunay Triangulation 可以实现。

(2) 判断这个点是否在这些四面体内部，如果这个点在任何一个四面体内部，那么这个点就在这个多面体内部；如果这个点不在任何一个四面体内部，那么这个点就不在这个多面体内部。

如图 4-3 所示，假定四面体的四个顶点为 $P_1(x_1, y_1, z_1)$，$P_2(x_2, y_2, z_2)$，$P_3(x_3, y_3, z_3)$, $P_4(x_4, y_4, z_4)$, 有

$$\begin{cases} F_0 = [P_1P_2, P_1P_3, P_1P_4] \\ F_1 = [PP_2, PP_3, PP_4] \\ F_2 = [P_1P, P_1P_3, P_1P_4] \\ F_3 = [P_1P_2, P_1P, P_1P_4] \\ F_4 = [P_1P_2, P_1P_3, P_1P] \end{cases} \tag{4-14}$$

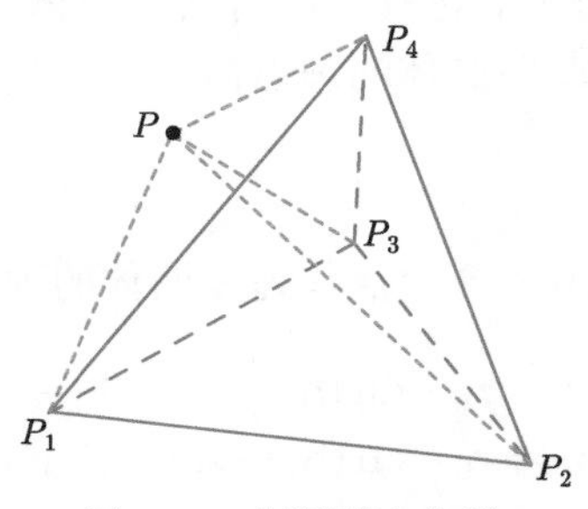

图 4-3　判断顶点位置

如果 $F_0 \cdot F_1 > 0$, $F_0 \cdot F_2 > 0$, $F_0 \cdot F_3 > 0$, $F_0 \cdot F_4 > 0$, 则点 P 在四面体内。

关于检查骨料边界线是否相交，如图 4-4 所示。在此包括两个步骤：第一步判断扩大后的基球是否与其他基球重叠，如果不重叠，则骨料边界线不会相交；第二步判断骨料任意边界线是否与另一个骨料的任意凸面相交，则问题转化为直线与空间平面的关系，通过直线和平面的系数矩阵的行列式即可判断。

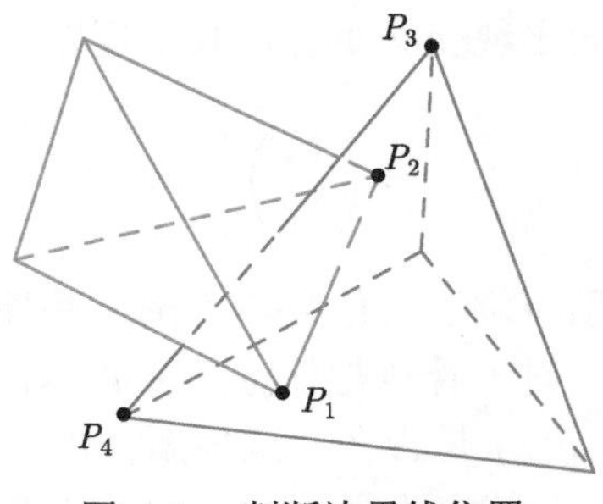

图 4-4　判断边界线位置

一般的，采用椭球体，按照该算法可产生不同轴长比的再生凸骨料，如图 4-6 所示为轴长比等于 2 的再生骨料 (在此，定义骨料轴长比为骨料的外接椭球的最长轴和最短轴之比 [263])。

按照该算法可将图 4-2 中的三维球骨料模型转为凸多面体骨料模型，如图 4-7 所示，这两种骨料模型的级配及对应的骨料体积分数和老砂浆含量均相同，只是骨料形状不同。

(a) 基球体

(b) 外基球凸变

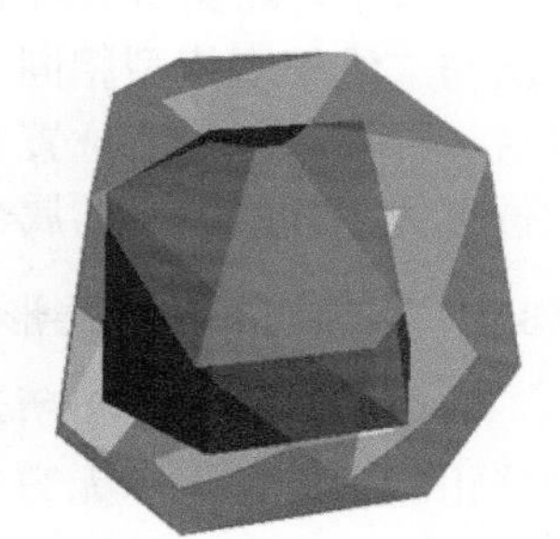

(c) 内基球凸变

图 4-5 凸骨料产生过程图

(a) 椭球骨料

(b) 凸骨料

图 4-6 椭球骨料及产生的凸骨料

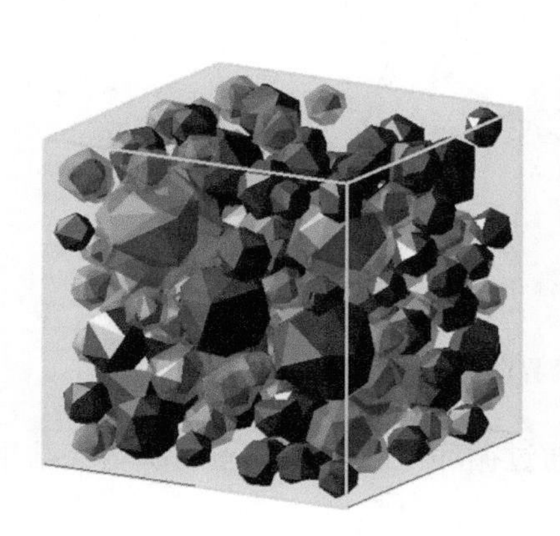

(a)立方体试件

(b)圆柱体试件

图 4-7 再生混凝土三维随机凸多面体骨料模型

4.3　非结构化网格划分策略与实现

本节中，将第 3 章中的非结构化网格划分方法扩展到三维领域，其网格优化算法与二维细观模型相同。空间背景网格划分完成后，将其投影到随机骨料模型以后，计算单元形心位置和骨料几何边界的相对位置，通过单元形心位置与骨料的位置关系判断单元的属性，并赋予相应的材料属性。

4.3.1　网格内部边界层形成策略

一般的，如图 4-8 所示给定一个点 P 和点到界面的距离函数 $F(P)$, 需要找到修正的 $\Delta\boldsymbol{P}$，采用无穷小量 ψ，可以得到 P 点处的梯度

$$\nabla F(P)=\frac{F(\boldsymbol{P}+\psi)-F(\boldsymbol{P})}{\psi} \tag{4-15}$$

从而可以得到

$$\Delta\boldsymbol{P}\approx\nabla F(\boldsymbol{P})\cdot F(\boldsymbol{P}) \tag{4-16}$$

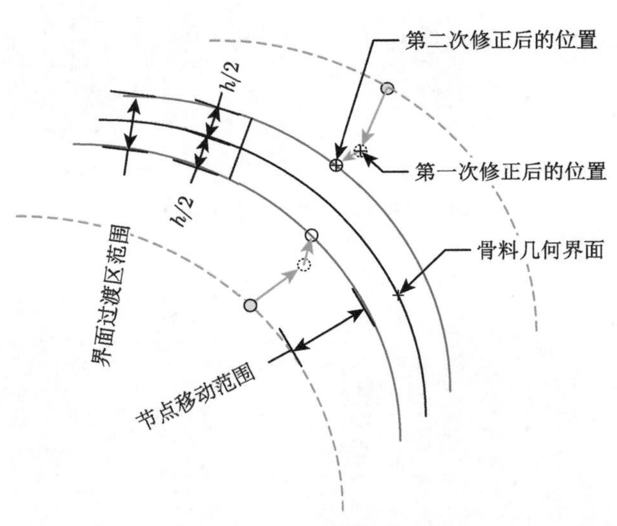

图 4-8　界面层产生过程图

在本研究中，为了提高精度，通过循环上述步骤，当两次迭代结果小于预设值时，终止迭代修正。

以 50mm×50mm×50mm 的三维试件为代表，在试件中心放置一颗粒径为 20mm、老砂浆层厚度为 2.5mm 的再生圆骨料，界面过渡区为 0.5mm。如图 4-9 (a)~(c) 所示，分别是第 1 次、第 5 次和第 100 次完成迭代后的 Delaunay 剖分

图，从图中可以看出随着迭代进行，网格均匀性越来越好。四面体的网格质量衡量指标有多种形式，在本书中，沿用 Per-Olof Persson 的衡量方法 [242]，即单元质量 q 为单元的内接球半径与外接球半径之比的 3 倍，当 $q=1$ 时，单元质量最好，当 $q=0$ 时，单元质量最差。由图 4-9 可以看出，随着迭代对网格质量的优化，该算法生成的网格单元质量越来越好，当第 100 次迭代时，平均质量为 0.858，即生成的网格质量极高，产生的单元几乎是等边的。

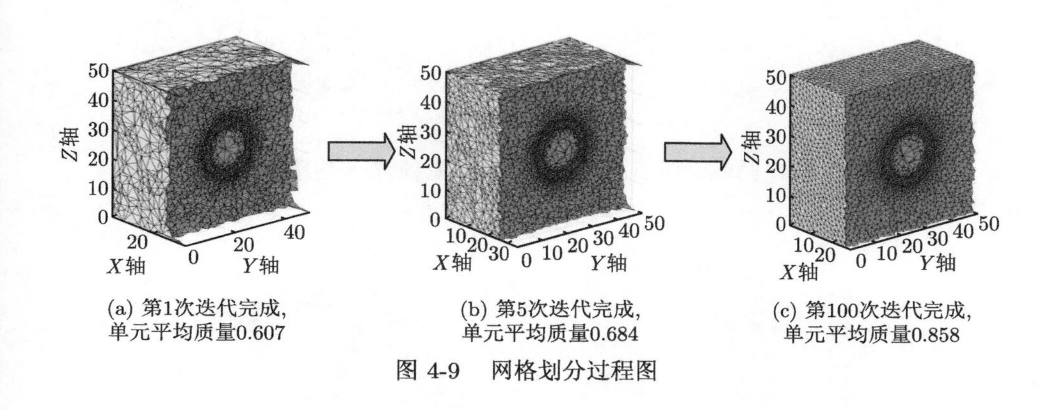

(a) 第1次迭代完成，单元平均质量0.607　(b) 第5次迭代完成，单元平均质量0.684　(c) 第100次迭代完成，单元平均质量0.858

图 4-9　网格划分过程图

最后，应用投影网格法对生成的网格单元赋予材料属性，如图 4-10 所示。同理，对于凸骨料模型，亦能生成高质量的背景网格，如图 4-11 所示，单元平均质量为 0.848，表明生成的单元几乎是等边的。如图 4-12 为最终生成的投影网格模型。

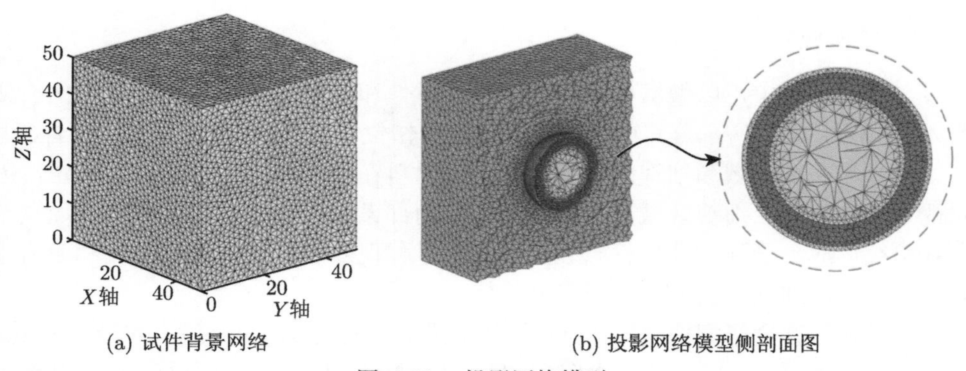

(a) 试件背景网络　(b) 投影网络模型侧剖面图

图 4-10　投影网格模型

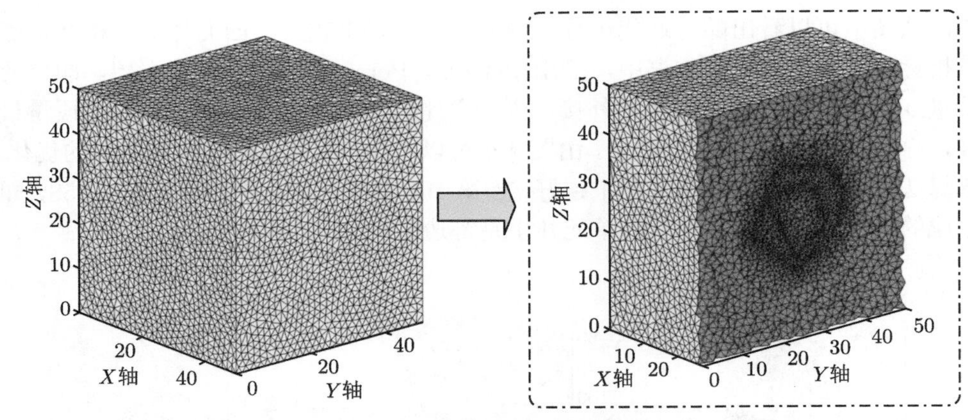

图 4-11　背景网格及网格侧剖面图，单元网格平均质量 0.848

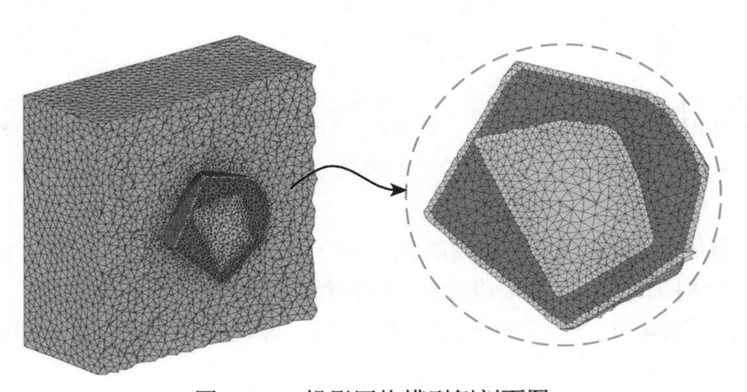

图 4-12　投影网格模型侧剖面图

4.3.2　实例应用

在以下实例中，以做劈拉试验的圆盘形试件和三点弯梁的预裂缝梁为例，如图 4-13 和图 4-15 所示，其特点是试件中的损伤位置较为固定，为了减少自由度，将试件分为宏观区域和细观区域，宏观区域材料在受力过程中几乎不会损伤，因此视为是均质的，细观区域在外力作用下其内部微裂纹萌生、扩展及其贯通直至宏观裂纹形成，导致试件失稳破裂，因此为了体现断裂过程中的局部化和应力重分布等特征，细观区域需按细观尺度建模。

骨料依据富勒级配曲线随机产生，其中最大粒径为 20mm，最小粒径为 5mm，骨料体积分数为 40%，骨料中附着老砂浆含量为 42%，界面过渡区的厚度为 0.5mm。网格划分方面，假定初始网格尺寸为 0.5mm，界面过渡区节点修正范围为 0.25mm，细观区域的网格尺寸函数如表 4-1 所示。如图 4-14 和图 4-16 所示，建立的投影网格模型，各模型单元的平均质量都在 0.75 以上，表明各模型中的单元几乎等边，模型有较高的网格质量。

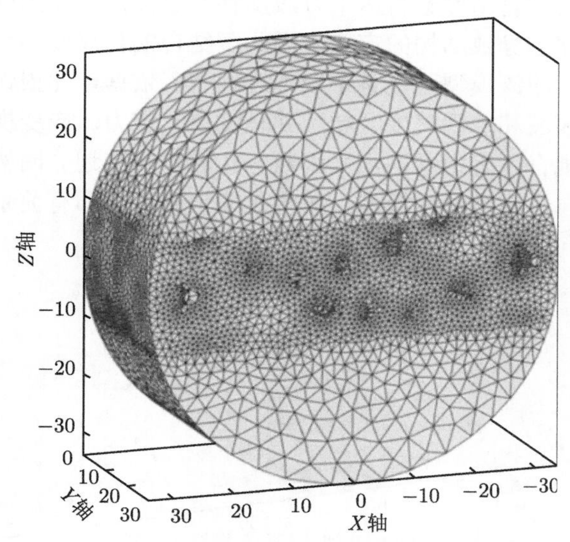

图 4-13 背景网格，单元网格平均质量 0.818

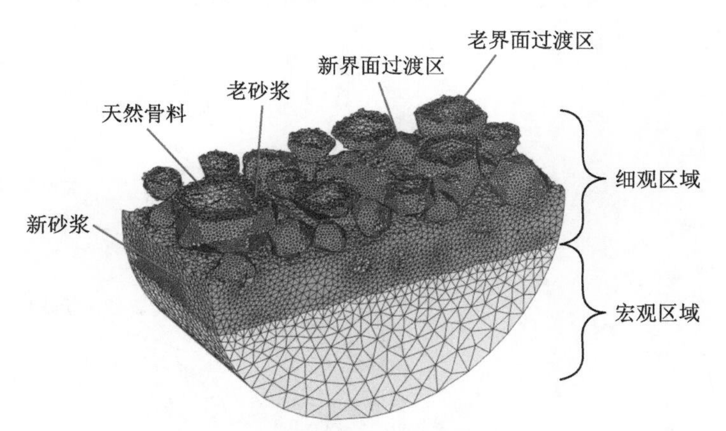

图 4-14 投影网格模型侧剖面图

表 4-1 网格尺寸函数

	网格尺寸函数 $h(x)$	加密梯度
天然骨料外	$\min\left(\min\left(1+0.2*\{\lvert d(x_i,y_i)\rvert\}\right),3\right)$	0.2
天然骨料内	$\min\left(1+\{\lvert d(x_i,y_i)\rvert\}\right)$	1

注：$\{\lvert d(x_i,y_i)\rvert\}$ 为点 (x_i,y_i) 到各骨料界面处的距离绝对值的集合

需要说明的是，本算例中的模型包含了宏观尺度区域和细观尺度区域，属于

空间多尺度模型。对于大型实际工程结构，进行结构失效分析时，如果全部从细观尺度上建模，模型自由度数将达千万级别甚至更高，需要的计算算力太大。细观损伤的演化往往会导致结构的灾变，因此可结合宏观尺度和细观尺度，开发自适应多尺度模型，即该模型可在整个受力过程中，依据单元损伤情况，实时自适应判断细观尺度区域和宏观尺度区域，并且将单元应力、应变梯度和材料属性与网格加密梯度相耦合，确定网格尺寸函数，实时自适应划分网格。本研究中的算法可简单扩展到自适应多尺度模型，这将是非常有意义和有前景的，这也是下一步的主要研究方向。

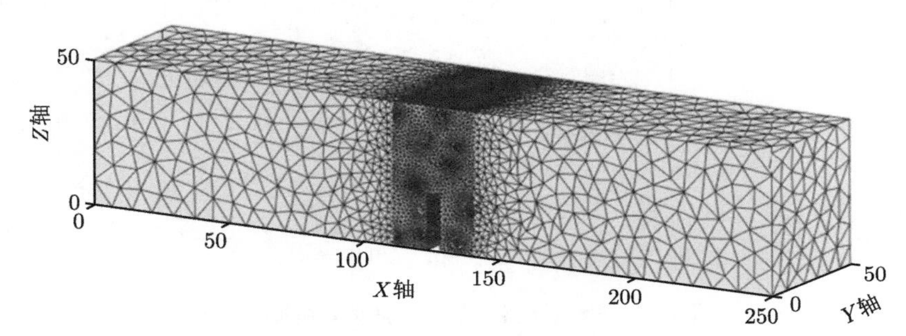

图 4-15　背景网格，单元网格平均质量 0.767

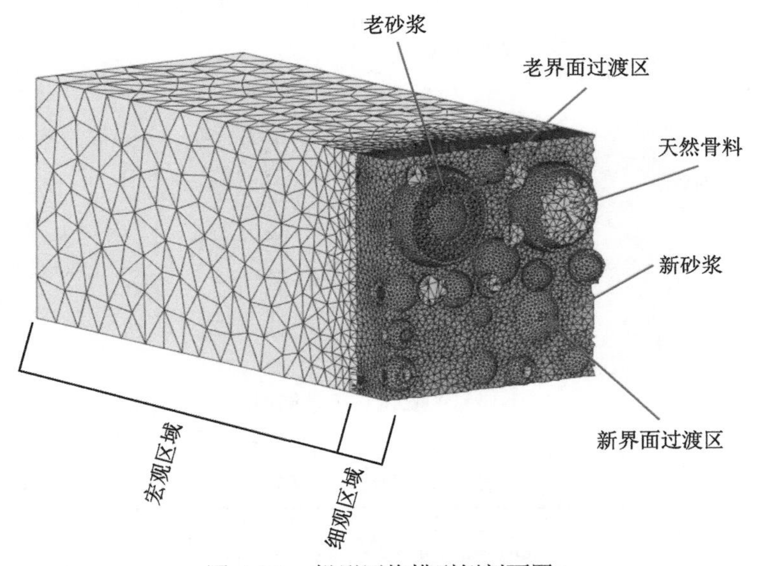

图 4-16　投影网格模型侧剖面图

本节中的网格划分策略具有很多优点。

(1) 单元数量少。由于只对所要研究的区域进行细化建模，这使得整体模型的单元数量较小，数据占用空间小，便于储存和计算。

(2) 计算量小。建模时可对分析区域进行较细的网格划分，而其他区域则可以进行简化处理，这样不但减少了计算量，同时还提高了计算效率。

(3) 骨料形状多样。混凝土材料中骨料形状是多样的，本节通过非结构化网格划分，建立的混凝土模型内部骨料形状多样，更加贴近工程实际。

(4) 界面过渡区厚度可控。混凝土材料中界面过渡区厚度通常较小，且其对宏观力学行为影响较大，本节的网格划分策略可精确控制界面层厚度，而且不会较大地增加计算工作量。

4.4 不可交叉渗透的零厚度界面单元在界面过渡区的应用

在本节中，将类比第 3 章中的二维四节点界面单元，作者推导了三维六节点界面单元，零厚度界面单元的自动插入算法和 3.7 节中的相同。

图 4-17 为一个零厚度界面单元，节点用 1~6 表示，它的宽度 $t=0$，这表示节点 1 和 4，2 和 5，3 和 6 在开始时占有同一空间位置。设单元整体坐标系为 $x'O'y'$，局部坐标系为 xOy。

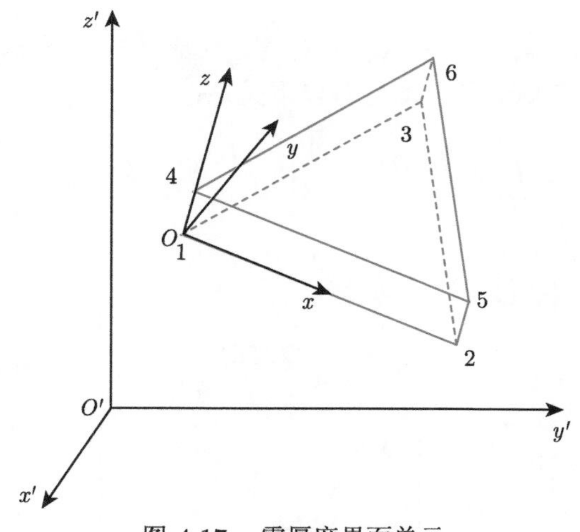

图 4-17 零厚度界面单元

在局部坐标中，界面单元上下表面的位移场由下式给出

$$\boldsymbol{u}^{+}=\boldsymbol{N}^{\mathrm{int}}\boldsymbol{u}_{I}^{+},\quad \boldsymbol{u}^{-}=\boldsymbol{N}^{\mathrm{int}}\boldsymbol{u}_{I}^{-} \tag{4-17}$$

用 $\boldsymbol{N}^{\mathrm{int}}$ 表示界面单元的形状函数矩阵，而 $\boldsymbol{u}^{+}$ 和 $\boldsymbol{u}^{-}$ 分别表示上表面和下表面的节点位移。

上下表面的相对滑移的位移差为

$$\Delta \boldsymbol{u} = \boldsymbol{u}^{+} - \boldsymbol{u}^{-} = \boldsymbol{N}^{\text{int}} \left(\boldsymbol{u}_I^{+} - \boldsymbol{u}_I^{-} \right) \tag{4-18}$$

将节点力和位移差联系起来

$$\boldsymbol{r} = \boldsymbol{D} \Delta \boldsymbol{u} = \boldsymbol{D} \boldsymbol{N}^{\text{int}} \left(\boldsymbol{u}_I^{+} - \boldsymbol{u}_I^{-} \right) \tag{4-19}$$

运用能量原理，可以得到单元刚度矩阵：

$$\boldsymbol{K} = \int_{\Omega} \boldsymbol{B}^{\mathrm{T}} \boldsymbol{D} \boldsymbol{B} \mathrm{d}\Omega \tag{4-20}$$

式中，

$$\boldsymbol{B} = \begin{pmatrix} -\boldsymbol{I}N_1 & -\boldsymbol{I}N_2 & -\boldsymbol{I}N_3 & \boldsymbol{I}N_1 & \boldsymbol{I}N_2 & \boldsymbol{I}N_3 \end{pmatrix} \tag{4-21}$$

$$\boldsymbol{D} = \begin{pmatrix} k_u & & \\ & k_v & \\ & & k_w \end{pmatrix} \tag{4-22}$$

其中，$\boldsymbol{I}$ 为单位矩阵，k_u、k_v 和 k_w 分别表示局部坐标系下 x、y、z 方向的刚度，$N_i\,(i = 1, 2, 3)$ 为线性插值函数，且有以下关系：

$$\int_{\Omega} N_i N_j \mathrm{d}\Omega = \frac{A}{12}, \quad \int_{\Omega} N_i^2 \mathrm{d}\Omega = \frac{A}{6} \tag{4-23}$$

A 为层 123 的面积。

利用坐标转换矩阵 $\boldsymbol{Q}$ 到全局坐标系为

$$\boldsymbol{K}' = \boldsymbol{Q} \boldsymbol{K} \boldsymbol{Q}^{\mathrm{T}} \tag{4-24}$$

其中，

$$\boldsymbol{Q} = \begin{bmatrix} \boldsymbol{\lambda} & & & & & \\ & \boldsymbol{\lambda} & & & & \\ & & \boldsymbol{\lambda} & & & \\ & & & \boldsymbol{\lambda} & & \\ & & & & \boldsymbol{\lambda} & \\ & & & & & \boldsymbol{\lambda} \end{bmatrix} \tag{4-25}$$

$$\boldsymbol{\lambda} = \begin{bmatrix} \lambda_x & \lambda_y & \lambda_z \end{bmatrix} \tag{4-26}$$

式中，λ_x、λ_y 和 λ_z 是局部坐标轴 x、y、z 的方向余弦。

界面单元的六个节点在总体坐标和局部坐标中分别表示为

$$\boldsymbol{X'}_i=\begin{bmatrix}x'_i\\y'_i\\z'_i\end{bmatrix},\quad \boldsymbol{X}_i=\begin{bmatrix}x_i\\y_i\\z_i\end{bmatrix}\quad (i=1,2,\cdots,6) \tag{4-27}$$

选取节点 1 为局部坐标系下的原点，边界 1-2 为 x 轴，令

$$\boldsymbol{X'}_{12}=\boldsymbol{X'}_2-\boldsymbol{X'}_1=\begin{bmatrix}x'_2-x'_1\\y'_2-y'_1\\z'_2-z'_1\end{bmatrix}=\begin{bmatrix}x'_{12}\\y'_{12}\\z'_{12}\end{bmatrix} \tag{4-28}$$

$$\boldsymbol{X'}_{13}=\boldsymbol{X'}_3-\boldsymbol{X'}_1=\begin{bmatrix}x'_3-x'_1\\y'_3-y'_1\\z'_3-z'_1\end{bmatrix}=\begin{bmatrix}x'_{13}\\y'_{13}\\z'_{13}\end{bmatrix} \tag{4-29}$$

则可以得到局部坐标系 x,y,z 轴的方向余弦

$$\boldsymbol{\lambda}_z=\begin{bmatrix}\lambda_{x'z}\\\lambda_{y'z}\\\lambda_{z'z}\end{bmatrix}=\frac{1}{S}\begin{bmatrix}A\\B\\C\end{bmatrix} \tag{4-30}$$

$$\boldsymbol{\lambda}_x=\begin{bmatrix}\lambda_{x'x}\\\lambda_{y'x}\\\lambda_{z'x}\end{bmatrix}=\frac{1}{l_{12}}\begin{bmatrix}x'_{12}\\y'_{12}\\z'_{12}\end{bmatrix} \tag{4-31}$$

$$\boldsymbol{\lambda}_y=\begin{bmatrix}\lambda_{x'y}\\\lambda_{y'y}\\\lambda_{z'y}\end{bmatrix}=\boldsymbol{\lambda}_z\times\boldsymbol{\lambda}_x \tag{4-32}$$

式中，$A=y'_{12}z'_{13}-y'_{13}z'_{12}$ ，$B=z'_{12}x'_{13}-z'_{13}x'_{12}$，$C=x'_{12}y'_{13}-x'_{13}y'_{12}$，$S=\sqrt{A^2+B^2+C^2}$，$l_{12}=\sqrt{(x'_{12})^2+(y'_{12})^2+(z'_{12})^2}$。

需要注意的是，本研究仍需要准确判断界面单元的上下面 (详见 3.7 节)，实际编程中，可借助相邻单元来判断。如图 4-18 所示为一个界面单元，其相邻单元的节点编号分别为 4、5、6、8 和 1、2、3、7，假定局部坐标系下，节点 7 和节点 8 的坐标分别为 (x_7,y_7,z_7) 和 (x_8,y_8,z_8)，判断局部坐标系下两个节点 z 方向的大小，当 $z_7>z_8$ 时，界面单元上表面为面 1-2-3，反之，界面单元上表面为面 4-5-6。关于界面单元的相邻单元查找识别问题，如图 4-18 所示，对于面 1-2-3，可

分别查找节点 1、2、3 的相关单元，其中相同编号的相关单元即为界面单元的相邻单元。

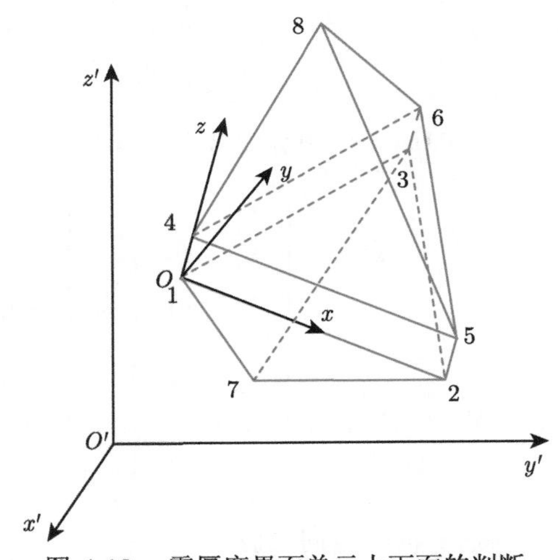

图 4-18 零厚度界面单元上下面的判断

4.5 本 章 小 结

本章主要研究开发了再生混凝土三维随机球骨料模型和随机凸骨料模型。本研究根据富勒颗粒级配曲线随机生成骨料颗粒，采用“取放法”，建立了再生骨料三维随机分布几何模型。考虑界面过渡区的边界和网格细化区域，通过物理类比桁架结构中的力-位移关系来改善初始网格，得到了高质量的三维非结构化背景网格。通过单元节点位置判断网格单元属性，从而生成投影网格模型。

与二维模型相同，三维模型中界面过渡区可分别使用单独的基面力单元和零厚度界面单元表示。使用单独的基面力单元表示时，本研究的网格划分算法可生成界面过渡区厚度可调的网格模型；当使用零厚度界面单元表示界面过渡区时，本研究通过类比二维零厚度界面单元，推导了三维六节点界面单元，采用不可交叉渗透条件纠正了网格交叉渗透的问题。

本研究建立的几何模型可以真实反映混凝土中骨料的实际级配、含量和形状；建立的非结构化背景网格的单元几乎等边，具有极高的单元质量和均匀性；提出的两种界面过渡区的处理方法均可较好地处理界面过渡区精度的问题，为后续章节的计算分析奠定了基础。

此外，随着原位射线断层扫描技术的成熟，基于 XCT 图像，建立能够真实反映各相材料空间分布的三维数值模型，对再生混凝土宏观力学性能的研究，将是下一步的研究工作。

第 5 章　再生混凝土材料细观损伤本构模型

当建立投影网格模型后，为组成相指定合适的材料模型和力学参数，采用有限元方法可以对细观模型进行分析。在细观模型中，混凝土在宏观尺度上复杂的非线性行为是由细观尺度中各相材料的响应产生的，为此，细观结构中的各相材料应该具有准确的材料本构关系。

大多数研究者 [113,276−278] 使用了细观损伤演化本构模型，其中假定刚度由损伤变量得到，这也是本研究中主要采用的方法。为了从有限元分析中获得准确的力学行为，对组成相采用合适的材料参数和材料本构模型是至关重要的。本章的主要工作如下:

(1) 介绍了再生混凝土双折线损伤本构模型，进一步，发展了多折线损伤本构模型和分段曲线损伤本构模型;

(2) 针对再生混凝土在复杂加载条件下的变形问题，提出了应变空间下的多轴损伤演化本构模型;

(3) 针对零厚度界面单元不可交叉渗透的问题，发展了零厚度界面单元本构模型;

(4) 针对再生混凝土各组分材料力学参数分布的随机性，研究采用了 Weibull 随机分布函数描述材料的本构参数的空间分布。

5.1　细观损伤演化本构模型

自 1980 年以来，损伤力学在混凝土力学性能中的应用越来越普遍 [284]，首要的工作是要根据混凝土的试验数据建立损伤应力随应力状态或应变水平变化的规律，这种规律用公式来表示，常称为损伤模型。

混凝土是一种准脆性材料，受力后的应力-应变曲线在宏观上呈现的非线性源于内部微裂纹的萌生和扩展，而不是由塑性变形引起的 [281]。由于混凝土内部损伤，实际能承担载荷的未受损伤的等效体积定义为 V_n，损伤体积为 V_d，总体积为 V。显然，在加载过程中，V_d 增加，而 V_n 减少。假设 V_n 部分服从线弹性本构关系，相应的应力称为有效应力 $\overline{\sigma}_{ij}$。

采用各向同性弹性损伤力学的本构关系来描述混凝土材料的力学性质。引入标量损伤变量 $D=V_d/V_n(0\leqslant D\leqslant 1)$，有 $1-D=V_n/V$，从而受损材料的名义应力 σ_{ij}(柯西应力) 可以通过其有效应力 $\overline{\sigma}_{ij}$ 在无损材料中的应变来表示

$$\sigma_{ij} = (1 - D)\overline{\sigma}_{ij} \tag{5-1}$$

若忽略损伤对泊松比的影响，按照 Lemaitre 应变等价原理，损伤后的弹性模量可以用初始弹性模量表示：

$$E = E_0(1 - D) \tag{5-2}$$

式中，E 为损伤后的弹性模量；E_0 为初始弹性模量；D 为损伤变量。

认为当单元的最大拉应变 $\varepsilon_{\max}$ 达到其给定的临界值或者最小拉应变 $\varepsilon_{\min}$ 达到给定的临界值时，该单元发生损伤，损伤变量遵循一定的演化规律，接下来将介绍双折线演化规律 [281]，并借鉴该规律，提出了多折线演化规律和分段曲线演化规律。

5.1.1　双折线损伤演化本构模型

如图 5-1 所示的双折线应力-应变关系，图中为了简化计算，将应力-应变关系的上升段和下降段简化为直线。

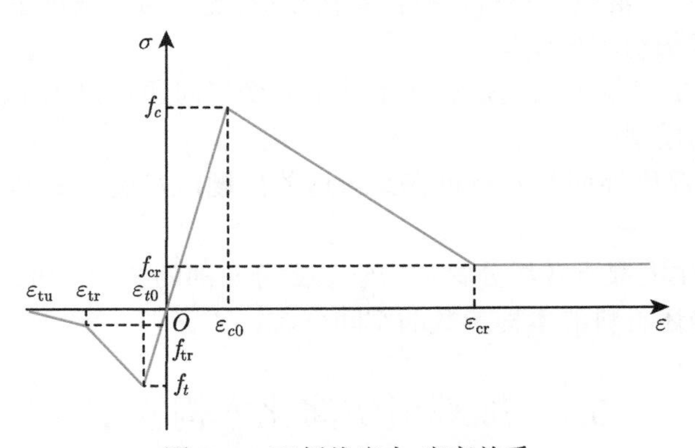

图 5-1　双折线应力-应变关系

图 5-1 中下角标“t”和“c”分别表示拉伸和压缩；ε_0 为峰值应变，ε_r 为残余应变，ε_u 为极限拉应变；f_t 和 f_c 分别为单轴拉伸和单轴压缩强度。

受拉损伤因子 D_t 和受压损伤因子 D_c 分别为

$$D_t = \begin{cases} 0, & \varepsilon < \varepsilon_{t0} \\ 1 - \dfrac{\eta_t - \lambda_t}{\eta_t - 1}\dfrac{\varepsilon_{t0}}{\varepsilon} + \dfrac{1 - \lambda_t}{\eta_t - 1}, & \varepsilon_{t0} < \varepsilon < \varepsilon_{\mathrm{tr}} \\ 1 - \dfrac{\lambda_t \cdot \xi_t}{\xi_t - \eta_t}\dfrac{\varepsilon_{t0}}{\varepsilon} + \dfrac{\lambda_t}{\xi_t - \eta_t}, & \varepsilon_{\mathrm{tr}} < \varepsilon < \varepsilon_{\mathrm{tu}} \\ 1, & \varepsilon > \varepsilon_{\mathrm{tu}} \end{cases} \tag{5-3}$$

$$D_c=\begin{cases}0, & \varepsilon<\varepsilon_{c0}\\ 1-\dfrac{\eta_c-\lambda_c}{\eta_c-1}\dfrac{\varepsilon_{c0}}{\varepsilon}+\dfrac{1-\lambda_c}{\eta_c-1}, & \varepsilon_{c0}<\varepsilon<\varepsilon_{\mathrm{cr}}\\ 1-\lambda_c\dfrac{\varepsilon_{c0}}{\varepsilon}, & \varepsilon_{\mathrm{cr}}<\varepsilon<\varepsilon_{\mathrm{cu}}\\ 1, & \varepsilon>\varepsilon_{\mathrm{cu}}\end{cases} \tag{5-4}$$

式中，残余应变 $\varepsilon_r=\eta\varepsilon_0$，$\eta$ 为残余应变系数，混凝土 $1<\eta\leqslant 5$；极限应变 $\varepsilon_u=\xi\varepsilon_0$，$\xi$ 为极限应变系数，$\xi>\eta$；残余强度 $f_r=\lambda f$，λ 为残余强度系数，$0<\lambda\leqslant 1$；ε 为单元在加载史上最大主应变值。

5.1.2 多折线损伤演化本构模型

当混凝土材料临近峰值压应力时，表现出极强的非线性，因此，本节在双折线应力-应变关系的基础上开发出多折线应力-应变关系。

受拉损伤因子 D_t 和受压损伤因子 D_c 分别为

$$D_t=\begin{cases}0, & \varepsilon\leqslant\varepsilon_{t0}\\ 1-\dfrac{\varepsilon_{t0}}{\varepsilon}+\dfrac{\varepsilon-\varepsilon_{t0}}{\eta_t\varepsilon_{t0}-\varepsilon_{t0}}\dfrac{\varepsilon_{t0}}{\varepsilon}(1-\alpha), & \varepsilon_{t0}<\varepsilon\leqslant\eta_t\varepsilon_{t0}\\ 1-\dfrac{\alpha}{\xi_t-\eta_t}\dfrac{\varepsilon-\eta_t\varepsilon_{t0}}{\varepsilon}+\dfrac{\alpha\varepsilon_{t0}}{\varepsilon}, & \eta_t\varepsilon_{t0}<\varepsilon\leqslant\xi_t\varepsilon_{t0}\\ 1, & \varepsilon>\xi_t\varepsilon_{t0}\end{cases} \tag{5-5}$$

$$D_c=\begin{cases}1-\dfrac{\beta}{\gamma}, & \varepsilon\leqslant\lambda\varepsilon_{c0}\\ 1-\dfrac{1-\beta}{1-\lambda}\dfrac{\varepsilon-\lambda\varepsilon_{c0}}{\varepsilon}-\beta\dfrac{\varepsilon_{c0}}{\varepsilon}, & \lambda\varepsilon_{c0}<\varepsilon\leqslant\varepsilon_{c0}\\ 1-\dfrac{1-\gamma}{1-\eta_c}\dfrac{\varepsilon-\varepsilon_{c0}}{\varepsilon}-\dfrac{\varepsilon_{c0}}{\varepsilon}, & \varepsilon_{c0}<\varepsilon\leqslant\eta_c\varepsilon_{c0}\\ 1-\dfrac{\gamma\varepsilon_{c0}}{\varepsilon}, & \eta_c\varepsilon_{c0}<\varepsilon\leqslant\xi_c\varepsilon_{c0}\\ 1, & \varepsilon>\xi_c\varepsilon_{c0}\end{cases} \tag{5-6}$$

式中，ε_0 为峰值应变，弹性峰值应变 $\varepsilon_e=\lambda\varepsilon_0$，$\lambda$ 为弹性应变系数；残余应变 $\varepsilon_r=\eta\varepsilon_0$，$\eta$ 为残余应变系数，混凝土材料 $1<\eta\leqslant 5$；极限应变 $\varepsilon_u=\xi\varepsilon_0$，$\xi$ 为极限应变系数，$\xi>\eta$；β 为弹性抗压强度系数，峰值弹性抗压强度 $f_{\mathrm{ce}}=\beta f_c$；$\gamma$ 为残余抗压强度系数，残余抗压强度 $f_{\mathrm{cr}}=\gamma f_c$；$\alpha$ 为残余抗拉强度系数，残余抗

拉强度 $f_{\mathrm{tr}} = \alpha f_t$。下角标 “$t$” 和 “$c$” 分别表示拉伸和压缩。多折线应力-应变关系如图 5-2 所示。

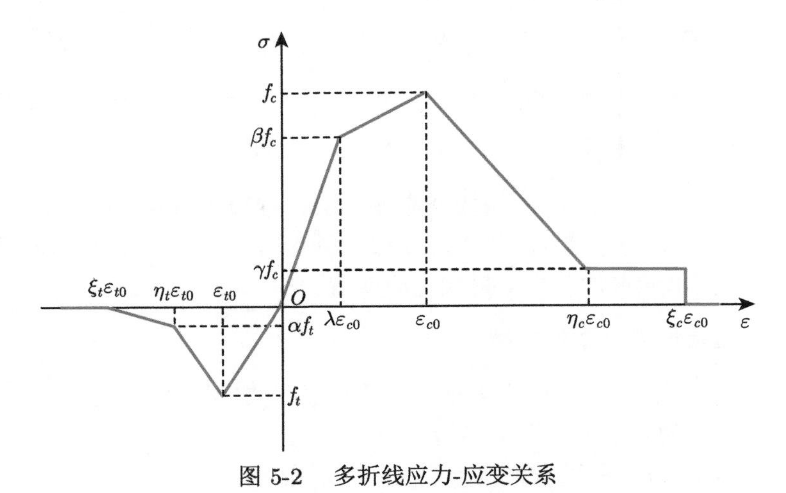

图 5-2　多折线应力-应变关系

5.1.3　分段曲线损伤演化本构模型

混凝土材料在受外载荷时通常表现为两个阶段。初期变形主要以弹性变形为主，损伤变形可以忽略；当应力逐渐增大，接近峰值应力时，其产生的损伤变形逐步增大，占总变形的比例增加，损伤变形便不可忽略。

本研究中分段曲线损伤模型借鉴了钱济成 [282] 混凝土损伤本构模型，其损伤变量函数 (见图 5-3) 可表示为

$$D=\begin{cases}0, & 0\leqslant\varepsilon<\varepsilon_{f0}\\ A_1\left(\dfrac{\varepsilon-\varepsilon_{f0}}{\varepsilon_f}\right)^{B_1}\left(1-\dfrac{\varepsilon_{f0}}{\varepsilon}\right)-\dfrac{E_0\varepsilon_{f0}}{\varepsilon}, & \varepsilon_{f0}\leqslant\varepsilon<\varepsilon_f\\ 1-\dfrac{A_2}{C_2\left(\varepsilon/\varepsilon_f-1\right)^{B_2}+\varepsilon/\varepsilon_f}, & \varepsilon\geqslant\varepsilon_f\end{cases}\tag{5-7}$$

A_1 和 B_1 为仅与材料相关的标量，通常可通过边界条件

$$\sigma|_{\varepsilon=\varepsilon_f}=\sigma_f,\quad \left.\frac{\mathrm{d}\sigma}{\mathrm{d}\varepsilon}\right|_{\varepsilon=\varepsilon_f}=0\tag{5-8}$$

求得，即

$$A_1=1-\frac{\sigma_f}{E_0\varepsilon_f},\quad B_1=\frac{\sigma_f}{E_0\varepsilon_f-\sigma_f}\tag{5-9}$$

式中，E_0 为初始弹性模量。

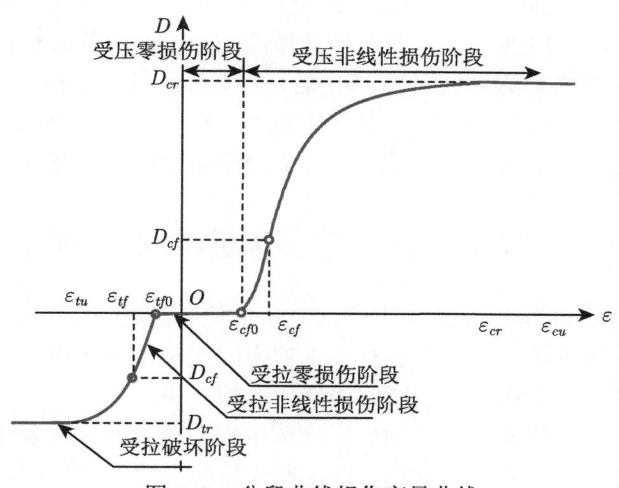

图 5-3 分段曲线损伤变量曲线

另外可推得

$$A_2 = \frac{\sigma_f}{E_0 \varepsilon_f} \tag{5-10}$$

将式 (5-7) 代入式 (5-1) 得到分段曲线应力-应变关系，如图 5-4 所示。

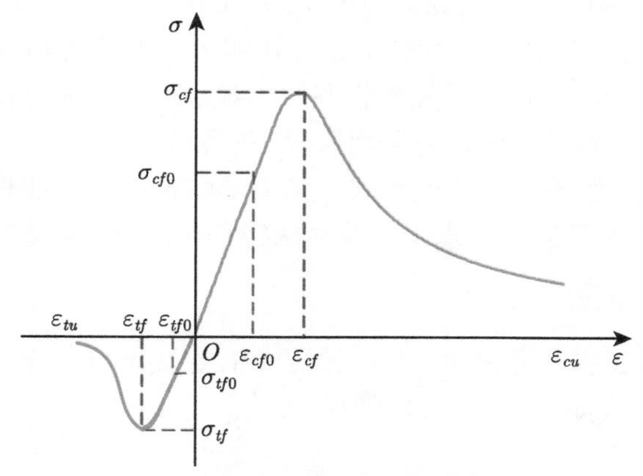

图 5-4 分段曲线应力-应变关系

图 5-3 和图 5-4 可以清楚地反映受压及受拉单元弹性非线性损伤全过程，图中 ε_{f0} 为弹性阶段结束时的弹性峰值应变，ε_f 为峰值应力时的峰值应变，σ_{f0} 为弹性阶段的最大压缩或拉伸应力，σ_f 为压缩或拉伸峰值应力。下角标 “t” 和 “c” 分别表示拉伸和压缩。

相比于双折线损伤模型，本节提出的分段曲线模型考虑了材料各阶段损伤变形的影响，较为真实地还原了材料的损伤过程。对于受压单元，应变达到弹性阶段结束时的弹性极限应变 ε_{f0} 之前，处于弹性变形阶段，此时材料零损伤；在超过某一弹性应变阈值 (即弹性极限应变) 后，材料开始发生损伤变形，且损伤变形速率变化逐渐加快，应力-应变关系转为非线性；当应力达到峰值应力后，损伤因子不断提高，损伤变形速率先增后减，直至应变超过极限应变 σ_u 时材料破坏。

5.2　应变空间下的多轴损伤本构模型

为了将一维的应力-应变关系推广到复杂的应力状态中去，Ottosen[283] 提出了在应力空间下的本构模型，然而，在细观有限元模型分析中，由于该模型采用应力判断损伤情况，无法计算出试件损伤后的软化段。

另一方面，应变状态可分解为球应变和偏应变张量两部分表达。材料破坏的本质是形变超过了其承受能力 [285]，在混凝土发生拉裂型破坏时，球应变分量为正值，与偏应变分量一起引起微裂纹的扩展。反之，在混凝土发生剪压及压碎型破坏时，球应变分量为负值，使微裂纹趋于闭合，损伤主要由偏应变引起。因此，本研究中，作者将借鉴 Ottosen 模型 [283]，提出在复杂形变状态时，应变空间下的本构模型。

与 Ottosen 模型相似，在本节的模型中需要明确以下三个条件。

(1) 破坏准则。即材料达到峰值强度状态时的应变条件。

(2) 非线性指标。所谓非线性指标是描述实际应变状态与峰值应变状态相互关系的一个定量指标，它表明了应变状态的相对水平，从而可以据此确定材料变形的非线性程度，在本研究中，将采用 $\sqrt{J_2'}$ 的方法。

(3) 等效单轴应力-应变关系表达式。依据非线性指标，在相应的等效单轴应力-应变曲线上确定相当的应变水平，从而求得相应的材料参数。

5.2.1　应变空间下的破坏准则

如图 5-5 所示在主应变空间，任一点 $P(\varepsilon_1, \varepsilon_2, \varepsilon_3)$ 可用应变空间下的不变量 (ξ', r', θ') 表示，并有如下转换关系 [285]：

$$\xi' = \frac{1}{\sqrt{3}} I_1' \tag{5-11}$$

$$r' = \sqrt{2J_2'} \tag{5-12}$$

$$\cos\theta' = \frac{3\varepsilon_1 - I_1'}{2\sqrt{3J_2'}} \tag{5-13}$$

式 (5-11)~(5-13) 中，$I_1' = \varepsilon_1+\varepsilon_2+\varepsilon_3$；$J_2' = \frac{1}{2}e_{ij}e_{ij}$，$e_{ij}$ 为应变偏张量。

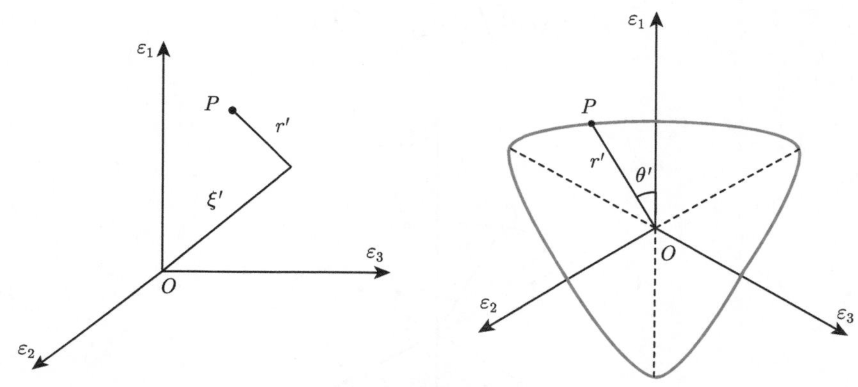

图 5-5 主应变空间对点的描述

混凝土应变空间破坏准则的建立最好是通过大量试验直接获得混凝土破坏时的形变数据。根据国内外已有的各种混凝土强度和形变试验资料 [286,287]，可参考文献 [285] 选择如下空间曲面函数：

$$r' = a\left(b-\xi'\right)^{c}\left(\cos\theta'\right)^{d\left(\xi'\right)} \tag{5-14}$$

式中，a、b、c、d 均为反映混凝土材料特性的参数。a 表示只有偏应变时混凝土的强度；b 表示混凝土的三轴等拉应变强度；c 表示球应变对混凝土强度的增强系数；d 是ξ' 的函数，描述偏平面上的破坏曲线形状随 ξ' 的变化规律，实质上反映的是材料的均匀性。

据经验 [285]：

$$r' = 1.9930\left(0.000158-\xi'\right)^{0.9916}\left(\cos\theta'\right)^{-140.0283\xi'-1.1160} \tag{5-15}$$

5.2.2 非线性指标

在本研究中，将采用 $\sqrt{J_2'}$ 的方法求解非线性指标。设某一点的应变状态 $(\varepsilon_1,\varepsilon_2,\varepsilon_3)$，其相应的三个不变量参数为 (I_1',J_2',θ)。若保持 I_1' 与 θ 不变，增大 J_2'，使之达到峰值状态。若达峰值时的不变量为 $\left(I_1',J_{2f}',\theta\right)$，则非线性指标可取为

$$\beta = \sqrt{J_2'}\Big/\sqrt{J_{2f}'} \tag{5-16}$$

从图 5-6 中可以看出某点的应变状态在 π 平面的投影为 P，将 OP 线延长

与破坏面相交于 F，OP 与 $\sqrt{J_2'}$ 成比例，OF 与 $\sqrt{J_{2f}'}$ 成比例。

$$\beta = \sqrt{J_2'}\Big/\sqrt{J_{2f}'} = OP/OF \tag{5-17}$$

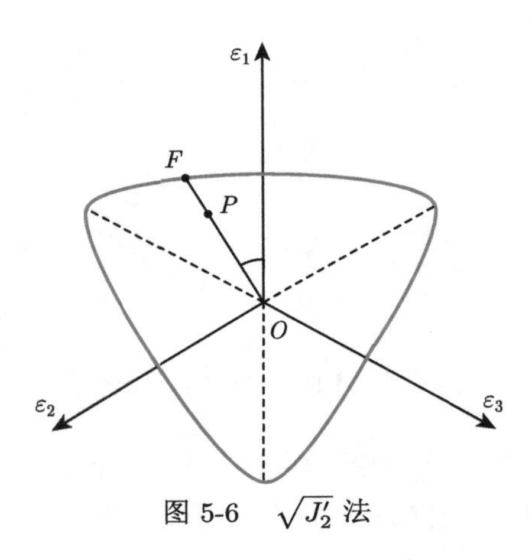

图 5-6　$\sqrt{J_2'}$ 法

5.2.3　等效一维应力-应变关系

本节采用 Sargin 提出的表达式：

$$\frac{\sigma}{f_c} = \frac{A\dfrac{\varepsilon}{\varepsilon_c} + (D-1)\left(\dfrac{\varepsilon}{\varepsilon_c}\right)^2}{1 + (A-2)\dfrac{\varepsilon}{\varepsilon_c} + D\left(\dfrac{\varepsilon}{\varepsilon_c}\right)^2} \tag{5-18}$$

式中，σ 和 ε 均以受压为正值；f_c 为混凝土单轴抗压强度；$A = \dfrac{E_0}{E_c}$，E_0 为初始弹性模量，E_c 为达到 f_c 时的割线模量；ε_c 为应力达到峰值时的应变；D 为软化段系数，对应力-应变曲线下降段影响较大，一般 $0 \leqslant D \leqslant 1$，$D$ 越大，曲线下降越平缓。

在单轴应力-应变关系中，非线性指标为

$$\beta = \frac{\varepsilon}{\varepsilon_c} \tag{5-19}$$

又

$$\frac{\sigma}{f_c} = \frac{\varepsilon E_s}{\varepsilon_c E_c} = \beta\frac{E_s}{E_c} \tag{5-20}$$

代入式 (5-18)，整理后可得即时割线模量计算公式为

$$E_s = \frac{[A + (D-1)\beta] E_c}{1 + (A-2)\beta + D\beta^2} \tag{5-21}$$

在三轴应力状态下，应力-应变曲线与单轴应力-应变曲线有相同的特征，但参数有些变化，在运用上述公式时要做适当修正。在式 (5-21) 中，用 E_f 代替 E_c，E_f 是三轴应力状态下破坏时的割线弹性模量，关于 E_f 的取值按王传志等的建议

$$E_f = E_o \left(0.18 - 0.0015\theta + 0.038 \left| \frac{\sigma_{\text{oct}}}{f_c} \right|^{-1.75} \right) \tag{5-22}$$

5.2.4 割线泊松比的计算

混凝土材料的初始泊松比一般为 0.15~0.22，但当应变接近峰值时，泊松比增加很快，本研究借鉴江见鲸建议公式 [288]，泊松比在应变空间下的公式为

$$\nu = \begin{cases} \nu_0, & \beta \leqslant 0.8 \\ \nu_0 + (0.5 - \nu_0)\left(\dfrac{\beta - 0.8}{0.2}\right)^2, & 0.8 < \beta \leqslant 1 \\ 0.5, & \beta > 1 \end{cases} \tag{5-23}$$

5.3 不可交叉渗透的零厚度界面单元的损伤本构模型

零厚度界面单元已成功用于对界面过渡区进行建模 [279,280]，但由于网格的交叉渗透问题，该方法主要用于混凝土的受拉断裂模拟，本节建立了可交叉渗透的损伤本构模型，结合前面章节的算法，实现零厚度界面单元的不可交叉渗透条件。

假设在裂纹尖端有一个断裂过程区，并且在法向和两个剪切方向上都存在拉应力，当拉应力增加时，假定发生不可逆的渐进破坏，则分别通过沿法向和沿剪切方向的刚度弱化来实现。采用损伤系数 $D[0, 1]$ 描述零厚度界面单元达到强度后的损伤程度，反映刚度退化。损伤系数 D 是零厚度界面单元有效相对位移 δ_m 的函数：

$$\delta_m = \sqrt{\langle \delta_n \rangle^2 + \delta_s^2 + \delta_t^2} \tag{5-24}$$

其中，δ_n 是法向方向的相对位移，δ_s、δ_t 是两个切向方向的相对位移。$\langle \ \rangle$ 为 Macaulay 括号，表示为

$$\langle \delta_n \rangle = \begin{cases} \delta_n, & \delta_n \geqslant 0 \\ 0, & \delta_n < 0 \end{cases} \tag{5-25}$$

以线性软化准则为例，损伤系数可以写成

$$D=\frac{\delta_f\left(\delta_o-\delta_m\right)}{\delta_m\left(\delta_o-\delta_f\right)}=\frac{\eta\left(\delta_o-\delta_m\right)}{\delta_m\left(1-\eta\right)} \tag{5-26}$$

式中，$\delta_f=\eta\cdot\delta_o$，$\delta_o$ 和 δ_f 分别是裂缝起裂和完全破坏时的有效相对位移。

法向刚度 k_n 与切向刚度 k_s、k_t 分别表示为

$$k_n=(1-D)\,k_{n0} \tag{5-27}$$

$$k_s=(1-D)\,k_{s0} \tag{5-28}$$

$$k_t=(1-D)\,k_{t0} \tag{5-29}$$

相应的应力则可以表示为

$$t_n=\begin{cases}(1-D)\,k_{n0}\delta_n, & \delta_n\geqslant 0\\ +\infty, & \delta_n<0\end{cases} \tag{5-30}$$

$$t_s=(1-D)\,k_{s0}\delta_s \tag{5-31}$$

$$t_t=(1-D)\,k_{t0}\delta_t \tag{5-32}$$

如图 5-7 所示为零厚度界面单元的本构关系，它包括用线性关系表示的弹性段和下降段。图中，δ_{nf} 和 δ_{sf} 分别表示拉伸应力和剪切应力下降到零时的有效相对位移。此外，本研究假定，两个切向方向的本构关系相同，即 δ_t-t_t 关系曲线和 δ_s-t_s 关系曲线采用同一参数。

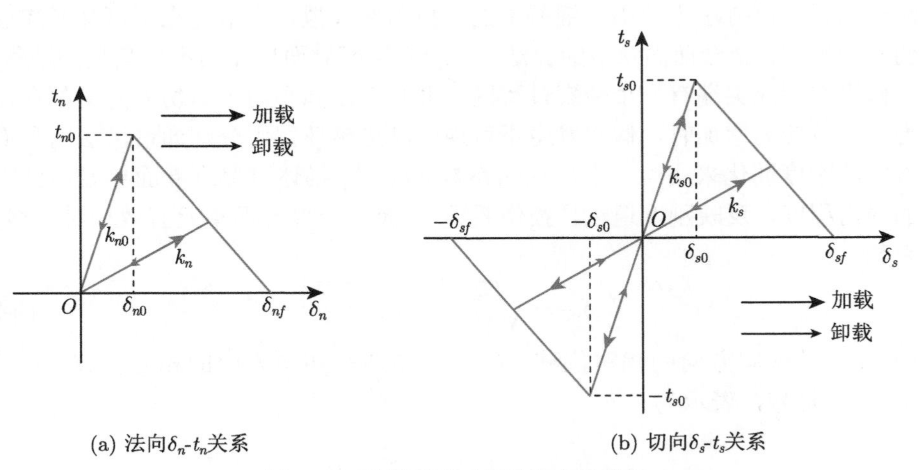

(a) 法向δ_n-t_n关系　　(b) 切向δ_s-t_s关系

图 5-7　零厚度界面单元的本构关系

5.4 材料参数 Weibull 概率分布

模拟所需要的材料参数，如弹性模量、泊松比、单轴抗拉强度、单轴抗压强度、损伤参数等，一般是利用以往的文献或试验得到的 [289]。对于细观混凝土中的各相材料，弹性模量、抗压强度等材料参数在大多数细观模型中均被赋值为常数，即不随空间位置的变化而变化。然而，混凝土材料是一种高度不均匀、不连续的复合材料，在细观层次上骨料颗粒、空隙等在基质中随机分布，在微观层次上硬化水泥砂浆含大量的空隙、水泥颗粒缺陷、氢氧化钙和钙矾石晶体等，其各组分材料力学参数的分布具有一定的随机性，而不是通常计算时所采用的定值。Zhu 等 [276,277] 利用 Weibull 概率分布来改变细观模型中材料的抗压强度、弹性模量和泊松比等材料特性。唐欣薇等 [290] 假定组成混凝土材料单元的力学性质满足 Weibull 概率统计分布，用以描述其力学性质的非均匀性，并研究混凝土尺寸效应。Lu 和 Tu[180] 使用了类似的方法，采用概率密度函数表征界面过渡区和骨料中的非均质特性。但研究发现，砂浆相和界面过渡区相的不均匀性对混凝土细观模型的性能影响不大 [180]，因此，在细观尺度模型中，各相假定为均匀也是合理的。

本节为了更加合理地描述混凝土材料的非均质性，将考虑骨料的随机分布，同时又引入概率统计的方法模拟混凝土内部的初始缺陷。

假定各相材料力学参数的力学性质满足 Weibull 概率统计分布，其分布密度函数为

$$f\left(u\right)=\frac{m}{u_0}\left(\frac{u}{u_0}\right)^{m-1}\exp\left[-\left(\frac{u}{u_0}\right)^m\right] \tag{5-33}$$

式中，u 为满足该分布参数 (如强度、弹性模量等) 的数值；m 为材料均质度；u_0 为与均值 $E(u)$ 相关的参数。

式 (5-33) 中的分布密度函数 $f\left(u\right)$ 对应的随机变量 u 的均值和方差分别为

$$E\left(u\right)=u_0\varGamma\left(1+1/m\right) \tag{5-34}$$

$$D\left(u\right)=u_0^2\left[\varGamma\left(1+2/m\right)-\varGamma^2\left(1+1/m\right)\right] \tag{5-35}$$

$\varGamma\left(\cdot\right)$ 函数的数值可从《数学手册》中查到，参数 m 是分布函数的形状参数。

假定 $u_0=50$，m 分别取值为 2.0、4.0、6.0、8.0，得到 Weibull 分布密度函数曲线如图 5-8 所示，由图可知，当 m 值逐渐增大时，随机变量 x 的值逐渐集中分布在 $u_0=50$ 附近。

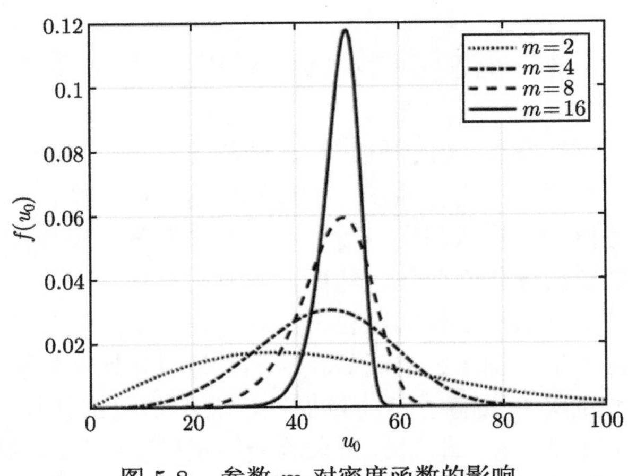

图 5-8　参数 m 对密度函数的影响

假定 $m = 2.5$，u_0 的取值分别为 20、30、40、50 时，得到的 Weibull 分布密度函数曲线如图 5-9 所示，由图可知，u_0 越大，分布密度函数越平坦。

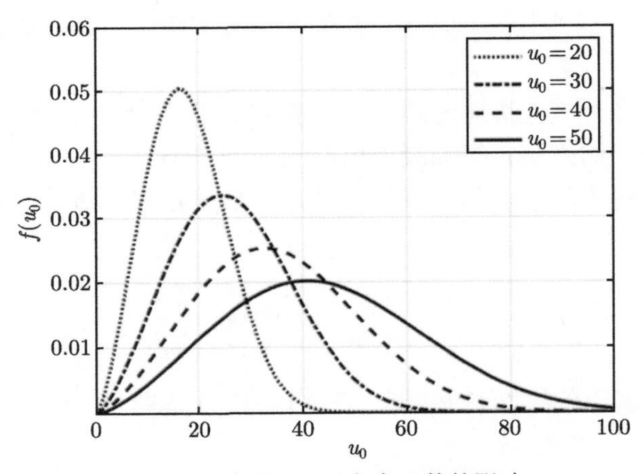

图 5-9　参数 u_0 对密度函数的影响

以 100mm×100mm 的试件为样本，剖分尺寸为 1mm。分别选取 $m = 1.5$，$m = 3.0$，$m = 6.0$ 等作为样本试件的均质度，生成不同均质度的随机试件如图 5-10 所示。在各试件中，单元颜色灰度的深浅代表了其力学参数值，所有单元的力学参数值大小不一，但整体上符合给定的 Weibull 分布密度函数曲线，从图中可以看到，Weibull 分布密度曲线中的分布参数 m 反映了再生混凝土材料的均匀程度，m 值越大，再生混凝土材料的均匀程度越大。

图 5-10 不同均质度的随机试件

本研究在数值模型中，将各相材料单元赋予满足 Weibull 分布的材料属性，从而在各相材料内部考虑其各自的力学性能非均匀性，如图 5-11 所示。

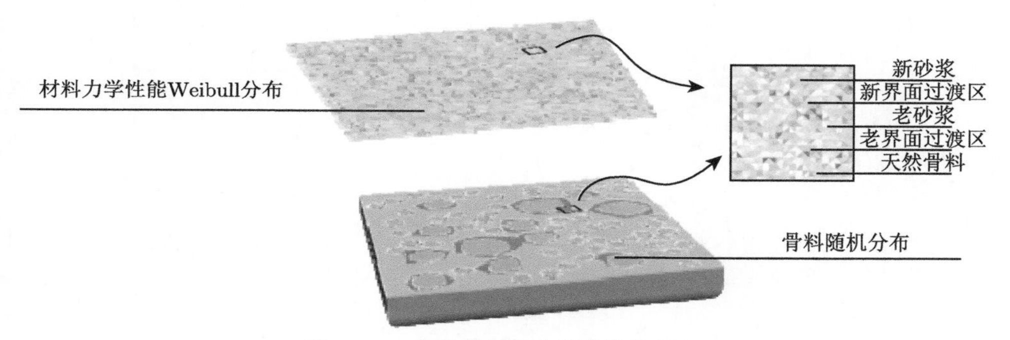

图 5-11 各种相材料力学性能的标定

5.5 本章小结

本章介绍了再生混凝土双折线损伤本构模型，发展了多折线损伤本构模型和分段曲线损伤本构模型。针对再生混凝土在复杂加载条件下的变形问题，提出了应变空间下的多轴损伤演化本构模型。针对零厚度界面单元不可交叉渗透的问题，发展了零厚度界面单元本构模型。针对再生混凝土各组分材料力学参数分布的随机性，研究采用了 Weibull 随机分布函数描述材料的本构参数的空间分布。

目前，对于混凝土材料，由于其本身内部结构十分复杂，要建立一个能够完全适用各种加载方式和充分考虑各种内、外因素的损伤本构模型几乎是不可能的。因此，需要根据实际情况建立合适的损伤本构关系。需要说明的是，每种本构模型都有很多利弊，因此全面了解这些本构模型的优缺点及适用条件很重要，这也是下一步的主要研究方向。此外，数值仿真与试验相辅相成，因此关于选择哪种本构模型，主要从模型自身和试验的角度来看：从模型的角度，采用的本构要能完整描述细观单元的受力过程；从试验的角度，从试验中可以得到哪些细观参数，从得到的细观参数中，哪种本构可最大化描述细观单元的受力过程。

第 6 章　再生混凝土的细观均质化模型

再生骨料混凝土是一种由天然骨料、老水泥砂浆、新水泥砂浆、天然骨料与老水泥砂浆之间的界面过渡区、老水泥砂浆与新水泥砂浆之间的界面过渡区组成的五相复合材料，由于界面过渡区厚度较小，现有的再生混凝土材料的数值模拟大多需要网格划分尺寸较小、划分单元密集才能够保证接近真实解的计算结果，这使得再生混凝土数值模拟的计算量大大增加，计算效率降低，尤其是对大体量结构，其计算量大，耗时较多。为解决此问题，本章提出了再生混凝土圆骨料复合球等效模型，通过老砂浆和界面过渡区近似进行等效计算，将再生混凝土的五相介质等效为三相介质，此外，基于杜修力和金浏等 [292-294] 提出的细观单元等效化的基本思想，提出了再生混凝土的细观并联均质化模型和细观串联均质化模型，从而达到使再生混凝土细观分析结果相对精确的同时计算效率提高的目的。

6.1　再生混凝土圆骨料复合球等效模型

本章中运用四相复合球模型将再生混凝土中的五相介质等效为三相介质。本节提出的等效模型实质是一种均质化的方法，主要依据均匀化理论，从而建立起复合材料弹性分析的新方法。假设各相材料界面的联结是完全的，下面将详细介绍关于再生混凝土界面等效模型的理论分析和推导过程。

6.1.1　泊松比的等效

若使用三相球模型或其他方式求解等效体的剪切模量较为烦琐，而且新、老界面层可看作带有孔隙的老砂浆层，三者的各相材料力学性质十分接近，且泊松比的变化很小，故本节采用横向串联模型对等效体的泊松比进行求解：

$$C_i + C_m + C_o = 1 \tag{6-1}$$

$$\mu^* = C_i\mu_i + C_o\mu_o + C_m\mu_m \tag{6-2}$$

式中 C_i, C_o, C_m 分别代表新界面层、老界面层和老砂浆层在等效体中所占的体积分数，μ_i, μ_o, μ_m 分别代表新界面层、老界面层和老砂浆层的泊松比，μ 为等效体的等效泊松比。

6.1.2　弹性模量的等效

如图 6-1 所示，假设四个球的半径分别为 r_a、r_b、r_c、r_d。在复合球的外边界即 r_d 处施加一均匀分布的径向应力，由于球体本身具有对称性，依据弹性力学球对称问题位移解法的控制方程为

$$\frac{\mathrm{d}^2u_r}{\mathrm{d}r^2}+\frac{2}{r}\frac{\mathrm{d}u_r}{\mathrm{d}r}-\frac{2u_r}{r^2}+F_r=0 \tag{6-3}$$

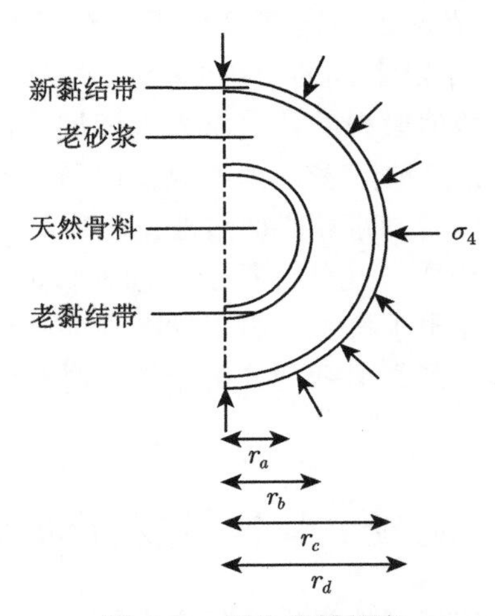

图 6-1　再生骨料假定

若体积力 $F_r=0$，此常微分方程可通过积分求解，其通解为 $u_r=c_1r+c_2r^{-2}$。则骨料 (a)、老界面 (oitz)、老砂浆 (m) 和新界面 (nitz) 内任意一点 r 处的径向位移分别为

$$u_a(r)=0,\quad 0\leqslant r<r_a \tag{6-4}$$

$$u_o(r)=A_1r+A_2r^{-2},\quad r_a\leqslant r<r_b \tag{6-5}$$

$$u_m(r)=A_3r+A_4r^{-2},\quad r_b\leqslant r<r_c \tag{6-6}$$

$$u_i(r)=A_5r+A_6r^{-2},\quad r_c\leqslant r\leqslant r_d \tag{6-7}$$

对于 (6-4) 式，在球坐标系的基本方程中，球对称问题只产生径向位移，与坐标 φ,θ 无关，故 $u_r=u(r),u_\varphi=u_\theta=0$。对于 (6-5) 式，将上述条件代入空间坐标系的几何方程可得应变关系，将应变关系代入物理方程，得应力分量为

$$\sigma_r=(3\lambda+2G)A_2-\frac{2GA_3}{r^3} \tag{6-8}$$

$$\sigma_\phi = \sigma_\theta = (3\lambda + 2G)A_2 + \frac{2GA_3}{r^3} \tag{6-9}$$

其中，λ 为拉梅常量，G 为剪切模量，μ 为泊松比，则

$$\lambda = \frac{E\mu}{(1+\mu)(1-2\mu)} \tag{6-10}$$

$$G = \frac{E}{2(1+\mu)} \tag{6-11}$$

当只考虑老界面层时，可将其视为内外表面承受均匀压力的球壳，其内外表面压力分别为 σ_1, σ_2，其边界条件为 $\sigma_r\,|_{r=r_a} = \sigma_1, \sigma_r\,|_{r=r_b} = \sigma_2$，将其代入上述物理方程求得的应力分量中，可得

$$A_2 = \frac{\sigma_2 r_b^3 - \sigma_1 r_a^2}{(3\lambda + 2G)(r_a^3 - r_b^3)} \tag{6-12}$$

$$A_3 = \frac{(\sigma_2 - \sigma_1) r_a^3 r_b^3}{4G(r_a^3 - r_b^3)} \tag{6-13}$$

对于老界面层内表面,可得方程关系:$u_1/r_a = A_2 + A_3/r_a^3, u_2/r_b = A_2 + A_3/r_b^3$，分别将式 (6-12)、(6-13) 代入，整理即可得到方程关系 (6-15)。以此类推，整理后可以得到以下函数关系

$$\begin{cases} u_1/r_a = k_1^a A_1 \\ \sigma_1 = k_2^a A_1 \end{cases} \tag{6-14}$$

$$\begin{cases} u_2/r_b = k_{11}^o u_1/r_a + k_{12}^o \sigma_1 \\ \sigma_2 = k_{21}^o u_1/r_a + k_{22}^o \sigma_1 \end{cases} \tag{6-15}$$

$$\begin{cases} u_3/r_c = k_{11}^m u_2/r_b + k_{12}^m \sigma_2 \\ \sigma_3 = k_{21}^m u_2/r_b + k_{22}^m \sigma_2 \end{cases} \tag{6-16}$$

$$\begin{cases} u_4/r_d = k_{11}^i u_3/r_c + k_{12}^i \sigma_3 \\ \sigma_4 = k_{21}^i u_3/r_c + k_{22}^i \sigma_3 \end{cases} \tag{6-17}$$

模型中心为骨料，骨料为固体相介质，其位移变量可忽略不计。因此，在式 (6-14)~(6-17) 中的矩阵系数分别为

$$k_1^a = 1, \quad k_2^a = \frac{Ea}{1-2\mu_0} \tag{6-18}$$

$$k_{11}^o = 1 - \frac{(1+\mu_o)C_o}{3(1-\mu_o)C_o}, \quad k_{12}^o = \frac{(1+\mu_o)(1-2\mu_o)C_o}{3(1-\mu_o)E_oC_o}$$

$$k_{21}^o = \frac{2E_oC_o}{3(1-2\mu_o)C_o}, \quad k_{22}^o = 1 - \frac{2(1-2\mu_o)C_o}{3(1-2\mu_o)C_o} \tag{6-19}$$

$$k_{11}^m = 1 - \frac{(1+\mu_m)C_m}{3(1-\mu_m)(V_m+C_o)}, \quad k_{12}^m = \frac{(1+\mu_m)(1-2\mu_m)C_m}{3(1-\mu_m)E_m(C_o+C_m)}$$

$$k_{21}^m = \frac{2E_mC_m}{3(1-2\mu_m)(C_m+C_o)}, \quad k_{22}^m = 1 - \frac{2(1-2\mu_m)C_m}{3(1-2\mu_m)(C_m+C_o)} \tag{6-20}$$

$$k_{11}^i = 1 - \frac{(1+\mu_i)C_i}{3(1-\mu_i)(C_i+C_o+C_m)}, \quad k_{12}^i = \frac{(1+\mu_i)(1-2\mu_i)C_i}{3(1-\mu_i)E_i(C_i+C_o+C_m)}$$

$$k_{21}^i = \frac{2E_iC_i}{3(1-2\mu_i)(C_i+C_o+C_m)}, \quad k_{22}^i = 1 - \frac{2(1-2\mu_i)C_i}{3(1-2\mu_i)(C_i+C_o+C_m)} \tag{6-21}$$

式中，C_i，C_o，C_m 分别代表新界面层 (nitz)、老界面层 (oitz) 和老砂浆层 (m) 在等效体中所占的体积分数，μ_i，μ_o，μ_m 分别代表新界面层、老界面层和老砂浆层的泊松比，E_i，E_o，E_m 分别代表新界面层、老界面层和老砂浆层的杨氏模量。由 (6-14)~(6-17) 式联立，可得

$$\frac{\sigma_4}{u_4/r_d} = \frac{(k_{21}^ik_{11}^m + k_{22}^ik_{21}^m)(k_{11}^ok_1^a + k_{12}^ok_2^a) + (k_{21}^ik_{12}^m + k_{22}^ik_{22}^m)(k_{21}^ok_1^a + k_{22}^ok_2^a)}{(k_{11}^ik_{11}^m + k_{12}^ik_{21}^m)(k_{11}^ok_1^a + k_{12}^ok_2^a) + (k_{11}^ik_{12}^m + k_{12}^ik_{22}^m)(k_{21}^ok_1^a + k_{22}^ok_2^a)} \tag{6-22}$$

因为径向位移 u_4 相对于半径而言为微小量，其高阶导数可以忽略不计，所以体应力与体应变的比值为

$$\theta = \frac{4\pi u_4r_d^2 + o(u_4)}{4/(3\pi r_d^3)} = \frac{3u_4}{r_d} \tag{6-23}$$

体积模量是弹性模量的一种，即物体的体积应变与体积应力之间的关系的一个物理量，即 $K = \dfrac{E}{3(1-2\mu)}$。将此模型等效为中心为骨料，外面三层为一层厚度为 $r_d - r_a$ 的均匀介质层，其杨氏模量和泊松比分别为 E^*，μ^*，将式 (6-22) 代入，则径向应力 σ_4 和径向位移 u_4 的关系可表示为

$$K^* = \frac{\sigma_4}{3u_4/r_d} = \frac{E^*}{3(1-2\mu^*)} \tag{6-24}$$

将式 (6-22)、(6-24) 联立，可得

$$E^* = \frac{(k_{21}^ik_{11}^m + k_{22}^ik_{21}^m)(k_{11}^ok_1^a + k_{12}^ok_2^a) + (k_{21}^ik_{12}^m + k_{22}^ik_{22}^m)(k_{21}^ok_1^a + k_{22}^ok_2^a)}{(k_{11}^ik_{11}^m + k_{12}^ik_{21}^m)(k_{11}^ok_1^a + k_{12}^ok_2^a) + (k_{11}^ik_{12}^m + k_{12}^ik_{22}^m)(k_{21}^ok_1^a + k_{22}^ok_2^a)}(1-2\mu^*) \tag{6-25}$$

6.1.3 强度的等效

在再生混凝土中，界面层一般是指在骨料边界的影响下水泥颗粒分布构成的一种较为特殊的结构，并不是一个简单的结构均匀区域。新老界面层厚度较小，其中水泥砂浆所占比例并不小，其性质与老砂浆层相近，但是相比于新、老砂浆，界面层所含未水化的水泥较少，且自身孔隙率较高，故可将新老界面层近似看作带有孔隙的老砂浆层。在应力加载时，界面内的缝隙和孔隙处会产生应力集中状态，率先发生破坏，且本身强度相比于骨料、老砂浆和新砂浆较低，破坏会首先发生在界面层。因此在再生混凝土多相介质中，新老两种界面为最薄弱部分，是其力学性质的软肋。假设各相材料界面的联结是完全的，界面层厚度远小于砂浆层厚度，在细观等效过程中，我们可以近似保守将新老界面层的强度当做等效体的强度，用来数值计算。

6.2 细观均质化模型

6.2.1 Voigt 并联分析模型及 Reuss 串联分析模型

基于金浏和杜修力 [292−294] 提出的细观单元等效化的基本思想，本章细观均质化模型从再生混凝土细观尺度入手，采用并联均质化模型和串联均质化模型，计算分析再生混凝土宏观力学特性。

首先，用均质化网格划分试件，并将均质化网格单元投影到细观模型。然后，根据各个均质化单元内各相材料的分数，分别采用串联模型和并联模型均质化等效，计算得到各个均质化单元的等效弹性模量和泊松比，从而得到一个均质化单元内部均匀同性，单元之间力学性能不同的细观均质化模型，如图 6-2 所示。

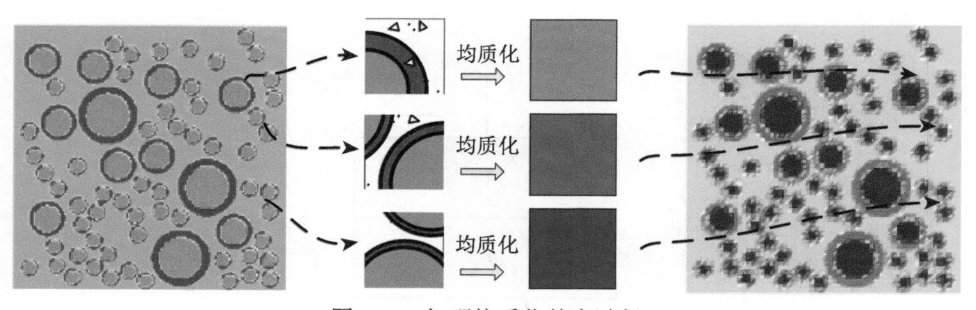

图 6-2 细观均质化基本过程

运用 Voigt 并联分析模型推导细观均质化单元不同损伤阶段的等效弹模，如图 6-3 所示。均质化单元内各相材料满足等应变假设。

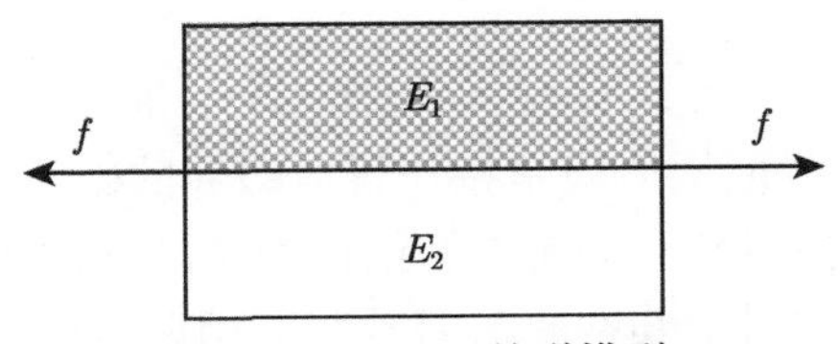

图 6-3　Voigt 并联模型

对于两相材料，可以给出并联模型的有效弹性模量 [295]

$$E = c_1E_1 + c_2E_2 + \frac{27c_1c_2\left(G_1K_2 - G_2K_1\right)^2}{\left(3K_v + G_v\right)\left(3K_1 + G_1\right)\left(3K_2 + G_2\right)} \tag{6-26}$$

其中，$c_i = V_i/V$ 表示第 i 相的体积分数，E_i 表示第 i 相的弹性模量，K_i 表示第 i 相的有效体积模量，G_i 表示第 i 相的剪切模量，K_v 和 G_v 为采用 Voigt 并联模型获得的值。

对于两相具有相同泊松比的特殊情况，即忽略横向变形得到的 $E = E_1c_1 + E_2c_2$。同理对于 n 相的多相材料，有 $E = \sum\limits_{i=1}^{n} E_ic_i$。

用同样的方法求解 Reuss 串联模型，如图 6-4 所示。均质化单元内各相材料满足等应力假设，对于略横向变形的情况有

$$\frac{1}{E} = \frac{c_1}{E_1} + \frac{c_2}{E_2} \tag{6-27}$$

同理对于 n 相的多相材料，有

$$\frac{1}{E} = \sum_{i=1}^{n} \frac{c_i}{E_i}$$

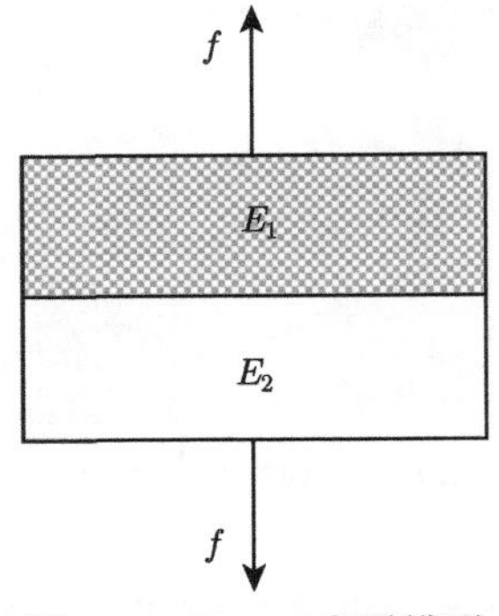

图 6-4　Reuss 串联模型

6.2.2 细观均质化模型计算程序流程图

为将本章介绍的细观均质化模型应用到后续的数值试验中，作者编制了相应的程序，如图 6-5 为该程序的流程控制图。

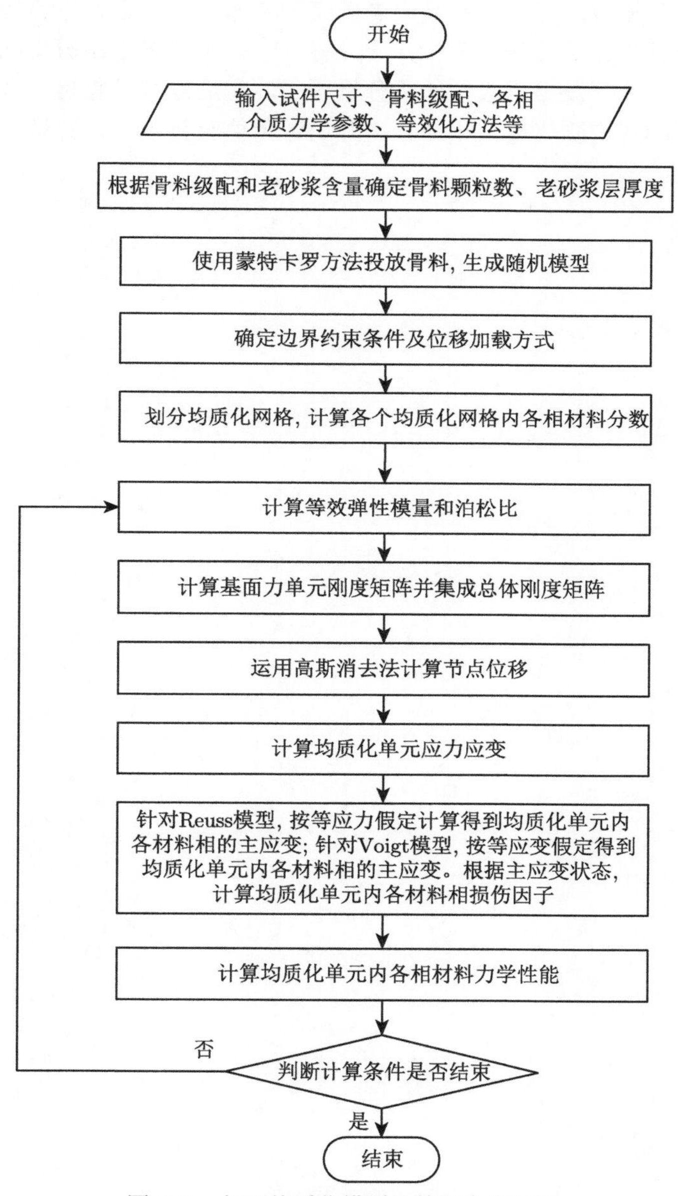

图 6-5 细观均质化模型计算程序流程图

6.3 本章小结

本章提出了一种针对再生混凝土宏观力学特性分析的均质化模型，即再生混凝土骨料复合球模型，将再生混凝土老砂浆和界面过渡区近似进行等效计算，将再生混凝土的五相介质等效为三相介质。另外，提出了再生混凝土的细观串、并联均质化模型，并开发出相应的计算分析程序。在后续章节将再生混凝土圆骨料复合球模型和细观均质化模型相结合，并通过数值算例论证，验证了本方法的可行性和高效性。

第 7 章　高性能计算软件研发

针对整体自由度较大的问题，本章研究采用了缩行存储法存储大型稀疏矩阵，并且采用了基于直接解法的 PARDISO 求解器求解大规模非线性方程，通过基于 OpenMP 的并行编程框架研发了高性能计算软件。通过数值算例表明，本研究中高性能计算软件，比常规编程方法和大型通用有限元软件 ABAQUS 计算效率高，且内存需求小，这为本研究中的方法在个人计算机上大规模的计算应用奠定了基础。

7.1　串行程序设计方案

在本研究中，数值试件的自由度总数巨大，尤其对于三维空间问题，结构的自由度总数往往达到了十万甚至百万级，因此对于串行程序设计，使用了一维变带宽存储刚度矩阵、阻尼矩阵和质量矩阵，分块直接解法求解线性方程。

7.1.1　一维变带宽存储

本研究采用一维变带宽存储，对于具有 n 阶的对称稀疏矩阵，使用一维变带宽存储时，需按行依次储存元素，每列应从主对角元素直至最高的非零元素，即该行中列号最大的元素位置。使用两个数组: 一个 $q\times 1$ 维的元素存储数组 VAL；一个 $(n+1)\times 1$ 维的主对角元素定位向量 $\boldsymbol{I}$。如图 7-1 所示为稀疏矩阵采用一维变带宽存储时的 VAL、$\boldsymbol{I}$。图 7-2 所示为一维变带宽存储形成主对角元素定位向量的程序算法流程图。

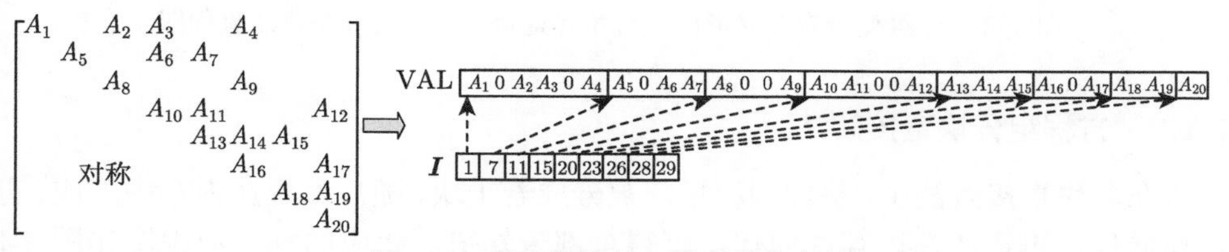

图 7-1　稀疏矩阵的一维变带宽存储

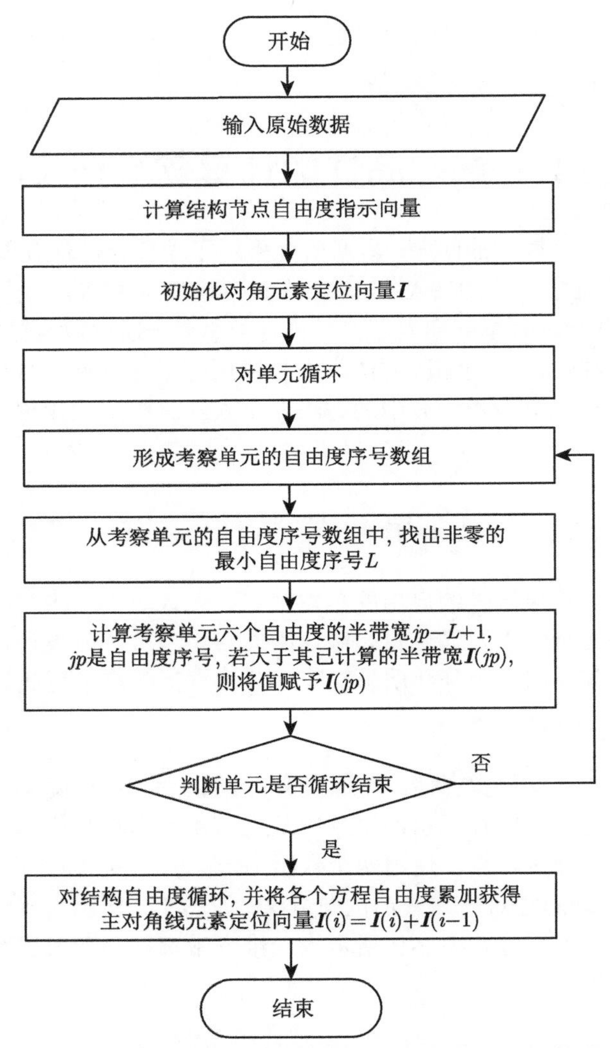

图 7-2 一维变带宽存储形成主对角元素定位向量的程序算法流程图

7.1.2 方程组分块直接解法

在分块直接解法中，整体刚度矩阵被分成若干块，随后逐块在内存中形成、分解和前代，再逐块在内存中回代，解得全部未知值。相应的程序流程图如图 7-3 所示。由于整体刚度矩阵中每一块的容量只是总容量的一部分，因此可以以较少的内存容量计算含较大规模自由度的数值试件。

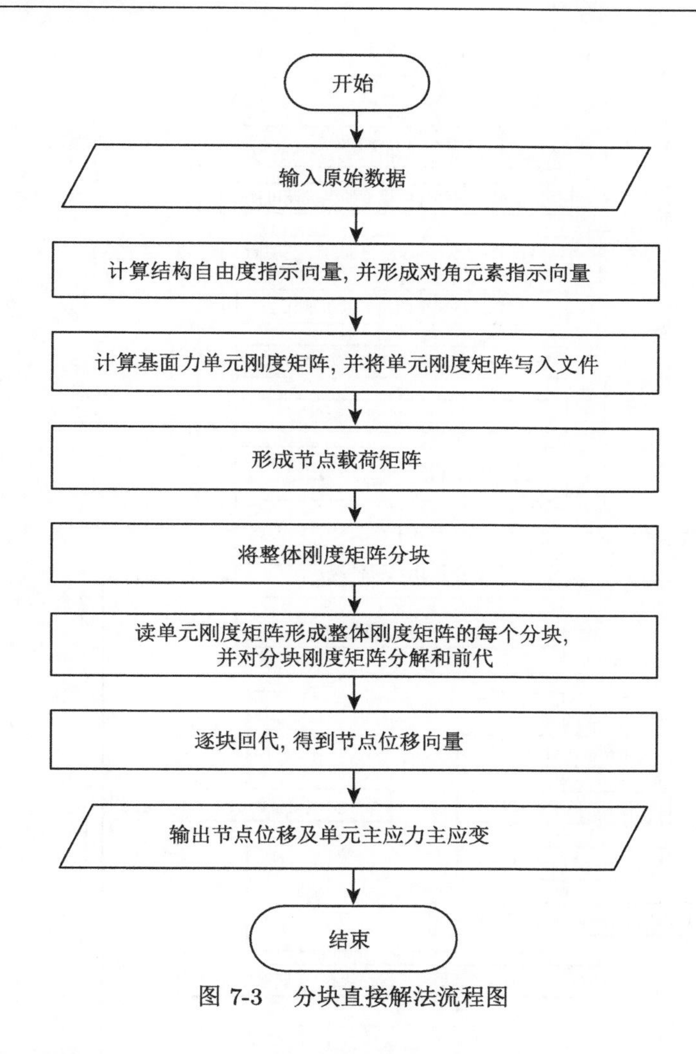

图 7-3 分块直接解法流程图

7.1.3 再生混凝土细观模型的串行计算程序流程图

针对再生混凝土细观模型的计算，作者编制了串行计算程序，如图 7-4 为该程序的流程控制图。该程序包含了三个模块：① 前处理及可视化建模模块；② 静、动态损伤问题的基面力单元法计算模块；③ 后处理及输出结果的可视化模块。

此外本研究所有计算均在个人计算机上进行，编译器为 Intel Fortran (自带 MKL 和 OpenMP)，处理器为 Intel® Core(TM) i7-8565U 型，运行内存 16G。

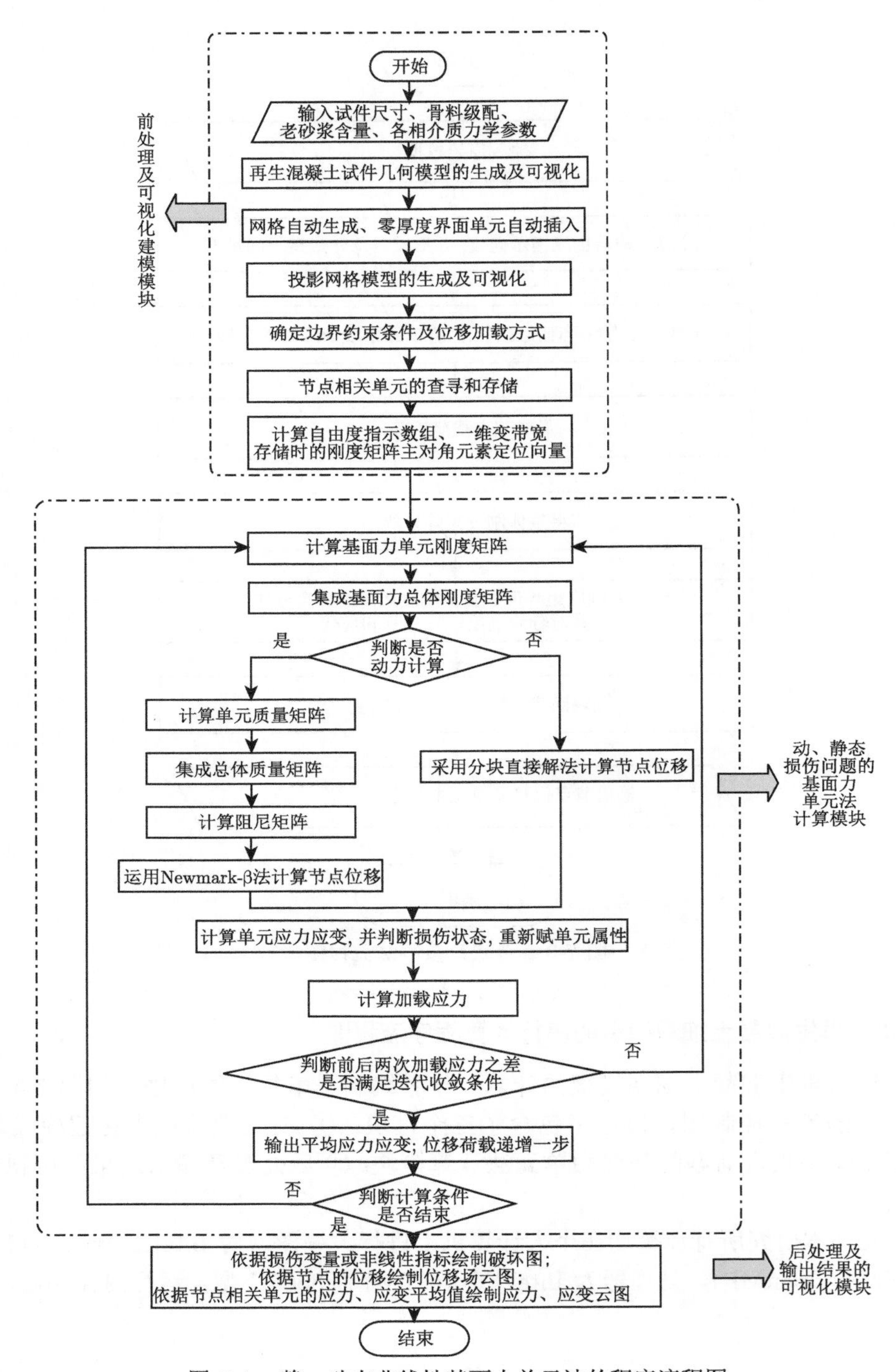

图 7-4　静、动态非线性基面力单元法的程序流程图

7.1.4 数值算例

为了探讨本节中编写程序的计算效率和精度，本节以尺寸为 100mm×100mm×100mm 的再生混凝土立方体试件作为代表性试件，并在不同的单元尺寸条件下进行单轴拉伸数值试验。假定骨料颗粒为球体，粗骨料体积分数为 30%，再生骨料取代率为 100%，再生骨料中附着的老砂浆质量含量为 42%，根据富勒级配曲线，采用三种代表粒径分段生成骨料颗粒数，各粒径的骨料颗粒数和老砂浆厚度见表 7-1。为了减少半带宽长度，模型网格首先采用立方体单元均匀划分，再将每个立方体单元细分为五个四面体，如图 7-5 所示，每个立方体单元可细分为 $ABCB_1$、$ACDC_1$、$AB_1C_1A_1$、$CC_1B_1D_1$、ACC_1B_1 五个四面体。最终生成的投影网格模型如图 7-6 所示。

表 7-1 骨料颗粒数及老砂浆厚度

粒径/mm	骨料颗粒数	老砂浆厚度/mm
32.5	7	4.59
20	17	2.82
10	134	1.41

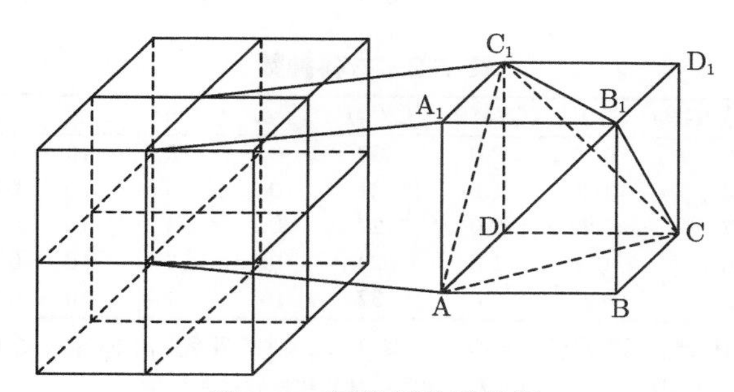

图 7-5 网格划分示意图

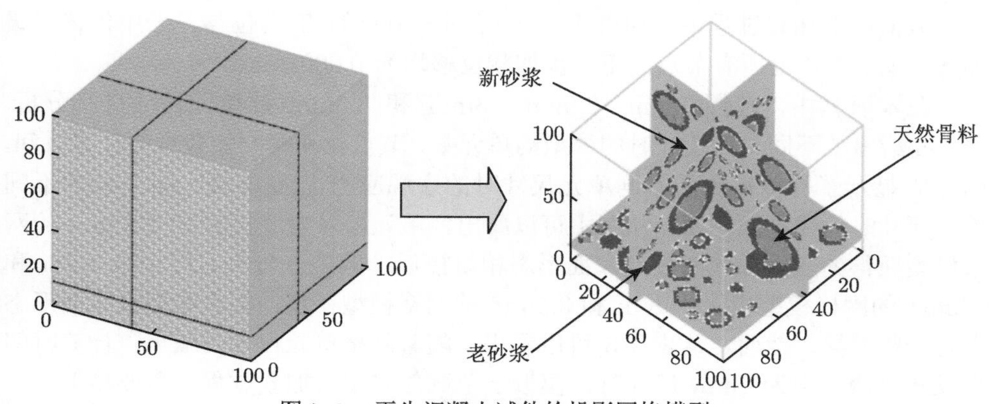

图 7-6 再生混凝土试件的投影网格模型

本算例采用第 5 章中的细观损伤演化本构模型，受拉损伤因子 D_t 和受压损伤因子 D_c 分别如式 (7-1) 和 (7-2) 所示，根据以前的研究 [215]，各相材料参数如表 7-2 所示。

$$D_t=\begin{cases}0, & \varepsilon\leqslant\varepsilon_t\\ 1-\dfrac{\varepsilon_{t0}}{\varepsilon}+\dfrac{\varepsilon-\varepsilon_t}{\eta_t\varepsilon_t-\varepsilon_t}\dfrac{\varepsilon_t}{\varepsilon}(1-\alpha), & \varepsilon_t<\varepsilon\leqslant\varepsilon_{\mathrm{tr}}\\ 1-\dfrac{\alpha}{\xi_t-\eta_t}\dfrac{\varepsilon-\eta_t\varepsilon_t}{\varepsilon}+\dfrac{\alpha\varepsilon_t}{\varepsilon}, & \varepsilon_{\mathrm{tr}}<\varepsilon\leqslant\varepsilon_{\mathrm{tu}}\\ 1, & \varepsilon>\varepsilon_{\mathrm{tu}}\end{cases} \tag{7-1}$$

$$D_c=\begin{cases}A_1\left(\dfrac{\varepsilon}{\varepsilon_c}\right)^{B_1}, & 0\leqslant\varepsilon<\varepsilon_c\\ 1-\dfrac{A_2}{C_2f_c^2\left(\varepsilon/\varepsilon_c-1\right)^{B_2}+\varepsilon/\varepsilon_c}, & \varepsilon\geqslant\varepsilon_c\end{cases} \tag{7-2}$$

式中，$\varepsilon_{\mathrm{tr}}=\eta\varepsilon_t$, $\varepsilon_{\mathrm{tu}}=\xi\varepsilon_t$, $A_1=1-\dfrac{f_c}{E_0\varepsilon_c}$, $B_1=\dfrac{f_c}{E_0\varepsilon_c-\sigma_c}$, $A_2=\dfrac{f_c}{E_0\varepsilon_c}$。

表 7-2　材料参数

材料相	初始弹模/GPa	泊松比	f_t/MPa	f_c/MPa	α	η	ξ	ε_c	B_2	C_2
天然骨料	60	0.16	8.0	80	0.1	5	10	0.001	2	0.0010
老界面过渡区	15	0.2	1.5	21	0.1	3	10	0.0030	2	0.0035
老砂浆	17	0.22	2.0	27	0.1	4	10	0.004	2	0.0030
新界面过渡区	16	0.2	1.8	24	0.1	3	10	0.0035	2	0.0035
新砂浆	22	0.22	2.5	32	0.1	4	10	0.0045	2	0.0030

注: f_t 和 f_c 分别是拉伸和压缩强度，α $(0\leqslant\alpha\leqslant1)$ 是残余强度系数，$\eta(3\leqslant\eta\leqslant5)$ 是残余应变系数，ξ 是极限应变系数，ε_c 是压缩强度对应的应变, B_2 和 C_2 是软化曲线控制变量。

数值模拟加载过程中，约束 $Y=0$ 处所有节点的 Z 向位移，采用位移逐级加载，$Z=100$ 处所有节点的每一步加载位移均为 0.0001mm。

在本研究中，使用 2mm、2.5mm、3mm 和 3.5mm 的单元尺寸进行分析。表 7-3 给出了不同单元尺寸时的模型的单元数、节点数和每一加载步的计算时间。图 7-7 显示了计算得到的不同单元尺寸时的宏观应力-应变曲线。图 7-8 为不同单元尺寸时的受拉破坏图。从图中可以看出，单元尺寸为 2 mm 和 2.5 mm 的网格模型获得的应力曲线和裂纹表面形态相对接近。但是，与单元尺寸为 2mm 和 2.5mm 的网格模型相比，3mm 和 3.5mm 的网格模型在拉伸强度和裂纹表面形态上有一些差异。然而，从表 7-3 可以看出，随着网格单元尺寸的减小，计算时间爆发式递增，当为 2mm 尺寸时，模拟一个试件完整的加载过程，需要接近一个月的时间，由于计算花费的时间太长，程序已经不能满足大规模计算的要求。

表 7-3 不同单元尺寸的节点数、单元数和计算时间

	模型-1	模型-2	模型-3	模型-4
划分尺寸/mm	3.5	3	2.5	2
节点数	27000	42875	68921	132651
单元数	121945	196520	320000	625000
自由度数	80100	127400	205082	395352
刚度矩阵存储需求/GB	3.69	11.0	27.7	116
计算时间/(s/step)	2639	7425	21197	83463

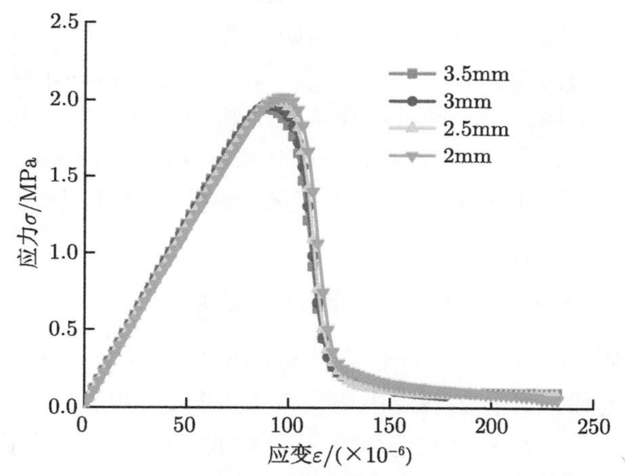

图 7-7 不同单元尺寸时的宏观应力-应变曲线

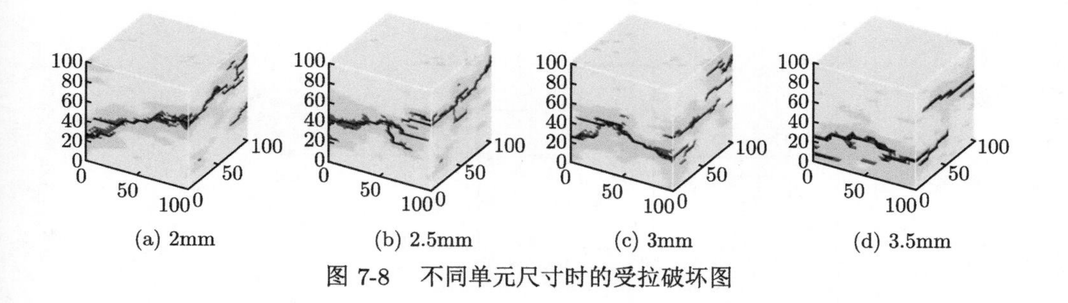

图 7-8 不同单元尺寸时的受拉破坏图

7.2 高性能计算软件研发

在利用再生混凝土模型进行数值模拟时，需要在细观层次甚至微观层次上进行单元划分，储存与计算已成为数值模型，特别是三维数值模型计算的瓶颈问题。通常，针对一个模型要反复调整进行数值试验，一个算例耗费数天甚至数周是无

法接受的，因此必须从根本上解决计算速度和存储问题。

在整个数值模型的实现程序中，零厚度界面单元自动插入的时间、各个节点相关单元查寻的时间、刚度矩阵定位向量计算时间、刚度矩阵计算时间、稀疏线性方程组的求解时间等都需要较大量的计算时间，其中稀疏线性方程组的求解时间在总计算时间中所占的比重十分大。需要提及的是，对本课题中的程序而言，需要求解的稀疏线性方程组的系数矩阵必定是对称正定矩阵，对这种线性方程组，如果矩阵各行的带宽或矩阵的外形不大，串行程序中的变带宽算法将是十分有效的，如果是从二维问题得到的稀疏线性方程组，还可以采用已有的许多行之有效的排序技术来大幅度减小外形，从而减少存储需求与计算量。针对三维问题，矩阵的外形很大，相应的各个子例程，尤其是线性方程组的求解时间很长，因此并行计算是必然的选择。为了能够在个人计算机上实现并行运算，有效解决中小型规模并行计算问题，本研究程序设计采用基于共享内存模式 OpenMP 的并行编程框架，线性方程组的求解采用基于矩阵分解的 PARDISO 并行直接求解器求解。

7.2.1 基于共享内存模式 OpenMP 的并行方案

本研究采用的 OpenMP 并行编程框架以多线程技术为基础，能够在个人计算机上实现并行运算，可有效解决中小型规模并行计算问题。该技术基于共享式存储模式，采用了标准的 FORK/JOIN 并行模式，如图 7-9 所示，通过创建多个线程以及一定的编程方式，来自动实现并行任务的划分，这些子任务在各个线程内部同时进行运算，从而达到并行运算的目的。

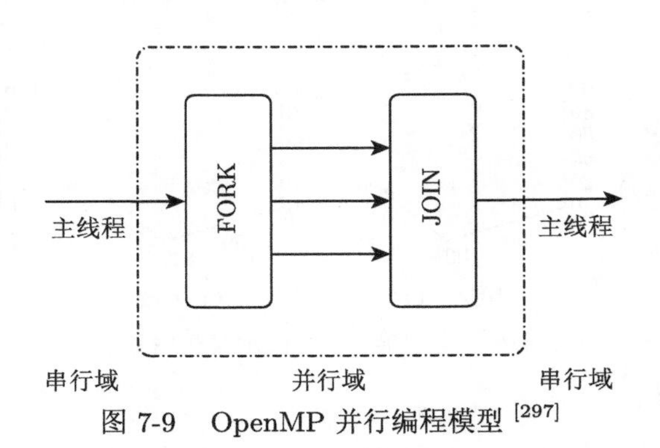

图 7-9 OpenMP 并行编程模型 [297]

OpenMP 主要通过一系列编译制导语句实现并行，例如，通过!$OMP PARALLEL 和!$OMP END PARALLEL 并行指令指明并行区。!$OMP DO 和!$OMP END DO 是将 DO 循环分发到多个线程中执行，因此必须在 PARALLEL 区域内。OpenMP 的编译制导语句由一系列构造和子句组成，而子句依赖于构造。因此，了解可以用于每个指令的子句是很重要的，本节重点回顾了 OpenMP 中的并行计算变量和同步。

(1) PRIVATE、FIRSTPRIVATE、LASTPRIVATE。

PRIVATE 将一个或多个变量声明成私有变量，每个线程都会拥有该变量的一个副本，且不允许其他线程染指。此外，PRIVATE 变量不能继承并行区域前同名变量的值。OpenMP 提供了 FIRSTPRIVATE 和 LASTPRIVATE 子句来实现这个功能。具体来说，FIRSTPRIVATE 指定的变量每个线程都有自己的私有副本，并且继承主线程中的初值，FIRSTPRIVATE 子句不会改变原共享变量的值。LASTPRIVATE 用来指定将线程中的私有变量的值在并行处理结束后复制回主线程中的对应变量。

(2) CRITICAL、ATOMIC。

为了保证在多线程执行的程序中，出现数据竞争时能够得到正确的结果，OpenMP 主要提供了原子操作和临界区的线程同步机制，分别通过构造语句 ATOMIC 和 CRITICAL 实现。构造 CRITICAL 声明一个临界区，临界区一次只允许一个线程执行，因此它提供了一种串行的机制。构造 ATOMIC 实现了原子操作，原子操作可以简单理解为除非一个线程操作完成，否则不允许其他线程操作。

在本程序计算中，零厚度界面单元自动插入的时间、各个节点相关单元查寻的时间、整体刚度矩阵定位向量计算时间、所有单元的刚度矩阵计算时间、所有单元的应力-应变计算及损伤状态判断时间、加载力计算时间都需要花费一大部分时间，然而，这些子例程都可高度并行化。例如，对于所有单元的刚度矩阵计算，可以并行 DO 循环提高计算效率。其中，由于刚度的聚成不具有并行性，需要确保在同一时刻只有一个线程能够访问共享内存执行刚度的合成，避免数据竞争，这一功能通过!$OMP CRITICAL 和!$OMP END CRITICAL 指令实现。并行循环代码如下：

```
!$OMP DO SHARED (共享变量列表) PRIVATE(私有变量列表)
计算单元刚度矩阵
!$OMP CRITICAL (integration)
聚成总体刚度矩阵
!$OMP END CRITICAL (integration)
!$OMP END DO
```

7.2.2 基于矩阵分解的 PARDISO 的并行求解

本书采用基于矩阵分解的 PARDISO 直接求解器求解方程得到的线性方程组。PARDISO 求解器专门用来求解大型稀疏方程，具有性能高、稳定性好、线程安全、使用方便等特点，可用于共享式内存和分布式内存并行系统。为了减少存储空间和高效地进行矩阵求解，稀疏矩阵采用缩行存储法存储对称矩阵的上三角。

1. 缩行存储

对于上三角具有 q 个非零元素的 n 阶对称稀疏矩阵，使用压缩稀疏行的办法存储非零元素时，使用一个数组存储矩阵和两个定位向量: 一个 $q\times 1$ 维的值数组 VAL，它按行序分成了 n 段; 一个 $q\times 1$ 维的列下标数组 $\boldsymbol{J}$; 一个 $n\times 1$ 维的数组 $\boldsymbol{I}$，该数组中的元素指向各段中首元素在稀疏矩阵中的顺序号 (只计算非零元素)。如图 7-10 所示为稀疏矩阵采用缩行储存法时的 VAL、$\boldsymbol{J}$ 和 $\boldsymbol{I}$。图 7-11 所示为本研究的作者编写的缩行储存法形成定位向量的程序算法流程图。

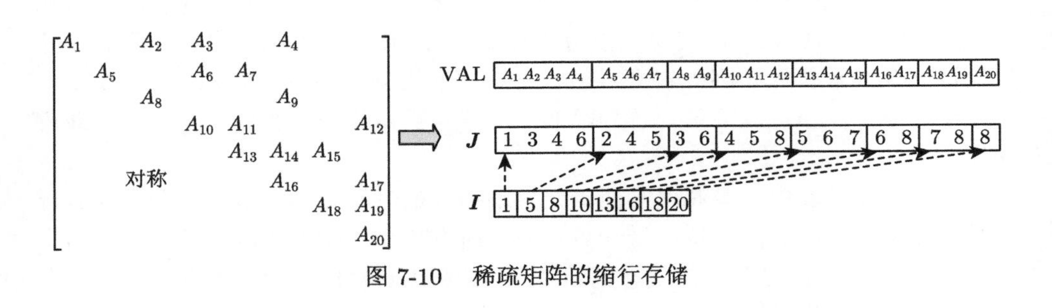

图 7-10　稀疏矩阵的缩行存储

2. 大规模稀疏矩阵 PARDISO 多核多线程并行求解器

PARDISO[298,299] 为 Basel 大学提供的一个稀疏矩阵接口，Intel®Math Kernel Library 提供了优化版本。PARDISO 是在共享内存机器上实现的稀疏矩阵的求解方法，对于一些大规模的计算问题，PARDISO 的算法表现了非常好的计算效率与并行性。一些数值测试表明，PARDISO 是目前最快的线性稀疏矩阵的求解方法之一 [296]。随着计算节点数目的增加，PARDISO 具有接近线性的加速比例 [296]。

PARDISO 求解过程包括如下步骤。

(1) 矩阵重排与符号分解 (reordering and symbolic factorization)：PARDISO Solver 根据不同的矩阵类型，计算不同类型的行列交换矩阵 $\boldsymbol{P}$ 与对角矩阵 $\boldsymbol{D}$，对 $\boldsymbol{A}$ 矩阵进行交换重排。新得到的矩阵 $\boldsymbol{PDAP}^{\mathrm{T}}\boldsymbol{D}^{\mathrm{T}}$ 分解后会包括尽量少的非零元素。

(2) 矩阵 LU 分解：对 $\boldsymbol{PDAP}^{\mathrm{T}}\boldsymbol{D}^{\mathrm{T}}$ 进行 LU 分解。

(3) 方程求解与迭代：根据 LU 分解的结果，求解方程，如果对结果的精度有进一步要求，使用迭代法进一步提高解的精度。

(4) 迭代结束，释放计算过程的内存。

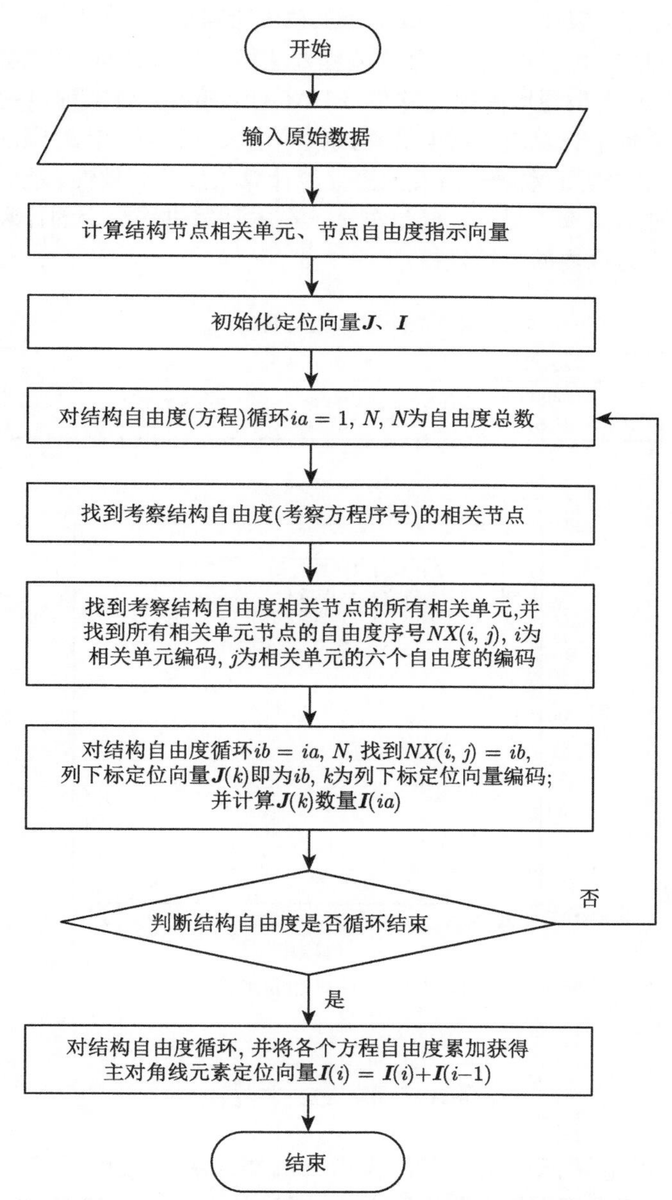

图 7-11 缩行储存法形成定位向量的程序算法流程图

7.2.3　数值算例

在 7.1.4 节中的数值算例，研究了单轴拉伸应力作用下的四种不同计算规模的数值试件的宏观力学行为。针对这四种不同的计算规模，在相同条件下，采用 8 个线程并行计算，表 7-4 给出完成单个加载步所需要的计算时间，并且与 7.1.4 节中串行程序对比，可以看出，与常规编程方法相比计算时间较大缩短。此外，如图 7-12 所示，与大型通用有限元软件 ABAQUS 相比，计算速度提高了一倍左右，且本研究高性能计算软件随着计算规模的增大，计算所需时间的递增速度慢于 ABAQUS，这表明了本研究研发的高性能计算软件的高效性，能够显著减少计算时间，提高计算效率。另外，经过测试，在本计算机平台上的计算量规模可以到达自由度五十万以内的中等规模。

表 7-4　单个加载步模型计算时间　(单位：s)

	模型-1	模型-2	模型-3	模型-4
串行程序计算	2639	7425	21197	83463
高性能计算	6	9	20	85

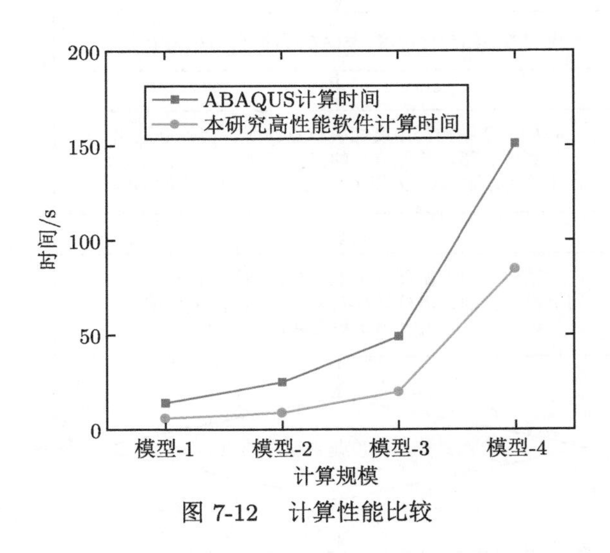

图 7-12　计算性能比较

7.3　本 章 小 结

本研究采用了缩行存储法存储大型稀疏矩阵并且采用了基于直接解法的 PARDISO 求解器求解大规模非线性方程，通过基于 OpenMP 的并行编程框架研发了高性能计算软件。数值算例表明，对于五十万级自由度的数值试件的整个加载过程的模拟计算，采用本研究研发的高性能计算软件，计算效率高，且需求内存小，与常规编程方法相比计算时间较大缩短，并且与大型通用有限元软件 ABAQUS 相比计算时间也提高了一倍左右，这为本研究中的细观模型可在个人计算机上大规模的计算奠定了坚实基础。但面对大型计算量的问题，建议采用基于分布式存储并结合 MPI 并行计算的框架。

第 8 章　二维再生混凝土破坏机理静态模拟与验证

本章针对再生混凝土二维试件的静态损伤问题，首先以模型再生混凝土(MRAC) 和不同取代率条件下的再生混凝土方形试件为例来说明本书方法的可行性，通过对轴拉和轴压载荷下的应力-应变曲线、破坏形态和破坏过程的研究表明，该模型方法能够准确模拟再生混凝土的力学响应和断裂过程。并进一步研究了再生骨料取代率影响规律、微裂纹的统计分布效应规律、各组分细观力学参数影响规律、骨料形状影响规律等。此外，论证了基于数字图像技术的二维再生混凝土基面力单元法模型，并与其他数值模型进行了对比分析。探讨了零厚度界面单元在界面过渡区的应用。研究了细观力学参数的非均质性对数值模拟结果的影响。以再生混凝土试块单轴拉压试验及 L-型板拉剪破坏试验为例，初步验证了细观均质化模型的计算效果。

8.1　再生混凝土试件轴向拉伸和压缩数值模拟算例验证

各相材料的力学特性会影响模型的整体响应。由于很难从试验中得到这些参数，因此必须进行大量的校准和验证工作。在本节中，分别针对模型再生混凝土试件 [77] 和再生混凝土试件，对它们的力学行为进行数值模拟，确定并证明建模参数的值，为后续的研究提供了坚实的基础。

8.1.1　模型再生混凝土

由于材料的不均匀性，研究混凝土在载荷作用下的原位裂纹模式非常困难，为了研究再生混凝土的断裂过程和破坏机理，Xiao[77] 提出了模型再生骨料混凝土(MRAC)，如图 8-1 所示，它由新砂浆基质和几个以矩形阵列嵌入的再生粗骨料圆柱组成，Xiao[77] 完成了对模型再生混凝土的相关研究，包括单轴受压性能、单轴受压动态力学性能、徐变性能、氯离子扩散性能等大量的试验，结果表明，模型再生混凝土可用于研究每一相的细观结构与再生混凝土的宏观力学行为之间的关系，这对本研究中的研究方法有很好的验证性和推广性。

如图 8-2 所示是单轴受压试验 [77] 的装置，试验中为了减少摩擦效应对抗压性能的影响，在试件和试验机之间设置了一层特氟龙薄膜。

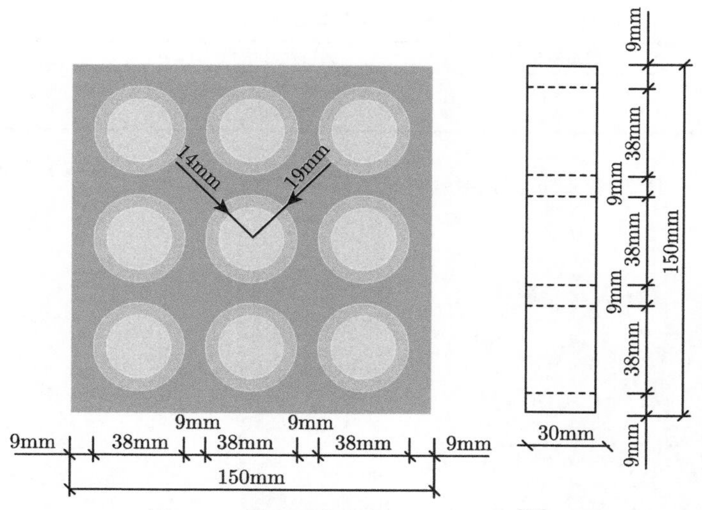

图 8-1 模型再生混凝土几何尺寸 [77]

图 8-2 试验条件 [77]

1. 网格模型及力学参数

对模型再生混凝土进行建模，网格划分参数如表 8-1 所示，得到的投影网格模型如图 8-3 所示。需要注意的是，在细观尺度中，界面过渡区通常被认为是混凝土材料中最薄弱区域，对其破坏模式和宏观力学响应有很大影响 [104]。研究发现界面过渡区的厚度取决于再生骨料的含水率，其范围从 5~10μm[105]，甚至到 80μm 以上 [106]，但是界面过渡区厚度在此范围内会对有限元模拟造成数值计算困难。因此，在数值模拟中，界面过渡区的厚度通常为 0.1~0.8mm，发现对力学行为的影响很小 [141,146]。在本节计算中，假定界面过渡区的厚度为 0.25mm。

表 8-1 网格划分参数

	初始网格尺寸	网格尺寸函数 $h(x)$	加密梯度
天然骨料外	0.25	$\min(\min(1+0.2*\{\lvert d(x_i,y_i)\rvert\}),3)$	0.2
天然骨料内	0.25	$\min(\min(1+\{\lvert d(x_i,y_i)\rvert\}),3)$	1

注: $\{\lvert d(x_i,y_i)\rvert\}$ 为点 (x_i,y_i) 到各骨料界面处的距离绝对值的集合

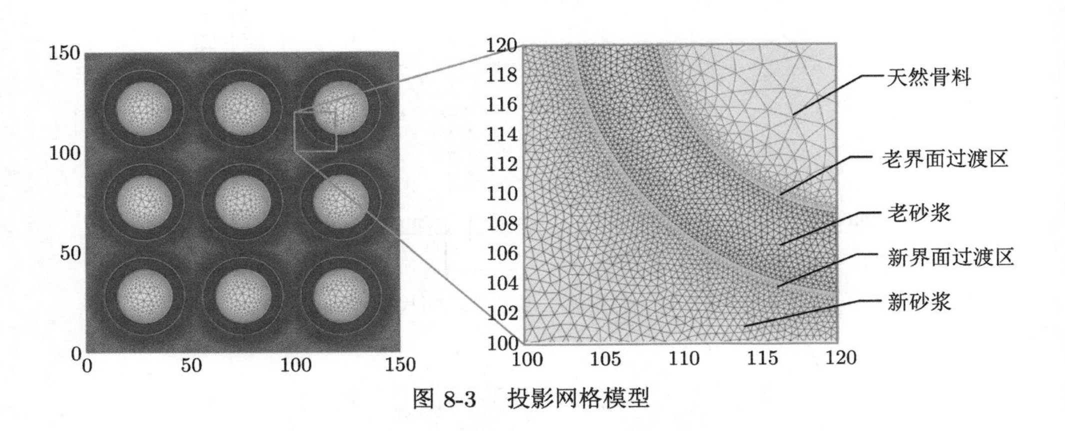

图 8-3 投影网格模型

从 Xiao[35,186,187] 的试验中可得到天然骨料、老砂浆和新砂浆的材料参数，如表 8-2 所示，而新界面过渡区和老界面过渡区的泊松比由 Ramesh 研究得到为 0.20[14]。此外，界面过渡区可以被视为有高孔隙率的砂浆材料 [275]，因此，大多数学者选取的本构模型与砂浆相同，并且与砂浆相比，应弱化界面过渡区的强度和弹性模量。Xiao 等 [187] 纳米压痕试验结果表明，老界面过渡区和新界面过渡区的平均弹性模量分别约为老砂浆基体和新砂浆基体的 80%和 85% ，即便新砂浆的水灰比变化很大，情况也是如此。在以下模拟中，假定老砂浆与新砂浆之间的界面过渡区的力学性能为新砂浆的 85% ，而老砂浆与骨料之间的老界面过渡区的力学性能为老砂浆的 80% 。此外，本节采用多折线损伤本构模型，其本构关系形状参数见表 8-3。

表 8-2 材料参数

再生混凝土	初始弹性模量 E/GPa	泊松比 ν	抗压强度 f_c/MPa	抗拉强度 f_t/MPa
天然骨料	80.0	0.16	80.0	8.00
老砂浆	25.0	0.22	45.0	3.90
新砂浆	23.0	0.22	41.4	3.60
老界面过渡区	20.0	0.2	36	3.12
新界面过渡区	18.0	0.2	35.19	3.06

表 8-3 本构关系形状参数

再生混凝土	α	β	λ	η_t/ξ_t	η_c/ξ_c
天然骨料	0.1	0.9	0.9	5/10	5/10
老砂浆	0.1	0.85	0.3	4/10	4/10
新砂浆	0.1	0.85	0.3	4/10	4/10
老界面过渡区	0.1	0.65	0.3	3/10	3/10
新界面过渡区	0.1	0.65	0.3	3/10	3/10

2. 破坏模式

图 8-4 比较了试验和数值计算得到的应力-应变全曲线。应变为加载位移除以试件总高度，应力为加载面上的反力。可以发现试验数据和数值结果 [186] 吻合得较好，说明了模型的准确性。

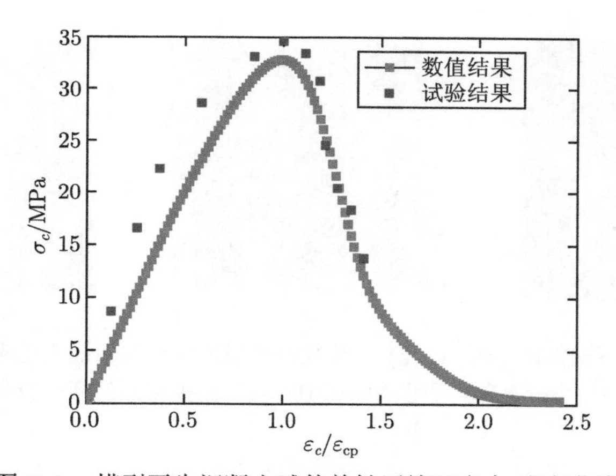

图 8-4 模型再生混凝土试件单轴压缩下应力-应变曲线

图 8-5 显示了在峰值载荷时的试验和数值模型计算得到的模型再生混凝土的横向应变，可以观察到新老黏结带处应变局部化现象明显。图 8-6 显示了模型再生混凝土在破坏时的试验和数值计算得到的破坏模式。可观察到在最后的裂纹模式中，大多数裂纹垂直于加载方向。总的来说，本节中的数值模型可以很好地预测单轴压缩下的模型再生混凝土的整体失效过程。

由于单轴拉伸试验较难实现，目前可用的试验数据较少。在拉伸数值模拟中，除了位移控制加载，不调整其他参数。图 8-7 显示了计算得到的模型再生混凝土试件的应力-应变曲线。此外，该模型还显示了微裂纹萌生和扩展 (如图 8-8)，断裂过程主要开始于骨料周围的老界面过渡区，随着载荷的增加，一个主裂纹占主导地位，并通过试件传播，而所有其他微裂纹不再扩展。图 8-9 显示了轴向拉伸下模型再生混凝土试件最终的破坏模式，并与 Xiao 的数值结果进行对比，可以看到，本节数值结果与 Xiao 的数值结果基本相同。

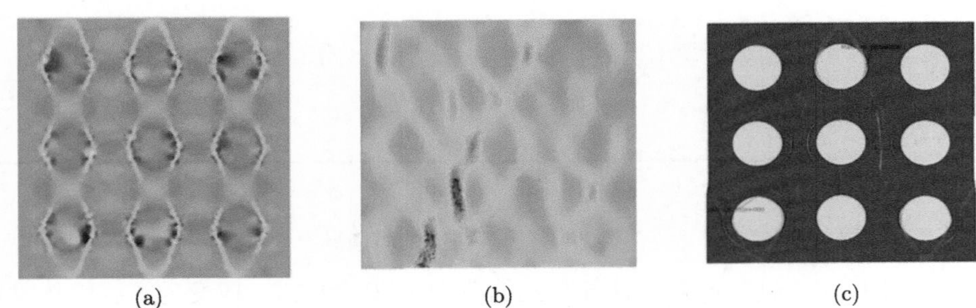

图 8-5 峰值载荷时的横向变形云图: (a) 本节数值模型模拟结果；(b) Xiao 运用数字图像技术测定结果 [35]；(c) Xiao 采用 ABAQUS 软件模拟结果 [186]

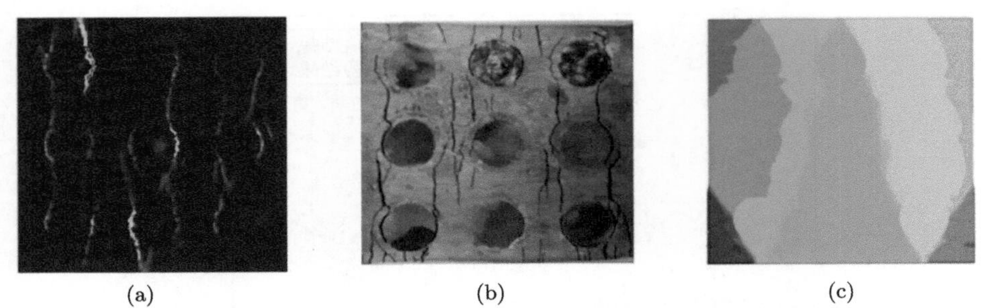

图 8-6 轴向压缩下试件破坏形态: (a) 本节数值模型模拟得到的最大主应变云图；(b) Xiao 试验结果 [35]；(c) Xiao 采用 ABAQUS 软件模拟得到的横向位移云图 [186]

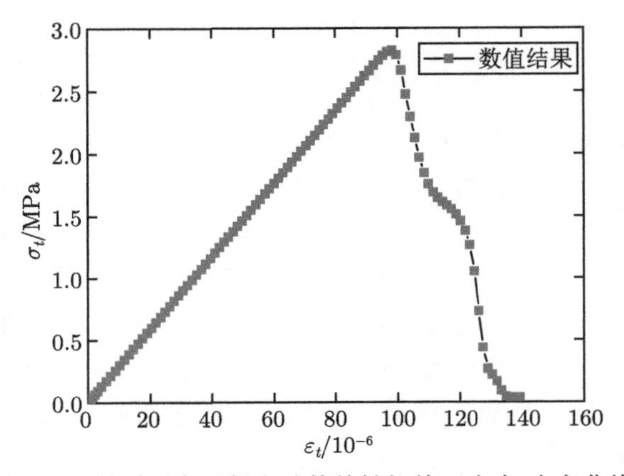

图 8-7 模型再生混凝土试件单轴拉伸下应力-应变曲线

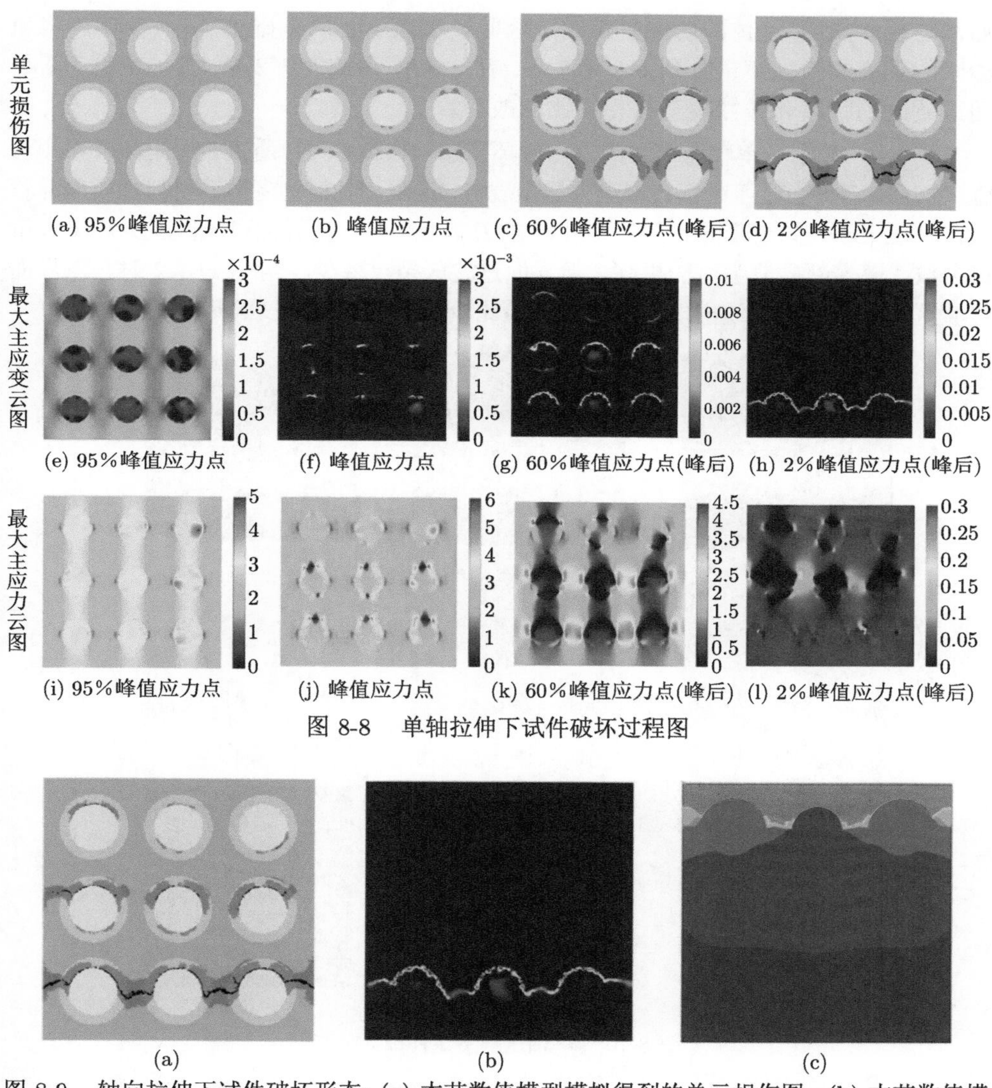

图 8-8 单轴拉伸下试件破坏过程图

图 8-9 轴向拉伸下试件破坏形态: (a) 本节数值模型模拟得到的单元损伤图；(b) 本节数值模型模拟得到的最大主应变云图；(c) 为 Xiao 采用 ABAQUS 软件模拟得到的纵向位移云图

3. 参数分析

为了研究模型再生混凝土的裂纹扩展情况，Xiao 用三种不同强度的新水泥砂浆和一种老水泥砂浆制备了模型再生混凝土试件，并对其进行单轴压缩试验 [35]，试验中老砂浆强度等级均为 M30，新砂浆强度等级分别为 M20、M30 和 M40。本节对该试验数值仿真分析，同时也从侧面验证了该模型。新/老界面过渡区的属性通常与新/老砂浆基体的属性呈正比，因此，在表 8-2 的基础上 ($R = 1.0$)，将新砂浆的强度和弹性模量分别缩小 0.8 倍 ($R = 0.8$) 和扩大 1.2 倍 ($R = 1.2$)，新界面过渡区的强度和弹性模量按相同比例改变。

图 8-10 显示了单轴压缩下的试件破坏形态。从图中可以看到，无论新砂浆相对强度如何，老界面过渡区都会产生大量微裂缝，这是由骨料和老砂浆材料性质差异较大，轴压下不均匀变形导致的，此外，当 $R = 0.8$ 时，新界面过渡区也会产生大量微裂纹，随着新砂浆强度的提高，新界面过渡区裂纹减少，当 $R = 1.2$ 时，新界面过渡区几乎没有微裂纹出现。通过与试验比较，数值模拟与试验基本相同。

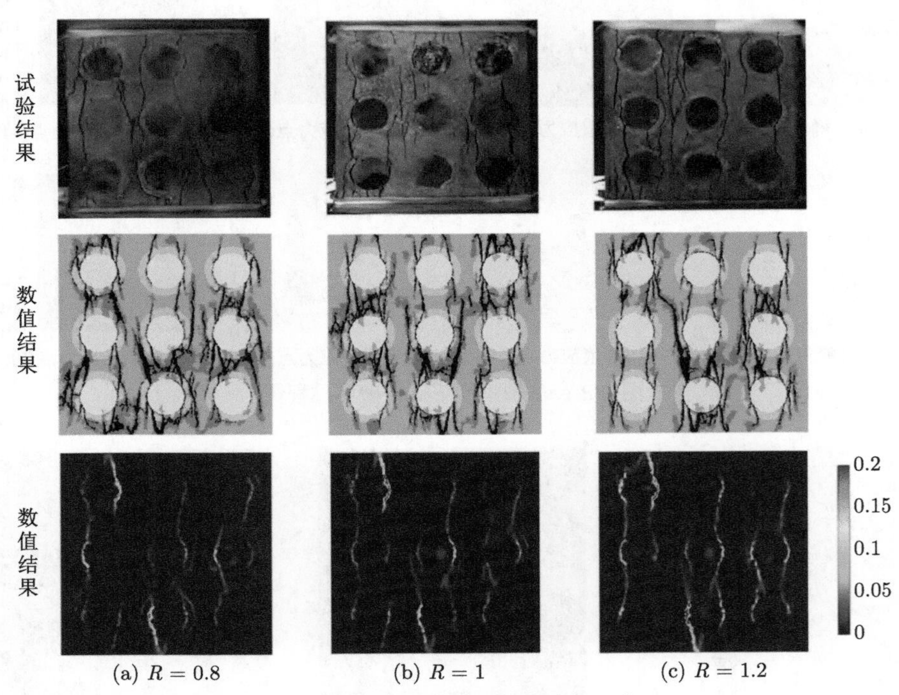

图 8-10　单轴压缩下试件破坏形态

图 8-11 显示了单轴拉伸下的试件破坏形态。从图中裂纹模式可以看出，当新砂浆相对强度较高时 ($R = 1.0$，$R = 1.2$)，裂纹主要首先在老界面过渡区萌发，随后在强度较低的再生骨料中贯穿老砂浆，界面裂缝和砂浆裂缝开始相互桥接，在峰值载荷后形成宏观主裂缝。而当新砂浆相对强度较低时 ($R = 0.8$)，破坏裂纹主要沿着新界面过渡区发展，而再生骨料基本未被破坏。

总的来说，再生骨料的加入，带入了弱相的老砂浆和老界面过渡区，增加了混凝土的不均质性，因此再生混凝土的力学性能和破坏机理与常规混凝土有明显差别 [35,77,186]。再生骨料对再生混凝土影响很大，再生混凝土各相材料的含量、位置及材料参数的不同，均有可能改变裂缝的形成过程，因此再生混凝土细观结构、各相材料参数对再生混凝土断裂性能的相对影响还需要后续进行深入研究。

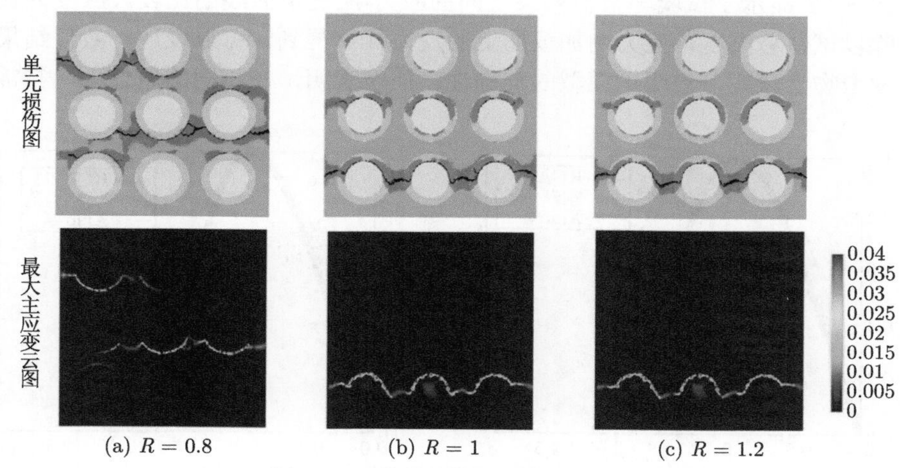

(a) $R = 0.8$　(b) $R = 1$　(c) $R = 1.2$

图 8-11 单轴拉伸下试件破坏形态

8.1.2 再生混凝土

为了验证基于基面力元的细观模型的适用性，本节初步研究了不同再生骨料取代率下试件的力学行为，在本节计算中，以 100 mm×100 mm 的尺寸为代表试件，该代表试件可以表征混凝土中骨料的统计分布。假定粗骨料、中骨料和细骨料的直径分别为 17.5mm、12.5mm 和 7.5 mm，再生骨料中附着老砂浆含量为 42%(有关详细信息，参见 3.2.2 节)，界面过渡区的厚度为 0.25mm。各骨料的骨料颗粒数及老砂浆厚度如表 8-4 所示。再生骨料取代率从 0%～100%(5.04MPa)，以 25%递增变化，得到五个再生混凝土试件，分别标记为 RCA-0～RCA-100(模型标记为“RCA-再生骨料取代率”)，RCA-0 即为常规混凝土。各相材料本构关系均采用多折线损伤本构模型，材料本构参数详见表 8-2、表 8-3。

表 8-4 骨料颗粒数及老砂浆厚度

粒径/mm	骨料颗粒数	老砂浆厚度/mm
17.5	3	2.470
12.5	10	1.764
7.5	41	1.059

1. 应变-应力关系

1) 单轴压缩应力下

如绪论所述，在以前的研究中已经提出了一些模型来描述再生混凝土的应力-

应变关系。在本书中，为了验证有限元分析，将模拟结果与已有的应力-应变关系模型进行比较。

图 8-12 显示了试验与数值结果之间的应力-应变全曲线的比较。应变为加载位移除以试件总高度，应力由加载面上的反力计算得到。可以发现，数值结果与现有模型吻合较好，说明了模型的准确性。模型表明，在相同的条件下，与常规

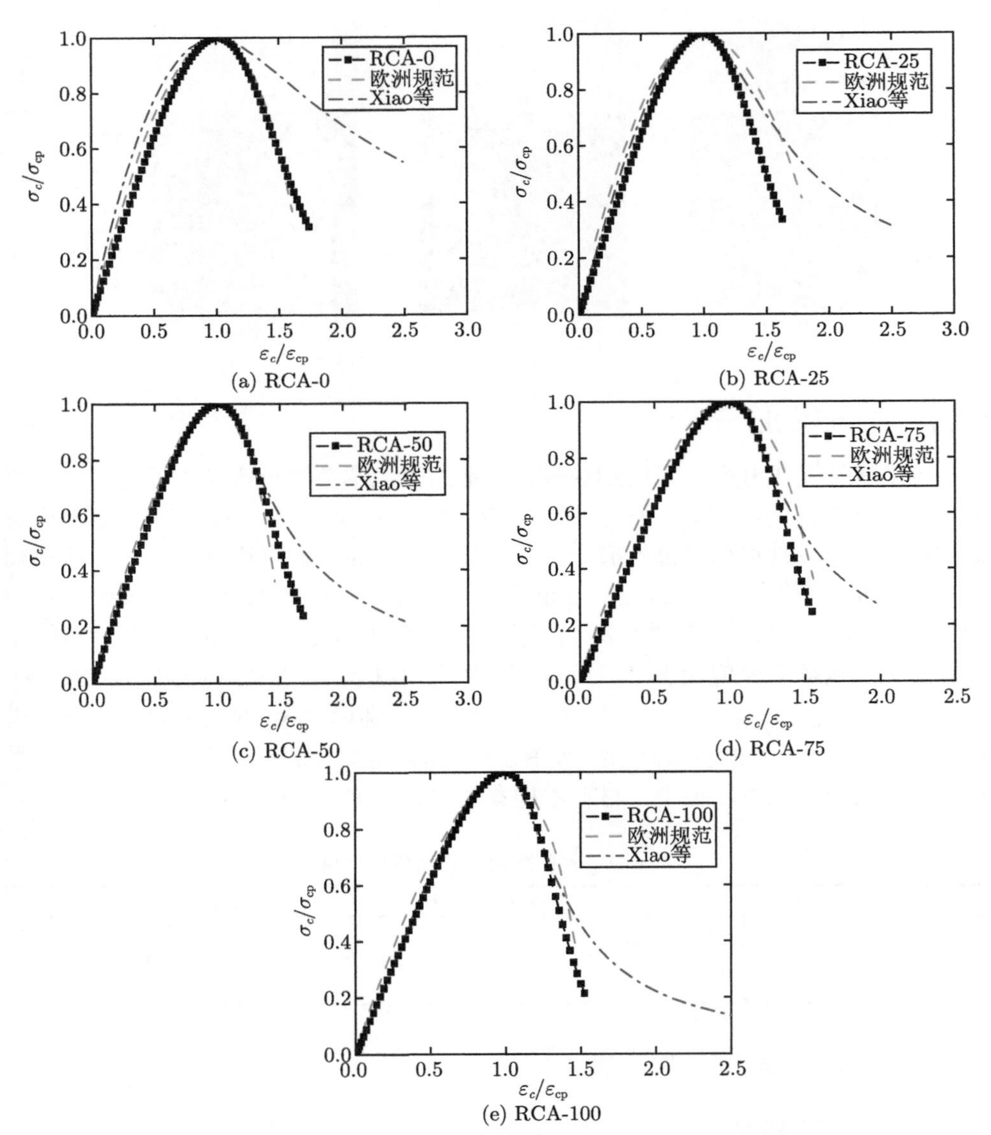

图 8-12 不同再生骨料取代率下单轴压缩归一化应力-应变曲线

混凝土相比，再生混凝土的弹性模量较低，峰值应变较高。同时，再生混凝土的应力-应变曲线下降支比常规混凝土更陡。

2) 单轴拉伸应力下

由于单轴拉伸试验的实现较为困难，目前还没有较成熟的单轴受拉载荷下再生混凝土应力-应变关系模型。在拉伸数值模拟中，模型参数的设置与压缩模型相同。图 8-13 显示的预测应力-应变行为的数值模拟结果。

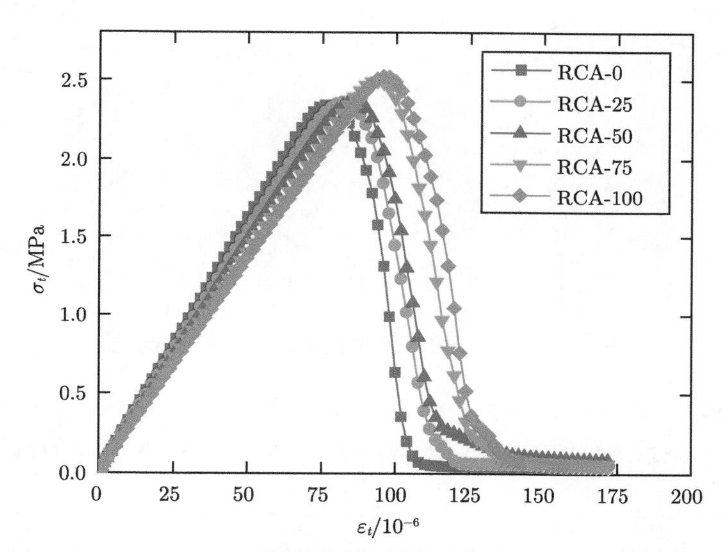

图 8-13 不同再生骨料取代率下单轴拉伸应力-应变曲线

2. 破坏形态及基于分形维数的混凝土细观破坏裂纹定量表征

1) 轴心受压应力下

设定在残余强度为峰值强度 40%时，试件破坏，此时，不同再生骨料取代率的试件在单轴压缩载荷下的破坏形态如图 8-14 所示。从图中可以看出，新老黏结带处应变局部化现象明显，大多数裂纹垂直于加载方向。

为了深入研究再生混凝土的破坏形态，用更精确的数学语言来定量表征，采用分形维数来表征混凝土内部细观破坏裂纹，应用盒维数法 [301] 进行裂纹分形维数计算，即用边长为 r 的正方形盒子去覆盖裂纹图形，统计出有裂纹的正方形盒子数目 $N(r)$，改变 r，重复以上步骤，得到 $\ln N(r)$-$\ln(r)$ 关系，从而计算出破坏裂纹分形维数 D：

$$D = -\lim_{r\to 0} \ln N(r)/\ln(r) \tag{8-1}$$

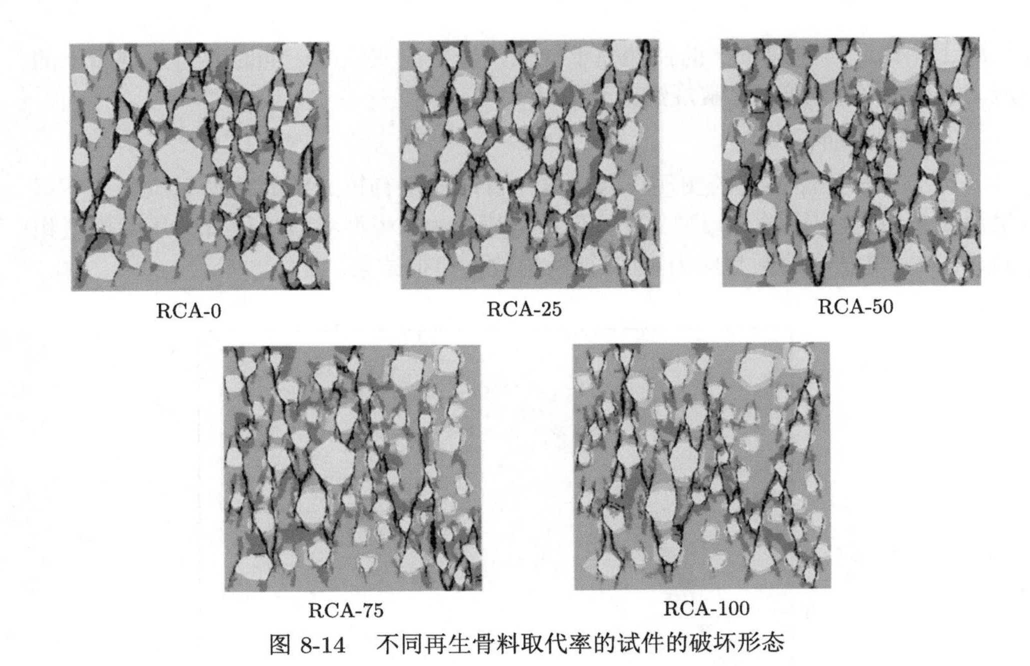

图 8-14　不同再生骨料取代率的试件的破坏形态

对图 8-14 进行分形维数分析，图像调整像素为 512×512，计算得到的 $\ln N(r)$- $\ln(r)$ 关系结果如图 8-15 所示。从图中看出，不同取代率的再生混凝土细

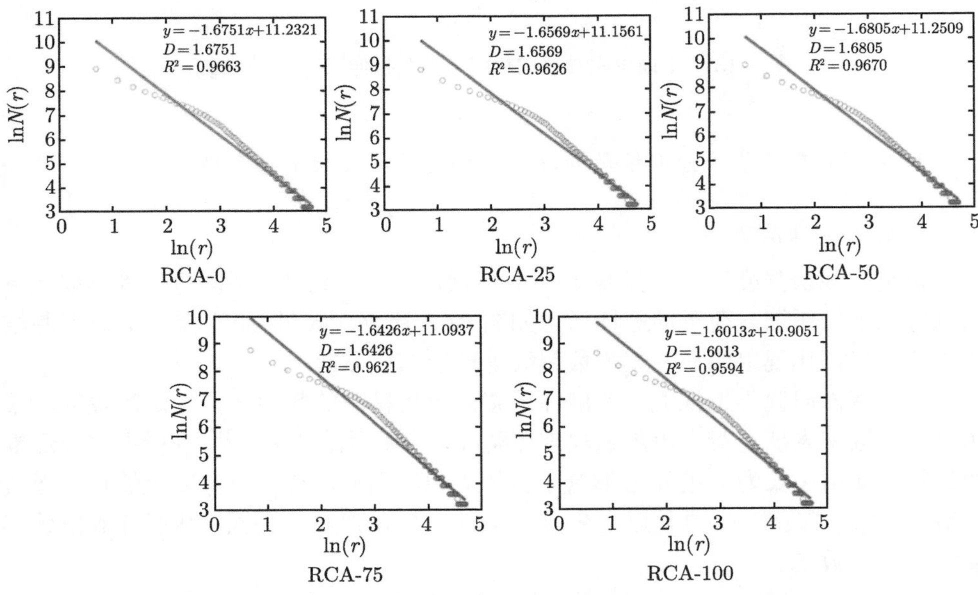

图 8-15　不同再生骨料取代率下细观裂纹 $\ln N(r)$- $\ln(r)$ 曲线

观裂纹 $\ln N(r)$- $\ln(r)$ 关系几乎均为线性，说明试件受压破坏时，裂纹的发展具有较好的自相似性，这与文献 [302] 中观察到的现象一致，故可用分形维数来定量地表述细观裂纹。此外，常规混凝土的细观裂纹分形维数为 1.6751，裂纹较多，随着再生骨料的增加，分形维数总体上略有下降，分别为 1.6569、1.6805、1.6426、1.6031。总的来看，试件破坏形态的分形维数能很好地反映裂纹扩展的规律，即分形维数越大，裂纹扩展越丰富。

2) 轴心受拉应力下

不同再生骨料取代率的试件的破坏形态如图 8-16 所示。试件完全破坏时，宏观裂缝通过界面过渡区桥接起来，裂缝方向垂直于拉伸方向，裂纹延展方向符合实际规律。

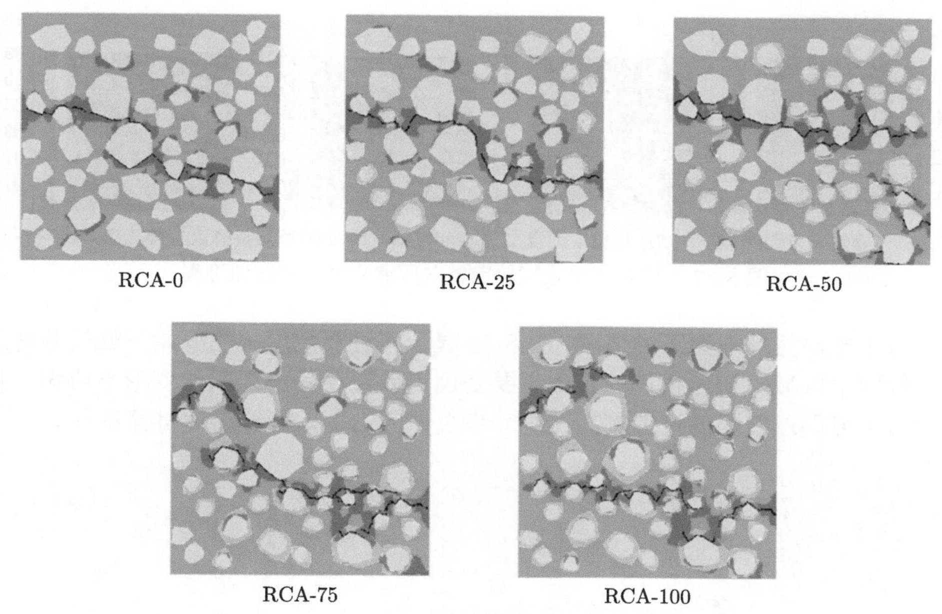

图 8-16 不同再生骨料取代率的试件的破坏形态

3. 破坏过程

本节以常规混凝土和 100%再生骨料取代率的再生混凝土为例，从细观角度再现混凝土和再生混凝土试件在加载过程中内部损伤发展、裂纹萌生演化的全过程，通过不同加载阶段的单元损伤图和最大主应变云图，分析常规混凝土和再生混凝土损伤破坏过程的异同。

1) 常规混凝土

图 8-17 显示了常规混凝土试件在轴向压缩应力下的细观裂纹的发展。从图中可以清楚地看到混凝土的破坏过程。单轴压缩下，试件在达到 85%峰值载荷时，

可以看到试件中在骨料与砂浆的界面过渡区处有少许损伤单元。随着位移载荷的增加，裂纹主要在砂浆基体中形成并发展。当加载过峰值载荷之后，裂纹迅速传播，并桥接形成较大的裂纹。当达到极限应变以后，出现了许多垂直裂缝，将试件分解成几个“柱状”部分，出现该现象是由于没有考虑端部约束效应。

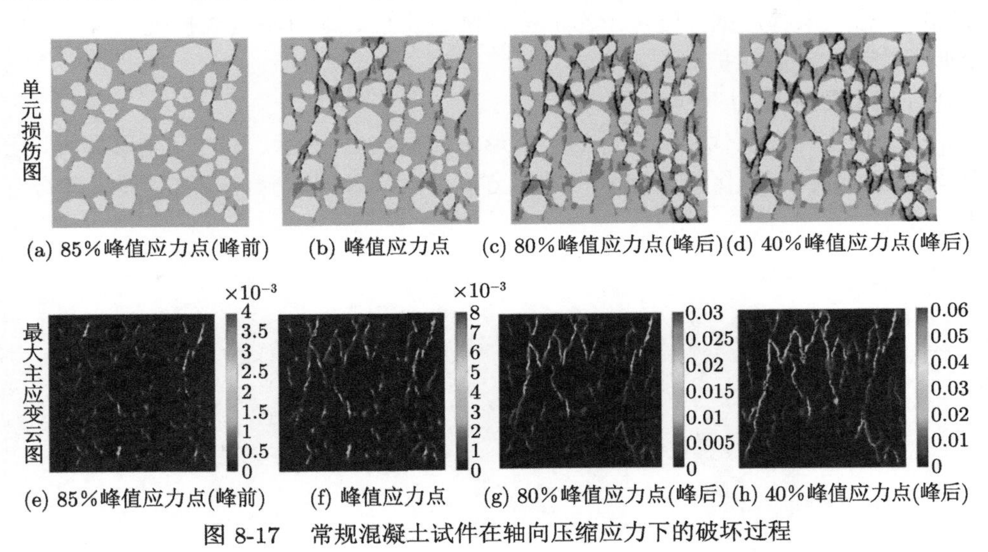

(a) 85%峰值应力点(峰前)　(b) 峰值应力点　(c) 80%峰值应力点(峰后)　(d) 40%峰值应力点(峰后)

(e) 85%峰值应力点(峰前)　(f) 峰值应力点　(g) 80%峰值应力点(峰后)　(h) 40%峰值应力点(峰后)

图 8-17　常规混凝土试件在轴向压缩应力下的破坏过程

对于轴向拉伸应力下的情况，图 8-18 显示了细观尺度损伤开始于峰值载荷之前的较狭窄区域。初始损坏的发生主要是由于砂浆和骨料之间的变形不协调，从而导致了界面过渡区的拉伸剥离。进一步拉伸应力下，裂缝迅速贯穿试件。

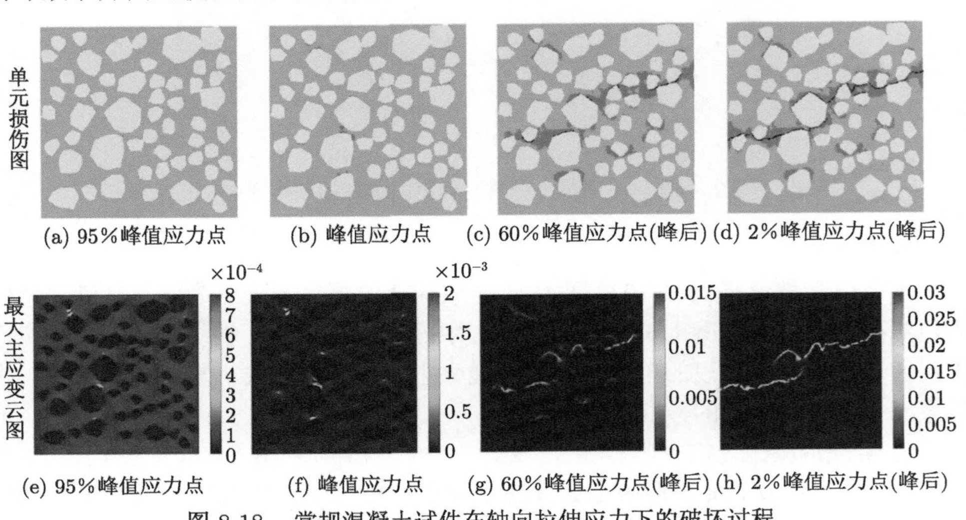

(a) 95%峰值应力点　(b) 峰值应力点　(c) 60%峰值应力点(峰后)　(d) 2%峰值应力点(峰后)

(e) 95%峰值应力点　(f) 峰值应力点　(g) 60%峰值应力点(峰后)　(h) 2%峰值应力点(峰后)

图 8-18　常规混凝土试件在轴向拉伸应力下的破坏过程

2) 100%再生骨料取代率的再生混凝土

图 8-19 显示了在轴向压缩应力下再生混凝土试件的裂纹发展。与图 8-17 所示的混凝土试件的破坏模式相比，添加再生骨料不会明显影响材料中宏观裂纹的发展和分布。在再生混凝土试件中，宏观主裂纹仍沿垂直方向发展。

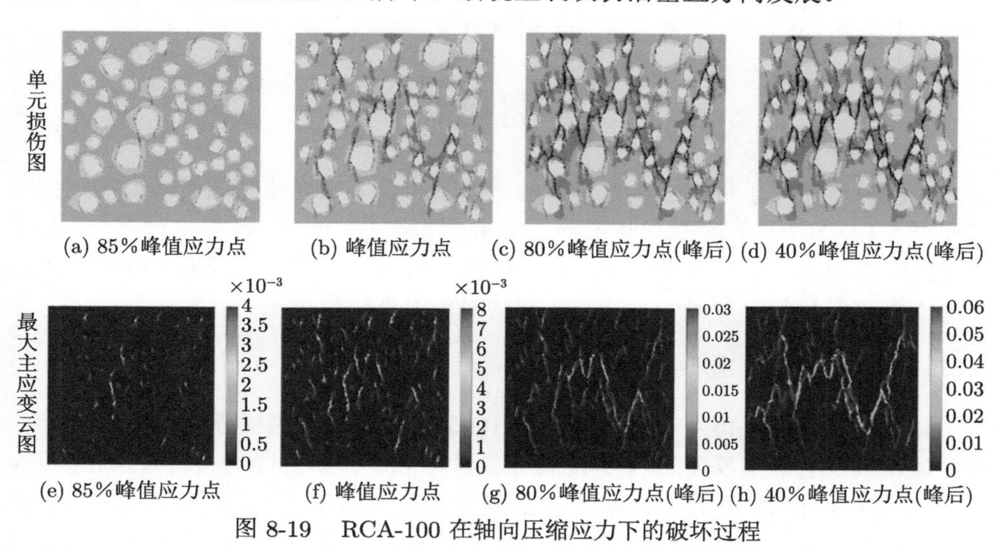

图 8-19 RCA-100 在轴向压缩应力下的破坏过程

图 8-20 显示了轴向拉伸应力下再生混凝土试件的裂纹发展。模拟结果表明，试件中仅会形成一个宏观主裂纹，当裂纹向再生骨料传播时，裂纹会穿过老砂

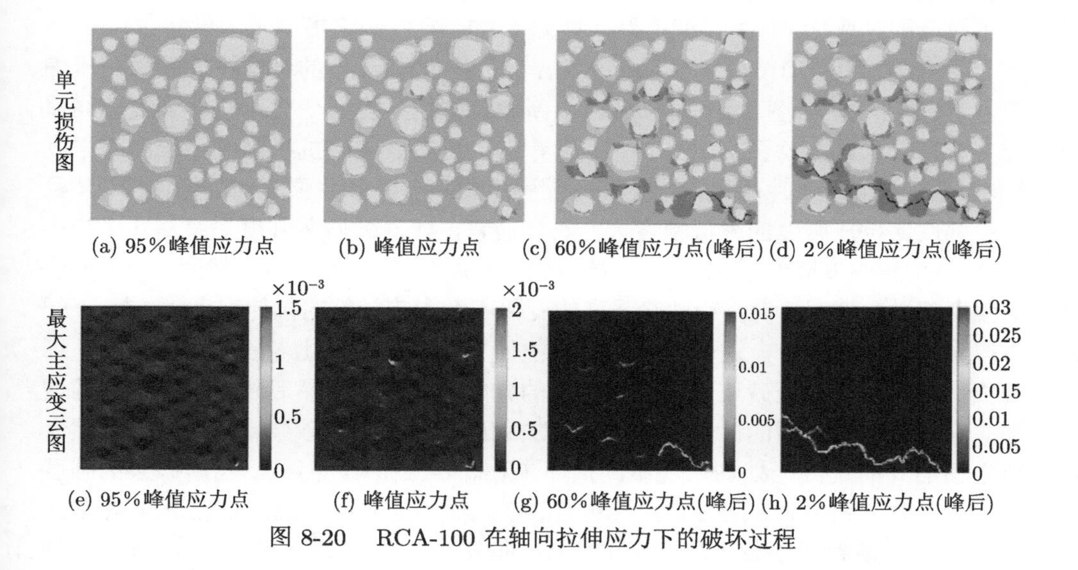

图 8-20 RCA-100 在轴向拉伸应力下的破坏过程

浆和天然骨料之间的界面过渡区。结合轴压破坏图 8-19，可以看出骨料-老砂浆之间的界面过渡区是再生混凝土试件中的薄弱点。

总而言之，目前的验证工作表明基于基面力元的细观模型能够模拟试件的细观和宏观力学性能。各相材料的力学特性会影响模型的整体响应，在接下来的部分中，我们将利用这种建模方法对各相材料进行参数分析和讨论。

8.2 材料参数分析

各相材料的力学特性会影响模型的整体响应，为探究这些因素的影响，接下来通过 8.1.2 节中的代表试件进行参数分析。需要注意的是，在模拟过程中，为了清楚地突出掺入再生骨料的效果，将再生粗骨料的取代率统一设为 100% ，模拟不考虑骨料形状的附加影响，因此选取圆形再生骨料替代。

8.2.1 新砂浆强度的影响

在以下模拟中，再生骨料取代率为 100% ，再生骨料中老砂浆含量为 42% ，骨料颗粒数及老砂浆厚度见表 8-4，假定新砂浆和老砂浆的参考材料参数相同 (参考表 8-2 中新砂浆)。而新砂浆基质的强度则从参考强度的 60%(2.16MPa) 至 140%(5.04MPa)，以 20%递增变化，得到五组再生混凝土试件，所得的五组再生混凝土试件分别标记为 NMS-0.6 至 NMS-1.4(“NMS” 表示新砂浆强度)，为了消除骨料位置的影响，每组包含 4 个骨料位置不同的试件。需注意，当新砂浆的强度发生变化时，再生骨料的性质保持不变。老砂浆和新砂浆之间的界面过渡区的属性会同时变化 (有关详细信息，参见 8.1.1 节 1. 网络模型及力学参数)。

图 8-21(a) 和 (b) 分别显示了 NMS-0.6 至 NMS-1.4 的轴向拉伸和轴向压缩应力-应变曲线。从图 8-21 可以看出，新砂浆抗拉强度的变化对整体强度和峰值应变有显著影响。从图 8-21(c) 中可以看出，当新砂浆的抗拉强度小于参考强度 (即 3.6MPa) 时，试件的拉伸强度和压缩强度均随着新砂浆强度的降低而降低，且抗拉强度比抗压强度的降低幅度大。具体而言，随着新砂浆强度系数从 1.0 减小到 0.6，抗压强度降低了 10.03%，抗拉强度急剧降低了 30.10%。然而，当新砂浆的强度超过参考强度时，新砂浆强度的变化不会影响最终的拉伸强度，文献 [193] 也得到了相似的结论。这是因为在轴向拉伸下，当新砂浆比老砂浆强度低时，细观损伤最先发生在新砂浆和老砂浆之间的界面过渡区处，然后随着外部载荷的增加，它逐渐传播到新的砂浆中。在整个加载过程中，在老砂浆或老砂浆与天然骨料之间的界面过渡区处均未观察到损坏 (见图 8-22(a))。但是，当新砂浆的强度高于老砂浆的强度时，在天然骨料和老砂浆之间的老界面过渡区处会形成微裂缝，随后迅速传播到新砂浆 (见图 8-22(b))。此外，从图 8-22 中也可以看到，在轴

向压缩下，无论新砂浆强度的变化如何，老界面过渡区都会产生大量损伤，这是试件中的薄弱部位，另外随着新砂浆强度的提高，新界面过渡区的损伤减少，如图 8-22(d) 所示，在 NMS-1.4 试件中，基本未见新界面区有损伤。

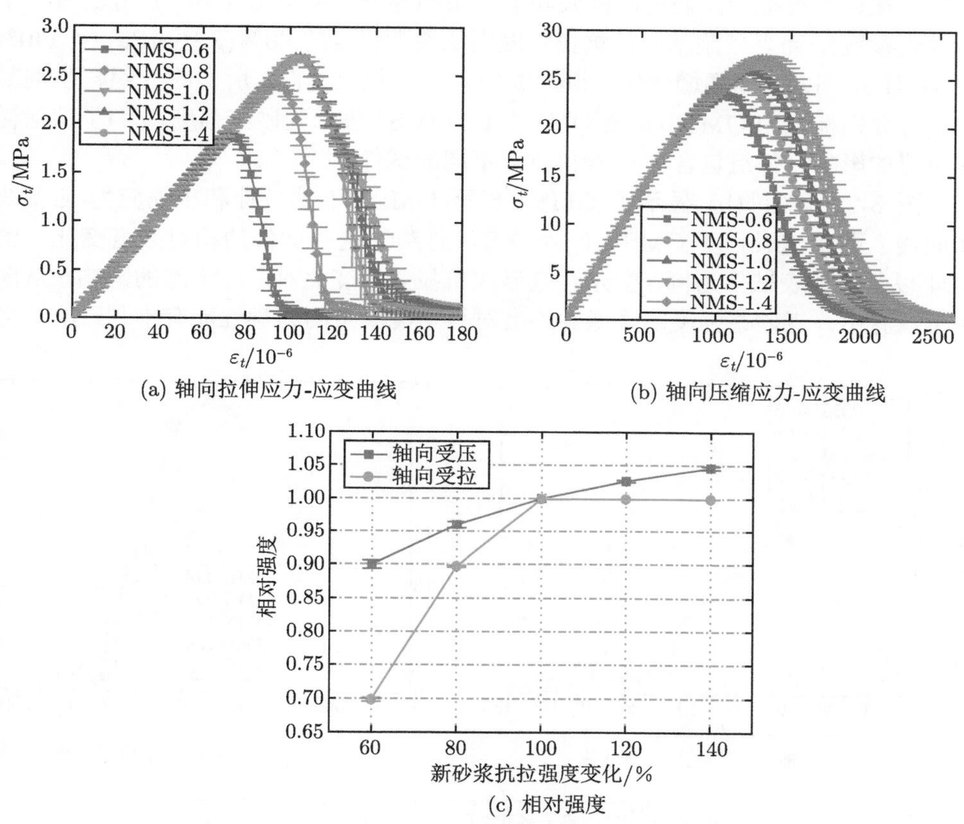

图 8-21 新砂浆抗拉强度变化对宏观力学性能的影响

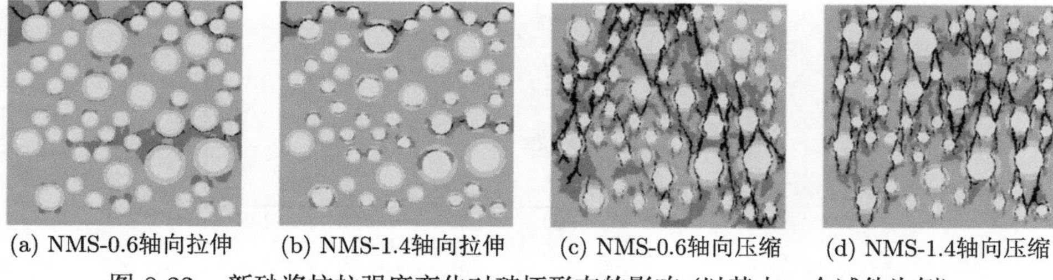

图 8-22 新砂浆抗拉强度变化对破坏形态的影响 (以其中一个试件为例)

8.2.2 老砂浆强度的影响

天然骨料和再生骨料最重要的区别就是再生骨料中附着有老砂浆。研究表明 [77,300,320]，老砂浆的存在会显著影响再生混凝土的物理、力学性能以及耐久性等。在以下模拟中，假定新砂浆和老砂浆的参考材料参数相同 (参考表 8-2 中新砂浆参数)，而老砂浆基质的抗拉强度则从参考强度的 60%(2.16MPa) 至 140%(5.04MPa)，以 20%递增变化，得到 5 组再生混凝土试件，所得的 5 组再生混凝土试件分别标记为 OMS-0.6 至 OMS-1.4 (“OMS” 表示老砂浆强度)，为了消除骨料位置的影响，每组包含 4 个骨料位置不同的试件。

图 8-23(a) 和 (b) 显示了 OMS-0.6 至 OMS-1.4 的拉伸和压缩应力-应变统计曲线。图 8-23(c) 以 OMS-1.0 为参考，总结了这些试件的相对强度变化。图 8-24 以一个代表试件为例，显示了老砂浆抗拉强度变化对破坏形态的影响。从图中可以看出，老砂浆强度的降低始终会对再生混凝土的力学性能有不利影响。当

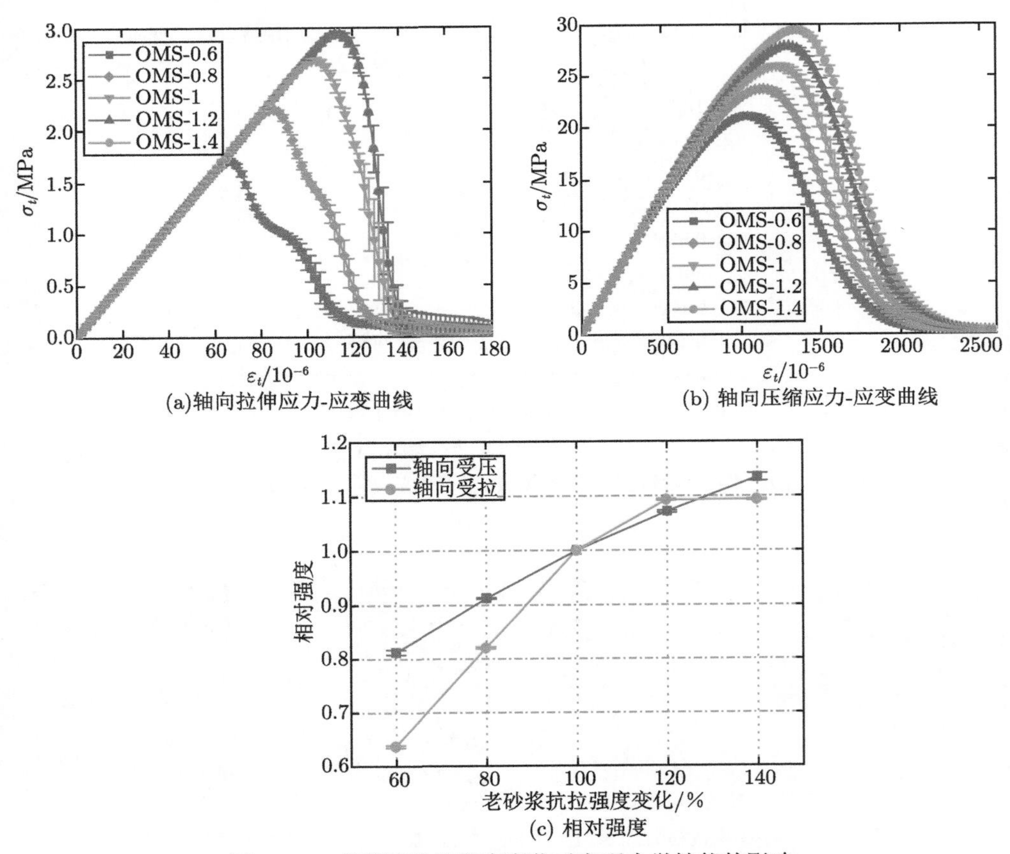

图 8-23 老砂浆抗拉强度变化对宏观力学性能的影响

老砂浆的强度抗拉强度降低到参考强度的 60%时，再生混凝土的抗压强度降低了 18.76%，抗拉强度降低了 36.31%。因此，强度太低的老砂浆会大大降低再生混凝土的力学性能。

以上结果对于再生混凝土的生产具有特别的意义，如果原始构件的设计强度低，则老砂浆可能会很弱，这将使再生混凝土的力学性能明显劣于混凝土 [77]，即使用正常强度的再生骨料也很难产生高强度的再生混凝土。因此，有必要在生成再生混凝土之前对老砂浆进行处理，以提高产品质量，例如通过碳化 [303] 增强老砂浆或通过加热或酸洗 [149] 将老砂浆除去等。

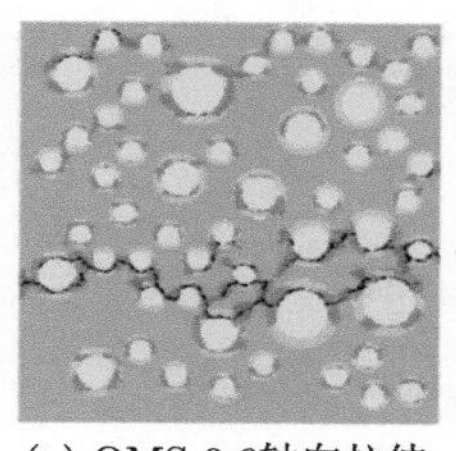
(a) OMS-0.6轴向拉伸

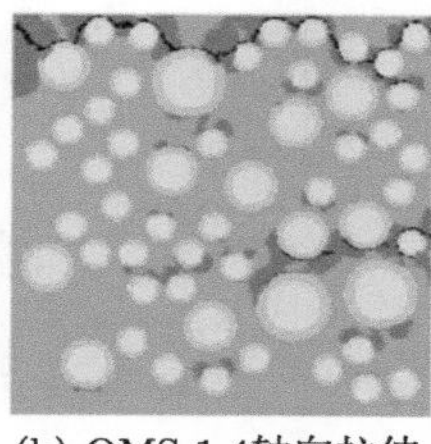
(b) OMS-1.4轴向拉伸

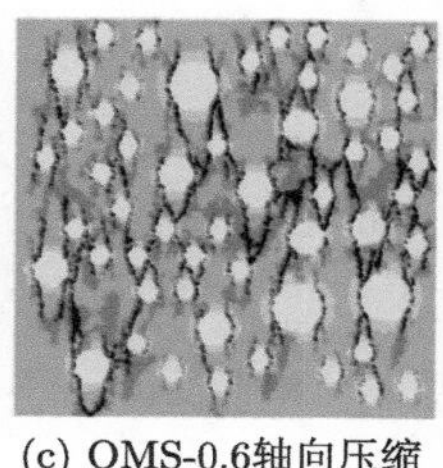
(c) OMS-0.6轴向压缩

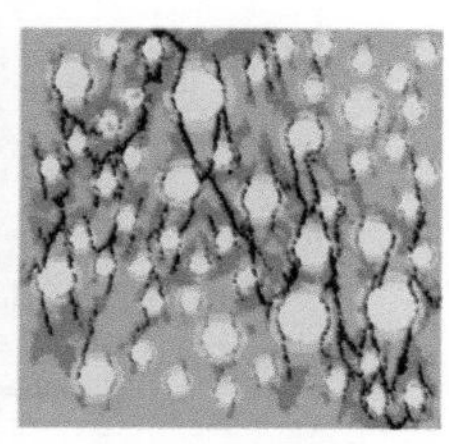
(d) OMS-1.4轴向压缩

图 8-24　老砂浆抗拉强度变化对破坏形态的影响 (以其中一个试件为例)

8.2.3　新界面过渡区强度的影响

在以上的分析中，均假定了新界面过渡区的力学性能为新砂浆的 85% ，而老界面过渡区的力学性能为老砂浆的 80% 。在实际中也应考虑界面过渡区更加不利的情况或其强度高于砂浆基体强度的情况。通过对骨料进行表面处理和对水泥浆进行纳米改性 (例如使用纳米硅粉，纳米纤维等)，界面过渡区的强度可能会大于砂浆基体强度。在以下模拟中，假定新老界面过渡区及新老砂浆的参考抗拉强度和强度相同 (3.6MPa)，新界面过渡区的强度从其参考强度的 40%(1.44 MPa) 到 120%(4.32MPa)，以 20%递增变化，得到 5 组再生混凝土试件，所得的 5 组再生混凝土试件分别标记为 NITZS-0.4 至 NITZS-1.2(“NITZS” 表示新界面过渡区强度)，为了消除骨料位置的影响，每组包含 4 个骨料位置不同的试件。

图 8-25(a) 和 (b) 显示了 NITZS-0.4 至 NITZS-1.2 的拉伸和压缩应力-应变统计曲线。图 8-25(c) 以 NITZS-1.0 为参考，总结了这些试件的相对强度变化。从图中可以看出，随着界面过渡区强度系数从 0.80 增加到 1.20，再生混凝土的抗压强度和抗拉强度变化很小。这意味着增强新界面过渡区的抗拉强度来改善再生混凝土的力学性能几乎是无用的，这与文献 [193] 中的结论一致。增强新界面过渡区的抗拉强度导致了原来在这些区域产生的裂纹转移到了再生骨料内部的老界面过渡区 (见图 8-26)，因而无法进行任何改进。相反，图 8-25(c) 显示，随着系数从 0.8 降低到 0.4，与 NITZS-1.0 相比，抗压强度强度降低了 10.25%，拉伸强度

急剧降低了 43.37%。大幅减少的原因是当新界面过渡区的强度系数低于 0.8 时，新界面过渡区将成为再生混凝土中的最薄弱区，从而导致任何强度的降低都会大大影响再生混凝土的宏观性能 (见图 8-26)。

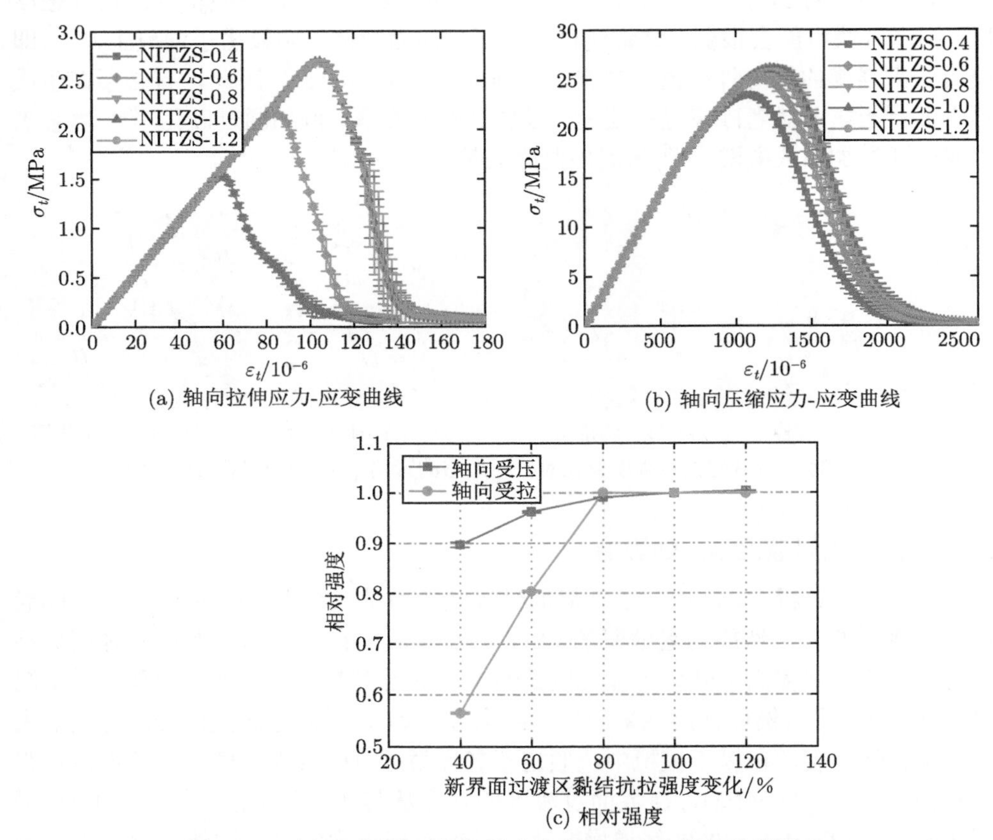

(a) 轴向拉伸应力-应变曲线　(b) 轴向压缩应力-应变曲线

(c) 相对强度

图 8-25　新界面过渡区抗拉强度变化对宏观力学性能的影响

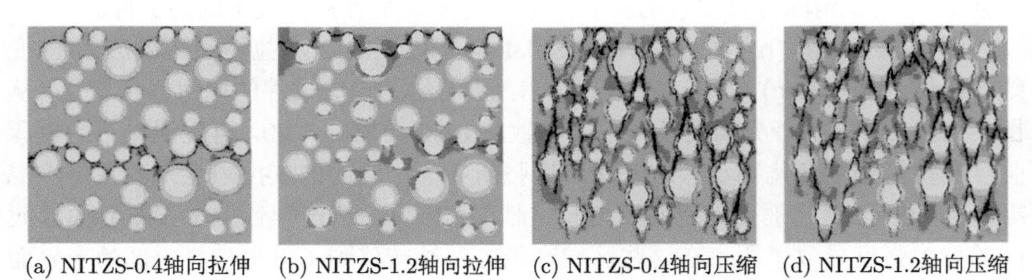

(a) NITZS-0.4轴向拉伸　(b) NITZS-1.2轴向拉伸　(c) NITZS-0.4轴向压缩　(d) NITZS-1.2轴向压缩

图 8-26　新界面过渡区强度变化对破坏形态的影响 (以其中一个试件为例)

8.2.4 老界面过渡区强度的影响

在本节中，假定的参考强度与 12.2.4 节相同，即新老界面过渡区和新老砂浆的参考抗拉强度均为 3.6MPa，老界面过渡区的强度从其参考强度的 40%(1.44 MPa) 到 120%(4.32MPa)，以 20%递增变化，得到 5 组再生混凝土试件，所得的 5 组再生混凝土试件分别标记为 OITZS-0.4 至 OITZS-1.2(“OITZS” 表示老界面过渡区强度)，为了消除骨料位置的影响，每组包含 4 个骨料位置不同的试件。

图 8-27(a) 和 (b) 分别为 OITZS-0.4 至 OITZS-1.2 的拉伸和压缩应力-应变统计曲线。图 8-27(c) 以 OITZS-1.0 为参考，总结了这些试件的相对强度变化，图 8-28 以一个代表试件为例，显示了老界面过渡区强度变化对破坏形态的影响。从图中可以看出，当老界面过渡区强度系数超过 1.0 时，再生混凝土的抗拉强度几乎不变。然而，随着系数从 1.0 降低到 0.4，与 NITZS-1.0 相比，拉伸强度急

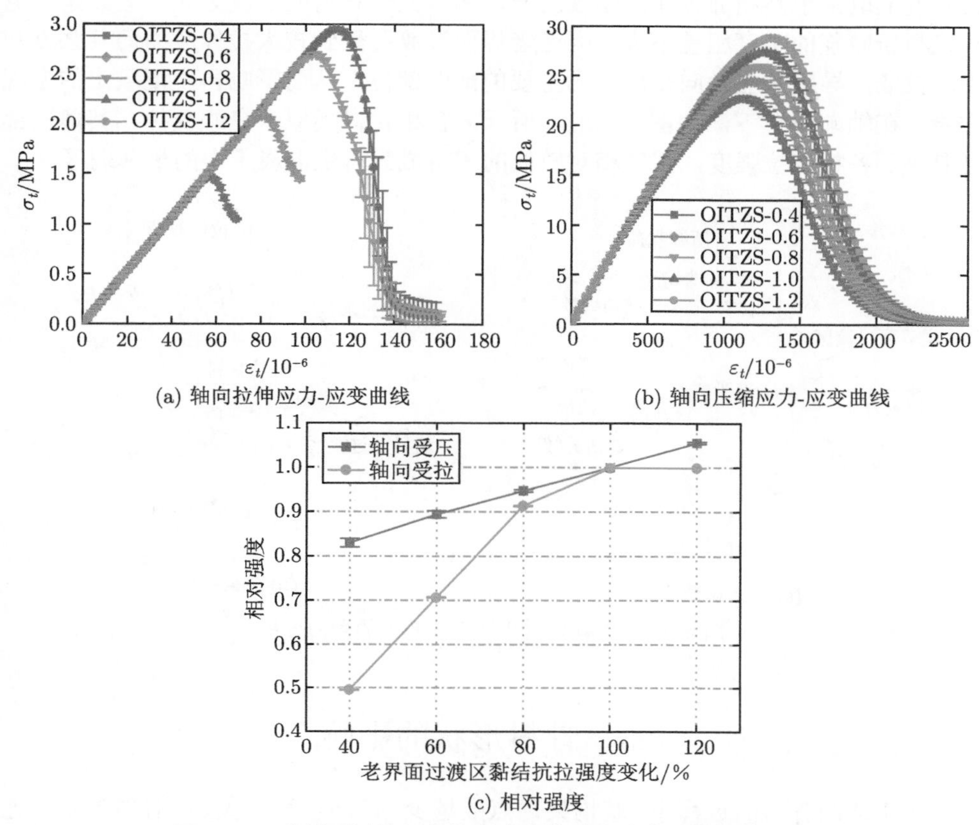

图 8-27 老界面过渡区抗拉强度变化对宏观力学性能的影响

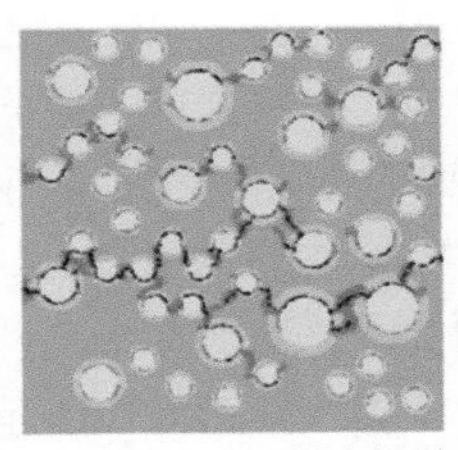
(a) OITZS-0.4轴向拉伸

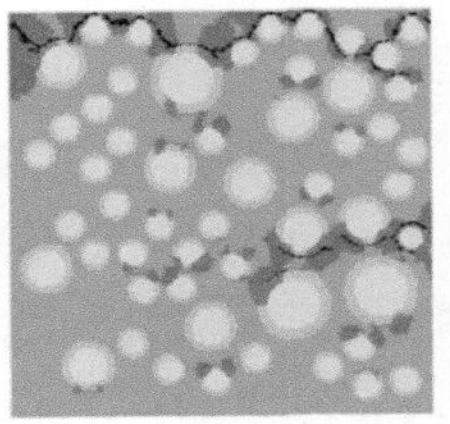
(b) OITZS-1.2轴向拉伸

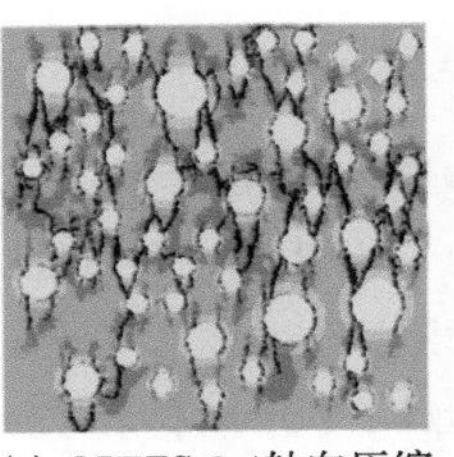
(c) OITZS-0.4轴向压缩

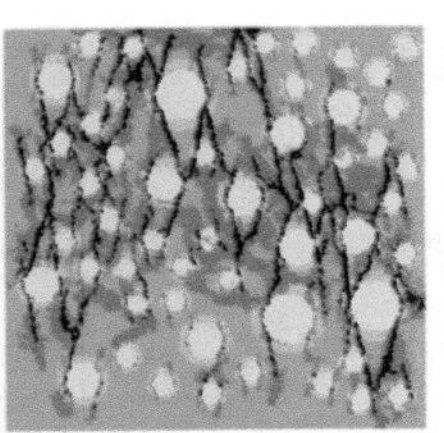
(d) OITZS-1.2轴向压缩

图 8-28　老界面过渡区强度变化对破坏形态的影响 (以其中一个试件为例)

剧降低了 50.29%。但是，图 8-27(b) 显示，随着系数从 0.4 降低到 1.2 变化，抗压强度从降低了 16.99%到提高了 5.56%，几乎线性增长。其原因是试件在轴向受压下和轴向受拉下受力不同导致薄弱区不同而产生的现象。

图 8-29(a) 为单颗骨料在轴向受力下的示意图，轴向受压下，如图 8-29(a) 所示，各相刚度和泊松比的差异，导致骨料两侧产生拉伸应力，拉伸应力的大小很大程度上取决于其相邻各相的刚度差异，通常天然骨料的刚度远大于老砂浆，老砂浆与新砂浆的刚度相差不大，因而老界面过渡区受到较大拉伸应力而其强度却相对较低，导致其在轴向受压下为主要的薄弱部位，从而影响再生混凝土的宏观性能。在轴向受拉下，如图 8-29(b) 所示，各相材料类似于串联受拉，其薄弱部位取决于各相抗拉强度，强度相对较低的相将成为再生混凝土中的最薄弱区。

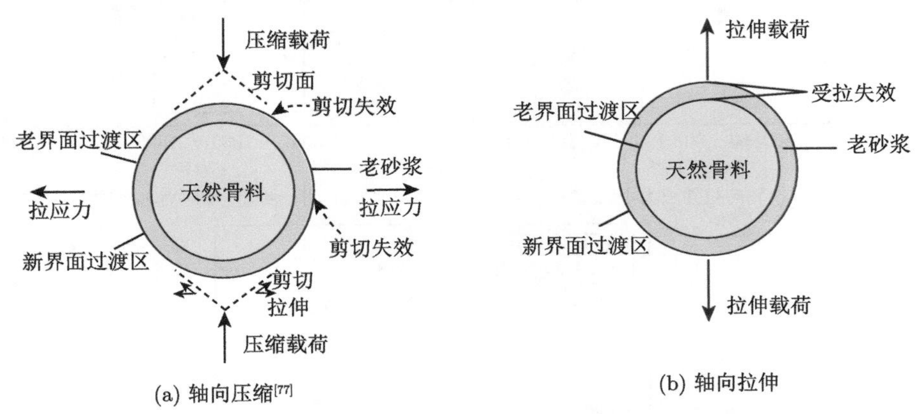

(a) 轴向压缩[77]　　(b) 轴向拉伸

图 8-29　单颗骨料在轴向载荷下的受力分析

8.3　骨料形状的影响

在生成凸骨料的过程中，基框架顶点数越少，延凸半径越大，则骨料的轴长比越大，骨料的棱角越明显。为分析骨料形状的影响，设计了具有不同骨料形状的混凝土和再生混凝土数值试件如图 8-30 所示，其网格划分参数如表 8-1 所示。骨料基框架顶点为 3 和 5，骨料的延凸半径为 0.8 倍和 1 倍延凸边的边长，分别得到四组混凝土数值试件和四组再生混凝土数值试件，混凝土数值试件分别标记为 NAS-3-0.8、NAS-3-1、NAS-5-0.8 和 NAS-5-1(“NAS” 代表天然骨料形状)，再生混凝土数值试件分别标记为 RAS-3-0.8、RAS-3-1、RAS-5-0.8 和 RAS-5-1(“RAS” 代表再生骨料形状)，作为对比，生成一组骨料位置相同的圆骨料试件，标记为 NAS-0 和 RAS-0。假定再生骨料中老砂浆含量为 42%，骨料的粒径和骨料颗粒数以及老砂浆厚度如表 8-4 所示，然后根据相同粒径骨料的面积相等原则确定其他试件中各粒径的骨料体积分数。每个数值试件中所有骨料的基框架顶点数及延凸半径均相同。另外，为避免骨料位置分布对数值结果的影响，每组包含 4 个试件。

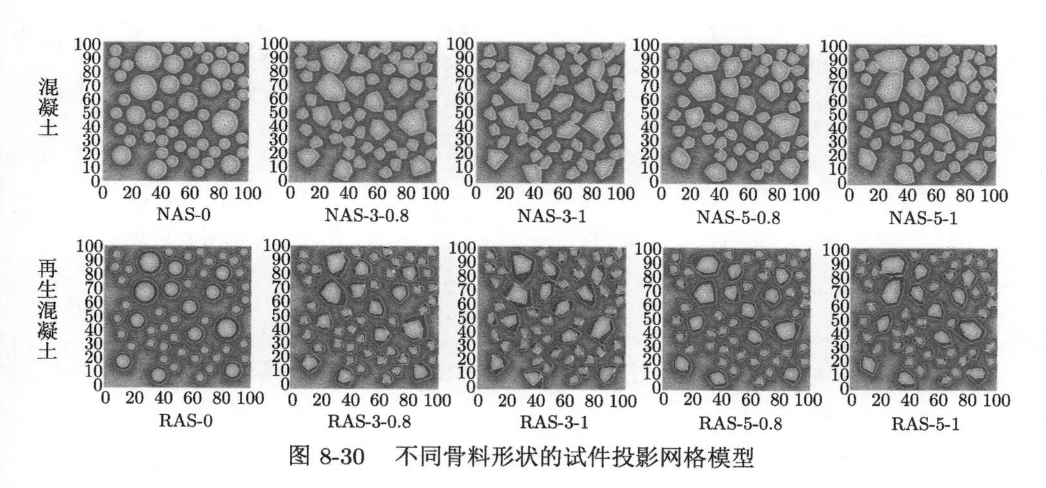

图 8-30 不同骨料形状的试件投影网格模型

8.3.1 骨料形状对轴心受拉性能的影响

1. *应变-应力关系*

具有不同骨料形状的混凝土和再生混凝土的轴心受拉应力-应变全曲线分别如图 8-31 和图 8-32 所示。从图中可以看出，骨料轴长比越大，棱角性越明显的试件，其强度有所减小。这是由于骨料的轴长比越大，界面长度越长，产生的裂缝增多且更易连通，而棱角性越明显，应力集中越突出，试件中首先达到强度极限的区域越早，最终导致其强度降低。

显然，骨料形状对混凝土和再生混凝土的抗拉强度的影响很小，如图 8-33 所示，相比于圆形骨料试件，不同骨料形状的混凝土和再生混凝土的抗拉降低了 1%～6%，这与文献 [141] 中观察到的低于 6%的结果相吻合。

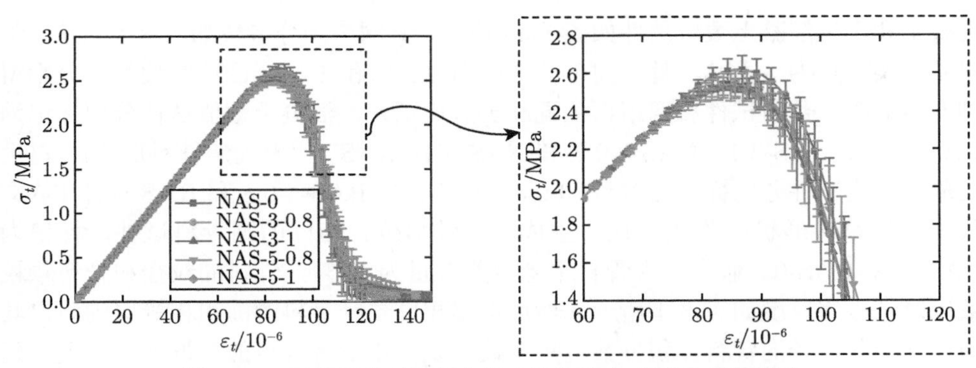

图 8-31　骨料形状对混凝土轴心受拉应力-应变曲线的影响

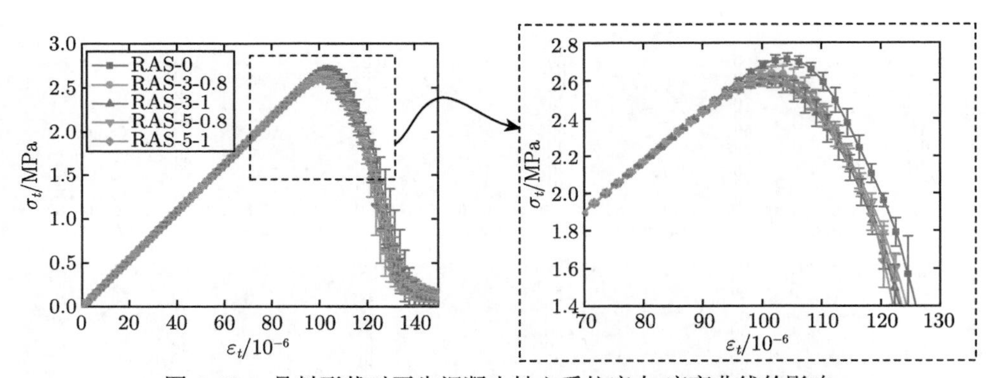

图 8-32　骨料形状对再生混凝土轴心受拉应力-应变曲线的影响

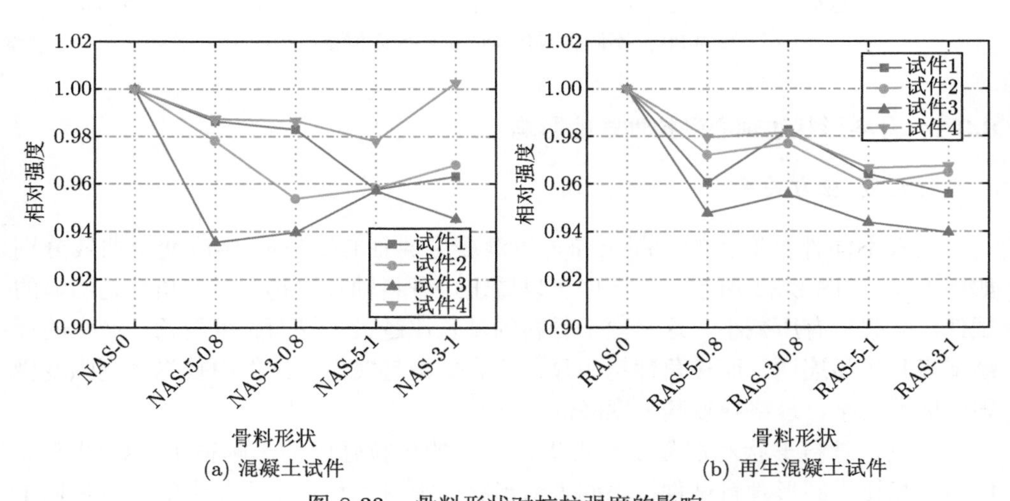

(a) 混凝土试件　　(b) 再生混凝土试件

图 8-33　骨料形状对抗拉强度的影响

2. 裂纹分布

不同骨料形状对裂纹的扩展和分布影响很大，图 8-34 和图 8-35 分别显示了骨料形状对混凝土和再生混凝土的裂纹演化的影响。可以注意到，由于应力集中在凸骨料的尖锐边缘，从而在这些地方首先出现了微裂纹，从图中可以看到，在峰值载荷时出现的微裂纹最后往往会桥接形成宏观主裂纹。此外，从图中的破坏形态可以看出，试件的破坏裂缝至少都穿过一个大粒径骨料，且主要由于水泥砂浆与大粒径骨料之间的界面黏结破坏引起，这与试验所得结果描述相同 [263]。这是由于随着外凸半径参数的增加，大粒径粗骨料周边的界面裂缝数量明显增多，且裂缝长度也增大，随着载荷增加，这些裂缝更容易连接并贯通，也因此相应的试件的轴心受拉强度下降。

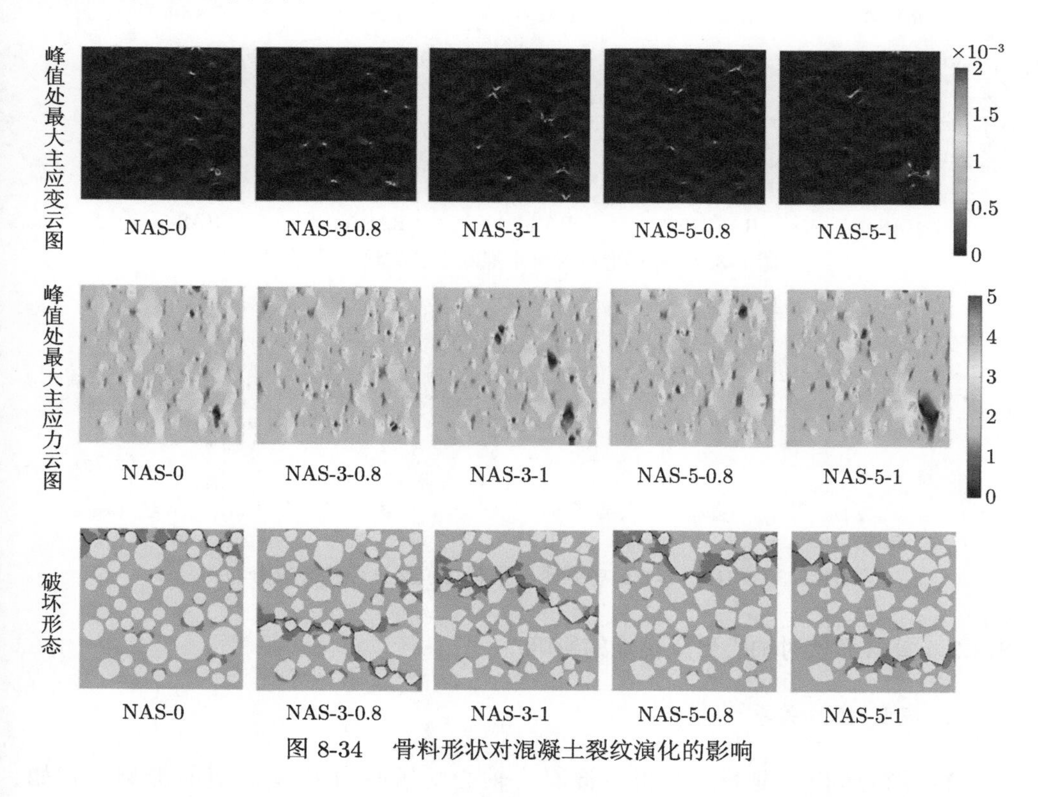

图 8-34 骨料形状对混凝土裂纹演化的影响

此外，如图 8-36 所示，以 RAS-3-1 组为例，四个不同骨料位置试件的裂纹分布完全不同，因此上述试件的裂缝开展方向除了受骨料形状的影响，还受到了粗骨料 (特别是最大粒径的粗骨料) 分布位置的影响。

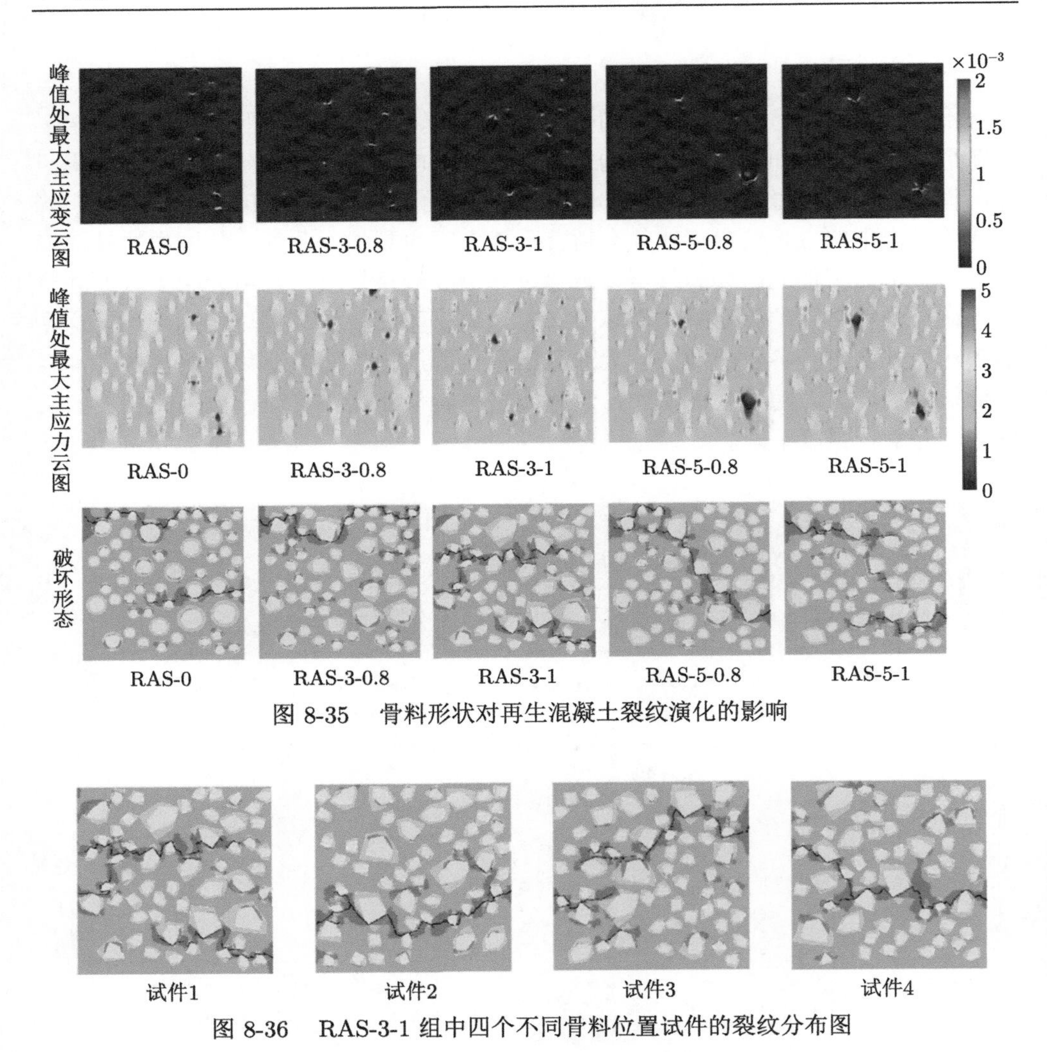

图 8-35　骨料形状对再生混凝土裂纹演化的影响

图 8-36　RAS-3-1 组中四个不同骨料位置试件的裂纹分布图

8.3.2　骨料形状对轴心受压性能的影响

1. 应变-应力关系

粗骨料形状对混凝土和再生混凝土轴心受压应力-应变曲线的影响分别如图 8-37 和图 8-38 所示。可以看出，轴心受压强度随着骨料外凸半径参数的增大而降低，随着基框架顶点数的增多而增高。另一方面，从图 8-39 中还可看出，相对于天然骨料，再生骨料的形状对轴心受压强度的影响更加明显。例如，混凝土试件中，相比于 NAS-0 组，NAS-3-1 组的抗压强度平均降低了 3.2%，然而，再

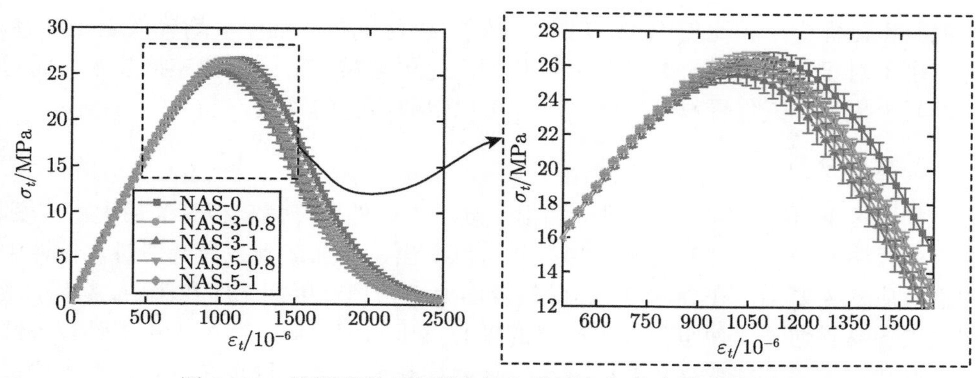

图 8-37 骨料形状对混凝土轴心受压应力-应变曲线的影响

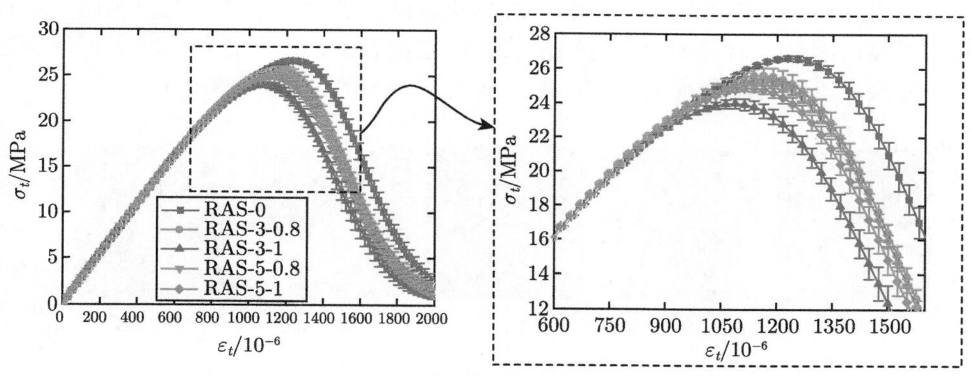

图 8-38 骨料形状对再生混凝土轴心受压应力-应变曲线的影响

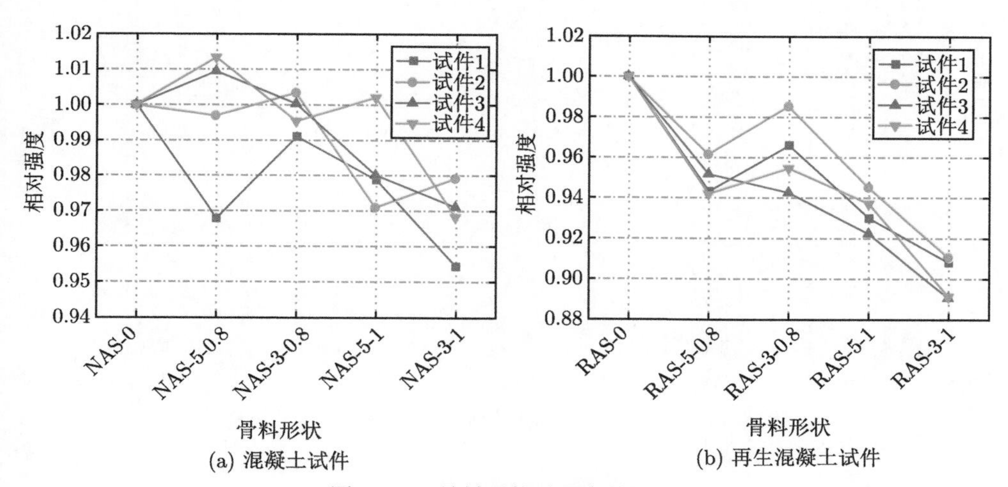

(a) 混凝土试件 (b) 再生混凝土试件

图 8-39 骨料形状对强度的影响

生混凝土试件中，相比于 RAS-0 组，RAS-3-1 组的抗压强度平均降低了 10.0%。这是由于对于再生混凝土来说骨料形状的变化更容易使薄弱部位连接起来，而对于混凝土来说，天然骨料一定程度上却可以阻碍裂缝的发展。

2. 裂纹分布

如图 8-40 和图 8-41 为混凝土和再生混凝土试件在峰值载荷时的最大主应变、主应力云图和试件破坏时的破坏形态。可以看出，当加载到载荷峰值时，试件中的主拉应变主要集中在界面处，凸骨料界面处应力相对更加无序和集中，从而，微裂纹更容易贯通，这使得混凝土材料的轴心抗压强度降低。此外，由于骨料外凸半径参数增大和基框架顶点数的减少，使界面长度增大，这也在一定程度上增加了裂纹贯通的可能。

由以上分析可以看出，再生骨料的形状对试件宏观力学行为的影响比天然骨料要明显，因此，研究如何对骨料形状进行定量表征，以及骨料形状表征参数对再生混凝土宏观力学性能的定量影响，将是下一步的工作。

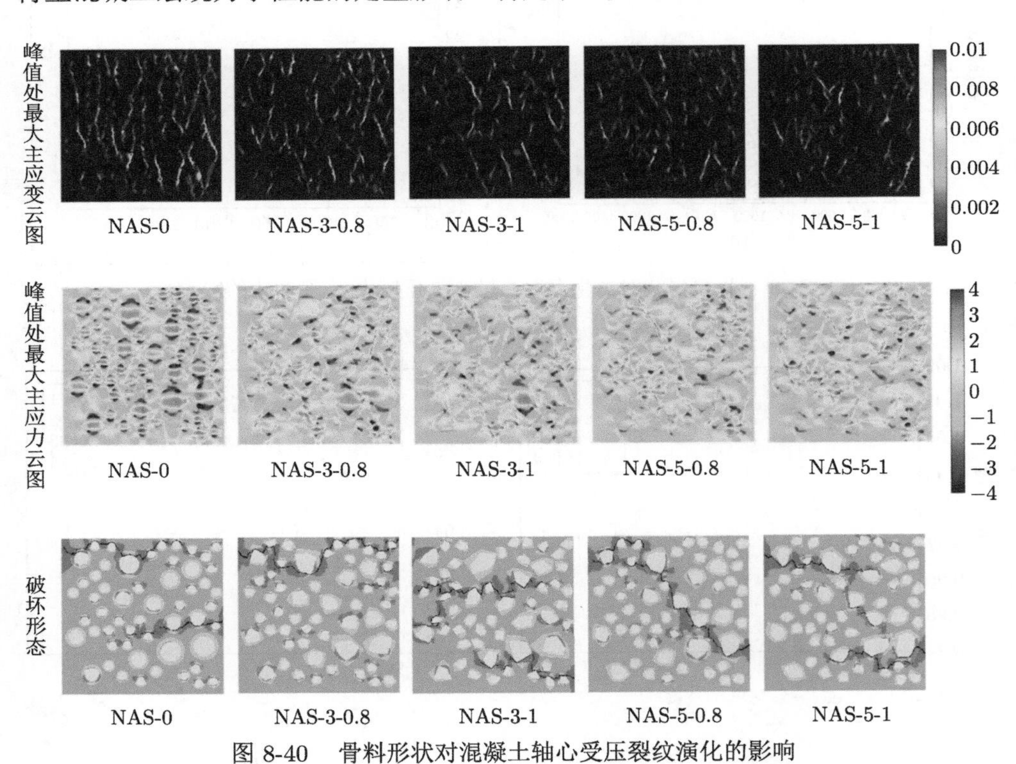

图 8-40 骨料形状对混凝土轴心受压裂纹演化的影响

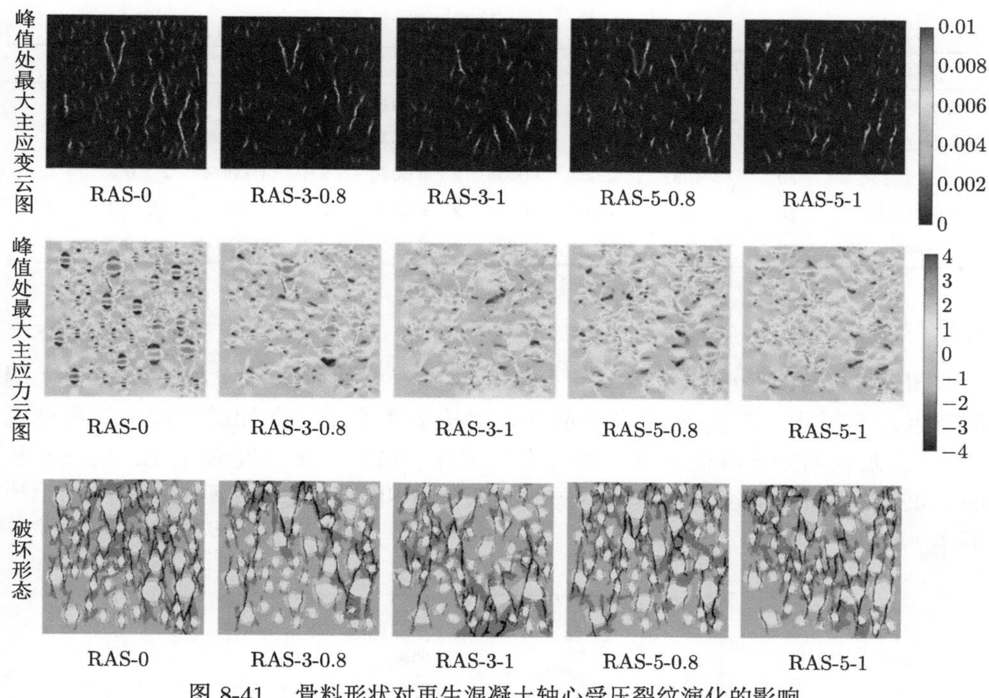

图 8-41　骨料形状对再生混凝土轴心受压裂纹演化的影响

8.4　基于数字图像技术的再生混凝土破坏机理静态模拟与验证

本节采用图像处理的方法获得实际再生混凝土试件的骨料和砂浆分布，能够很好表征再生混凝土细观非均质性，基于基面力单元法及 3.1 节建立的数字图像模型，模拟再生混凝土试件在载荷作用下的破坏过程。

根据实际的再生混凝土试件断面图 [234]，如图 3-1 所示，利用数字图像技术获取真实再生骨料分布图，建立数值分析模型，模拟再生混凝土的单轴压缩试验。

8.4.1　材料参数

在细观层次上，再生混凝土各相的物理力学参数须基于如纳米压痕等细微观试验数据，由于缺乏试验数据，细观材料几乎没有完整可用的试验参数。在本研究中，结合再生混凝土各相的细观力学特征并综合分析相关文献 [149,234,304]，采用 5.1 节中的曲线损伤本构模型。表 8-5 列出了本节数值模拟各相材料参数。

表 8-5　材料参数

材料相	初始弹模/GPa	泊松比	σ_{cf}/MPa	ε_{cf}	B_{c2}	C_{c2}	σ_{tf}/MPa	ε_{tf}	B_{t2}	C_{t2}	η
天然骨料	80	0.16	80.0	0.0030	2	0.0010	10.0	0.00015	2	0.1	5
老界面过渡区	15	0.20	16.0	0.0040	2	0.0035	2.0	0.00030	2	0.3	3
老砂浆	20	0.22	22.5	0.0035	2	0.0030	2.8	0.00025	2	0.2	4
新界面过渡区	18	0.20	20.0	0.0040	2	0.0035	2.5	0.00030	2	0.3	3
新砂浆	23	0.22	25.0	0.0035	2	0.0030	3.2	0.00025	2	0.2	4

8.4.2　破坏分析

图 8-42 为试件单轴受压作用下的应力-应变关系曲线。应力 σ 由试件上端部节点计算得到，应变 ε 是名义应变，对应于整个试样在加载过程中的高度范围，ε_{cp} 是轴向受压峰值强度处的应变。试件的最大抗压强度为 12.80 MPa。从图 8-42 中可以看出，数值模拟得到的抗压强度和应力-应变关系与试验结果 [234] 基本一致。

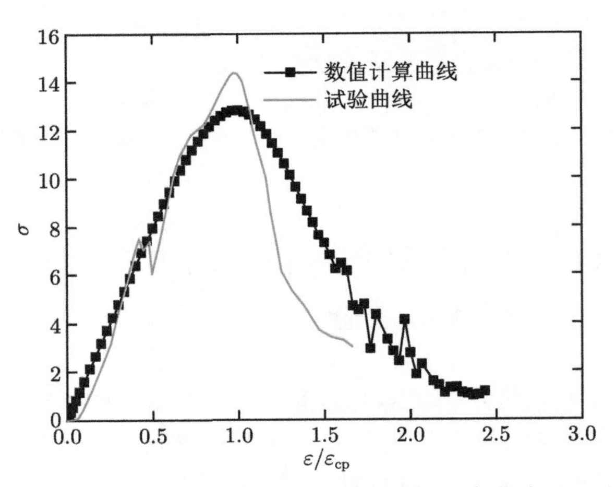

图 8-42　单轴受压作用下的应力-应变曲线

单轴压缩作用下再生混凝土模型破坏过程图及对应过程的应力云图如图 8-43～ 图 8-45 所示，云图应力符号受拉为负，受压为正。从图中可以看出，裂缝开展处的应力分布明显不均匀，而远离裂缝处的应力分布则相对稳定，裂缝的开展是由于界面过渡区应力集中引起的。

图 8-46 显示了单轴压缩下试件中的断裂能和裂纹分布图。外载荷的能量主要转化为试件的断裂能，从图中可以看出断裂能主要分布在新砂浆中，并在裂纹穿透骨料处达到最大值。值得注意的是，模拟得到的破坏图和实际试验中的破坏

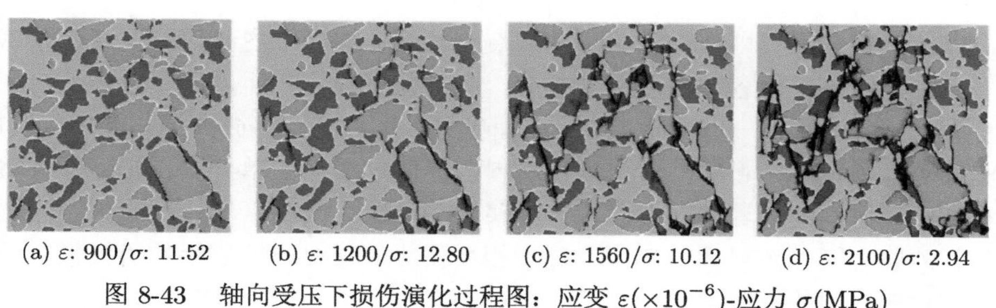

(a) ε: 900/σ: 11.52 (b) ε: 1200/σ: 12.80 (c) ε: 1560/σ: 10.12 (d) ε: 2100/σ: 2.94

图 8-43 轴向受压下损伤演化过程图：应变 $\varepsilon(\times10^{-6})$-应力 σ(MPa)

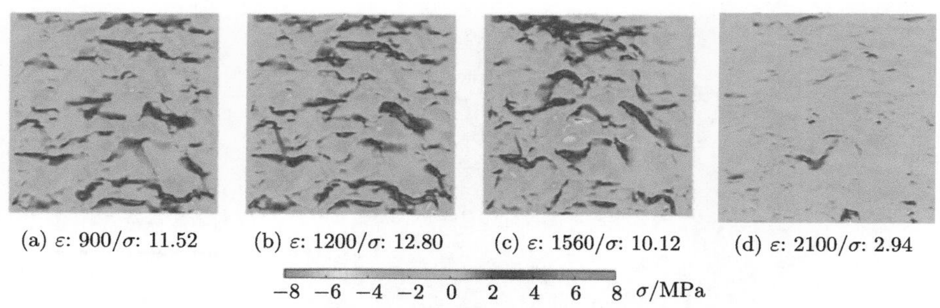

(a) ε: 900/σ: 11.52 (b) ε: 1200/σ: 12.80 (c) ε: 1560/σ: 10.12 (d) ε: 2100/σ: 2.94

图 8-44 轴向受压下试件中最大主应力演化过程图：应变 $\varepsilon(\times10^{-6})$-应力 σ(MPa)

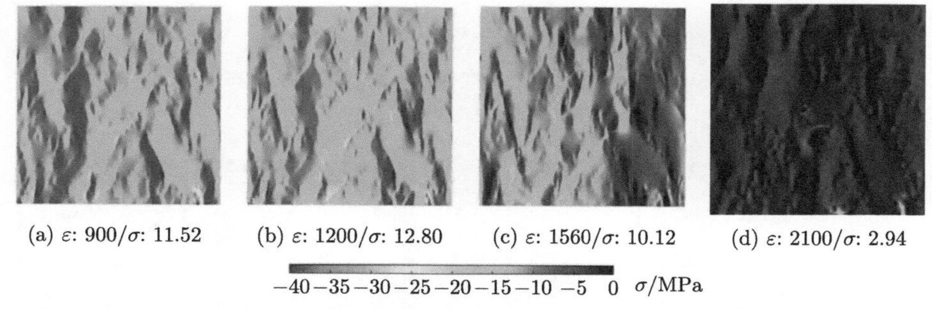

(a) ε: 900/σ: 11.52 (b) ε: 1200/σ: 12.80 (c) ε: 1560/σ: 10.12 (d) ε: 2100/σ: 2.94

图 8-45 轴向受压下试件中最小主应力演化过程图：应变 $\varepsilon(\times10^{-6})$-应力 σ(MPa)

图 [234] 都是试件的右上角和左边部分先破坏，但又有所差距，如图 8-47 所示。主要原因有宏观和微观两方面的原因。从宏观层面上说，在试验中，由于受压不均匀，第一条裂缝出现的较早，在试件的右上角，而且之后发生脱落，发生局部破坏 [234]，从而与模拟条件存在了差距；从微观层面上说，对于混凝土类材料，已有的研究证明界面过渡区是影响其力学性能的主要因素，对于再生混凝土，界面过渡区更加复杂。界面过渡区一般表现为孔隙率较高，但是也会有部分界面过渡区是比较密实的，也有界面过渡区孔隙率非常高，甚至有较大空洞存在，另外，在硬化水泥石内部也有微裂纹和空洞的存在。这些位于界面过渡区的微孔洞和微裂纹，以及位于水泥石内部的微孔洞和微裂纹，都是混凝土内部的薄弱点，在试件受外力时，这些部位容易出现应力集中，而且强度较低，所以破坏总是从这些部位首先开始，然后进一步扩展，扩展过程也将尽量沿着这些微孔洞和微裂纹发展。在实际数值模拟中，将砂浆看作均质材料，界面过渡区简单分为三相，即天然骨料和老砂浆之间的老界面过渡区、老砂浆和新砂浆之间的新界面过渡区及天然骨料和新砂浆之间的新界面过渡区，每一相用相应的材料属性进行数值模拟，而未考虑其材料性质的离散型。

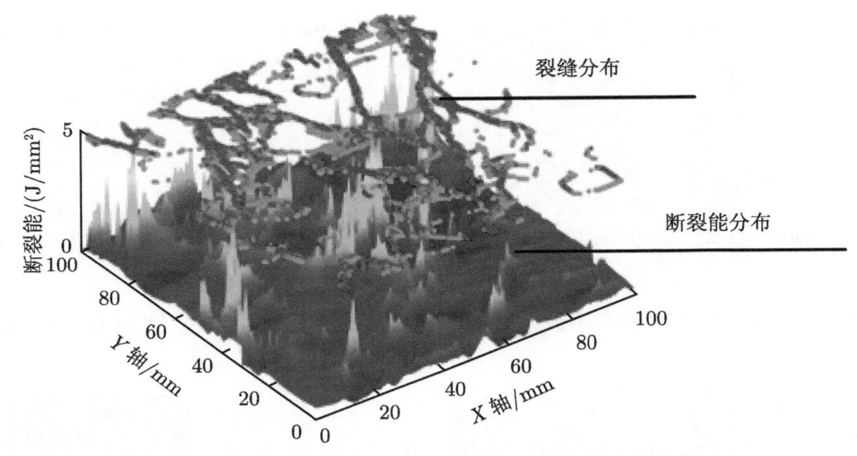

图 8-46　单轴压缩下试件中的断裂能和裂纹分布图

数值结果

试验结果[234]

图 8-47　轴向受压下试件破坏形态

8.4.3 分辨率的影响

不同的分辨率得到的数值结果会有差异，因此首要任务是确定图像处理合理的分辨率大小。如图 8-48 所示，选择了六个不同的像素尺度进行收敛性分析。图 8-48(a) 显示了单轴压缩下的相对强度和裂纹分布。图 8-48(b) 显示了在单轴拉伸下的相对强度和裂纹分布。从图中可以看出，当像素点尺寸小于 0.5mm 时，所获得的强度和裂纹表面的形状相对接近。

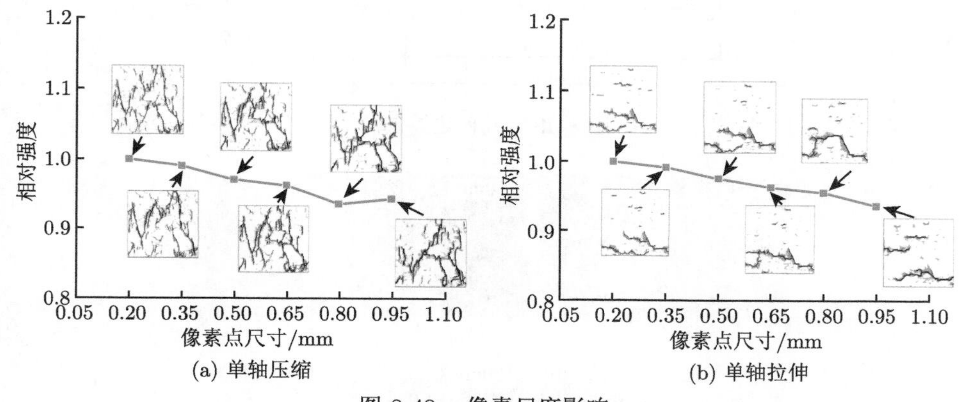

(a) 单轴压缩　(b) 单轴拉伸

图 8-48 像素尺度影响

8.4.4 不同数值模型的比较

在本研究中，采用基于数字图像技术的再生混凝土基面力单元法模型进行数值分析计算。如绪论所述，目前相对成熟的方法包括有限元法 (FEM)[305,306] 和离散元法 (DEM)[307,308]。Skarżyński 等对三点弯曲梁进行了试验研究 [274]，并且采用了有限元法和离散元法来模拟比较分析 [274,312]。在本节中，对 Skarzyński 试验中的三点弯曲梁进行了模拟，并与有限元法和离散元法数值结果进行了比较。

三点弯曲梁的几何尺寸如图 8-49 所示，图 8-50(a) 和 (b) 分别显示了试件的有限元模型和离散元模型 [274]。本节中基面力元模型如图 8-50(c) 所示。采用表 8-6 中的各相材料参数进行数值试验。计算得到总加载力-裂缝口张开位移曲线 (总加载力由加载力乘以试件厚度计算得到)，如图 8-51 所示，可以看到不同数值方法与试验结果基本一致。从图 8-52 可以观察到三点弯梁典型的破坏过程，裂纹从底面开始，并迅速扩展，在施加中间附近形成一个较大的垂直裂缝。图中显示了由于界面过渡区是最薄弱的位置，裂纹首先在试件底面的骨料和砂浆之间的界面出现。然而，通过不同的计算模型得到的裂纹位置存在细微的差异。这可能是不同模型之间的模型参数选取不同导致的。研究表明，混凝土的细观力学性能对其宏观力学性能和裂纹形态有很大影响，目前，通过细观力学试验难以获得细观力学参数，而需要参考数值反演分析方法。因此，如何获得更准确的模型参数及其之间的关系还需要进一步研究。

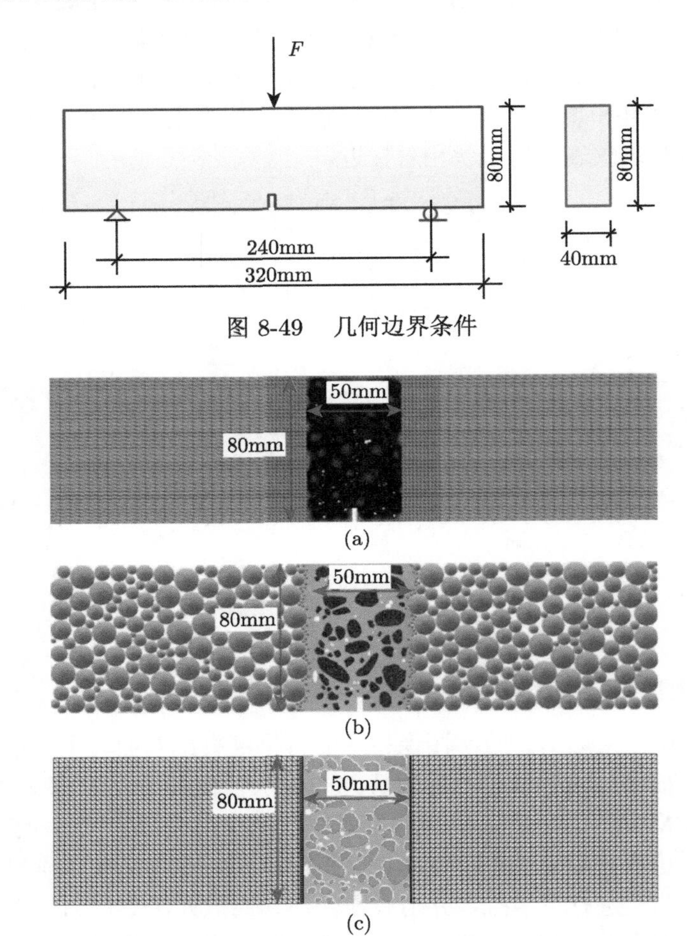

图 8-49　几何边界条件

图 8-50　细观力学模型：(a) 常规有限元 [274]；(b) 离散元 [274]；(c) 基面力元

表 8-6　材料参数 II

材料相	初始弹模/GPa	泊松比	σ_{cf}/MPa	ε_{cf}	B_{c2}	C_{c2}	σ_{tf}/MPa	ε_{tf}	B_{t2}	C_{t2}	η
天然骨料	47.2*	0.2*	60	0.0030	2	0.0010	6	0.00015	2	0.1	5
界面过渡区	14.6*	0.2*	22.5	0.0040	2	0.0035	2.7	0.00011*	2	0.3	3
新砂浆	29.2*	0.2*	30	0.0035	2	0.0030	3.5	0.00015*	2	0.2	4

注：数据“*”引自文献 [274]

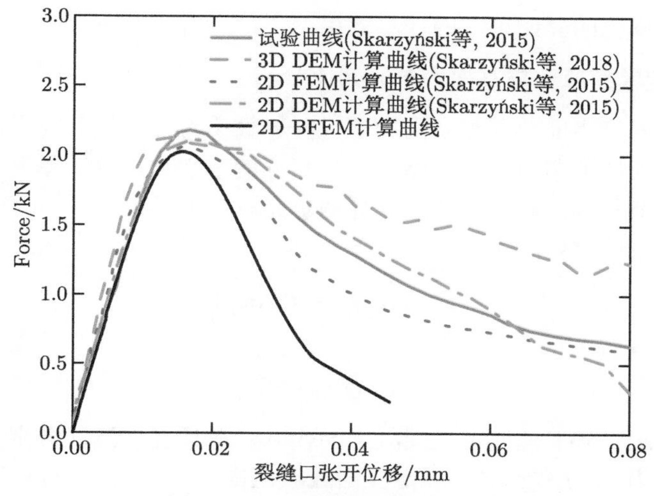

图 8-51 不同模型和试验对比

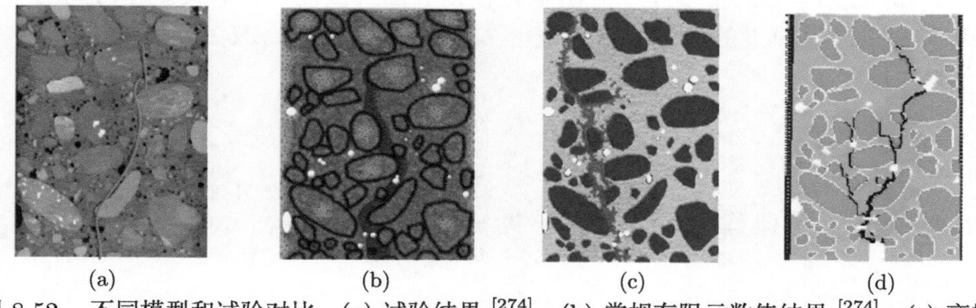

图 8-52 不同模型和试验对比：(a) 试验结果 [274]；(b) 常规有限元数值结果 [274]；(c) 离散元数值结果 [274]；(d) 基面力元数值结果

8.5 零厚度界面单元在界面过渡区的应用

固体材料细观结构对其损伤演化导致破坏的作用是不容忽视的，尤其是界面过渡区作为细观结构的最薄弱区域往往对宏观力学性能起着控制作用。但是，界面过渡区的微观性质 (例如厚度、弹性模量和强度) 是最难模拟的因素，因为所涉及的区域非常狭窄，而且力学性质与骨料和砂浆基体完全不同 [187]，研究发现界面过渡区的厚度取决于再生骨料的含水率，其范围从 5~10μm[105]，甚至到 80μm 以上 [106]，在这一区域，材料强度和刚度往往要比砂浆基体的强度和刚度弱得多 [34]。在建立模型时，研究者通常为界面过渡区设定有限元单元，其厚度 (大于 0.01mm) 远大于实际值 [141,145]，而其弹性模量和强度通常选择 0.2~0.8 倍的砂浆值，或者根据纳米压痕的结果界定 [187,247]。在本节中，对于界面过渡区区域，将探讨界面过渡区采用零厚度的界面单元的计算效果。

8.5.1 零厚度界面单元与基面力单元对比分析

为了将零厚度界面单元与基面力单元材料性质对应，假定在界面过渡区范围内两种单元在相同的节点相对位移下产生相同的节点力，且零厚度界面单元法向和切向力学性能相同，则对于零厚度界面单元有如下结果。

裂缝起裂时的有效相对位移

$$\delta_o = h \cdot \varepsilon_t = h \cdot \sigma_t / E \tag{8-2}$$

刚度

$$k = \sigma_t / \delta_o = E/h \tag{8-3}$$

本节以 8.1.1 节中模型再生混凝土为代表，在界面过渡区分别采用了零厚度界面单元法和基面力单元法，假定界面过渡区的厚度从 0.25mm 到 1.00mm 变化，如图 8-53 所示，采用基面力元模拟界面过渡区，并分别标记为 ITZH-0.25 至 ITZH-1.00。同时，采用零厚度界面单元模拟界面过渡区，按上式计算得到的对应四种界面过渡区厚度的材料参数见表 8-7，且分别标记为 ZH-1 至 ZH-4。

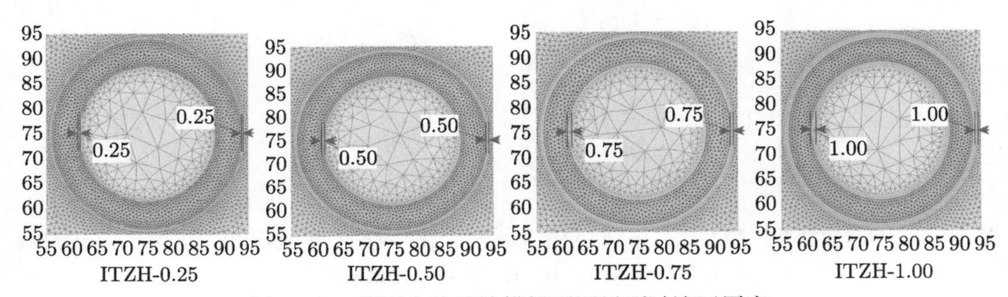

图 8-53　基面力单元法模拟不同界面过渡区厚度

表 8-7　零厚度界面单元材料参数

	材料相	初始刚度/(MPa/mm)	起裂时有效相对位移/mm	η
ZH-1	老界面过渡区	8.0×10^4	0.000039	3
	新界面过渡区	7.2×10^4	0.0000425	3
ZH-2	老界面过渡区	4.0×10^4	0.000078	3
	新界面过渡区	3.6×10^4	0.000085	3
ZH-3	老界面过渡区	2.7×10^4	0.000117	3
	新界面过渡区	2.4×10^4	0.000128	3
ZH-4	老界面过渡区	2.0×10^4	0.000156	3
	新界面过渡区	1.8×10^4	0.00017	3

图 8-54 显示了 ITZH-0.25 至 ITZH-1.00 和 ZH-1 至 ZH-4 的轴向拉伸应力-应变曲线。从图中可以看出，当界面过渡区厚度小于 1mm 时，其厚度变化对

宏观应力-应变曲线影响较小，这也验证了文献 [141] 中的结果。同时可以看到，ITZH-0.25 至 ITZH-1.00 的应力-应变曲线与 ZH-1 至 ZH-4 的差别不大，峰值应力基本相同，然而随零厚度界面单元的初始刚度的减小，峰值应变略增大和弹性模量略减小。此外，如图 8-55 所示，ITZH-0.25 至 ITZH-1.00 的试件损伤分布位置随界面过渡区厚度的变化而不同，而 ZH-1 至 ZH-4 的损伤分布位置基本相同。

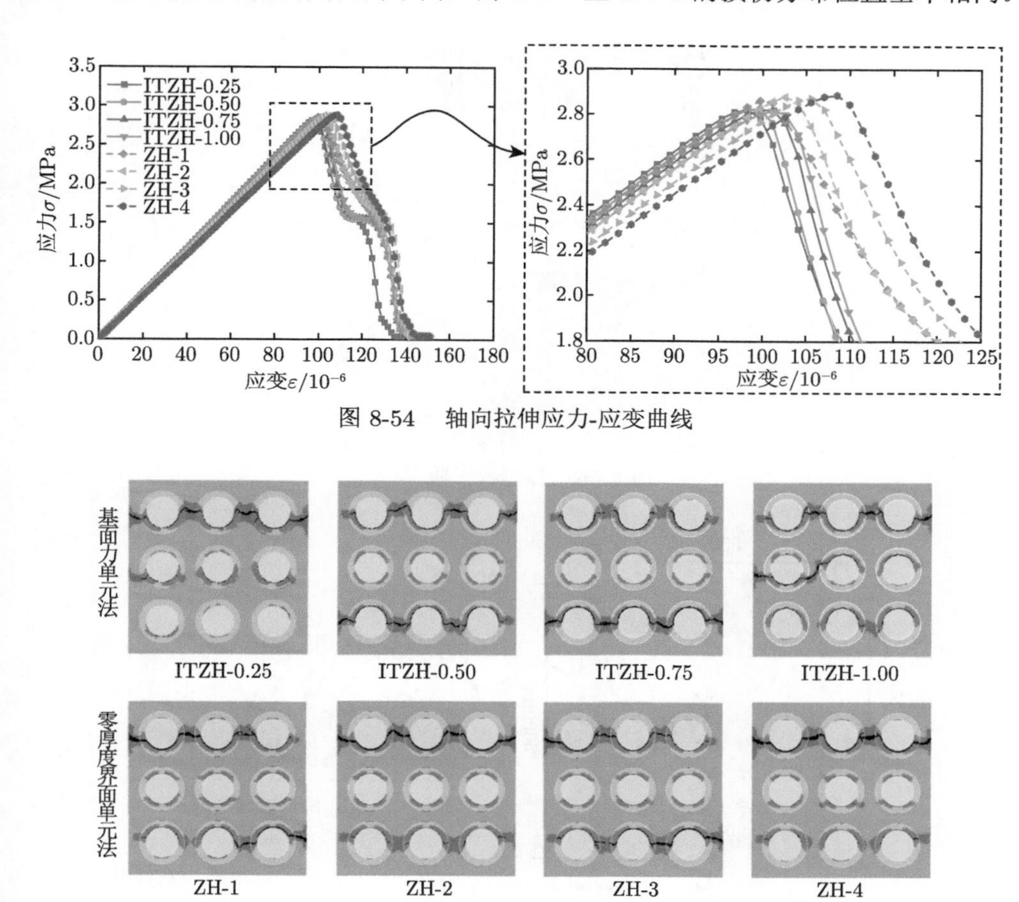

图 8-54 轴向拉伸应力-应变曲线

图 8-55 破坏形态

8.5.2 拉剪混合破坏试验的数值模拟与分析

L-型板常被用来研究混凝土材料裂纹扩展过程、验证材料模型的合理性等问题。本节通过数值分析 L-型板拉剪混合破坏试验，探讨界面过渡区采用零厚度的界面单元的计算效果。选取 Winkler 所做的 L-型板试验，如图 8-56 所示，唐欣薇 [310] 和金浏等 [311] 分别采用不同的数值方法对其进行了分析，得到了与试验较为一致的结果。试件尺寸及数值分析模型如图 8-57 所示，取板中 250 mm×100mm 的部分作为分析区域进行细观建模，其他区域为弹性区域。本节砂浆和骨料采用多折线损伤本构模型，其材料参数见表 8-8，其本构关系形状参数见表 8-3。界面过渡区采用零厚度界面单元，其初始刚度为 1.8×10^4 MPa/mm，起裂时有效相对位移为 0.00017mm，η 为 3。

图 8-56 L-型板试验 [309]

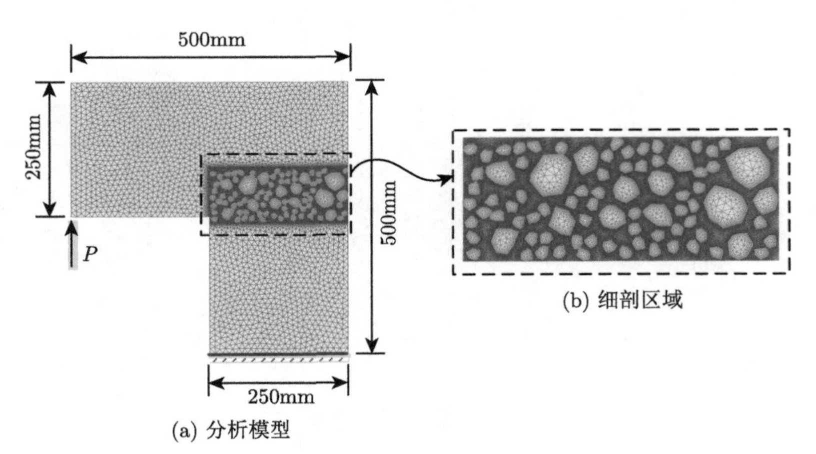

图 8-57 计算分析模型

表 8-8 材料参数

	初始弹模/GPa	泊松比	抗压强度/MPa	抗拉强度/MPa
天然骨料	80.0*	0.16^	80.0	8.00*
砂浆	30.0^	0.22^	41.4	3.50*

注：数据“*”引自唐欣薇 [310]，数据“∧”引自金浏等 [311]，其他为数值细观参数反演得到

如图 8-58 所示，数值计算得到的加载力-加载位移曲线与试验结果较为吻合。在表 8-8 的基础上 ($R = 1.0$)，将界面过渡区的弹性模量和强度分别缩小 0.8 倍 ($R = 0.8$) 和扩大 1.2 倍 ($R = 1.2$)，得到的破坏模式如图 8-59 所示，从图中裂纹模式还可以看出，当界面过渡区的强度较低时 ($R = 0.8$)，宏观裂纹的倾斜角较小，试件主要受拉破坏。当界面过渡区的强度越高时，宏观裂纹的倾斜角越大，受剪作用也就越强，此外，宏观裂纹的倾斜角还受骨料分布的影响。总的来说，裂纹

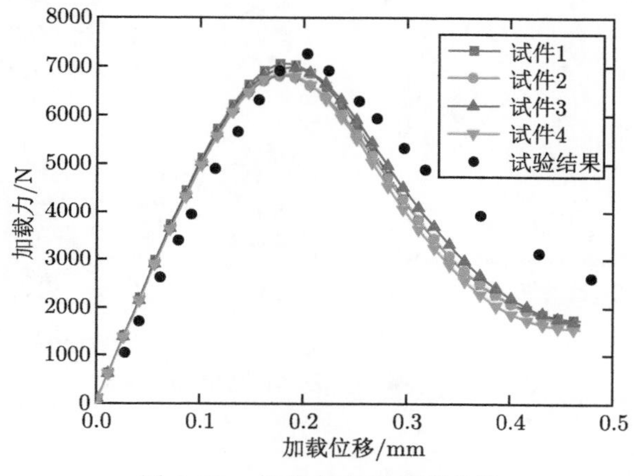

图 8-58　加载力-加载位移曲线

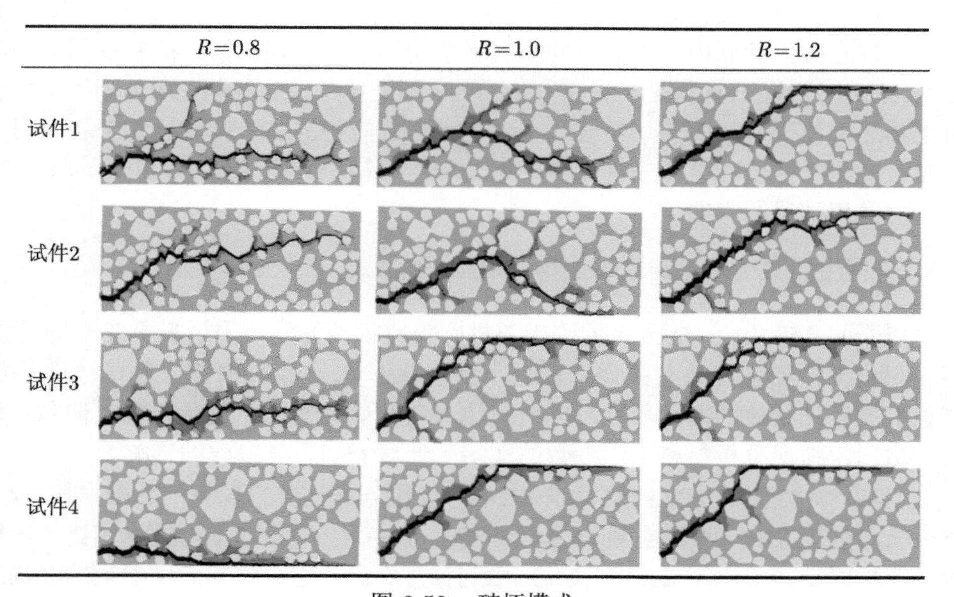

图 8-59　破坏模式

从 L-型板的角部开始萌生，在拉剪应力作用下沿一定倾斜角扩展，与图 8-60 中的试验结果和其他数值结果对比，结果较为一致，说明了本次数值模拟是成功的。

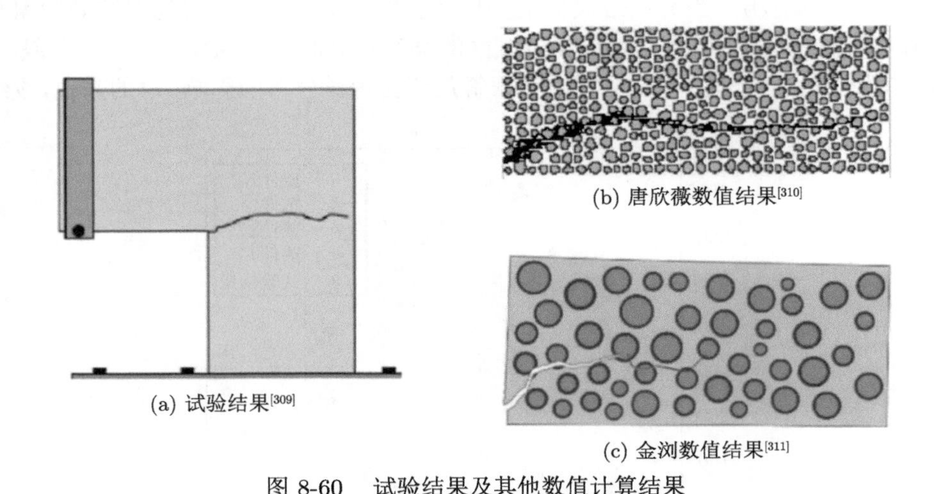
(a) 试验结果[309]

(b) 唐欣薇数值结果[310]

(c) 金浏数值结果[311]

图 8-60　试验结果及其他数值计算结果

8.6　细观力学参数的非均质性的对数值模拟结果的影响

在以上数值计算中，均假定同相材料单元力学性质均相同，即共享同一力学参数，然而，混凝土材料是一种高度不均匀、不连续的复合材料。本节为了更加合理地描述混凝土材料的非均质性，将考虑骨料的随机分布，同时假定各相材料力学参数的力学性质满足 Weibull 概率统计分布 (有关详细信息，参见 5.4 节)，研究其对数值结果的影响。

8.6.1　再生混凝土试件的单轴拉伸和单轴压缩试验

以平面 150mm×150mm 的二维随机圆骨料模型为例，采用多折线本构模型，各相材料参数如表 8-9(有关详细信息，参见 9.2 节)。本节中考虑各相材料强度、峰值应变及泊松比的非均质性，同时对比材料均质的情况，进行单轴拉伸和单轴压缩数值模拟，分析材料力学参数的非均质性对宏观力学参数的影响。

由图 8-61 应力-应变曲线及表 8-10 可以得到非均质情况下的单轴抗压强度、单轴抗拉强度及初始弹模分别为 19.22MPa、1.58MPa 和 23.11GPa，相比均质情况，分别降低了 24%、28%和 7%，由此也可看出各组分材料力学参数的非均质性对宏观力学参数的影响。

表 8-9 材料参数

材料	新砂浆	骨料	老界面过渡区	老砂浆	新界面过渡区
强度 (抗拉/抗压)σ/MPa	3.2/32	7/70	2.5/25	2.8/28	2.5/25
峰值应变 (抗拉/抗压)	0.00025/0.0047	0.0001/0.0015	0.00022/0.004	0.00025/0.0047	0.00022/0.004
泊松比	0.22	0.16	0.2	0.22	0.2
密度/(kg/m^3)	2100	2700	2100	2100	2100
α	0.1	0.1	0.1	0.1	0.1
β	0.85	0.9	0.65	0.85	0.65
γ	0.2	0.1	0.2	0.2	0.2
λ	0.3	0.9	0.3	0.3	0.3
η_t/ξ_t	4/10	5/10	3/10	4/10	3/10
η_c/ξ_c	4/10	5/10	3/10	4/10	3/10
均质度 m	6	9	4	6	9

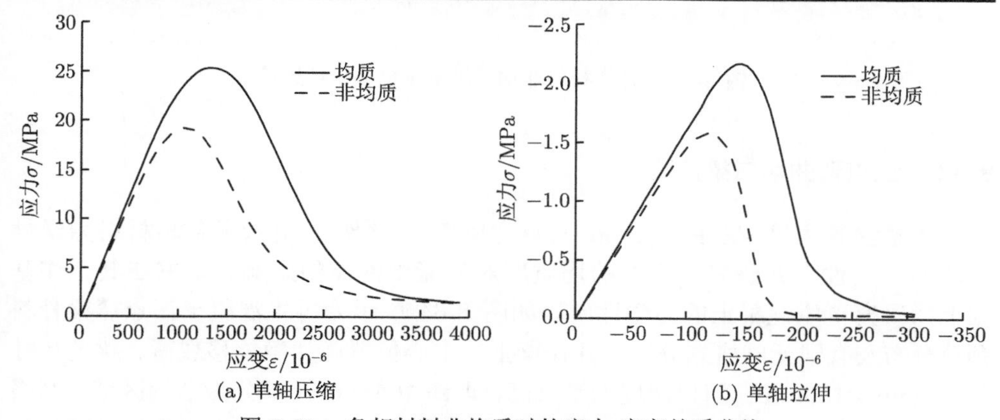

图 8-61 各相材料非均质时的应力-应变关系曲线

表 8-10 不同材料力学参数均质性情况下再生混凝土力学性能

	初始弹性模量	抗压强度	抗拉强度	抗压峰值应变	抗拉峰值应变
均质	24.76	25.36	2.18	1303	149
非均质	23.11	19.22	1.58	1091	121

图 8-62 和图 8-63 分别显示了试件在单轴压缩和单轴拉伸载荷下的破坏过程,

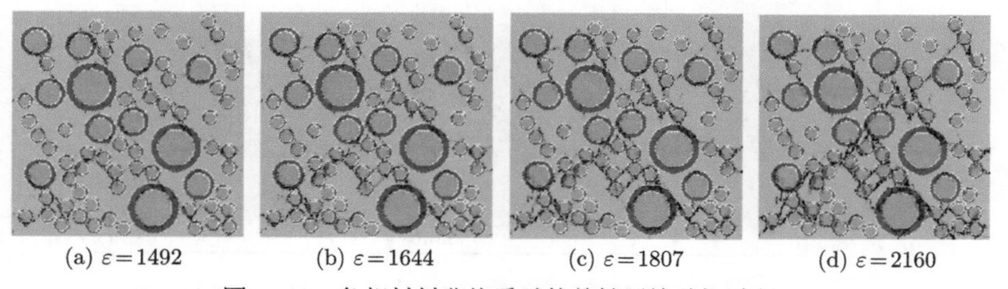

(a) $\varepsilon=1492$ (b) $\varepsilon=1644$ (c) $\varepsilon=1807$ (d) $\varepsilon=2160$

图 8-62 各相材料非均质时的单轴压缩破坏过程

由图中可以看出，新、老界面过渡区是再生混凝土最为薄弱的环节。由于各组分材料力学参数的非均质性，即同相材料的单元力学参数也各不相同，当加载过峰值应力时，有大量的单元产生损伤、破坏并发展成局部小裂纹，并最终裂纹贯通，形成宏观裂纹带。

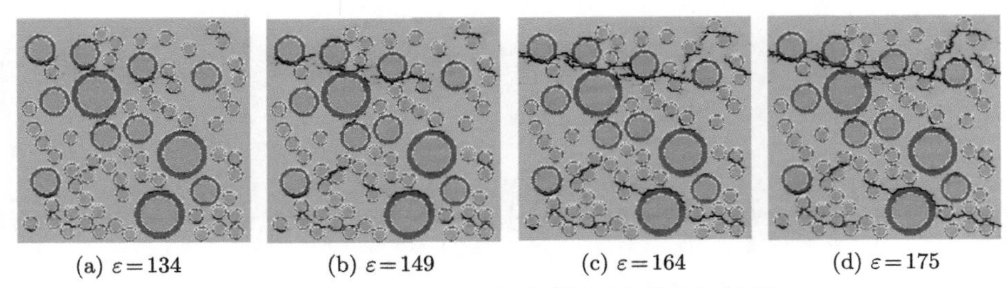

(a) $\varepsilon=134$　(b) $\varepsilon=149$　(c) $\varepsilon=164$　(d) $\varepsilon=175$

图 8-63　各相材料非均质时单轴拉伸破坏过程

8.6.2　三点弯曲切口梁试验

张楚汉等 [313] 在 Petersson 三点弯梁算例 [230] 中引入了各相材料力学性质的非均质性，并研究了不同的均质度对混凝土性能的影响。本书在其工作基础上，研究再生混凝土的力学性质。如图 8-64 所示为再生混凝土三点弯梁骨料颗粒分布及有限元网格划分图，并在梁上方中心位置施加静位移载荷。梁的尺寸是 450mm×150mm，切口深度为半梁高，取跨中 150mm 部分为细剖区域，网格尺寸为 1mm。细剖区域颗粒数及老砂浆厚度如表 8-11，随机生成骨料模型，如图 8-64 所示。引入多折线损伤模型，各相材料参数均值详见表 8-9。假定细观各相组分材料的抗拉强度和弹性模量为随机参数，并服从同一种 Weibull 分布，并假定新界面过渡区与老界面过渡区的均质度相同，新砂浆与老砂浆的均质度相同。

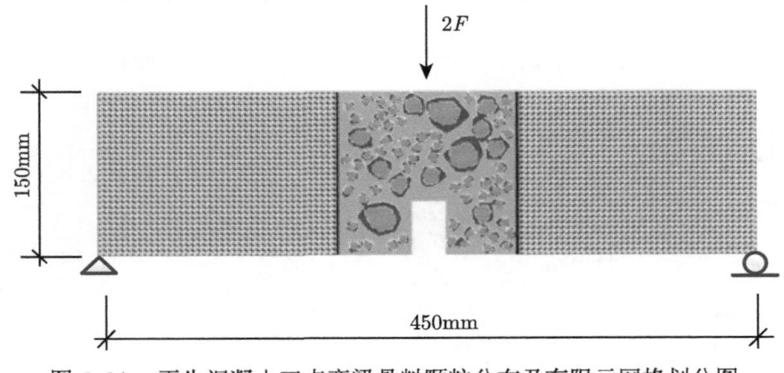

图 8-64　再生混凝土三点弯梁骨料颗粒分布及有限元网格划分图

参考文献 [313]，生成三组 Weibull 分布参数如表 8-12 所示，基于蒙特卡罗法每组产生 4 个试件，用以反映宏观力学性质相同的细观结构的随机性。

表 8-11 试件颗粒数及老砂浆厚度

代表粒径/mm	颗粒数/个	附着砂浆厚度/mm
32.5	3	4.59
20	10	2.82
10	59	1.41

表 8-12 各相材料参数均质度

组号	新砂浆	骨料	老界面过渡区	老砂浆	新界面过渡区
m-1	6*	9*	4	6	4*
m-2	12*	18*	8	12	8*
m-3	30*	45*	20	30	20*

注：数据“*”引自文献 [313]

图 8-65 ~ 图 8-68 分别为计算得到的再生混凝土的开裂形态和三点弯梁加载点截面最大拉应力-位移曲线图。

结果分析如下。

(1) 对于相同的 Weibull 分布参数 m 和 u_0，每次随机产生的样本，其材料参数的空间分布是不同的，使得样本的裂纹扩展形态不同。在三组均质度 m 值中，当试件的均质度较低时，样本开裂形态的差异较大，随着均质度的提高，差异逐渐减小，且趋于理想均匀的计算结果。

(2) 在各组不同均质度的计算曲线中，上升段的差别很小，进入下降段后，则出现较大的不同。这表明了当均质度相同时，细观力学参数分布的随机性对材料线弹性段的影响较小，而对损伤以后下降段的影响较大，且均质度越小，影响越大。

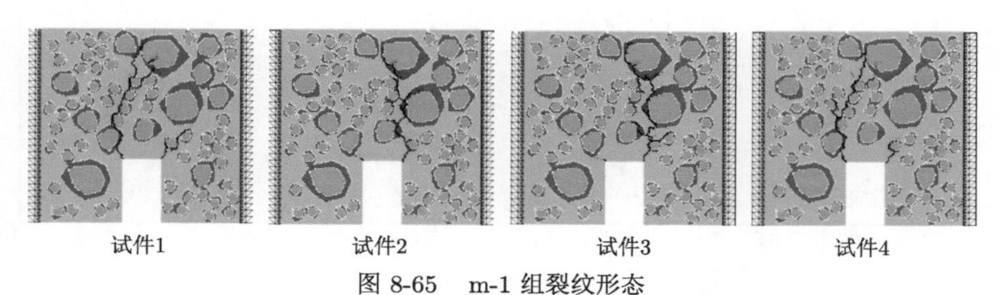

图 8-65 m-1 组裂纹形态

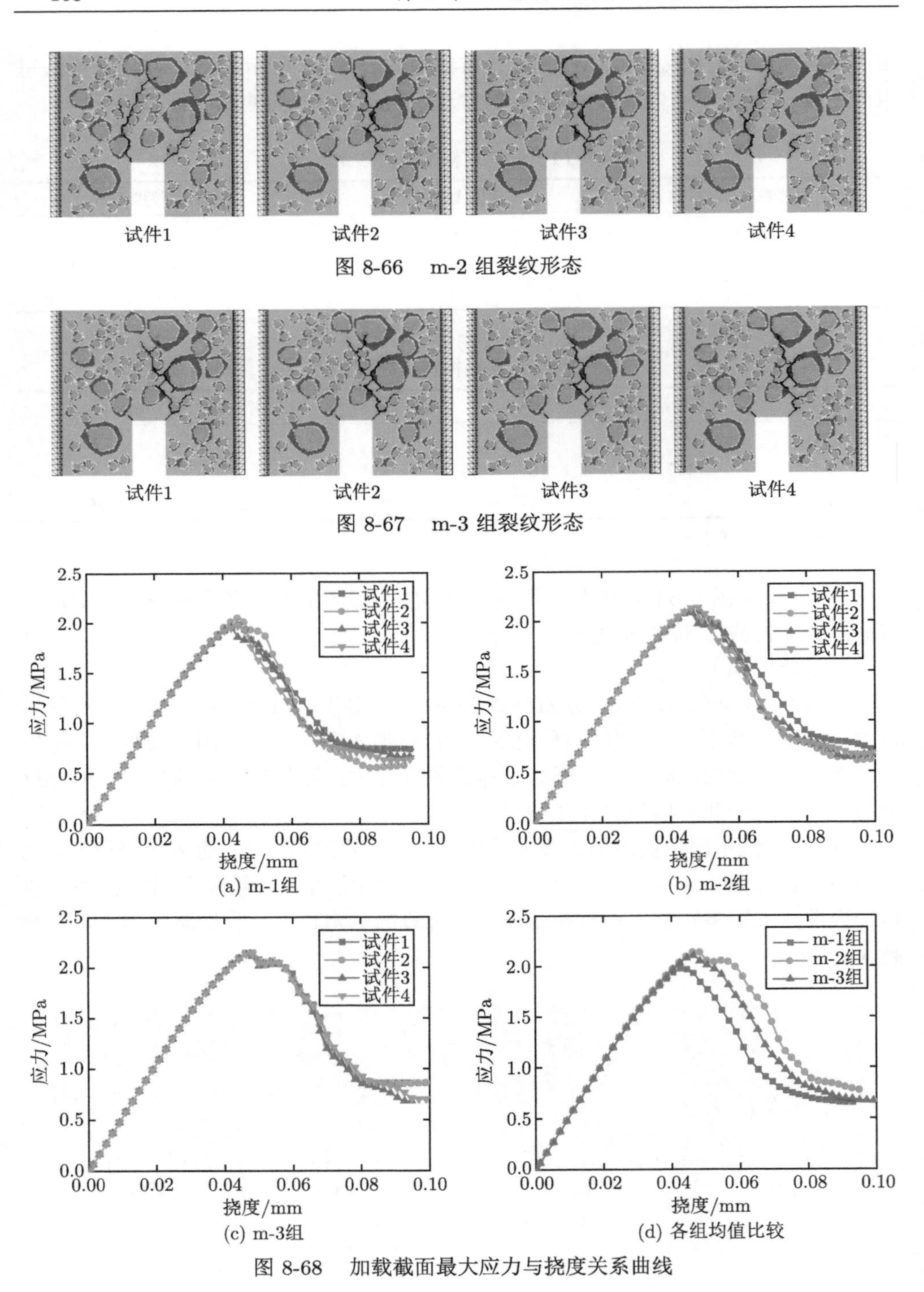

图 8-66　m-2 组裂纹形态

图 8-67　m-3 组裂纹形态

图 8-68　加载截面最大应力与挠度关系曲线

8.7 再生混凝土细观均质化模型的分析

为得到较好的力学性能，进行再生混凝土数值模拟时需要划分大量的单元，尤其是对大体量结构，其计算量大，耗时较多。本节以再生混凝土试块单轴拉压试验及 L-型板拉剪破坏试验为代表，将再生混凝土圆骨料复合球模型和细观均质化模型相结合，并通过数值算例论证，验证本方法的可行性和高效性。

8.7.1 基于细观均质化模型的再生混凝土试件单轴受力的数值模拟

本节以 150mm×150mm 的再生混凝土圆骨料试件为例，利用第 3 章随机骨料的生成方法，建立二维随机骨料模型，再生粗骨料体积分数为 46.6%，骨料附着老砂浆含量为 42%，骨料代表粒径、颗粒数及砂浆层厚度如表 8-12 所示。通过选取不同的随机数，生成骨料空间分布不同的三个数值样本。采用双折线本构模型，各相材料参数如表 8-13 所示。细观模型网格尺度为 0.5mm，分别运用串联和并联均质化单元网格划分程序生成串联的五相均质化模型和并联的五相均质化模型。另外，将再生混凝土圆骨料复合球模型和细观均质化模型相结合，生成串联的三相均质化模型和并联的三相均质化模型。

表 8-13 材料参数 [215]

材料	弹性模量/GPa	泊松比	强度 (抗拉/抗压)/MPa	λ	η	ξ
天然骨料	80	0.16	10/80	0.1	5	10
老界面过渡区	15	0.2	2/16	0.1	3	10
老水泥砂浆	20	0.22	2.8/22.5	0.1	4	10
新界面过渡区	18	0.2	2.5/20	0.1	3	10
新水泥砂浆	23	0.22	3.2/25	0.1	4	10

对上述模型进行单轴拉伸和单轴压缩数值模拟，统计分析，得到再生混凝土试件峰值应力、峰值应变及初始弹性模量随均质化单元尺寸的变化关系，如图 8-69～图 8-71 所示。

从图 8-69～ 图 8-71 可以看出：

(1) 随着均质化单元尺寸的变大，并联均质化模型计算出的再生混凝土试件单轴压缩和单轴拉伸峰值应力及初始弹模均偏高，但增长相对缓慢，而峰值应变基本保持不变，串联均质化模型计算出的再生混凝土试件峰值应力、峰值应变及初始弹性模量均偏低，且下降相对较快。

(2) 当均质化单元尺寸和细观单元尺寸相同时，使用圆骨料复合球等效模型计算出的界面等效三相模型与细观五相模型相比，单轴压缩和单轴拉伸的峰值应力、峰值应变和初始弹性模量基本相同，表明圆骨料复合球等效模型的可靠性。

(3) 与五相均质化模型相比，三相均质化模型随着均质化单元尺寸的变化，有更好的稳定性。

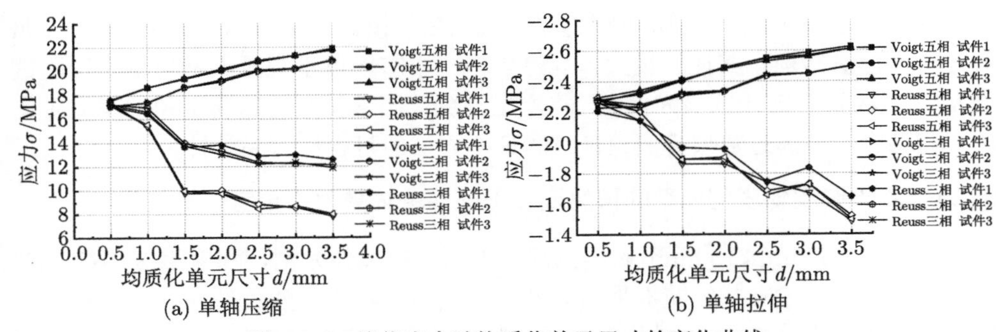

(a) 单轴压缩　　(b) 单轴拉伸

图 8-69　峰值应力随均质化单元尺寸的变化曲线

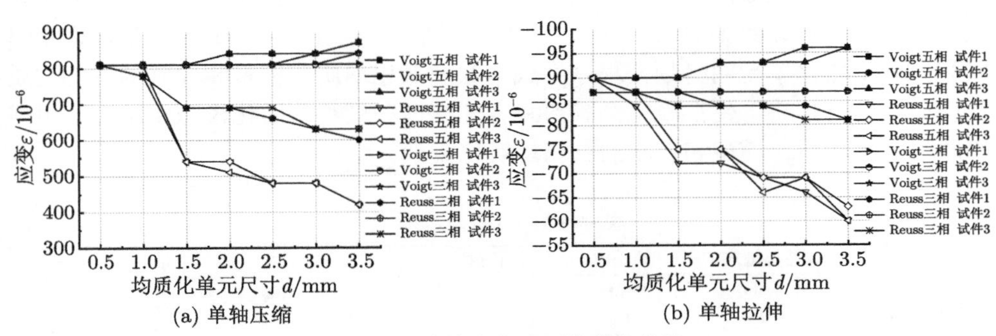

(a) 单轴压缩　　(b) 单轴拉伸

图 8-70　峰值应变随网格变化曲线

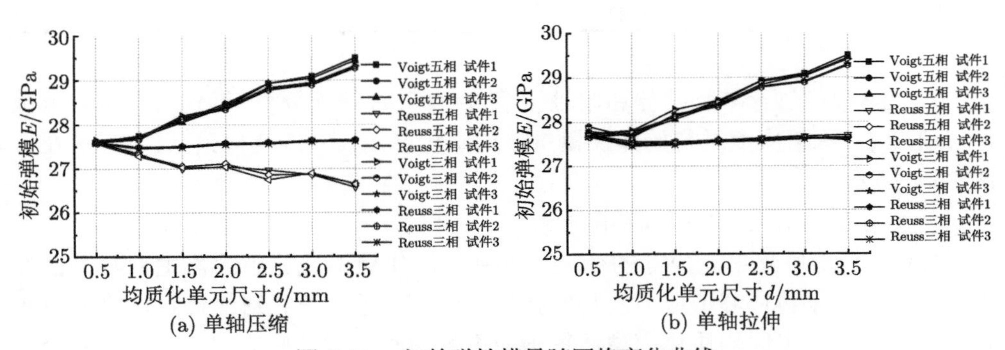

(a) 单轴压缩　　(b) 单轴拉伸

图 8-71　初始弹性模量随网格变化曲线

综合分析，当串联三相均质化模型的均质化单元尺寸为 1mm，并联三相均质化模型的均质化单元尺寸为 1.5mm 时，对试件进行单轴拉伸和压缩模拟，试件的峰值应力、峰值应变和初始弹模的误差均可控制在 10%之内，而串联和并联三相均质化模型计算所用时间分别约为原细观模型的 35%和 16%，计算效率大大提高，以其中一个试件为例，单轴压缩和单轴拉伸的应力-应变曲线对比图如图 8-72 所示，最大主应变云图如图 8-73 和图 8-74 所示。

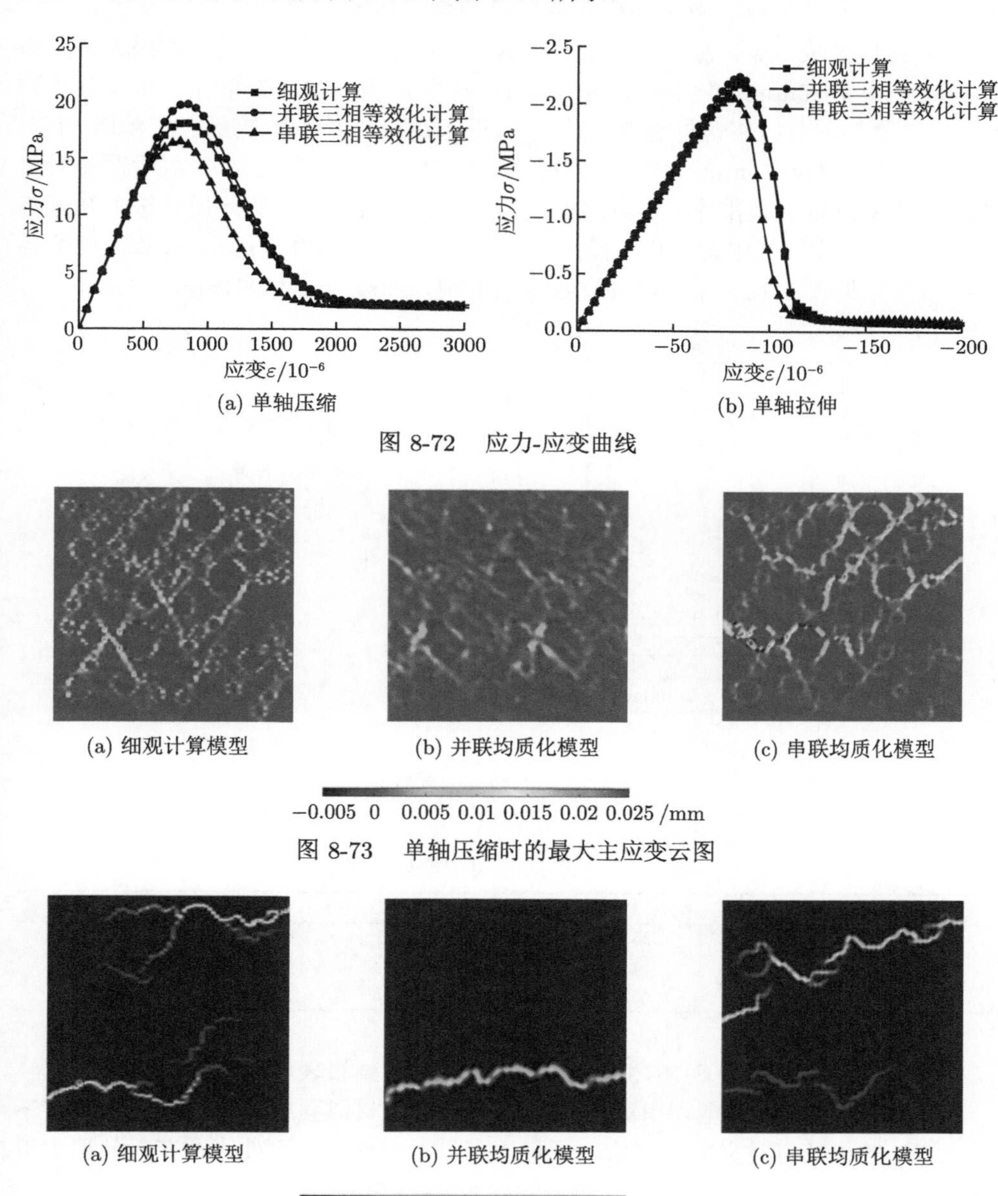

(a) 单轴压缩 (b) 单轴拉伸

图 8-72 应力-应变曲线

(a) 细观计算模型 (b) 并联均质化模型 (c) 串联均质化模型

图 8-73 单轴压缩时的最大主应变云图

(a) 细观计算模型 (b) 并联均质化模型 (c) 串联均质化模型

图 8-74 单轴拉伸最大主应变云图

通过对比发现：受材料非均匀性的影响，较细观层次上呈现应变局部化的性质，并联均质化模型的变化则趋于平滑，而串联均质化模型的变化则更加剧烈。

8.7.2　L-型再生混凝土板拉剪混合破坏试验数值模拟

选取 L-型板试验，如图 8-75(a) 所示，采用随机圆骨料模型，其最大再生粗骨料粒径为 31.5mm，最小粒径为 5mm，其中大于 5mm 的粗骨料体积分数为 46.6%。骨料附着砂浆含量选取 42%。试件颗粒数及老砂浆厚度如表 8-14 所示。细观单元尺寸为 0.75mm，建立二维有限元模型图 8-75(b)，另外，采用圆骨料复合球等效模型与串联和并联均质化模型相结合，生成三相串联均质化模型和三相并联均质化模型，其中均质化单元尺寸分别为 1.5mm 和 2.25mm。计算采用的各相材料参数见表 8-13。采用位移逐级静力加载，加载步长 0.001mm。

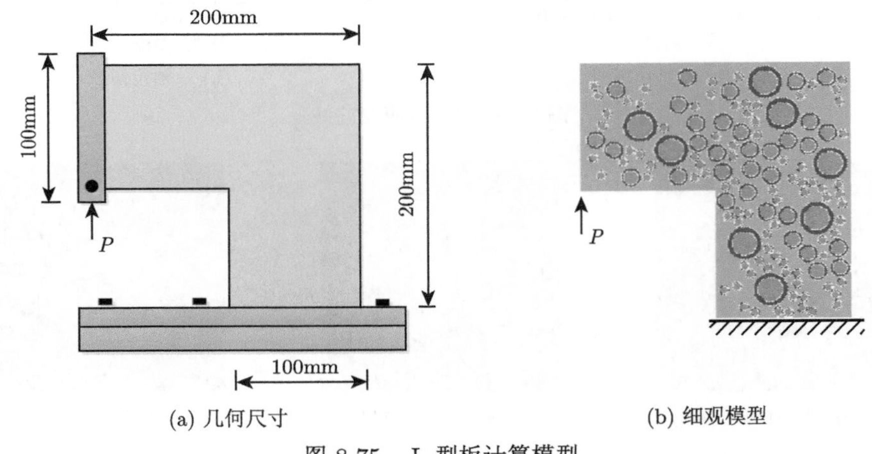

(a) 几何尺寸　　(b) 细观模型

图 8-75　L-型板计算模型

表 8-14　试件颗粒数及老砂浆厚度

粒径范围/mm	代表粒径/mm	颗粒数/个	附着砂浆厚度/mm
19～31.5	25.25	6	3.56
9.5～19	14.25	24	2.01
5～9.5	7.25	65	1.02

数值分析结果如图 8-76 和图 8-77 所示，模拟结果表明：

(1) 并联均质化模型和串联均质化模型给出了材料强度和弹性模量的上、下限，这一结果是有意义的，它给出了最大和最小允许值，可使一些工程问题得以解决。

(2) 基于均质化模型的计算结果仅反映了断裂损伤裂缝的大致走向，而基于细观有限元的计算结果可进一步反映微裂纹萌生、扩展直至宏观裂纹的全过程。

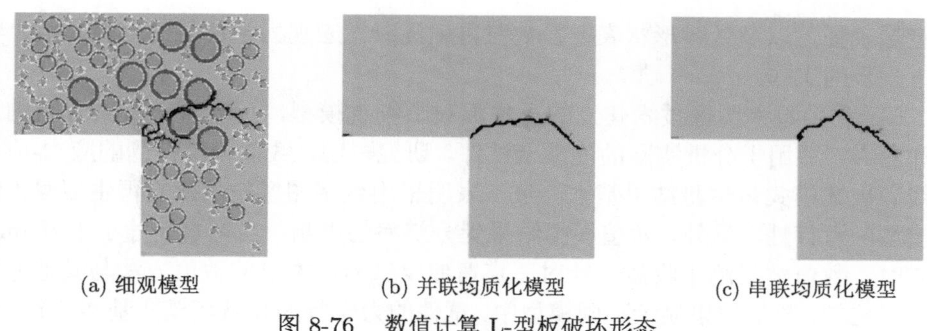

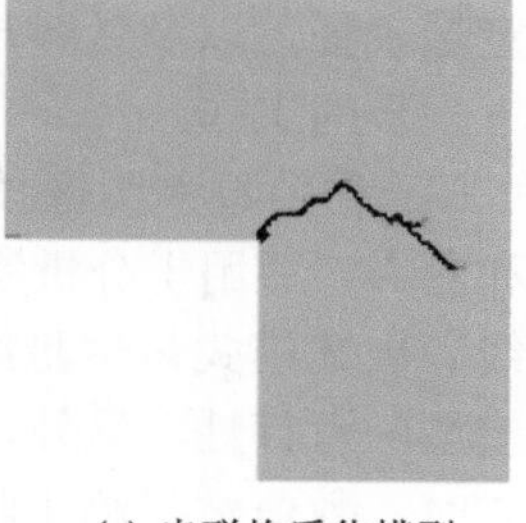

(a) 细观模型　　(b) 并联均质化模型　　(c) 串联均质化模型

图 8-76　数值计算 L-型板破坏形态

图 8-77　加载点力-位移曲线

8.8 本章小结

本章分别采用了参数化建模的方法和基于数字图像技术的方法建立二维细观模型，成功模拟了再生混凝土的破坏过程，并进行了大量参数化分析。研究结果表明数值模拟能够反映再生混凝土破坏过程的变形非线性、应力重分布等破裂现象和复杂应力状态下再生混凝土的裂缝扩展过程。本研究得出以下结论：

(1) 基于基面力单元法的细观模拟方法能够模拟再生混凝土的宏观力学性能，本书模型适合于研究再生混凝土材料的开裂过程和破坏机理。再生混凝土各相材料的含量、性能的不同，均会影响试件的整体响应。

(2) 考虑骨料形状的影响，基于再生混凝土细观模型对混凝土材料进行分析，研究结果表明，不同再生骨料形状基本不影响试件的初始宏观弹性模量，但到非线性软化段后，则影响较大，且试件的裂纹扩展形态也有所不同。再生骨料的形状对试件宏观力学行为的影响比天然骨料要明显，因此，研究如何对骨料形状进行定量表征，以及骨料形状表征参数对再生混凝土宏观力学性能的定量影响，将是下一步的工作。

(3) 利用数字图像技术建立的再生混凝土细观模型，可表现出真实骨料的形状和分布，适用于分析实际的混凝土试件。研究表明，数值模拟得到的应力-应变曲线和破坏模式与试验结果基本一致，表明采用数字图像技术建立再生混凝土细观模型的可行性，另外，数值模拟结果受分辨率的影响，当像素尺寸小于 0.5mm 左右时，数值结果趋于收敛。针对三点弯曲梁试验，本书的数值方法与其他方法进行了比较，数值结果显示不同模型中，试件的力学行为和破坏模式基本一致，但裂纹位置略有不同。

(4) 在再生混凝土细观数值模型中，将 Weibull 随机分布函数引入材料的非均质性，建立了非均质再生混凝土破坏过程的细观数值模型，并运用该数值模型对再生混凝土立方体试块进行单轴压缩和单轴拉伸数值试验，研究了组成相材料的非均质性对再生混凝土力学性能的影响。此外，进行了三点弯曲切口梁试验，研究了材料的非均质性对试件裂纹扩展及受力的影响规律。

(5) 从再生混凝土细观尺度入手，采用并联均质化模型和串联均质化模型，计算分析再生混凝土宏观力学特性。算例分析表明，采用细观均质化模型的分析方法，大大提高了模型的计算效率。此外，在三维计算模型中，细观均质化模型将有很好的运用，故在以后的研究中将细观均质化模型由二维扩展到三维。

第 9 章　二维再生混凝土破坏机理动态模拟与分析

再生混凝土的动态强度和变形是其最基本的动态力学性能之一。它既是研究再生混凝土的破坏机理和强度理论的一个重要依据，又直接影响混凝土结构的开裂、变形及耐久性。目前，国内外学者已对再生混凝土静态力学性能进行了大量试验研究，但对再生混凝土的动态试验和数值研究工作较少。

本章针对再生混凝土二维试件的动态损伤问题，运用基于基面力单元法的二维细观数值模型，首先以哑铃形试件的动态拉伸试验为例说明本书方法的有效性，并对再生混凝土双边缺口试件的单轴拉伸试验进行了详细的数值分析，应变率效应的细观数值分析结果与试验结果一致，验证了数值模拟的可行性；进一步详细模拟分析了再生混凝土试件的动态单轴压缩试验，研究了应变速率在 0.001 s^{-1} 到 100 s^{-1} 时的再生混凝土的动态单轴压缩力学行为。

9.1　动态轴拉伸试验数值模拟

9.1.1　数值模型验证

Yan 和 Lin[314] 使用伺服液压试验机对混凝土试样进行了动态拉伸试验。Jin 等 [155] 做了详细的数值研究，并对试验进行了很好的数值模拟。在本节中，为了验证本节数值模型的有效性，对上述试验进行了数值试验。材料的各相参数采用 Yan 等 [314] 和 Jin 等 [155] 的结果，如表 9-1 所示。通过数值模拟得到直接拉伸破坏形态和应力-应变曲线分别如图 9-1 和图 9-2 所示。

表 9-1　材料参数

相	密度/(kg/m^3)	均质度	初始弹模/GPa	泊松比	σ_{cf}/MPa	ε_{cf}	B_{c2}	C_{c2}	σ_{tf}/MPa	ε_{tf}	α	η/ξ
骨料	2880*	9	73*	0.16*	80^	0.0030	2	0.0010	6^	0.00015	0.1	5/10
砂浆	2750*	6	38*	0.2*	25^	0.0035	2	0.0030	2.5^	0.00025	0.1	4/10
界面过渡区	2750*	4	26*	0.2*	16^	0.0040	2	0.0035	1.6^	0.00022	0.1	3/10

注：数据“∧”引自 Jin 等 [155], 数据“∗”引自 Yan 等 [314], 其他参数反复试算得到

可以发现，本节得到的数值结果与试验结果基本相同，表明本节模型的合理性。此外可以看出，试件的破坏模式和应力-应变曲线具有明显的率效应。Yan 和 Lin[314] 的研究指出，可以从材料的细观结构和性能来解释试验的率效应机理，因此，本节主要关注各相材料均质度的影响和骨料分布的影响。

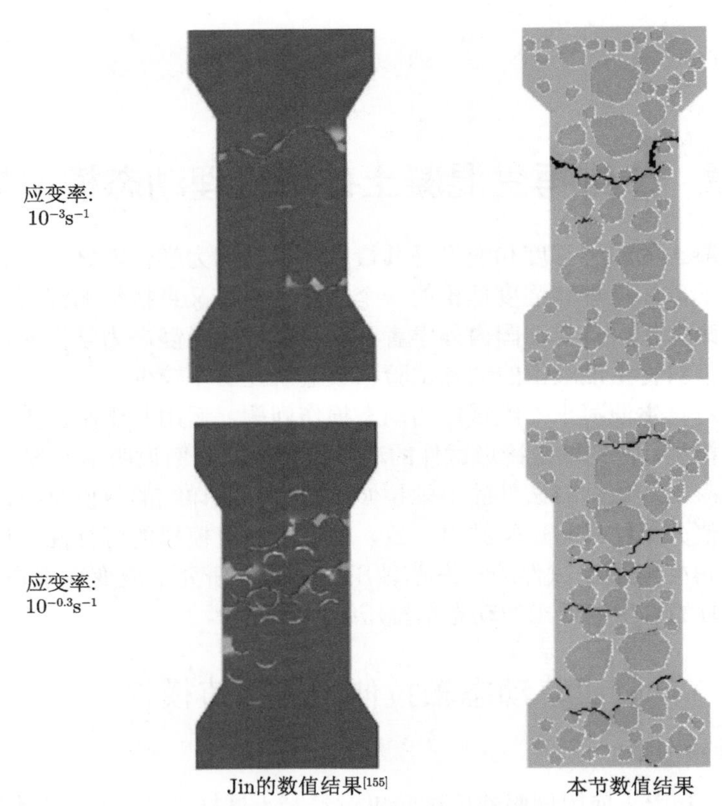

图 9-1　不同应变率下的破坏形态

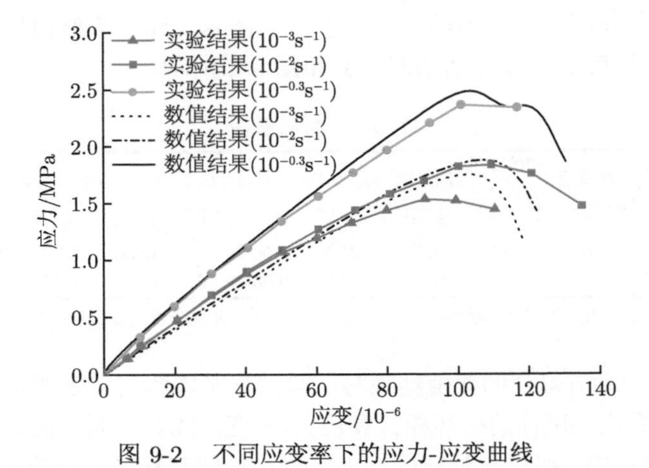

图 9-2　不同应变率下的应力-应变曲线

9.1.2 双边缺口试件数值模型的建立

采用带缺口的试件进行单轴拉伸试验是一种普遍做法，本研究亦采用双边缺口试件进行数值模拟，如图 9-3(a) 所示，再生混凝土受拉构件试件尺寸为 150mm×200mm，双边缺口尺寸为 25mm×10mm。选取粗骨料体积分数为 47%，采用三种不同的再生骨料代表粒径分别表示粗中细骨料，粗骨料、中骨料和细骨料的粒径分别为 32.5mm、20mm 和 10mm，采用 Walraven 公式 [219] 计算得到骨料颗粒数。再生骨料中老砂浆的质量含量为 42%。骨料位置由蒙特卡罗随机方法确定，在考虑计算效率和计算精度的基础上，采用均匀网格划分，划分尺寸取 1mm，并通过判断单元结点的相对位置来建立细观模型，如图 9-3(b) 所示。

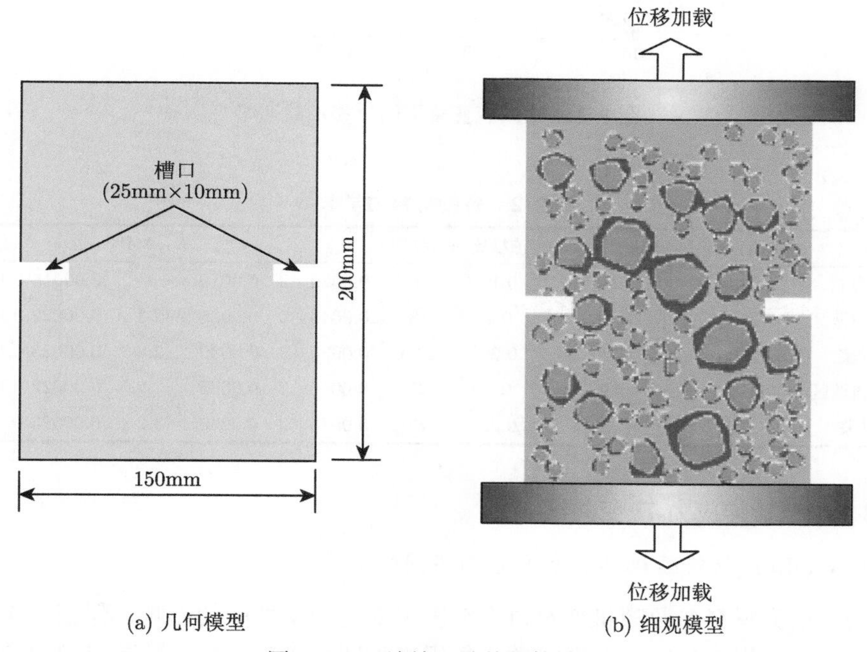

(a) 几何模型　　(b) 细观模型

图 9-3　双边缺口试件计算模型

采用动位移加载，加载条件如图 9-3(b) 所示，分别采用 0.01s^{-1}、5s^{-1}、20s^{-1} 的应变率研究试件在低中高应变率下单轴动态拉伸力学行为，不同应变率下的位移加载速率如图 9-4 所示。

采用 5.1 节中的多折线本构模型，表 9-2 列出了本节用于数值模拟的各相材料力学参数。应该注意的是，细观层次再生混凝土各相材料的物理力学性能参数，必须基于细微观数据，例如纳米压痕 [187]。由于缺乏试验数据，可用的细观材料参数很少。在本研究中，骨料和砂浆的材料参数采用宏观试验结果 [77]，根据 Xiao

等 [186] 的研究结果，新、老界面过渡区的弹性模量和强度分别取相关砂浆基质的 85%和 80% 。

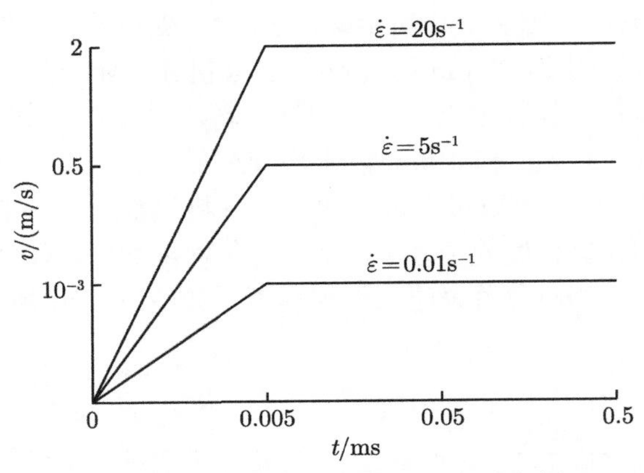

图 9-4 不同应变率下的位移加载速率

表 9-2 各相材料力学参数

相	密度/($\mathrm{kg/m^3}$)	初始弹模/GPa	泊松比	σ_{cf}/MPa	$\varepsilon_{\mathrm{cf}}$	B_{c2}	C_{c2}	σ_{tf}/MPa	$\varepsilon_{\mathrm{tf}}$	α	η/ξ
天然骨料	2700	80	0.16	80	0.0030	2	0.0010	7	0.00015	0.1	5/10
老界面过渡区	2100	16	0.2	18	0.0040	2	0.0035	2.3	0.00022	0.1	3/10
老砂浆	2100	20	0.22	22.5	0.0035	2	0.0030	2.8	0.00025	0.1	4/10
新界面过渡区	2100	19.5	0.2	21	0.0040	2	0.0035	2.7	0.00022	0.1	3/10
新砂浆	2100	23	0.22	25	0.0035	2	0.0030	3.2	0.00025	0.1	4/10

9.1.3 动态拉伸应力-应变曲线

1. Weibull 材料随机参数空间分布不同的影响

为了研究材料参数随机性对再生混凝土动力力学性能的影响，保证结果的可靠性，生成三组 Weibull 分布参数，每组产生四个 Weibull 材料随机参数空间分布不同的数值试件，每组各相材料参数均质度见表 9-3。

表 9-3 各相材料参数均质度

组别	新砂浆	天然骨料	老界面过渡区	老砂浆	新界面过渡区
m-1	30	45	20	30	20
m-2	12	18	8	12	8
m-3	6	9	4	6	4

通过数值模拟获得的加载力-位移曲线如图 9-5 所示。此外，它们的峰值力和峰值位移的平均值列于表 9-4。从图中可以看出，加载速率对加载力-位移曲线的影响很大。随着应变率的增加，峰值力和初始刚度显著增加。此外，还可以注意到，当再生混凝土的均质度较低时，在低应变率下的材料宏观强度更加离散，峰值载荷和临界位移也较低。

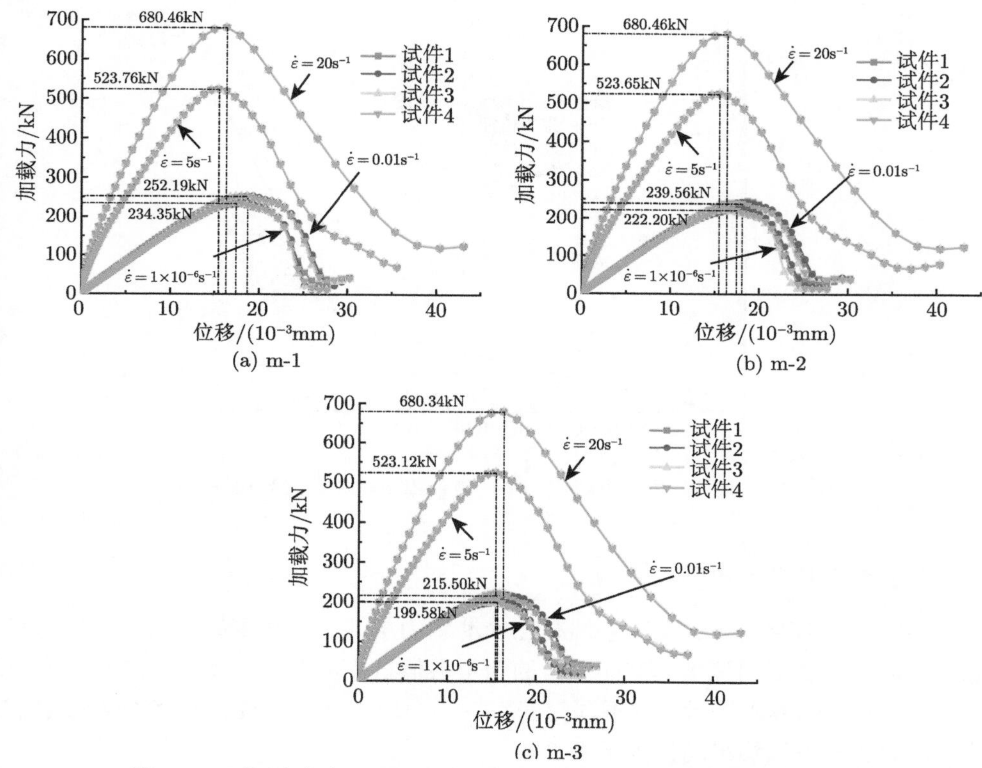

图 9-5 不同应变率下不同 Weibull 参数分布试件的加载力-位移曲线

表 9-4 峰值力和峰值位移的平均值

应变率/s^{-1}	峰值力 /kN			峰值位移 /(10^{-3}mm)		
	m-1	m-2	m-3	m-1	m-2	m-3
1×10^{-6}	234.35	222.19	199.57	17.76	17.60	15.50
0.01	252.19	239.56	215.50	18.72	18.23	15.93
5	523.76	523.66	523.12	15.46	15.46	15.46
10	680.46	680.45	680.34	16.32	16.32	16.32

将通过数值模型计算得出的再生混凝土试样的拉伸动态强度增强因子 (DIF)

与欧洲混凝土委员会 (CEB)[315] 建议的改进的拉伸动态强度增强因子计算公式进行了比较，如图 9-6 所示，研究结果表明，再生混凝土的动态拉伸性能和混凝土类似。均质度反映了各相材料力学性能的不均匀性。在低应变速率下，均质度越小，峰值强度越低。但是，均质度对高应变速率下的峰强度没有影响。因此，材料的力学性能的不均匀性越大，在相同应变率下表现出的拉伸动态强度增强因子越大。

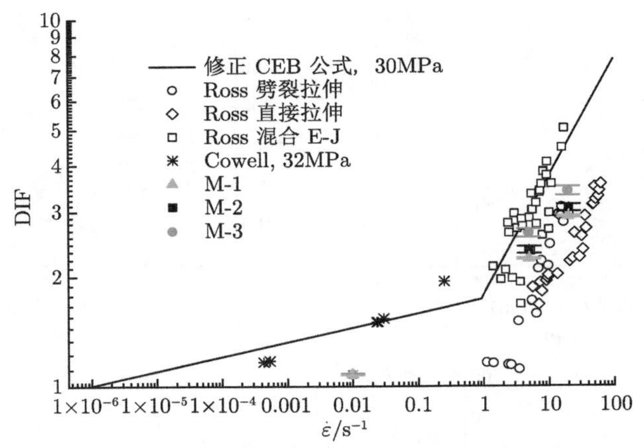

图 9-6 拉伸动态强度增强因子的数值模拟结果和试验结果对比

2. 骨料空间分布不同的影响

不同的骨料空间分布使再生混凝土的动态力学性能更加离散。具有相同材料随机参数分布和不同聚集体空间分布的四个数值试样如图 9-7 所示。进行动态拉伸数值试验，图 9-8 显示了在不同应变率下不同均质度的加载力-位移曲线。它们的峰值力和峰值位移平均值列于表 9-5。

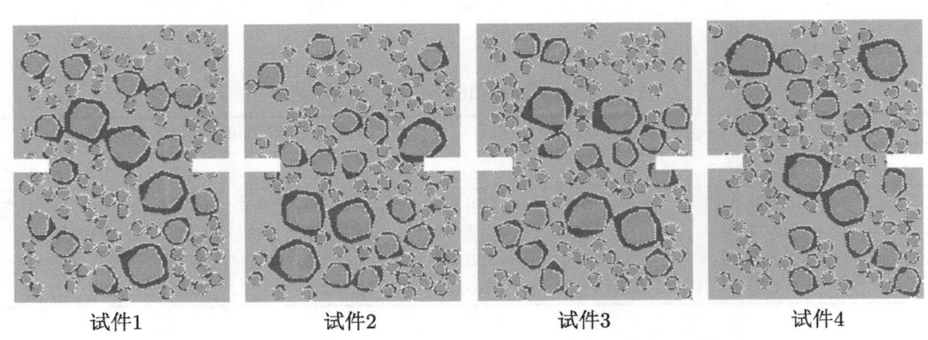

图 9-7 不同骨料分布的数值试件 (有骨料被缺口槽切割)

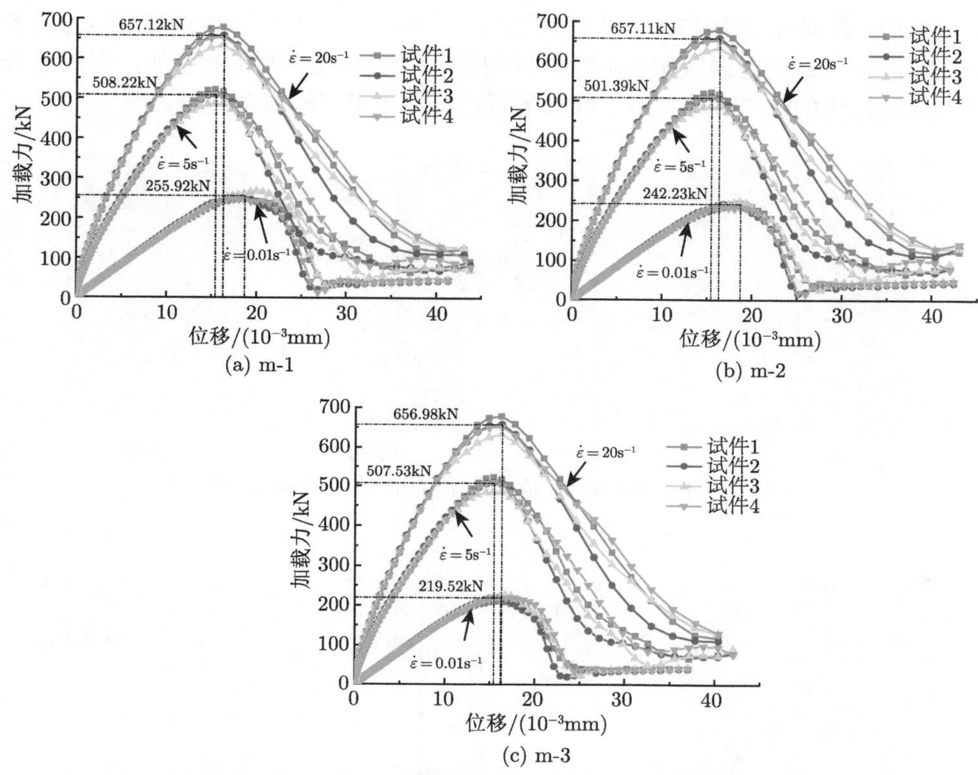

图 9-8 不同应变率下不同骨料分布试件的加载力-位移曲线 (有骨料被缺口槽切割)

表 9-5 峰值力和峰值位移平均值

	应变率/s^{-1}	峰值力 /kN			峰值位移 /(10^{-3}mm)		
		m-1	m-2	m-3	m-1	m-2	m-3
槽口处骨料被切割	0.01	255.91	243.12	219.57	18.73	17.77	16.53
	5	508.22	508.10	507.54	15.46	15.46	15.46
	20	657.11	657.11	656.99	16.32	16.32	16.32
槽口处无骨料被切割	0.01	287.54	273.05	247.64	20.23	18.89	17.76
	5	501.79	501.73	501.39	15.25	15.25	15.25
	20	647.41	647.40	647.35	15.62	15.62	15.62

缺口附近骨料的不完整性对数值结果有一定程度的影响。因此，作为对比，将骨料重新分布以获得图 9-9 的数值试件。进行数值模拟，得到如图 9-10 所示的加载力-位移曲线，其强度和峰值位移平均值列于表 9-5。

可以看到，在低应变率下，缺口附近没有骨料被切割的试件轴拉强度明显高于有骨料被切割的试样。但是，在高应变率下，情况不同甚至相反。这种现象的原因是，当应变率非常低时，试件的裂缝是由试件中最小的有效抗拉截面控制的，即试件的“最弱链”。缺口附近骨料被切割，将存在大量的骨料和砂浆之间的新老界面过渡区，这些薄弱区域会加速试件的损坏。随着应变率逐渐增加，裂纹沿着能量释放最快的路径逐渐发展，缺口附近的骨料阻碍了裂纹的发展。

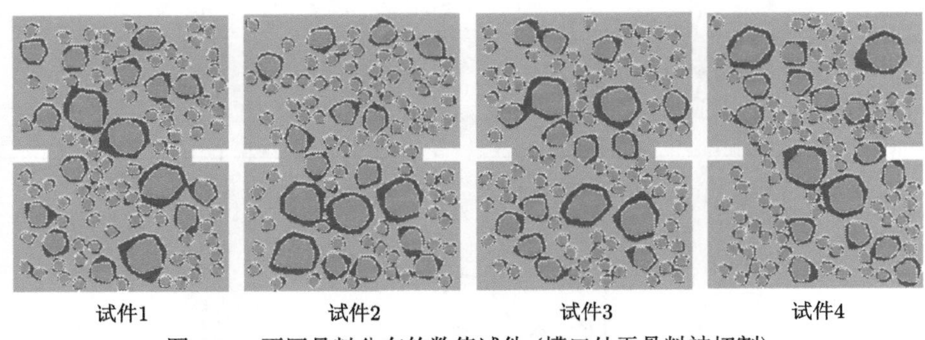

图 9-9　不同骨料分布的数值试件 (槽口处无骨料被切割)

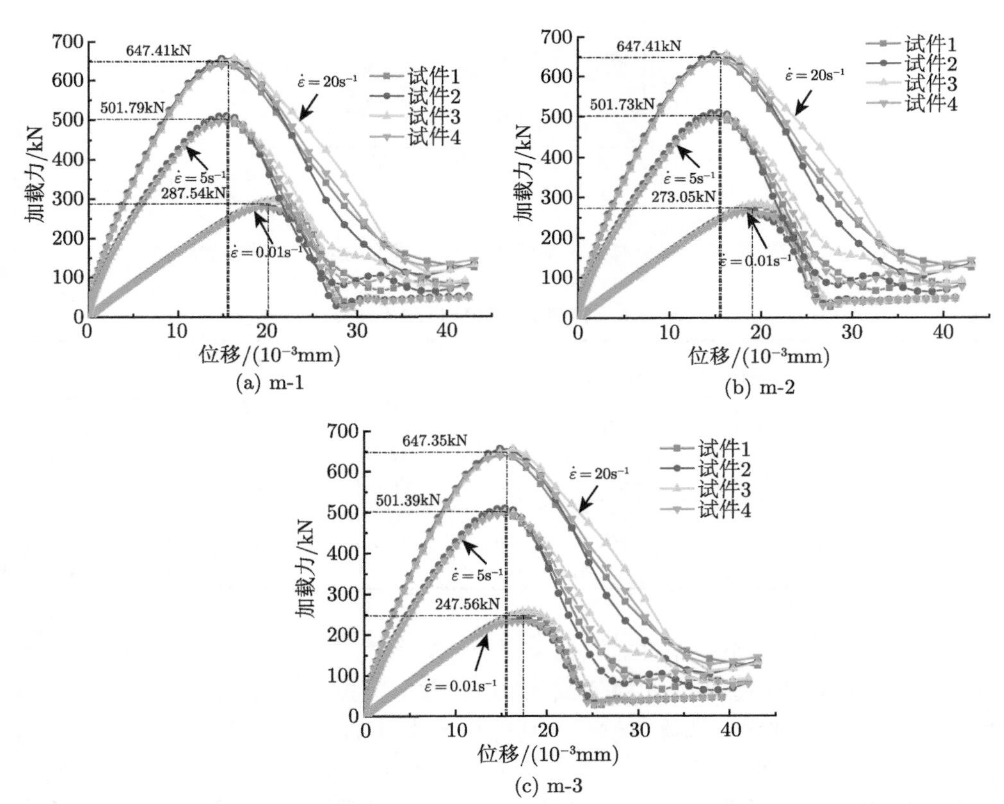

(a) m-1　(b) m-2　(c) m-3

图 9-10　不同应变率下不同骨料分布试件的加载力-位移曲线 (槽口处无骨料被切割)

9.1.4 破坏模式

本节假定，当试件的残余强度达到峰值强度的 10%时数值试样破坏。为了缩小篇幅，以其中一个试件为例，在不同应变率条件下，具有不同均质度的试件的破坏模式和裂纹扩展如图 9-11 所示。

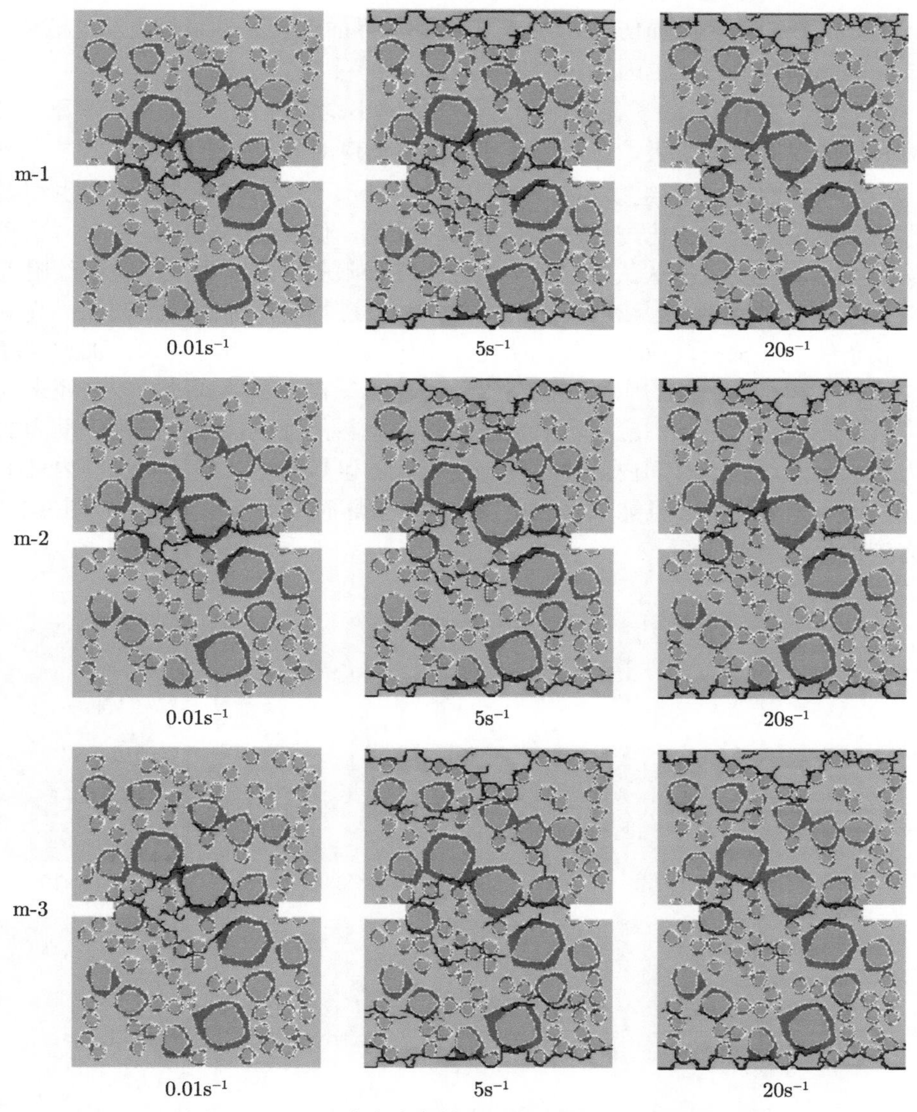

图 9-11 不同应变率条件下再生混凝土的破坏形态

从图 9-11 中可以看出：

(1) 在低应变率 (0.01s^{-1}) 下，微裂纹主要沿着骨料、砂浆交界面或砂浆内部薄弱环节产生和扩展，最终形成一条垂直于加载方向的主干式贯穿性裂纹。在中等应变率 (5s^{-1}) 下，惯性效应开始凸显，使得试件不仅在中部有裂纹，在靠近加载端也出现了较多的破坏区域。在高应变率 (20s^{-1}) 下，动力载荷尚未到达试件中部时，试件在接近加载端的狭窄区域已出现局部集中破坏区域，而试件中部仅受到部分加载力而轻微损伤。在此过程中，除了界面过渡区砂浆基质发生破坏，位于试样两端的骨料单元也因拉伸而损伤。

(2) 材料均质度反映了各相材料力学性能的不均匀性。在中低应变率下，均质度对裂纹的发展影响较大，在高应变率时，均质度对裂纹发展影响较小。

当均质度取为 m-1 组参数时，图 9-12 中显示了不同应变率下的再生混凝土试件最大主应力云图演化过程，从图中可以看到，低应变率加载条件下，试样整体受力均匀，裂纹最先从试样中最早达到强度极限的区域萌生，同时裂纹附近区域储存的应变能会伴随裂纹的发展而释放，试样破坏时所需的能量较低；高应变率加载条件下，试样内应力局部化明显，由于应力分布变得不均匀，加载速度越快，加载端和试样中部的应力相差越大，因此当试样中最薄弱处的应力还未到达强度极限时，别的区域的应力值可能已经达到材料的强度极限，且由于动力加载应力增长迅速，同一时间内到达材料强度极限的区域增多，破坏时试样内部多条裂纹共同承担受力变形且能量释放更快，试样破坏时所需能量增高，如图 9-13 所示为该试件断裂耗能图。

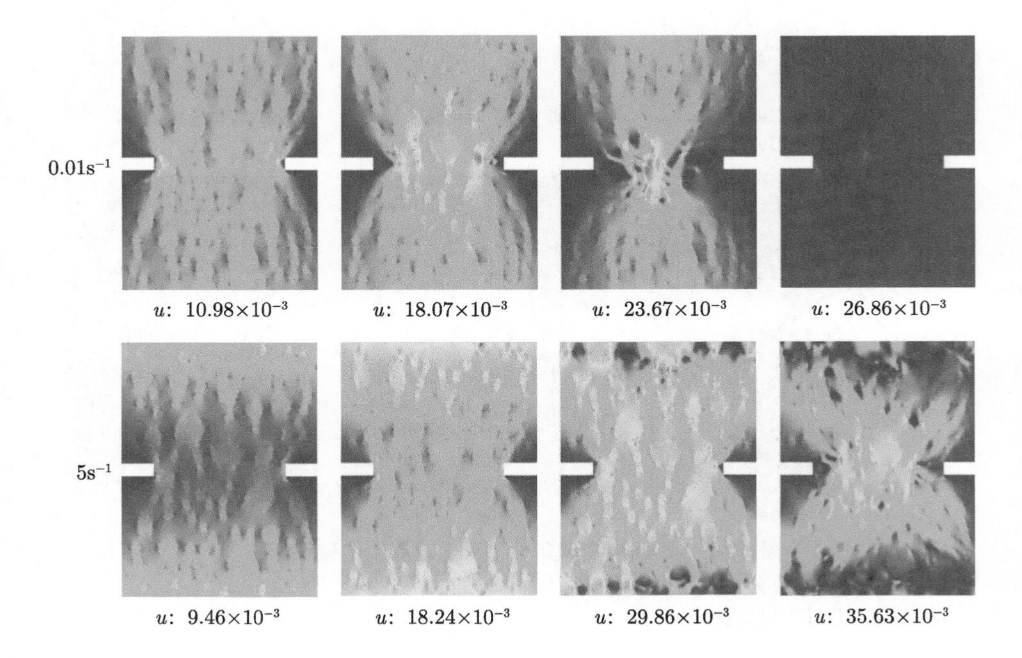

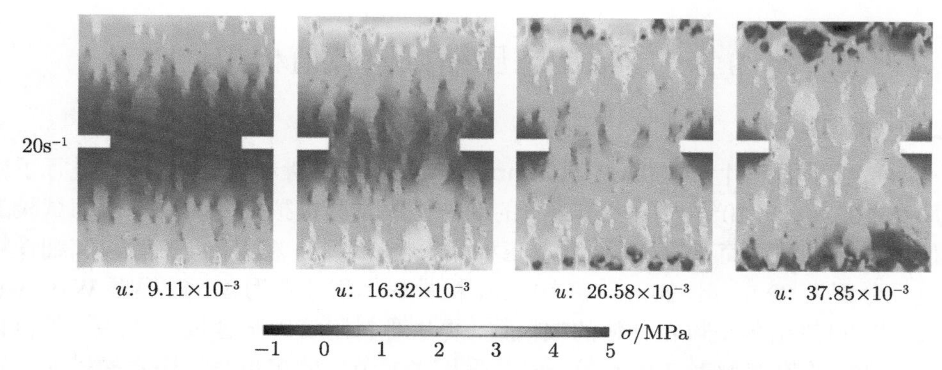

图 9-12 不同应变率下的再生混凝土试件最大主应力云图演化过程

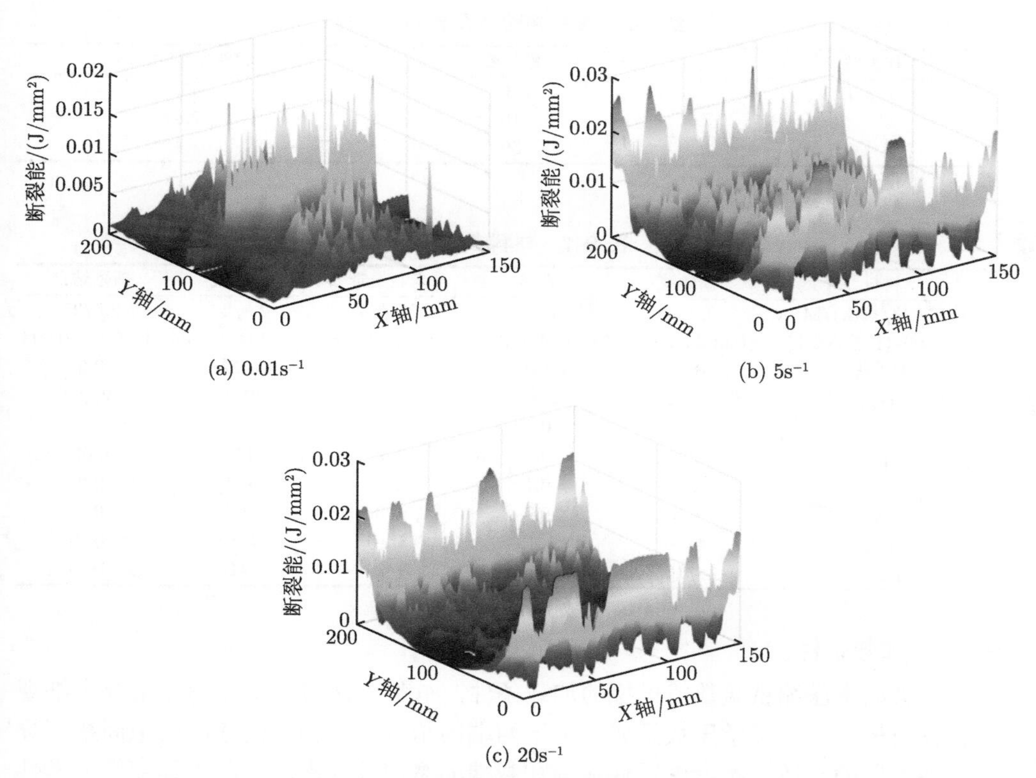

(a) $0.01s^{-1}$ (b) $5s^{-1}$ (c) $20s^{-1}$

图 9-13 不同应变率下试件的断裂耗能图

因此，本研究认为，在低应变速率下，材料的强度由“最弱链”确定。但是，在较高的应变率下，几乎材料的所有相共同抵抗变形，材料的强度取决于能量释放最快的路径。

9.2　单轴动态压缩试验数值模拟

9.2.1　模型建立

本节以平面尺寸为 150mm×150mm 的二维随机凸骨料模型为代表，进行了应变率在 10^{-3}s^{-1} ~10^{2}s^{-1} 的多个速率的动态压缩试验模拟，并对动态压缩试验的数值模拟结果进行简要的分析。选取三种代表粒径骨料，粗骨料、中骨料和细骨料的直径分别为 32.5mm、20mm 和 10mm，粗骨料体积分数为 47%，根据 Walraven 公式 [219] 可算出各个粒径骨料的颗粒数，再生骨料附着砂浆含量为 42%，骨料颗粒数及老砂浆厚度如表 9-6 所示。本节采用 5.1 节中的多折线损伤本构模型，各相材料参数 [215] 如表 9-7。

表 9-6　骨料颗粒数及老砂浆厚度

代表粒径/mm	颗粒数	老砂浆厚度/mm
32.5	3	4.59
20	10	2.82
10	59	1.41

表 9-7　材料参数 [215]

材料	新砂浆	骨料	老黏结带	老砂浆	新黏结带
强度 (抗拉/抗压)/MPa	3.2/32	7/70	2.5/25	2.8/28	2.5/25
峰值应变 (抗拉/抗压)	0.00025/0.0047	0.0001/0.0015	0.00022/0.004	0.00025/0.0047	0.00022/0.004
泊松比	0.22	0.16	0.2	0.22	0.2
密度/(kg/m^3)	2100	2700	2100	2100	2100
α	0.1	0.1	0.1	0.1	0.1
β	0.85	0.9	0.65	0.85	0.65
γ	0.2	0.1	0.2	0.2	0.2
λ	0.3	0.9	0.3	0.3	0.3
η_t/ξ_t	4/10	5/10	3/10	4/10	3/10
η_c/ξ_c	4/10	5/10	3/10	4/10	3/10

9.2.2　加载条件

单轴动态压缩试验数值模拟的加载条件，如图 9-14 所示，由再生混凝土细观随机骨料模型、上下承压板组成，上下两端的承压板以相同的速度向中间挤压导致试件的压缩破坏。不考虑试件端与加载端的摩擦等因素对混凝土强度等力学性能造成的影响，试件单元与承压板的摩擦系数为零。

改变上下两端承压板的加载速度可以使试件在竖直方向达到不同的压缩应变率，其计算公式如下：

$$\dot{\varepsilon}_m = \frac{2v}{h} \tag{9-1}$$

式中，$\dot{\varepsilon}_m$ 表示竖向压缩应变率，v 表示承拉板竖向加载速率，h 表示再生混凝土试件高度。不同应变率下的竖向位移加载速率见图 9-15。

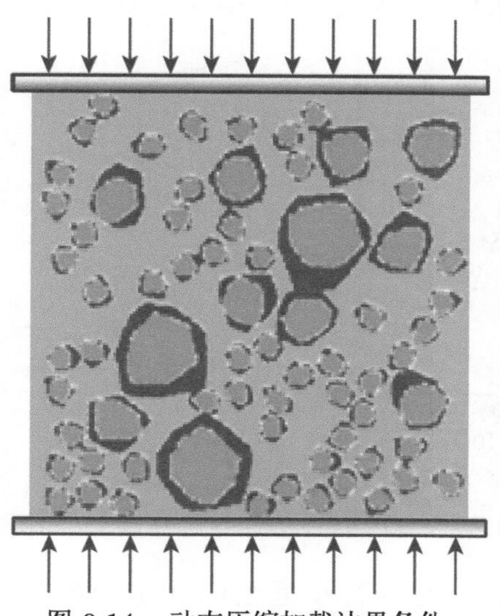

图 9-14 动态压缩加载边界条件

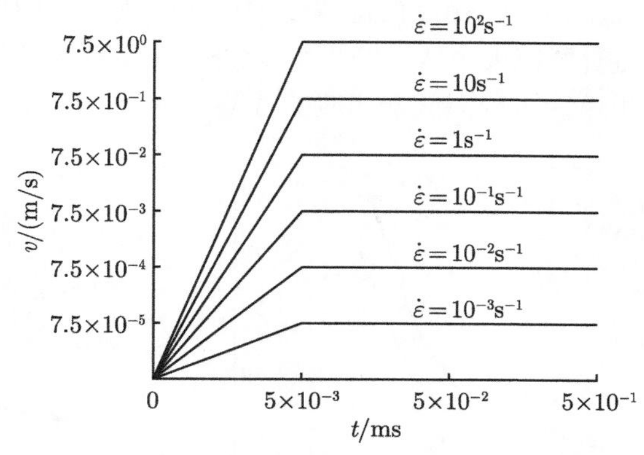

图 9-15 竖向位移加载速率

9.2.3 动态压缩应力-应变关系

为了消除骨料位置的影响，本节计算了三个骨料位置不同的再生混凝土试件。此外，考虑到再生混凝土和混凝土之间的力学差异，将再生骨料替换为天然骨料，作为对照。图 9-16 显示了在不同应变率下的平均应力-应变关系。这里应变为加载位移除以试件总高度，应力由加载面上的反力计算。可以看出，随着应变率的增加，动态轴压应力-应变曲线的形状与静态曲线的区别越来越明显。当应变率小

于 $0.1s^{-1}$ 时，动态轴压应力-应变曲线的形状类似于静态曲线，具有明显的下降段。然而，当应变率大于 $1s^{-1}$ 时，可以注意到，初始弹性模量和峰值应力随着应变率的增加而增加，曲线的下降段趋于平缓，而且应变率越高，这种趋势越明显。

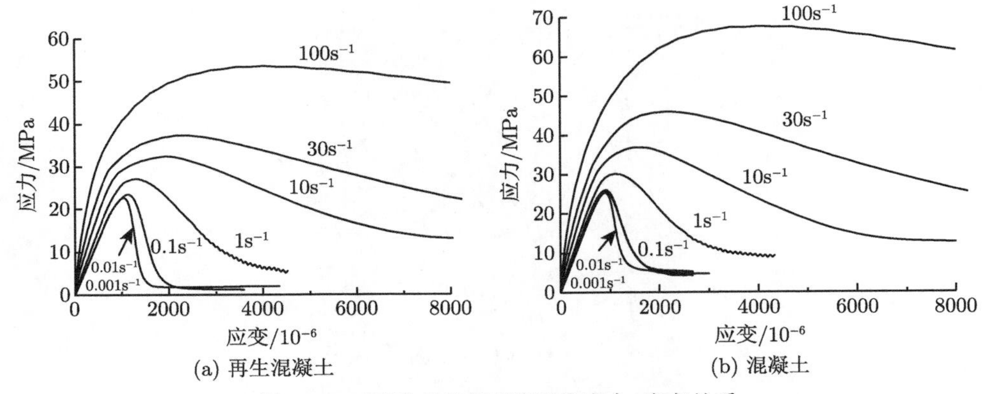

图 9-16　不同应变率下的平均应力–应变关系

图 9-17(a) 显示了混凝土和再生混凝土的峰值应力与应变率的关系。图 9-17(b) 显示了混凝土和再生混凝土的初始弹性模量与应变率的关系。研究发现，高应变率下的抗压强度和弹性模量随 log10 的应变率的增加而近似呈线性增长，这与其他学者的研究结果一致 [316,317]。此外，在所有应变速率下，再生混凝土试件的抗压强度和弹性模量都低于相应的混凝土试件。

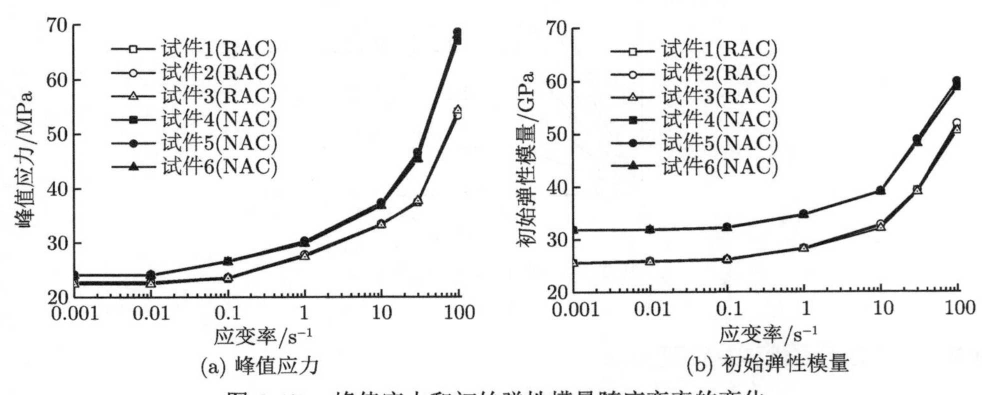

图 9-17　峰值应力和初始弹性模量随应变率的变化

9.2.4　破坏形态

设定当残余强度为峰值强度 30%时，试件破坏，此时，不同应变率条件下其中一个再生混凝土试件的单轴压缩破坏形态如图 9-18 所示。

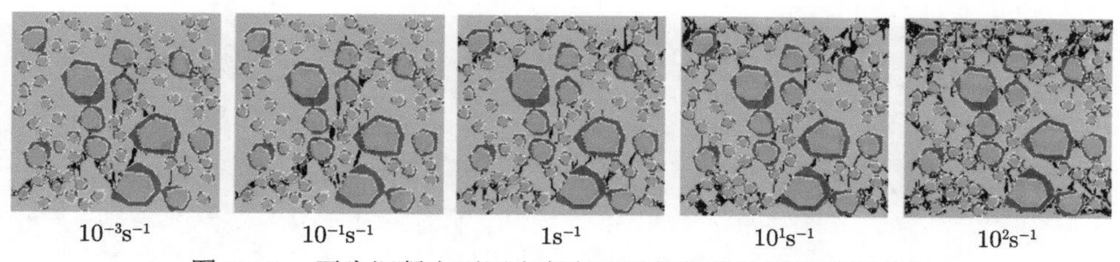

图 9-18 再生混凝土不同应变率下试件的单轴压缩破坏形态

从图中可以看出在较低的应变率 $(0.001\sim0.1)s^{-1}$ 条件下，裂纹主要沿着骨料砂浆交界面或砂浆内部薄弱环节产生和扩展，最终形成一条集中的带状裂纹区域，导致混凝土的破坏。显然，这一破坏形态与骨料的随机分布形式相关，但裂纹呈集中带状分布的特点不会改变。然而，在较高应变率条件下 $(1\sim100)s^{-1}$，破坏产生的裂纹数大大增加，并弥散在整个试件中，同样，有少量裂纹也穿过了强度较高的骨料单元。

9.2.5 破坏过程

以其中一个再生混凝土试件为例，图 9-19 和图 9-20 显示了应变率分别为 $0.01s^{-1}$(低应变率) 和 10 s^{-1}(高应变率) 时，动态压缩破坏过程损伤图以及对应的最大主应力云图。

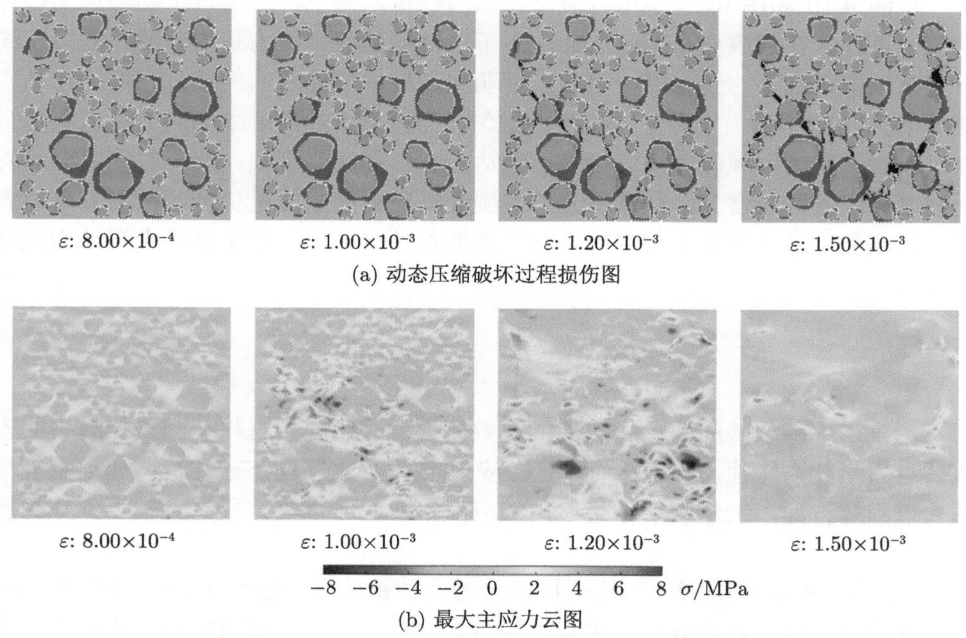

图 9-19 应变速率为 $0.01s^{-1}$ 时的再生混凝土试件动态压缩破坏过程

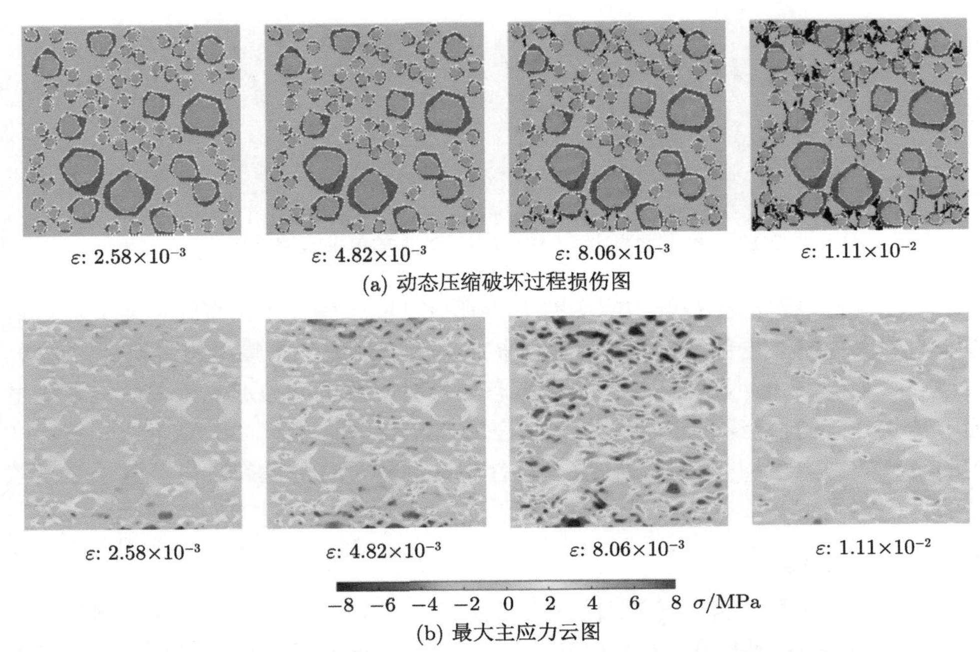

(a) 动态压缩破坏过程损伤图

(b) 最大主应力云图

图 9-20　应变速率为 10s^{-1} 时的再生混凝土试件动态压缩破坏过程

从图 9-19 和图 9-20 中可以看出，数值模拟结果很好地再现了动态压缩破坏的整个过程。在低应变率 (即 0.01s^{-1}) 下，试样的整个受力是均匀的，并且裂纹首先从试样中最早达到强度极限的区域萌生，破坏试件所需的能量较低。在高应变率 (即 10s^{-1}) 下，应力分布变得不均匀，当试样中最薄弱处的应力还未到达强度极限时，别的区域的应力值可能已经达到材料的强度极限，同一时间内到达材料强度极限的区域增多，细观单元的断裂破坏所耗散的能量更多了，另外考虑到产生的动能，总体而言大大增加了对外部能量的需求，导致了试件宏观动力强度的提高。

9.3　本 章 小 结

本章运用基于基面力单元法的细观数值模型，研究了材料在动态加载下的宏观动态力学行为特性。从总体而言，在应力-应变曲线、动态破坏形态和动态破坏演化过程等方面，细观数值结果给出的应变率效应与试验结果具有较为一致的规律性。

(1) 本章对再生混凝土双边缺口试件的单轴拉伸试验进行了详细的数值分析，应变率效应的细观数值分析结果与试验结果一致，验证了数值模拟的可行性。主要结论如下：

(i) 材料均质度反映了各相材料力学性能的不均匀性。在中低应变率下，均质度对试件宏观力学性能、裂纹的发展影响较大，在高应变率时，均质度的影响则较小。

(ii) 在低应变率下，缺口附近没有骨料被切割的试件轴拉强度明显高于有骨料被切割的试件。但是，在高应变率下，情况不同甚至相反。

(iii) 在低应变率下，试件的破坏模式单一，表现为集中式的宏观裂纹；在高应变率下，试件的破坏模式分散，呈现出一种弥散状的裂纹分布模式。

(iv) 再生混凝土的抗拉强度有很强的应变率效应。在较低的应变率下，材料的强度由最弱点决定。然而，在高应变率下，材料的各相共同抵抗外载荷，材料的强度由能量释放最快点决定。

(2) 本章详细模拟分析了再生混凝土试件的动态单轴压缩试验。在本研究中，研究了应变速率在 0.001~100s^{-1} 时的再生混凝土的力学行为。得出以下结论：

(i) 再生混凝土的宏观力学性能有很强的率依赖性。当应变率小于 0.1s^{-1} 时，动态轴压应力-应变曲线的形状类似于静态曲线，具有明显的下降段。随着应变率的增加，应力-应变曲线下降段较为平缓，韧性增强，当应变率大于 1s^{-1} 时，弹性模量和峰值应力随 log10 的应变率的增加而近似呈线性增长。

(ii) 再生混凝土的破坏模式有很强的率依赖性。再生混凝土的破坏模式与常规混凝土相似，在低应变率 ($<0.1\mathrm{s}^{-1}$) 时试件表现为宏观集中裂纹，而在高应变率下 ($>1\mathrm{s}^{-1}$)，试件呈现出弥散状的裂纹分布模式。

第 10 章　三维再生混凝土破坏机理和破坏规律的静态模拟与分析

相比二维模型，三维模型能较好地反映空间复杂的破坏路径，故而将二维模型扩展到三维模型来研究再生混凝土的破坏机理。本章针对再生混凝土三维试件的静态损伤问题，运用基于基面力单元法的三维细观数值模型，以带双口槽预裂缝的试件为例进行轴拉数值模拟论证和研究，研究了再生混凝土的抗拉断裂能力，分析了再生混凝土在轴拉载荷作用下的骨料空间分布、粒径分布、体积分数、骨料形状、再生骨料取代率、再生骨料中老砂浆含量、界面厚度和各相材料强度的影响规律；以圆柱形试件为例进行轴压数值模拟论证和研究，研究了不同再生骨料取代率下再生混凝土的宏观力学响应，即应力-应变关系、破坏模式和破坏过程等，分析了再生粗骨料体积分数、老砂浆含量和再生骨料形状的影响规律等，探究了多轴加载条件下再生混凝土的性能；以预裂纹三点弯曲梁为例，通过与试验对比分析，验证了零厚度界面单元在界面过渡区应用的可行性，同时研究了不同再生粗骨料取代率的三点弯曲梁的断裂行为。

10.1　双口槽预裂缝试件的单轴拉伸模拟与分析

再生混凝土试件在使用过程中，不可避免地会在各种载荷条件下发生拉伸破坏，由于其抗拉强度较低，这种破坏更加普遍，因此，拉伸断裂的研究对于准确预测在受载荷条件或在腐蚀环境下的性能是一个非常重要的课题，如绪论所述，再生骨料的加入严重影响着再生混凝土的宏观力学性能。因此为了研究再生混凝土的抗拉断裂能力，以尺寸为 50mm×50mm×50mm 带双口槽预裂缝的试件作为代表试件，该试件可以表征骨料的统计分布，试件具体尺寸如图 10-1 所示。本节中的工作如下：① 以粗骨料体积分数为 30%，再生骨料取代率为 50%，老砂浆质量含量为 42%作为典型代表，从细观角度再现试件在加载过程中的内部损伤发展，通过宏观应力-应变曲线，损伤单元分布、应变应变云图等相关信息，分析试件的破坏过程。② 再生混凝土在拉伸断裂时的宏观力学性能和断裂面形态主要与断裂面上的骨料性质及骨料分布密切相关，因此，为考察影响断裂面的主要参数，探讨了骨料分布影响规律、骨料体积分数影响规律、再生骨料取代率影响规律、老砂浆含量影响规律等。③ 再生混凝土中含有大量的界面过渡区弱面，这些弱面一般具有比新老砂浆基质小很多的断裂强度, 将对裂缝的扩展行为产生重要影响，在多骨料的试件中，裂缝与界面过渡区相遇后的扩展行为变得异常复杂，宏观力学响应也会有较大随机性，因此，为探究骨料形状影响规律、界面过渡区厚度影响规律等，并排除其他方面的影响，只在试件中部断裂带上放置一颗骨料，研究其在拉伸断裂时的宏观力学响应。

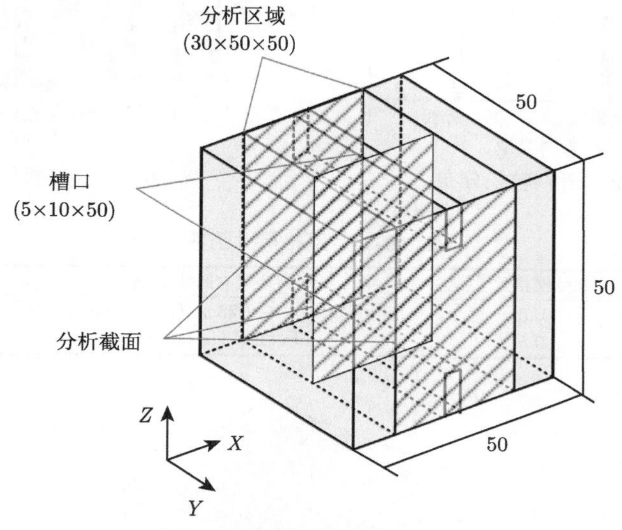

图 10-1 试件尺寸及分析截面 (单位: mm)

10.1.1 模型建立

根据受力特点，同时考虑到为了减少计算规模，选取中间 30mm 部分为分析区域。假定骨料颗粒为球体，且其最大粒径为 20mm，最小粒径为 5mm，粗骨料体积分数为 30%，采用富勒级配曲线随机生成骨料颗粒，骨料粒径分布如图 10-2 所示。再生骨料附着老砂浆质量含量为 42%，再生骨料取代率为 50%，骨料投放示意图如图 10-3 所示。网格划分中，假定初始网格尺寸为 0.5mm，界面过渡区节点修正范围为 0.3mm，网格尺寸函数如表 10-1 所示，最终生成的背景网格如图 10-4 所示，投影网格模型如图 10-5 所示。数值模拟加载过程中，约束 $X = 0$ 处所有节点的 x 向位移，采用位移逐级加载，$X = 50$ 处所有节点的每一步加载位移均为 0.0001mm，加载模型简图如图 10-6 所示。

由于关于界面过渡区的厚度和力学性能的试验数据非常有限，根据第 8 章中的研究结果，在本节中，假定界面过渡区的厚度为 0.5m，并且其力学性能与水泥基体相比较弱，各相材料采用多折线损伤本构模型描述，其材料参数及本构模型参数详见第 8 章中表 8-2 和表 8-3。

粒径/mm
天然骨料
再生骨料
骨料类型

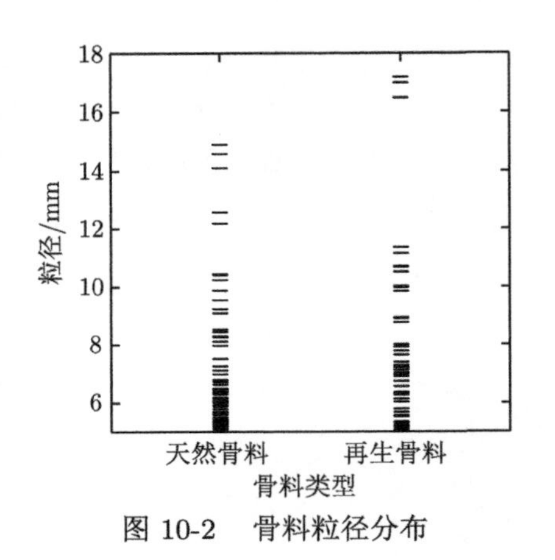

图 10-2　骨料粒径分布

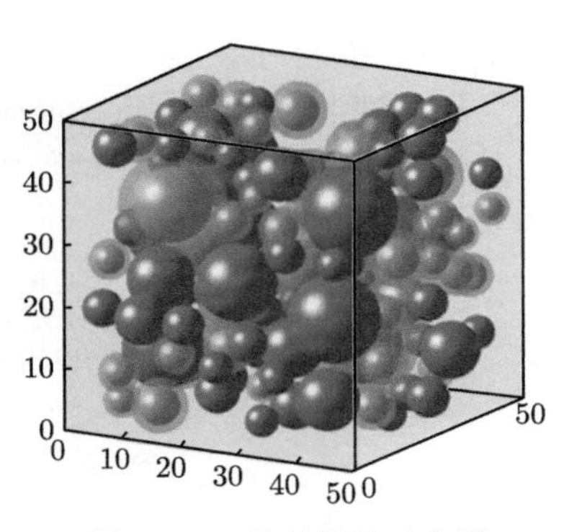

图 10-3　骨料投放示意图

表 10-1　网格尺寸函数

	初始网格尺寸	网格尺寸函数 $h(x)$	加密梯度
天然骨料外	0.5	$\min(\min(1+0.25\times\{\lvert d(x_i,y_i)\rvert\}),3)$	0.25
天然骨料内	0.5	$\min(1+\{\lvert d(x_i,y_i)\rvert\})$	1

Z轴
Y轴
X轴

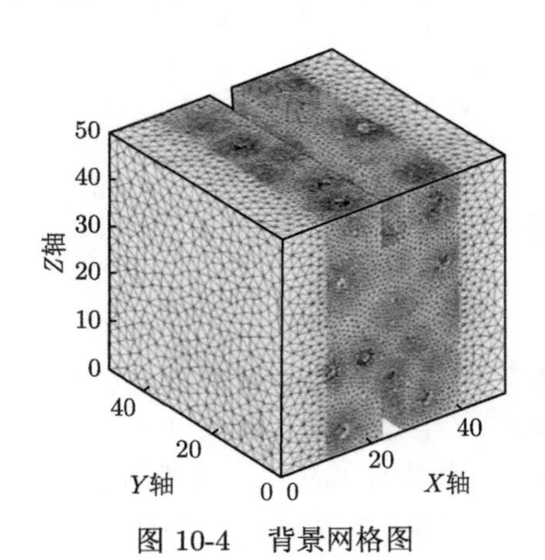

图 10-4　背景网格图

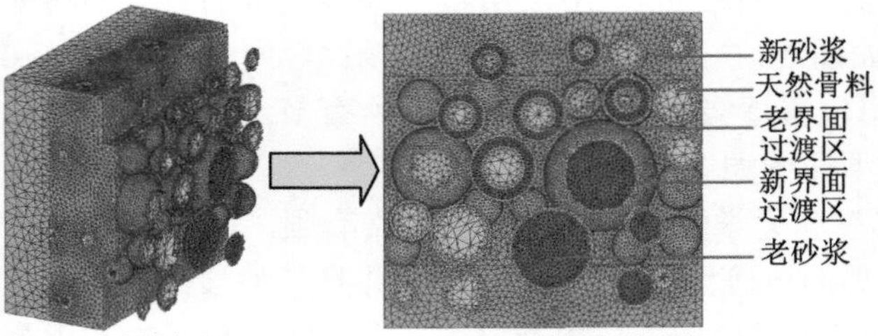

新砂浆
天然骨料
老界面
过渡区
新界面
过渡区
老砂浆

(a) 侧剖面　(b) 侧剖面正视图

图 10-5　投影网格模型

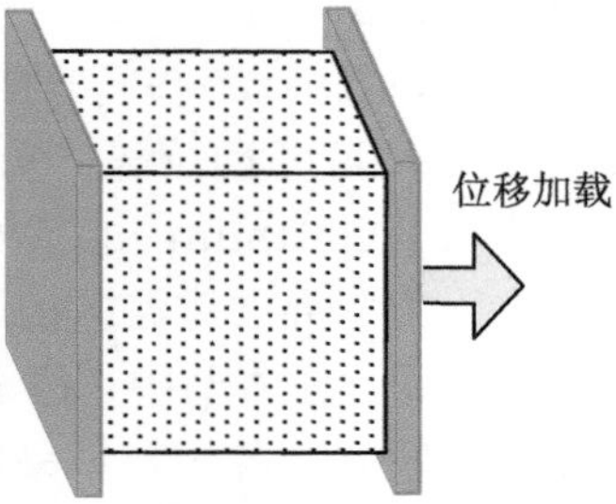

位移加载

图 10-6　加载示意图

10.1.2 数值结果

1. 应力-应变曲线

图 10-7 为计算得到的应力-应变曲线，图 10-8 为试件加载过程中的加载步-损伤单元数直方图。应变为加载位移除以试件总高度，应力由加载面上的反力计算。从图 10-7 和图 10-8 中可以看出，从损伤演化转变为整体破坏有突变性特征。在接下来的数值仿真中，将会看到混凝土材料一种重要的共性特征，即破坏过程表现为从整体稳定条件下的损伤演化转变为突发性的灾变，白以龙院士 [110] 将其称为固体破坏的演化诱致突变现象。

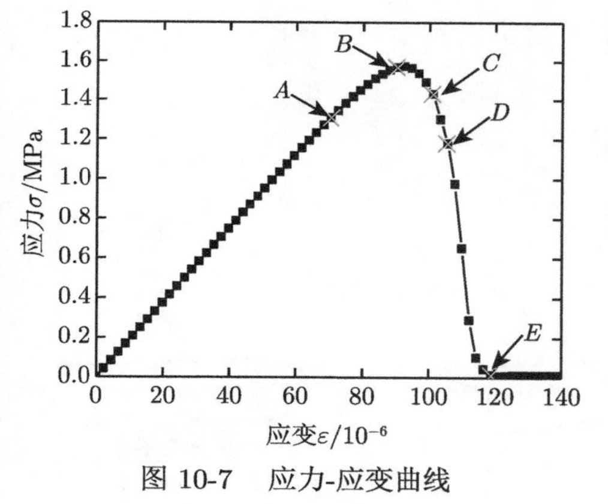

图 10-7 应力-应变曲线

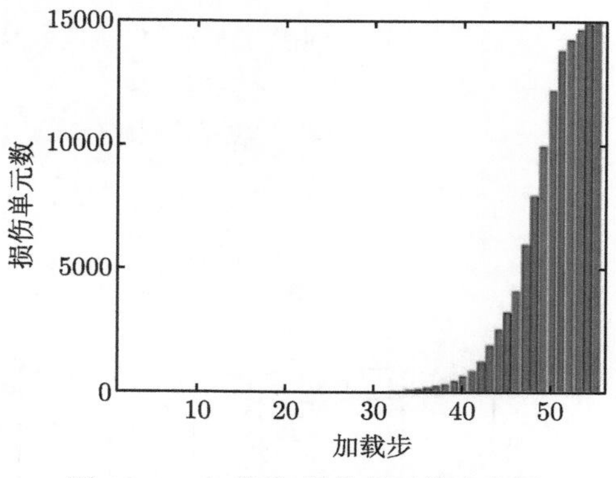

图 10-8 加载步-损伤单元数直方图

2. 试件损伤与破坏分析

首先考察试件在各个载荷步下的损伤与破坏过程，由于加载步数较多，这里只列举具有代表性的第 33 步 (加载初期损伤阶段)、第 42 步 (峰值载荷处)、第 47 步 (峰值载荷后初始灾变阶段)、第 49 步 (灾变阶段)、第 55 步 (加载末期) 载荷步所对应的试件的损伤状况分布图。

从图 10-9 中可以看出，加载初期，试件中部出现很少量破坏单元，且围绕试件预裂纹处大骨料周围会产生数量较多的损伤单元，而体积较小的骨料周围损伤单元数量相对较少；随着加载的继续，试件预裂纹处的破坏单元数量明显增加，形成了一定数量的裂纹，裂纹类型以微裂纹为主; 等加载达到试件的抗拉强度附近时，试件预裂纹处相当一部分微裂纹发展成为了主裂纹，这就促使试件产生更多损伤和破坏，加速了破坏；加载末期，主裂纹贯通试件，试件基本接近了完全破坏状态。

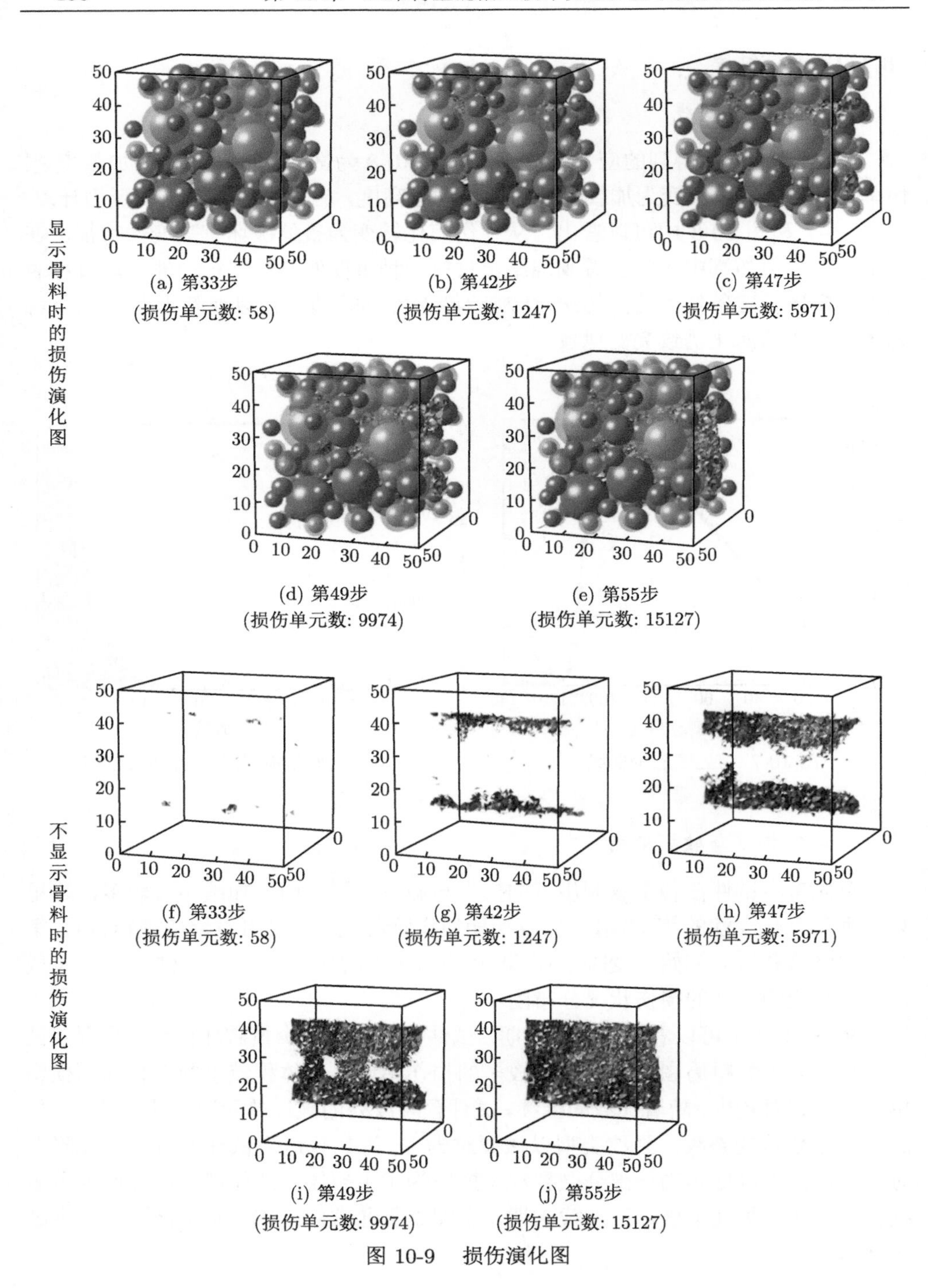

(a) 第33步 (损伤单元数: 58)　(b) 第42步 (损伤单元数: 1247)　(c) 第47步 (损伤单元数: 5971)

(d) 第49步 (损伤单元数: 9974)　(e) 第55步 (损伤单元数: 15127)

(f) 第33步 (损伤单元数: 58)　(g) 第42步 (损伤单元数: 1247)　(h) 第47步 (损伤单元数: 5971)

(i) 第49步 (损伤单元数: 9974)　(j) 第55步 (损伤单元数: 15127)

图 10-9　损伤演化图

3. 试件应力分析

图 10-10 为试件应力演化图，可以看出，加载初期损伤阶段试件预裂纹处承受着较大的拉应力作用，且主要分布在试件中轴线附近和靠近预裂纹的邻近骨料之间的界面和砂浆处。随着载荷的增加，试件预裂纹处产生了一定数量的损伤破坏单元，应力释放，试件预裂纹处的应力集中区域面积较之间有明显减小，新产生的应力集中现象主要出现在微裂纹尖端和邻近的骨料之间，进一步加载，试件产生明显的宏观裂纹，拉应力主要集中在主裂纹顶端，这些应力集中现象的出现推动了裂纹朝试件中部移动。

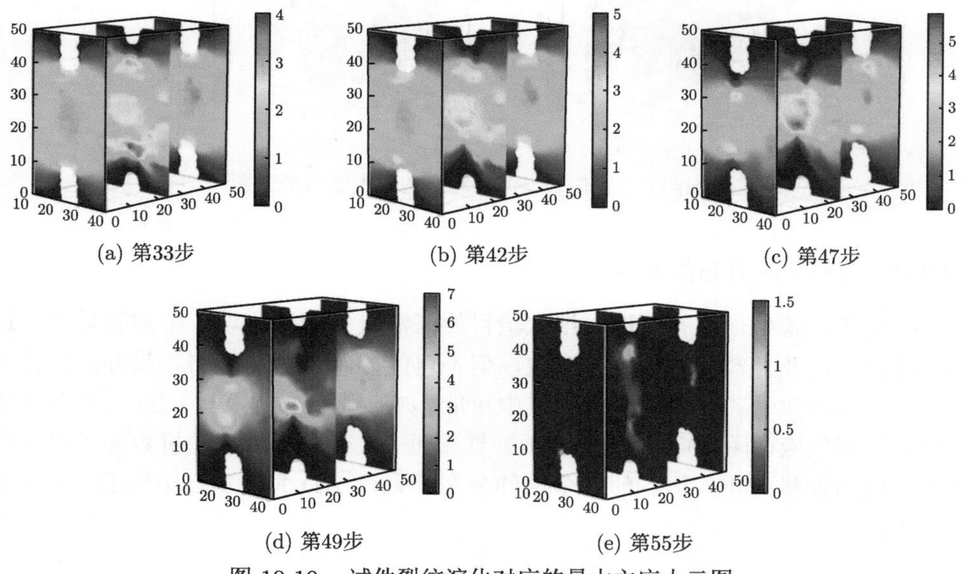

图 10-10 试件裂纹演化对应的最大主应力云图

4. 试件应变分析

图 10-11 为试件内部应变演化云图。加载初期，拉应变主要集中在靠近预裂纹的邻近骨料之间的界面和砂浆处，微裂纹最先出现在了该区域。随着载荷的增加，试件内部的微裂纹逐渐演化成了主裂纹，拉应变区逐渐向试件中部快速发展。

总的来说，图 10-9~图 10-11 是确定性过程与随机过程并存的模拟结果，在初始加载阶段，系统的演化主要表现为微损伤的随机发展，当接近于宏观强度时，应力-应变场出现了明显的涨落，有局部化倾向，微损伤发展的相关性逐渐增强，出现从小尺度到大尺度的级联破坏过程，最终导致突发性的宏观破坏。

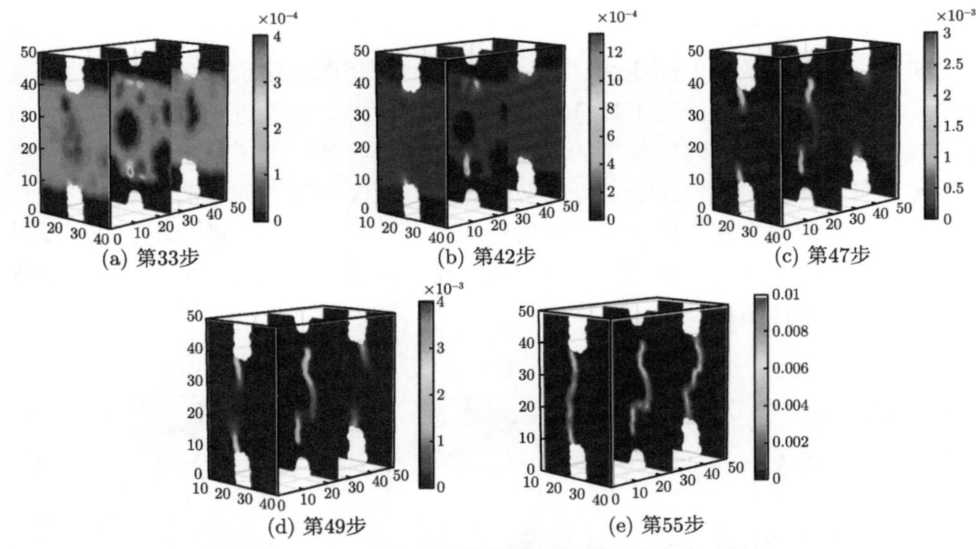
(a) 第33步　(b) 第42步　(c) 第47步　(d) 第49步　(e) 第55步

图 10-11　试件裂纹演化对应的最大主应变云图

10.1.3　骨料空间分布的影响

在现实试验中，尽管可以根据试验目的在混凝土配合比设计中控制最大、最小骨料尺寸以及骨料级配和体积分数，但不可能控制骨料的分布。另外，搅拌或偏析不佳而导致骨料在局部区域的集中可能影响混凝土的强度。因此，本节将研究骨料分布效应，图 10-12 为在 10.1.1 节基础上改变骨料投放随机数种子得到的四种不同的骨料分布，得到的四个试件分别标记为 AD-1 至 AD-4(“AD” 表示骨料分布)。

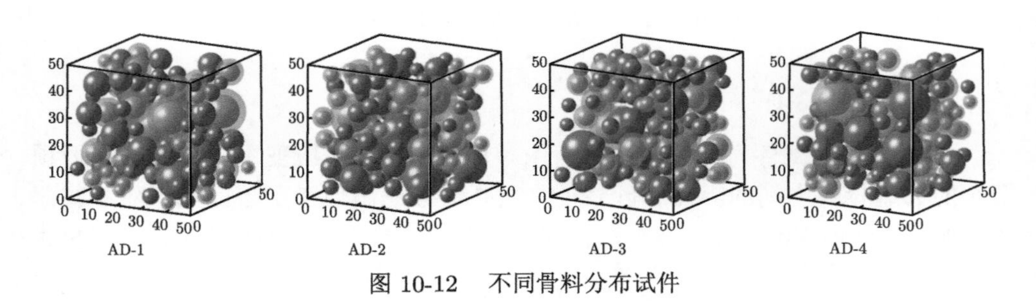

图 10-12　不同骨料分布试件

数值计算得到的结果如图 10-13~图 10-15 所示。如图 10-13 所示，骨料分布的随机性影响应力分布，而应力分布决定了混凝土的断裂行为，因此骨料的分布会影响裂纹的走势，但不同骨料分布的试件裂纹均垂直于拉伸载荷方向，并贯穿试件。从图 10-14 可以明显看出，拉伸应力作用下的拉伸强度和应变能力对骨料分布的依赖性较小，可以用加载过程中损伤单元数的变化来解释此结果，从图 10-15 可以看出，每个模型的损伤单元数的差异不明显。因此，可以得出结论，骨料总体统计分布对再生混凝土材料的整体力学响应的影响可忽略不计。

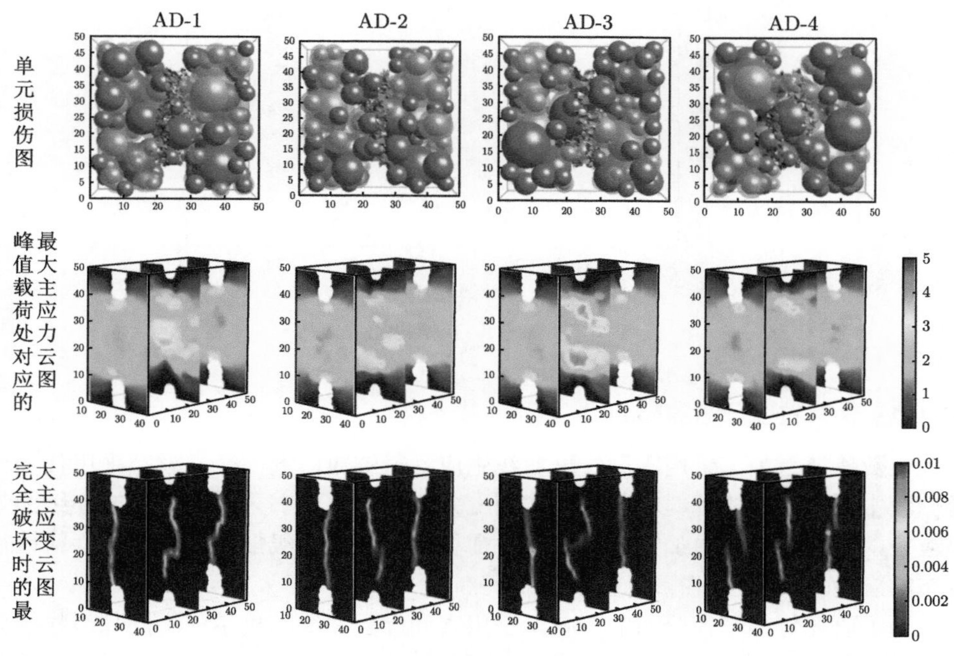

图 10-13 破坏模式

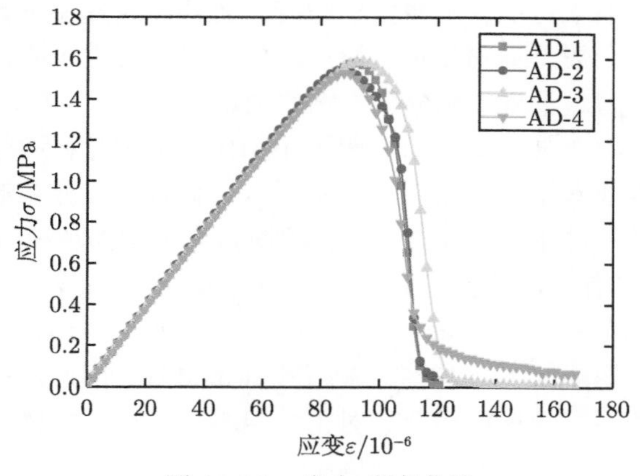

图 10-14 应力-应变曲线

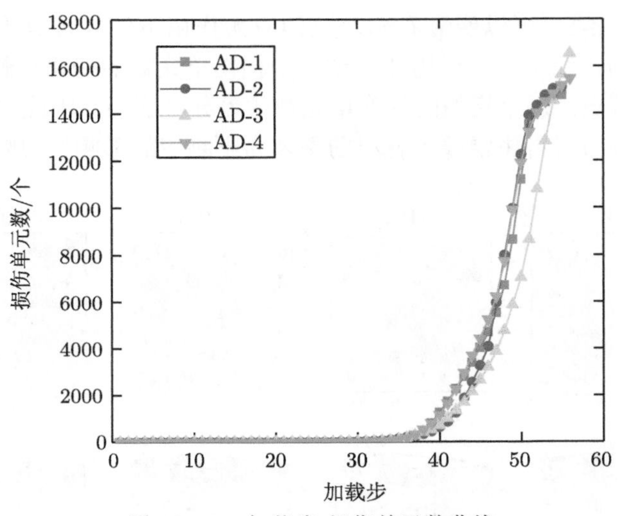

图 10-15 加载步-损伤单元数曲线

10.1.4 骨料粒径分布的影响

在数值模型中，采用富勒级配曲线生成骨料颗粒，大部分文献都采用代表粒径分段生成，这样的骨料粒径分布实则上并不连续，本书采用随机生成连续的骨料粒径，与实际情况更加吻合，因此，需要对满足富勒级配曲线的不同骨料粒径分布的宏观力学响应进行敏感性分析。

为了研究骨料粒径分布的影响，采用富勒级配曲线随机生成不同骨料粒径分布的骨料颗粒，骨料粒径分布如图 10-16 所示，图 10-17 为四组不同骨料粒径分布的数值模型，分别标记为 PSD-1 至 PSD-4 (“PSD” 表示骨料粒径分布)。图 10-17 中的每个数值模型都承受单轴拉伸位移载荷，此外，改变随机数种子，生成另外三组相同的总体积分数，不同分布的模型，模拟另外三组以确保改变骨料分布不会对前面部分得出的对骨料体积分数影响的结论产生重大影响。

数值计算得到的结果如图 10-18 和图 10-19 所示。骨料粒径分布的影响与骨料空间分布的影响基本相同，如图 10-19 所示，骨料粒径分布的随机性影响会影响裂纹的走势，但不同骨料分布的试件裂纹均垂直于拉伸载荷方向，并贯穿试件。从图 10-18(a) 可以看出，拉伸应力作用下的应力-应变曲线对骨料粒径分布的依赖性较小，从图 10-18(b) 可以看出，与 PSD-1 相比，PSD-2、PSD-3 和 PSD-4 的抗拉强度分别平均降低了 0.39%，3.75%和 3.54%。因此，可以得出结论，满足富勒级配曲线的不同骨料粒径分布对再生混凝土材料的整体力学响应的影响可忽略不计。

PSD-1
PSD-2
PSD-3
PSD-4
粒径/mm
20
18
16
14
12
10
8
6
NCA RCA NCA RCA NCA RCA NCA RCA
PSD-1 PSD-2 PSD-3 PSD-4

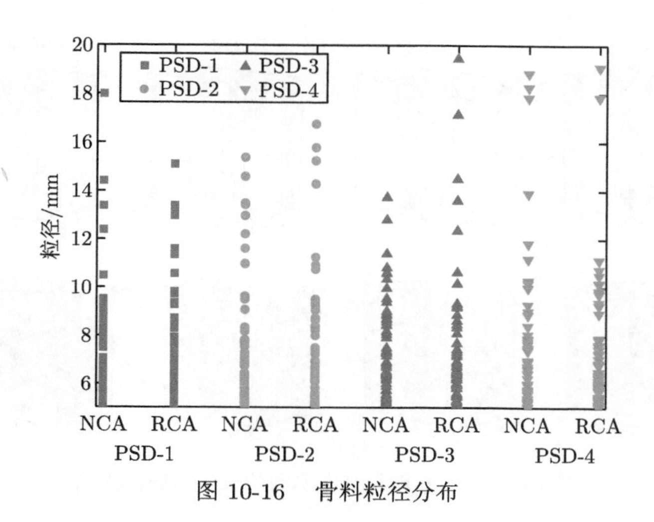

图 10-16 骨料粒径分布

PSD-1
PSD-2
PSD-3
PSD-4

图 10-17 不同骨料粒径分布试件

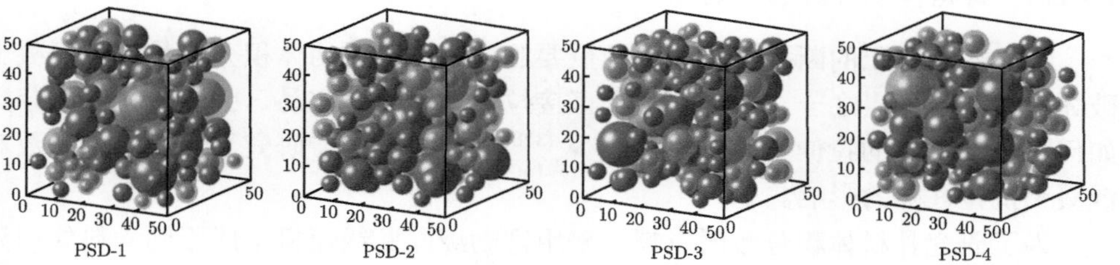

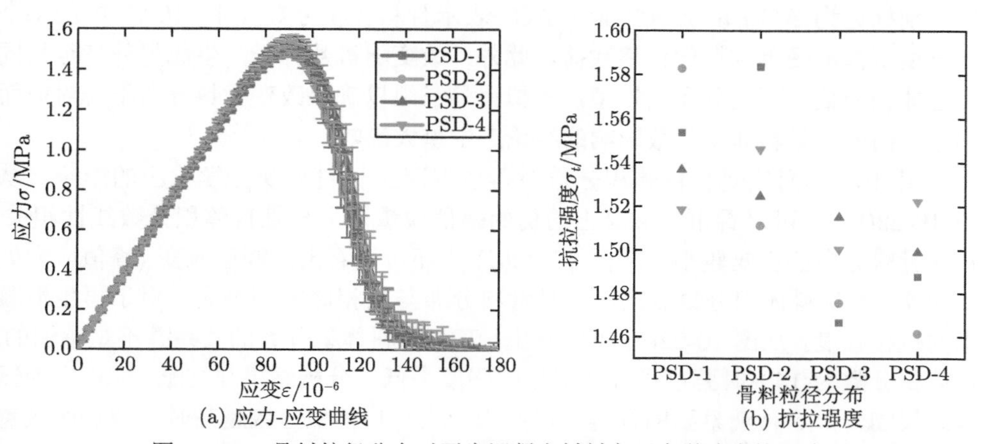

应力σ/MPa
应变ε/10⁻⁶
PSD-1
PSD-2
PSD-3
PSD-4
(a) 应力-应变曲线
抗拉强度σt/MPa
骨料粒径分布
PSD-1 PSD-2 PSD-3 PSD-4
(b) 抗拉强度

图 10-18 骨料粒径分布对再生混凝土材料宏观力学响应的影响

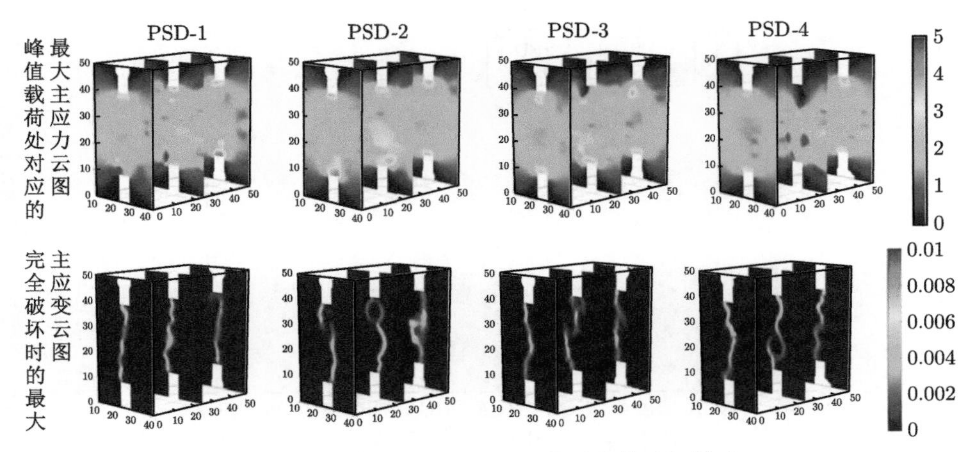

图 10-19 骨料粒径分布不同的试件的破坏模式

10.1.5 骨料体积分数的影响

骨料在混凝土的断裂中起着至关重要的作用，骨料的体积分数是决定混凝土破坏的最重要因素之一。然而，由于直接拉伸试验并不容易，因此骨料体积分数如何影响混凝土的拉伸强度的文献较少 [318]。因此，本节研究了骨料体积分数对混凝土抗拉性能的影响。

为了研究骨料体积分数的影响，采用富勒级配曲线随机生成不同骨料体积分数的骨料颗粒，骨料粒径分布如图 10-20 所示，图 10-21 为不同骨料体积分数的数值模型，骨料体积分数从 7.5%增加到 30%，以 7.5%递增变化，得到的四组模型分别标记为 AC-7.5 至 AC-30 (“AC” 表示骨料体积分数)。图 10-21 中的每个数值模型都承受单轴拉伸位移载荷。此外，改变随机数种子，生成另外三组相同的总体积分数，不同分布的模型，模拟另外三组以确保改变骨料分布不会对前面部分得出的对骨料体积分数影响的结论产生重大影响。

图 10-22 为改变骨料体积分数对再生混凝土材料宏观力学响应的影响。从图 10-22(b) 中可以看出，混凝土的初始弹性模量几乎与骨料体积分数线性相关，且受骨料分布的影响较小。从图 10-22(d) 中还可以看出，峰值应变 (峰值应力处的应变) 与骨料体积分数成反比，且骨料分布与其相比影响不大。对于再生混凝土的抗拉强度，从图 10-22(c) 可以看出，其与骨料体积分数的关系并不是单调的，在体积分数为 15%时强度最高，30%时强度最低，分析结果与文献 [318] 中的试验结果吻合，这种观察到的行为可以归因于当骨料体积分数越高时，薄弱区域越容易连接起来，裂缝也越容易贯通。

假定拉伸位移为 0.0075mm 时，试件完全破坏，图 10-23 为不同骨料体积分数的试件破坏模式，可以看出骨料体积分数较高时，裂缝较为曲折。不同骨料体积分数对裂缝形态的影响实质上主要通过断裂带上的骨料分布和骨料性质来影响，骨料体积分数较低时，断裂带上骨料较少，新砂浆对宏观力学性能起决定作用，然而骨料体积分数较高时，一方面骨料对裂缝的扩展起着阻碍作用，另一方面，新、老界面过渡区等薄弱部位也更容易链接起来，因此可以发现骨料体积分数较高时断裂面较曲折，而强度却降低。

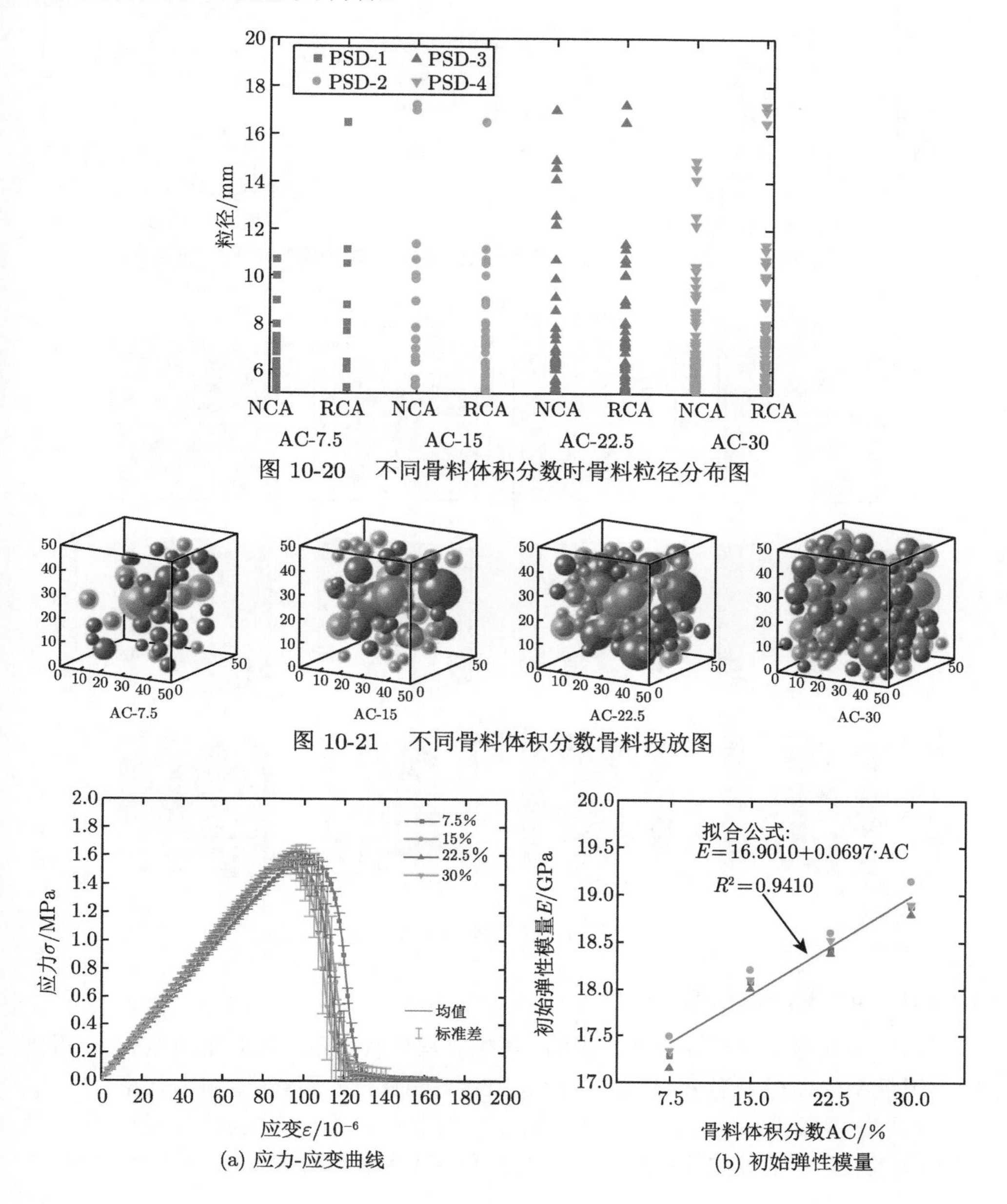

图 10-20 不同骨料体积分数时骨料粒径分布图

图 10-21 不同骨料体积分数骨料投放图

(a) 应力-应变曲线

(b) 初始弹性模量

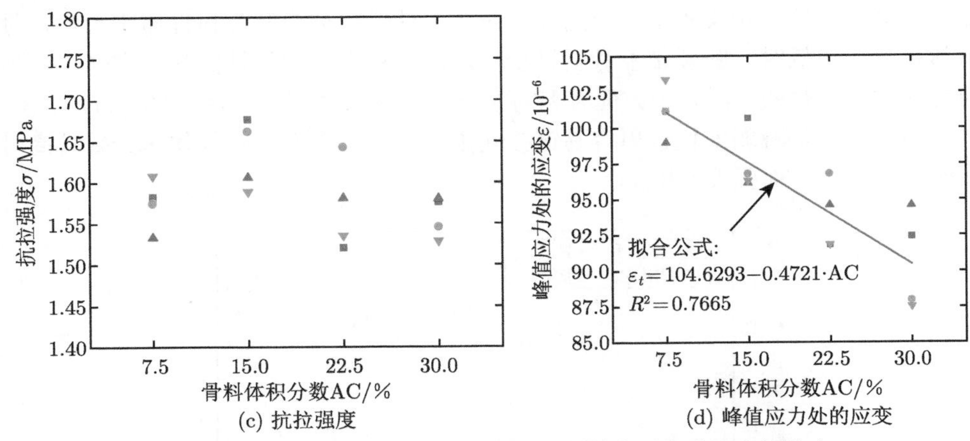

(c) 抗拉强度　　(d) 峰值应力处的应变

图 10-22　骨料体积分数对再生混凝土材料宏观力学响应的影响

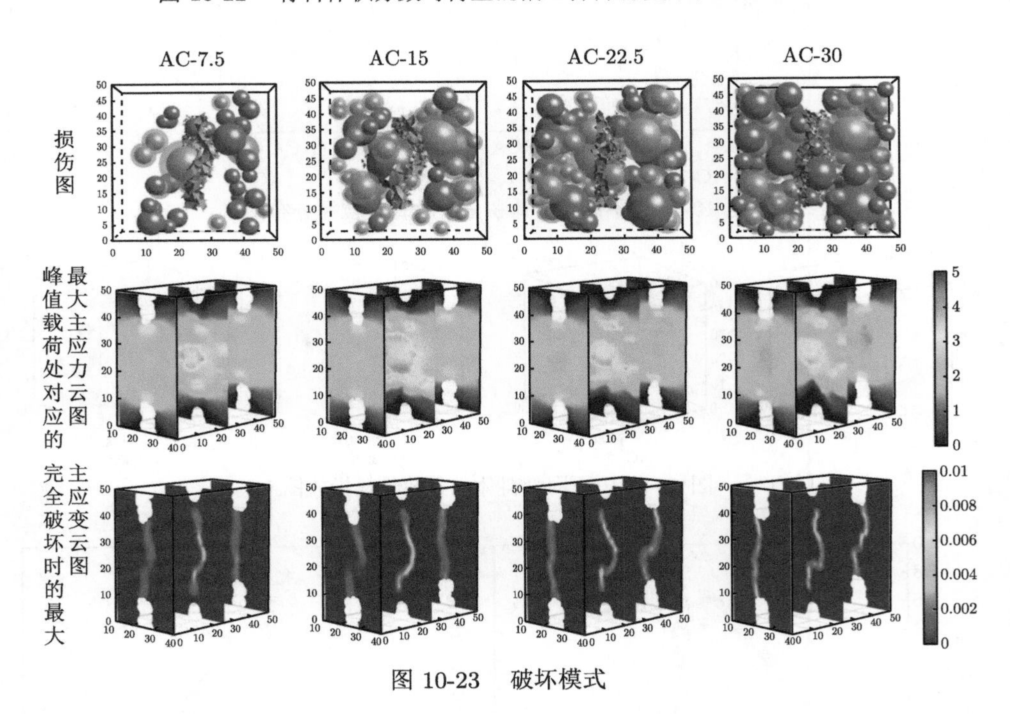

图 10-23　破坏模式

10.1.6 再生骨料取代率的影响

为了研究再生骨料取代率的影响，再生骨料取代率从 0%增加到 100%，得到的五组模型分别标记为 RAR-0 至 RAR-100(“RAR” 表示再生骨料取代率)，RAR-0 即为常规混凝土，图 10-24 为不同再生骨料取代率的骨料投放图，图中每个数值模型都承受单轴拉伸位移载荷。此外，为了避免骨料分布的影响，改变随机数种子，生成另外三组相同的再生骨料取代率、不同分布的模型。

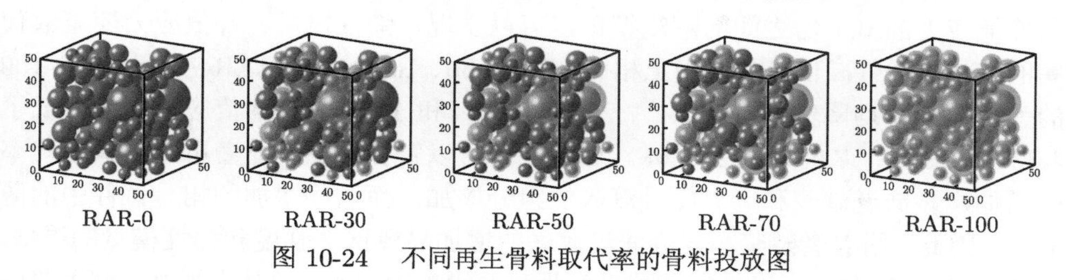

图 10-24 不同再生骨料取代率的骨料投放图

图 10-25(a) 中显示了不同再生骨料取代率时的再生混凝土的应力-应变统计曲线。可以观察到在下降段中的标准差大于在上升段中的标准差，且随着应变的增加而增加。下降段的标准差随再生骨料取代率的增加越来越小，这表明骨料分布对再生混凝土的影响更小。另外，可以看到初始弹性模量、峰值应力随取代率的增加而减小。如图 10-25(b) 和 (c) 所示，初始弹性模量、峰值应力和峰值应

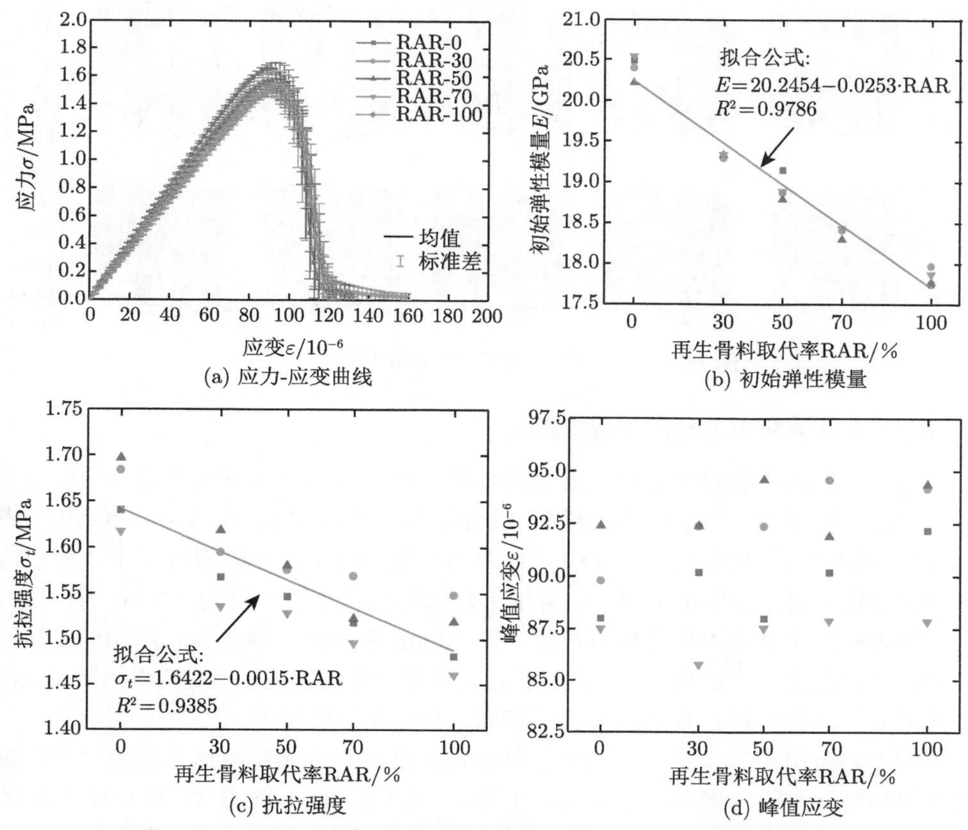

图 10-25 再生骨料取代率对再生混凝土材料宏观力学响应的影响

变随再生骨料取代率变化的趋势。初始弹性模量取为介于应力-应变曲线中的原点和峰值应力的 0.4 倍之间的割线模量。可以发现，弹性模量、峰值应力随着取代率的增加而线性减低，与混凝土相比，RAR-30、RAR-50、RAR-70 和 RAR-100 的弹性模量平均降低了 5.35%、7.26%、9.87%和 12.57%，峰值应力平均降低了 4.82%、6.11%、7.98%和 9.44%。这种现象可以解释如下：随着再生骨料取代率的增加，黏结老砂浆和老界面过渡区的组分增加，而这些增加的相是试件中的薄弱区。因此，附着老砂浆和老界面过渡区的增加导致试件强度和弹性模量的降低。而图 10-25 (d) 显示，峰值应变随再生骨料的增加而波动，总体上增加，这主要归因于试件弹性模量的降低。

图 10-26 显示了在轴向拉伸下再生混凝土试件的峰值载荷处对应的最大主应力云图和完全破坏时的最大主应变云图。从图中可明显看到，再生骨料取代率越高，断裂面越平滑，这与文献 [77, 319] 的研究结果一致。

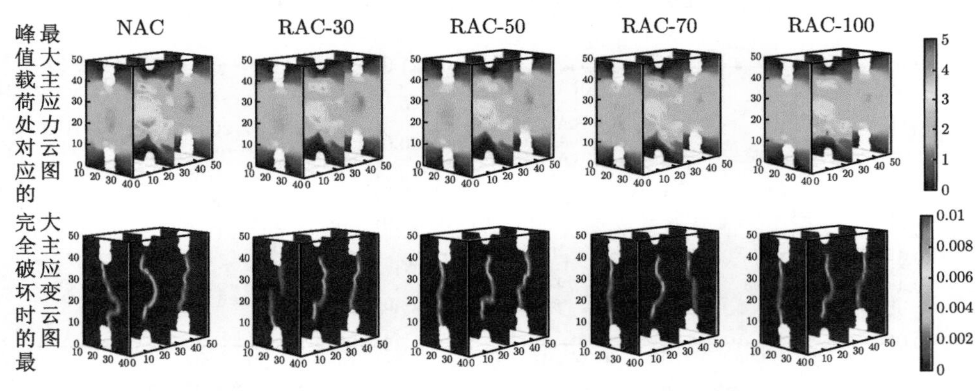

图 10-26 不同再生骨料取代率试件的破坏模式

10.1.7 再生骨料中老砂浆含量的影响

为了研究再生骨料中老砂浆含量的影响，再生骨料中老砂浆含量分别取 0%、30%、42%和 60%，得到的四组模型分别标记为 OMC-0 至 OMC-60(“OMC” 表示再生骨料中的老砂浆含量)，OMC-0 即为常规混凝土。在模拟过程中，为了清楚地突出掺入再生骨料的效果，将再生粗骨料的取代率统一设为 100%，图 10-27 为不同老砂浆含量的再生骨料投放图。以 20mm 粒径的骨料为例，图 10-28 显示了其骨料切面的网格结构。此外，为了避免骨料分布的影响，改变随机数种子，再生成另外三组骨料粒径及老砂浆含量相同、分布不同的模型。

图 10-29(b) 和 (c) 显示了四组试件的抗拉强度和初始弹性模量随老砂浆含量的变化趋势。与不含老砂浆的 OMC-0 相比，OMC-30，OMC-42 和 OMC-60 的抗拉强度分别平均降低了 7.27%，9.45%和 13.63%，初始弹性模量平均下降了

8.51%，12.57%和 16.77%，抗拉强度和初始弹性模量随老砂浆含量的增加而线性降低。老砂浆含量较高时，再生混凝土的力学性能较差的原因主要是老砂浆的强度和弹性模量通常远低于天然骨料 [187,300]，因此，如果再生混凝土中存在更多老砂浆，它将代替骨料颗粒抵抗外力，这自然会导致宏观力学性能的显著下降，也正因此，可以看到图 10-30 中，试件完全破坏时，老砂浆含量越高，断裂面越平滑，这与文献 [319] 中的现象一致。

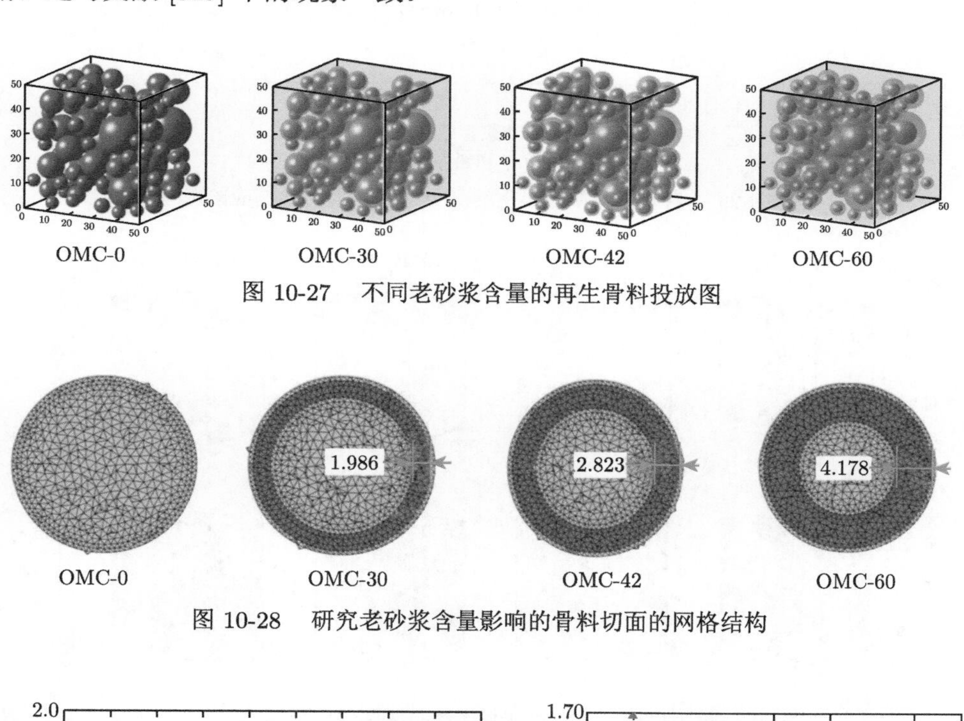

图 10-27　不同老砂浆含量的再生骨料投放图

图 10-28　研究老砂浆含量影响的骨料切面的网格结构

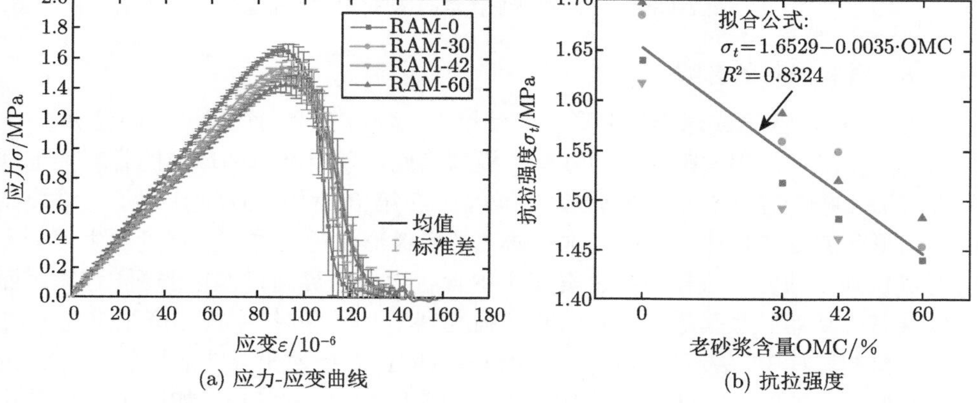

(a) 应力-应变曲线　　　　　　　　　　(b) 抗拉强度

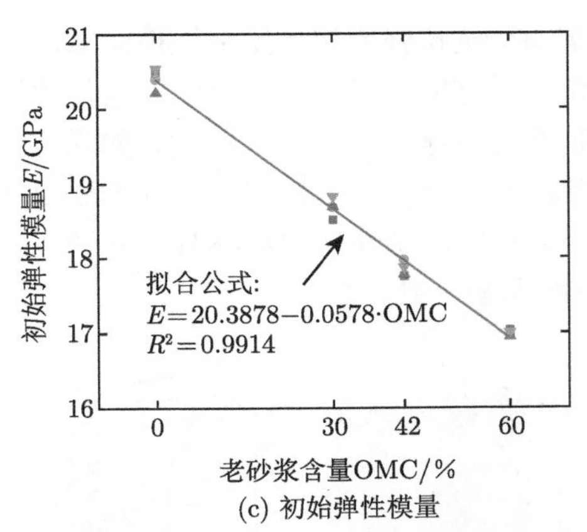

(c) 初始弹性模量

图 10-29 老砂浆含量对再生混凝土材料宏观力学响应的影响

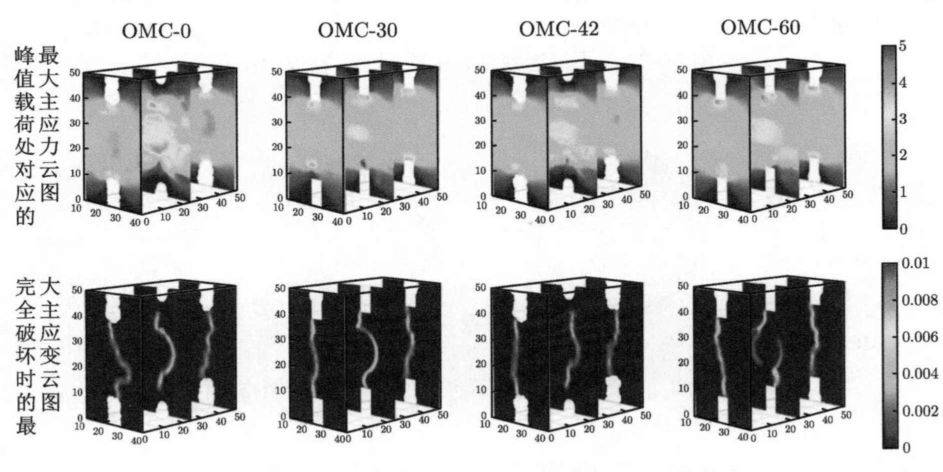

图 10-30 不同老砂浆含量的试件的破坏模式

10.1.8 骨料形状的影响

由于简单、圆形或球形骨料形状通常用于二维或三维细观尺度有限元分析中。然而，与使用不规则实际形状的骨料的模型相比，使用圆形和球形的骨料的细观尺度混凝土模型往往有更高的强度 [143,263]。在第 8 章中，详细介绍了二维模型中骨料形状的影响规律，因此，本节研究了骨料形状对三维细观尺度再生混凝土模型抗拉强度的影响规律。再生混凝土中含有大量的界面过渡区弱面, 这些弱面一般具有比新老砂浆基质小很多的断裂强度, 将对裂缝的扩展行为产生重要影响，在多骨料的试件中，裂缝与界面过渡区相遇后的扩展行为变得异常复杂，因此，为排除其他方面的影响，只在试件中部放置一颗不同形状的骨料，如图 10-31 所示，考虑了球形和任意凸多面体形状的再生凸骨料，球骨料粒径 20mm，老砂浆含量

42%，计算得到老砂浆厚度为 2.823mm，凸骨料在球骨料的基础上按等体积原则生成，此外，改变凸骨料生成随机数种子，生成另外三组不同骨料形状的模型，如图 10-32 所示，模拟另外三组以确保骨料凸多面体的随机性对结果不会产生重大影响。一共得到五组模型，分别标记为 RASH-1 至 RASH-5(“RASH” 表示再生骨料形状)，RASH-1 即为球形再生骨料。

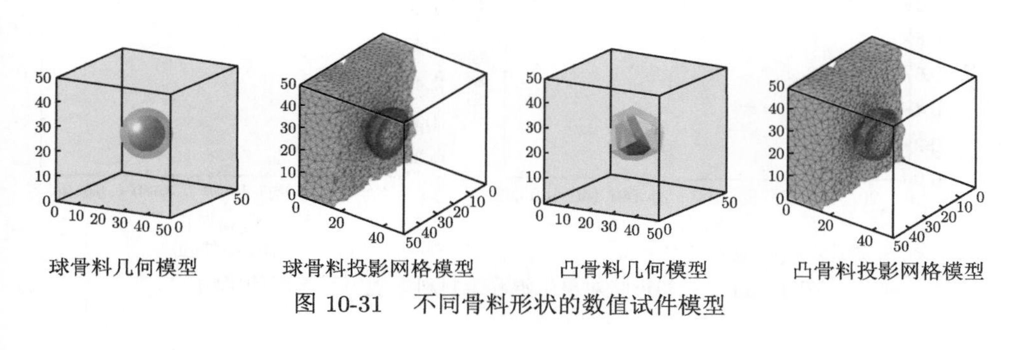

图 10-31 不同骨料形状的数值试件模型

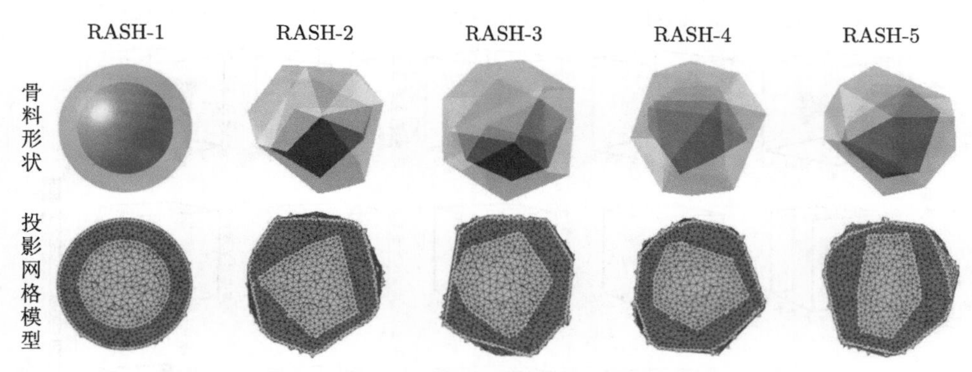

图 10-32 不同骨料形状的再生骨料模型

当加载位移为 10μm 时，不同骨料形状试件的微裂纹分布如图 10-34 所示。各个试件的应力-应变曲线图以及拉伸强度如图 10-33 所示。由峰值载荷处对应的最大主应力云图可以注意到，应力集中在多面体骨料的尖锐边缘，因而更容易萌生微裂纹，导致球形骨料模型的抗拉强度和峰值应变均高于凸多面体骨料。具体而言，球形骨料模型的抗拉强度比任意凸多面体骨料模型的抗拉强度提高了 5% 左右。显然，骨料形状对再生混凝土的抗拉强度影响不大，但对裂纹的扩展和分布影响很大，如图 10-34 所示，这是由于当裂缝由两侧向中间发展，遇到界面过渡区弱面时，其是否穿过老砂浆，不仅取决于界面过渡区和新老砂浆的强度，还取决于裂缝与弱面的夹角，凸多面体骨料的界面过渡区弱面的方向随机，从而导致不同试件中裂缝有穿过老砂浆而发展的，也有沿新界面过渡区发展的，裂纹扩展较为随机，这也导致了其抗拉强度离散性较大。

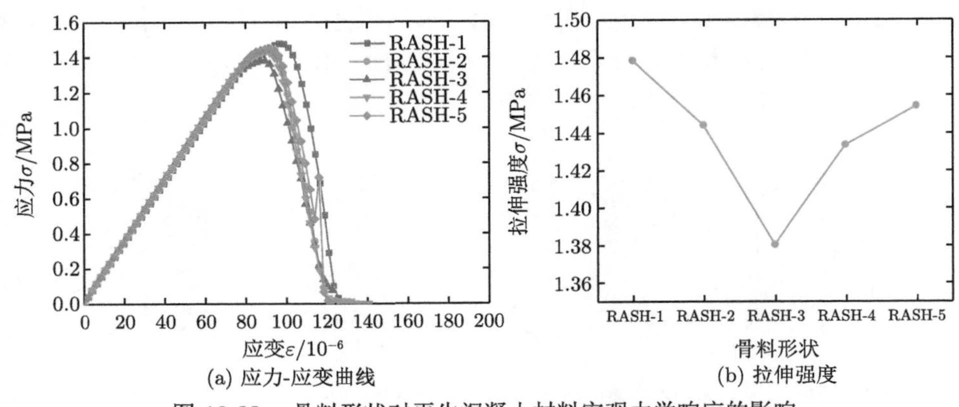

(a) 应力-应变曲线　　　　(b) 拉伸强度

图 10-33　骨料形状对再生混凝土材料宏观力学响应的影响

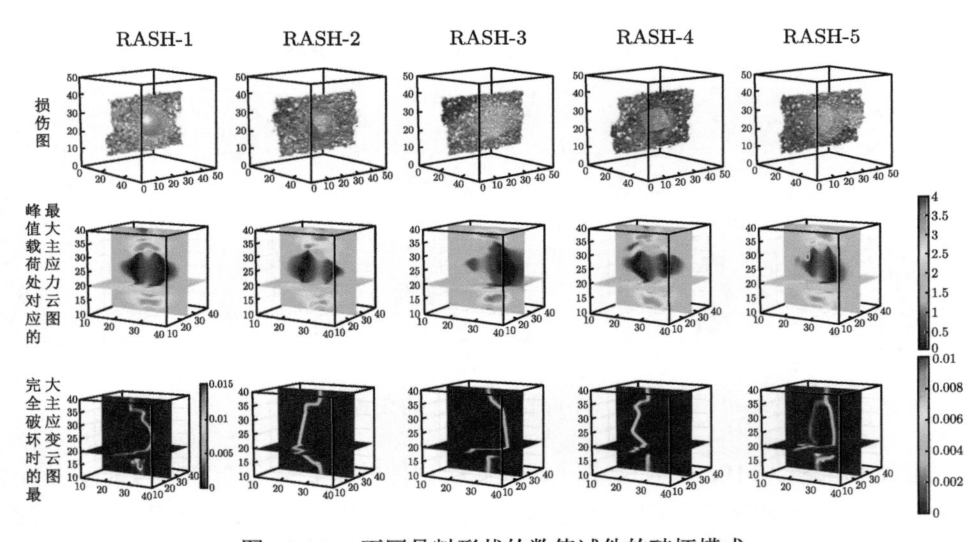

图 10-34　不同骨料形状的数值试件的破坏模式

10.1.9　界面过渡区厚度的影响

界面过渡区是混凝土材料中最薄弱的区域，了解界面过渡区的特性是基于细观尺度来模拟预测混凝土材料整体力学响应的最关键问题之一 [141,187,246]。界面过渡区作为混凝土的组成部分可以认为是一种初始缺陷，界面过渡区厚度的增加可能会降低混凝土的整体强度。本节研究界面过渡区厚度对混凝土抗拉强度的影响。如图 10-35 所示，本节模拟了五种厚度，界面过渡区的厚度从 0.5~1.5mm

变化。

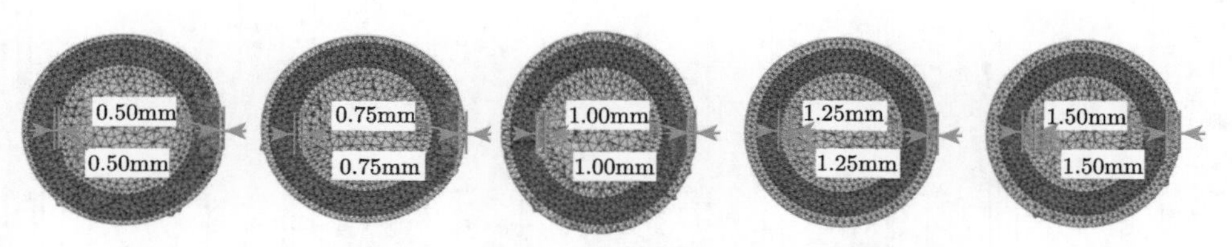

图 10-35　研究界面过渡区厚度影响的骨料切面网格结构

界面过渡区厚度敏感性分析结果如图 10-36 所示。如图 10-36(a) 所示，界面过渡区厚度的增加对峰后行为有轻微影响。然而，如图 10-36(b) 所示，随着界面过渡区厚度的增加，抗拉强度的降低并不明显，而是随着界面过渡区厚度的增加而达到恒定值。该结果表明，界面过渡区厚度的进一步增加可能对试件的整体强度的影响较小，这与文献 [141] 得到的结果一致。

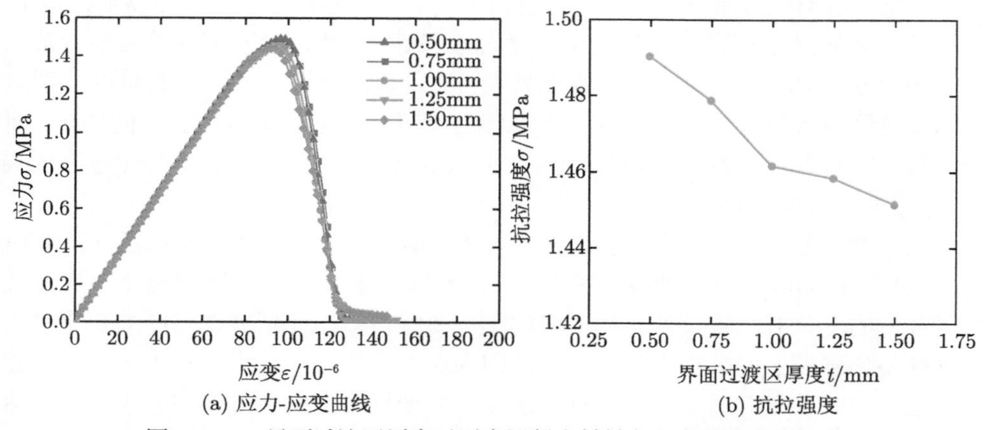

(a) 应力-应变曲线　(b) 抗拉强度

图 10-36　界面过渡区厚度对再生混凝土材料宏观力学响应的影响

图 10-37 显示了不同界面厚度区时的试件峰值载荷处对应的最大主应力云图和完全破坏时的最大主应变云图。虽然随着界面过渡区厚度的变化，试件峰值载荷处对应的最大主应力云图几乎相同，但是试件破坏时宏观裂纹的差别较大。这是由于界面过渡区是试件中的弱面，其断裂强度弱于对应的砂浆基质，当厚度较小时 (厚度小于 0.75mm)，断裂裂缝可穿过老砂浆，然而当厚度增大时 (厚度大于 1mm)，相当于该弱面 (即界面过渡区) 更加弱化，当断裂裂缝遇到该弱面时沿着弱面发展的概率增大。

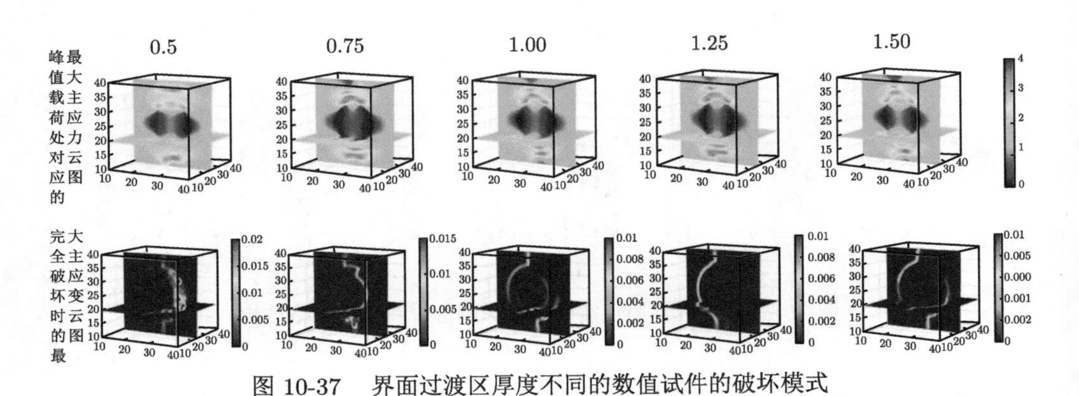

图 10-37　界面过渡区厚度不同的数值试件的破坏模式

10.1.10　材料参数分析

本节分析了再生混凝土的宏观抗拉强度与新老界面过渡区和新老砂浆基质抗拉强度的关系。为了探究材料细观力学性能对再生骨料混凝土的影响，基于 10.1.9 节中的单骨料模型进行分析和讨论。此外尽管界面过渡区的强度不能超过砂浆基质的强度，但也应考虑界面过渡区强度高于砂浆基质强度的情况。在以下模拟中，假定新、老界面过渡区的参考抗拉强度为 3.0MPa，新、老砂浆基质的参考抗拉强度为 3.6MPa，其他的参考参数详见表 8-2。新、老界面过渡区的强度分别从界面过渡区参考强度的 40%(σ_{ITZ}=1.2MPa) 到 140%(σ_{ITZ}=4.2MPa) 间变化，而新、老砂浆基质的强度则从砂浆基质参考强度的 40%(σ_{Mortar}=1.44MPa) 至 180%(σ_{Mortar}=6.48MPa) 间变化。

改变细观各相材料抗拉强度，对宏观力学响应敏感性分析结果如图 10-38 所示。由图 10-38(a)~(e)，并参考第 8 章，可以看出，与二维情况相比，界面过渡区强度的变化对三维试件整体强度的影响要小得多，而新砂浆强度的变化对三维试件整体强度的影响却大得多，这是因为在二维模型中，损伤首先在界面过渡区成核，并随着载荷增加，界面过渡区和骨料抵抗的力突然传递到砂浆基体，然后由于界面过渡区的损伤，骨料与砂浆基体之间的相互作用丧失，从而界面过渡区强度对整体强度影响较大，在三维模型中，沿厚度方向萌发和扩展的裂纹可以不经过界面过渡区，直接在新、老砂浆中扩展，从而使新砂浆强度成为主导因子。

从图 10-38(e) 可以看出，新、老砂浆强度的变化对整体强度有显著影响。然而，随着强度的提高，其对整体强度的影响逐渐减弱。这是因为当其中某相材料的强度达到一定值时，其整体强度控制因子将发生改变。

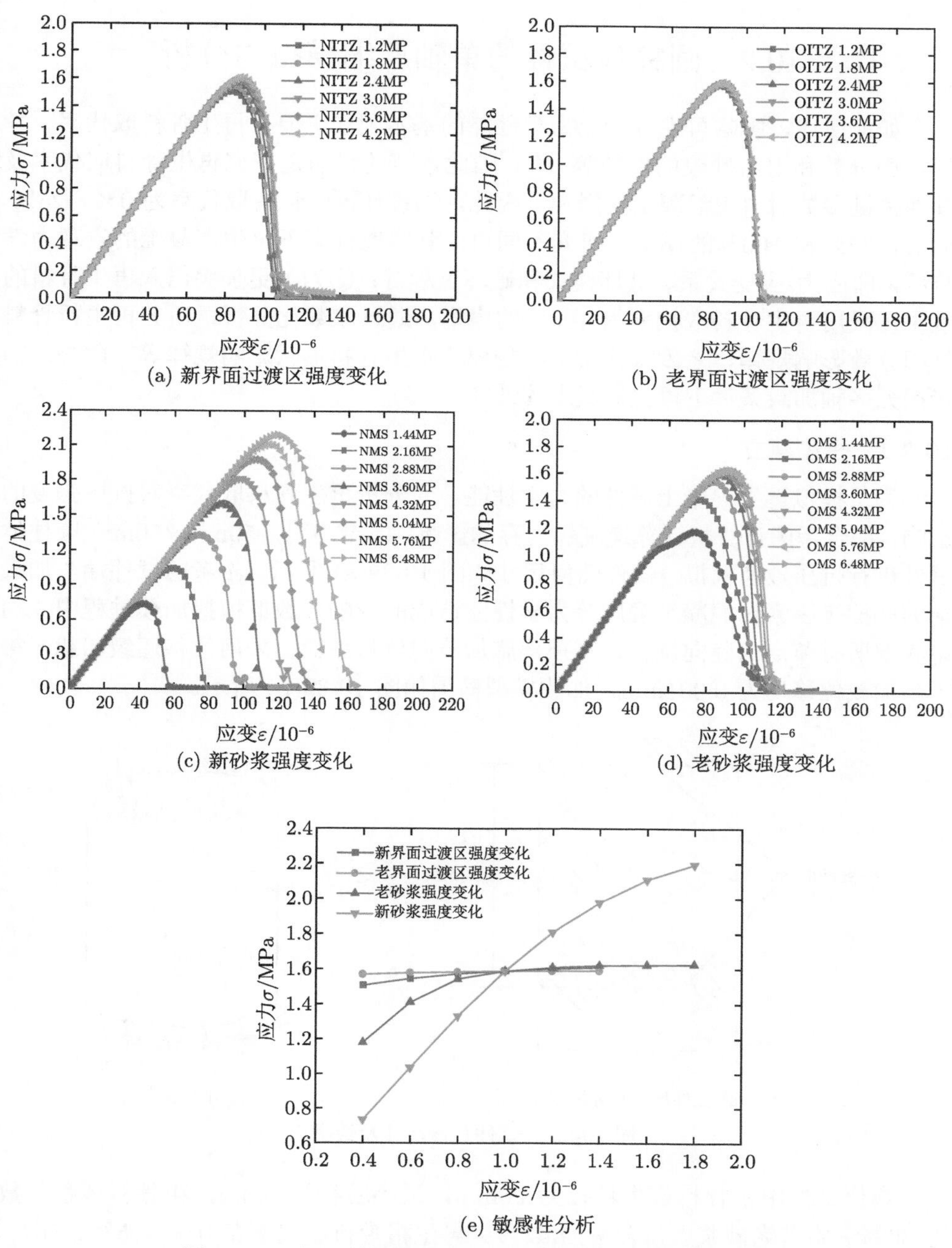

图 10-38 细观材料抗拉强度对宏观力学响应敏感性分析

10.2 圆柱体试件的单轴压缩模拟与分析

如前所述，影响再生混凝土力学性能的基本因素主要有再生骨料取代率、骨料体积分数和附着砂浆的性能等 [77]。因此本节的目的是探究再生骨料取代率及其他关键参数对再生混凝土的影响。因此，①设计再生骨料取代率为 0%，25%，50%，75%和 100%的模型，研究不同再生骨料取代率下再生混凝土的宏观力学响应，即应力-应变关系、破坏模式和破坏过程等；②为了更加突出入再生骨料的效果，采用再生骨料取代率为 100%的模型，通过参数化分析，研究再生粗骨料体积分数影响规律、老砂浆含量影响规律、再生骨料形状影响规律等。此外，初步探究多轴加载条件下再生混凝土的性能。

10.2.1 模型建立

为了模拟再生混凝土试件的力学性能，并分析再生骨料取代率对抗压强度的影响，综合考虑计算机计算速度和内存的影响，本节将对 φ50mm×50mm 圆柱体试件进行抗压数值模拟，试件几何尺寸如图 10-39(a) 所示。不考虑试件端与加载端的摩擦等因素对混凝土强度等力学性能造成的影响，数值模拟加载过程中，约束底部所有节点的竖向位移，对顶部施加竖向位移载荷，采用位移逐级加载，每一步加载位移均为 0.001mm，加载模型简图如图 10-39(b) 所示。

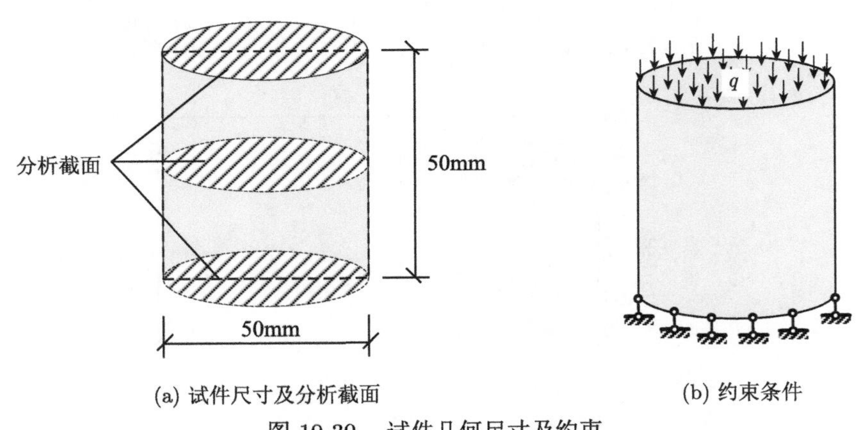

(a) 试件尺寸及分析截面　　(b) 约束条件

图 10-39　试件几何尺寸及约束

数值试件中粗骨料最大粒径为 20mm，最小粒径为 5mm，粗骨料体积分数为 30%，附着老砂浆质量含量为 42%。再生粗骨料取代率在 0%、25%、50%、75%和 100%中变化，得到五组不同再生粗骨料取代率的数值试件分别标记为 RAR-0 至 RAR-100(“RAR” 代表再生粗骨料取代率)，如图 10-40 所示，为了消除骨料分布的影响，每组试件包含四个骨料空间分布不同的试件。采用 4.3 节中非结构化网格划分方法，其网格参数如表 10-2 所示，以再生骨料取代率为 50% 的试件为例，生成背景网格模型如图 10-41(a) 所示，其随机骨料投影网格模型切面如图 10-41(b) 所示。本节采用 5.2 节中的多轴损伤本构模型，各相材料参数详见表 10-3。

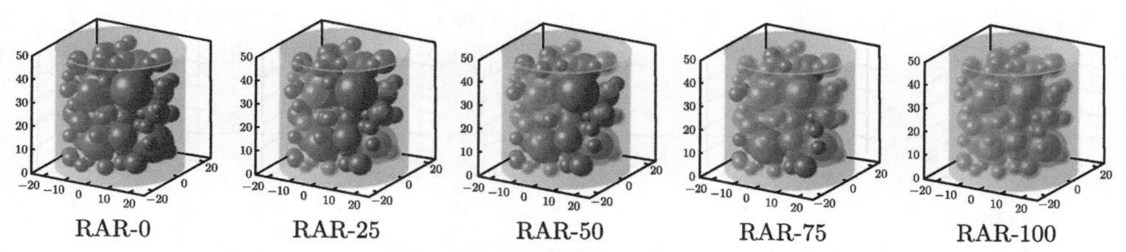

图 10-40 不同再生骨料取代率的试件骨料空间分布图

表 10-2 网格尺寸函数

	初始网格尺寸	网格尺寸函数 $h(x)$	加密梯度
天然骨料外	0.5	$\min(\min(1+0.25\times\{\lvert d(x_i,y_i)\rvert\}),3)$	0.25
天然骨料内	0.5	$\min(1+\{\lvert d(x_i,y_i)\rvert\})$	1

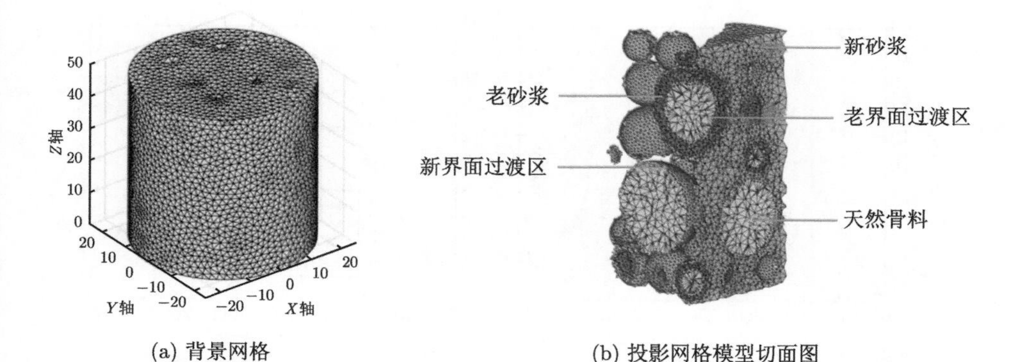

(a) 背景网格　　(b) 投影网格模型切面图

图 10-41 细观模型的网格划分

表 10-3 材料参数

材料相	E_0/GPa	E_c/GPa	ν_0	f_c/MPa	D	a	b	c	d
天然骨料	80	80	0.16	80.0*	0.35	2.0	0.00010	0.97	−1.0162
老界面过渡区	16	10.5	0.20	18.0*	0.75	1.3	0.00015	1.03	−1.0162
老砂浆	20	13	0.22	22.5*	0.50	1.6	0.00012	1.01	−1.0162
新界面过渡区	19.5	12.5	0.20	21.0*	0.75	1.3	0.00015	1.03	−1.0162
新砂浆	23	15	0.22	25.0*	0.50	1.6	0.00012	1.01	−1.0162

注: E_0 为初始弹性模量；E_c 为达到峰值强度时的割线模量；ν_0 为初始泊松比；f_c 为细观单轴受力强度；D 为应力-应变关系系数；a，b，c 和 d 为应变空间下的破坏准则中的系数；E_0，ν_0，f_c 参数值引自文献 [212]；a，b，c 和 d 参数值参考文献 [285] 并反复试算得到

10.2.2 数值结果

1. 应力-应变曲线

根据 Xiao 等 [77] 和 Belén 等 [37] 的描述，再生骨料混凝土的应力-应变关系的形状类似于 NAC。图 10-42 中显示了不同再生骨料取代率时的再生混凝土的应力-应变曲线。曲线可以分为三个部分：上升段线性部分，上升段非线性部分和

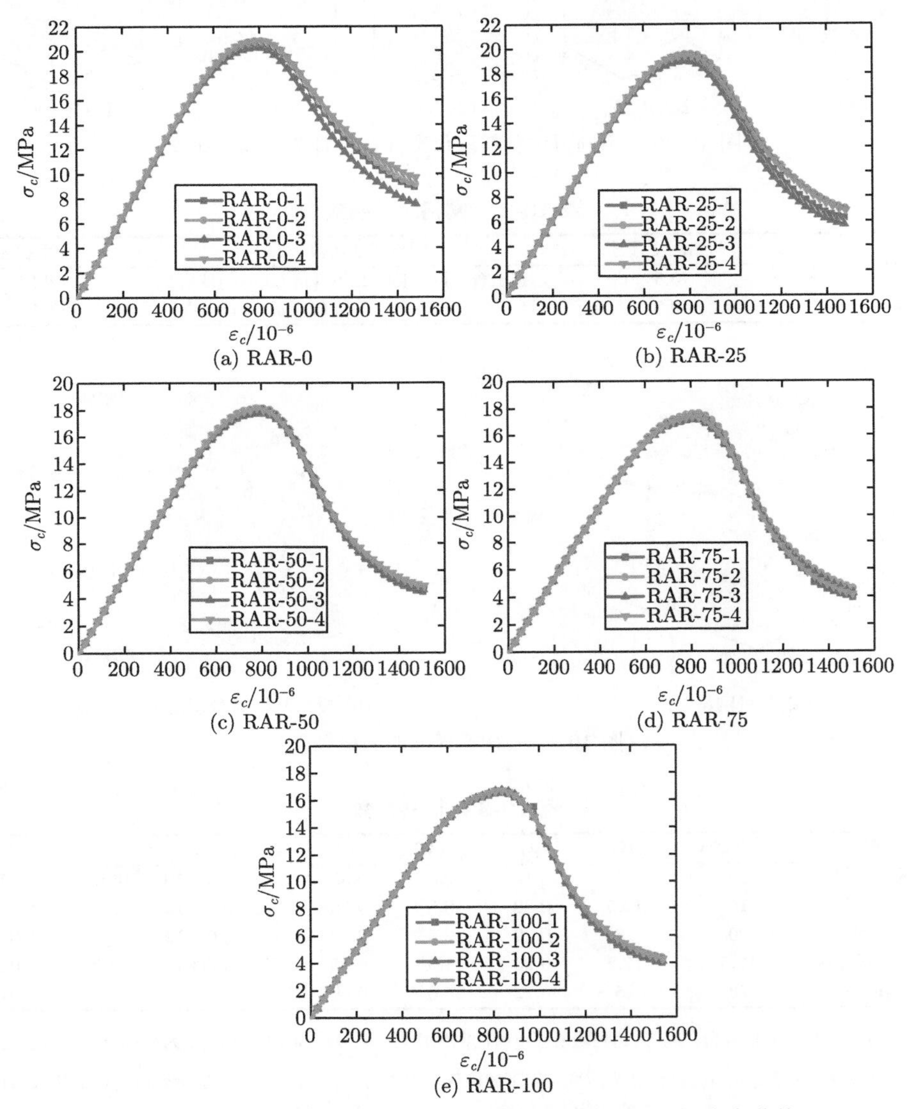

图 10-42 不同再生骨料取代率时的再生混凝土的应力-应变曲线

下降部分。从曲线的上升段线性部分中可以看到曲线几乎重合。然而，在每个曲线图的下降段中表现出明显的差别。图 10-43 显示了应力随应变增加的统计规律，从图中可以看出数值应力-应变关系与 Xiao 等的实验结果 [49] 和欧洲规范 [59] 非

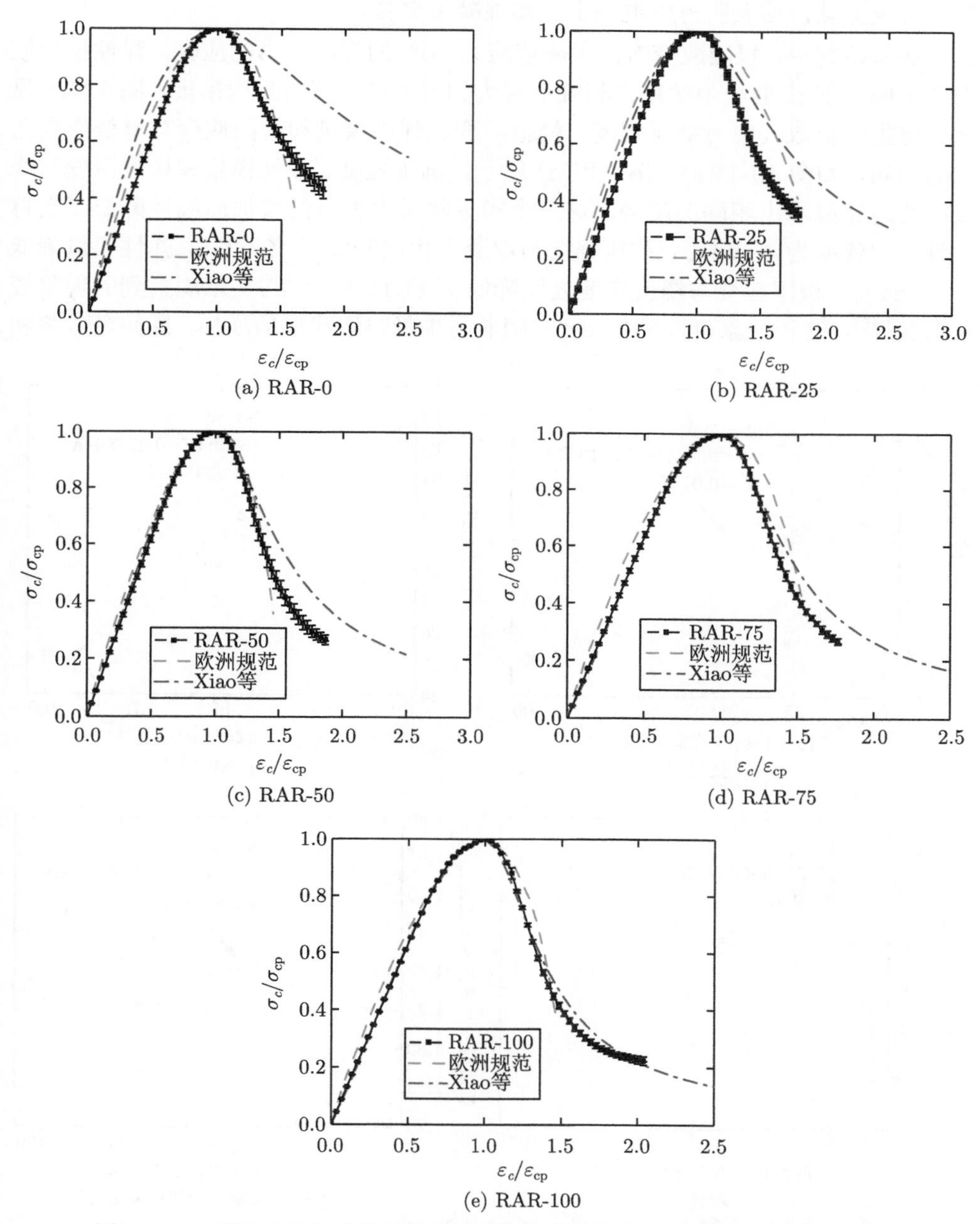

(a) RAR-0 (b) RAR-25 (c) RAR-50 (d) RAR-75 (e) RAR-100

图 10-43 不同再生骨料取代率时的再生混凝土的应力-应变归一化统计曲线

常吻合。此外，可以观察到在下降段中的标准差大于在上升段中的标准差，且随着应变的增加而增加。下降段的标准差随再生骨料取代率的增加越来越小，这表明骨料分布对再生混凝土的影响更小。另外，再生混凝土的下降段比常规混凝土的下降段更陡，这表明再生混凝土相比混凝土更脆。

在本研究中，极限应变对应于峰值应力 60%的峰后应力的应变。弹性模量取为介于应力-应变曲线中的原点和峰值应力的 0.4 倍之间的割线模量。图 10-44 显示了再生骨料取代率对抗压强度、峰值应变、弹性模量和极限应变与峰值应变之比的影响。如图 10-44(a)、(b) 和 (d) 所示，抗压强度、弹性模量和极限应变与峰值应变之比显示出相同的趋势，这三个指标随再生骨料的增加而线性降低。当再生骨料取代率为 100%时，抗压强度与混凝土相比降低了 19.23%，弹性模量降低了 23.84%，极限应变与峰值应变之比降低了 11.11%，这与文献观察到的现象较为吻合 [49]。这种现象可以解释如下：随着再生骨料取代率的增加，黏结老砂浆和

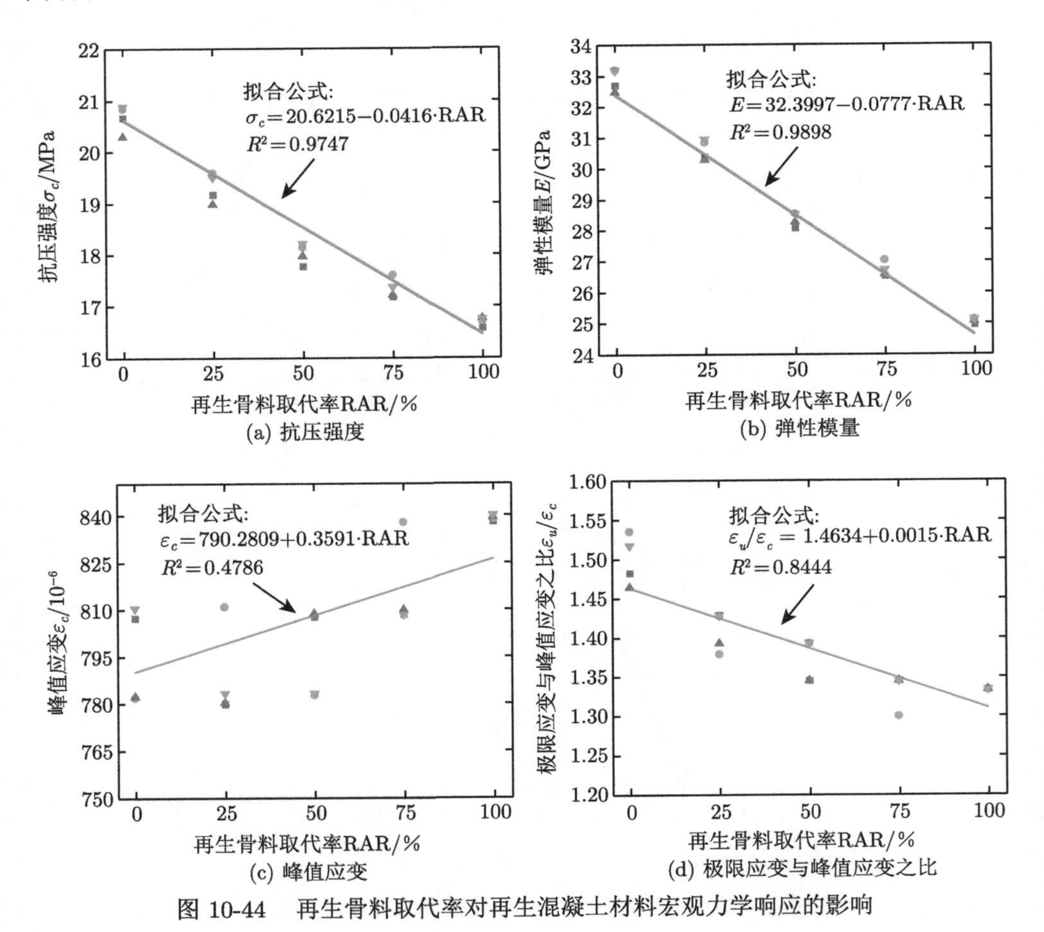

(a) 抗压强度 (b) 弹性模量

(c) 峰值应变 (d) 极限应变与峰值应变之比

图 10-44 再生骨料取代率对再生混凝土材料宏观力学响应的影响

老界面过渡区的组分增加，而这些增加的相是试件中的薄弱区。因此，附着老砂浆和老界面过渡区的增加导致试件强度和弹性模量的降低，试件变得更脆。而图 10-44(c) 显示，峰值应变随再生骨料的增加而波动，总体上增加，再生骨料取代率为 100%时，峰值应变比混凝土增加了 5.47%，这主要归因于试件弹性模量的降低。

2. *破坏模式*

图 10-45 显示了在轴向压缩下再生混凝土模型的破坏完全破坏时 (对应 0.4 倍峰值应力的峰后应力) 的损伤图和对应分析截面的最大主应变云图。本节中损伤图根据单元非线性指标绘制，并规定非线性指标 $\beta \leqslant 1$ 细观单元不发生损伤，$\beta \geqslant 3$ 细观单元完全破坏。从图中可明显看到，再生骨料的取代率越低，裂纹数越多，裂纹发展也越丰富，这与商效瑀 [302] 的研究结果一致。此外，试件破坏主要以倾斜剪切的破坏模式为主，主裂纹相对于垂直线的倾斜角度为 55° ~75°，这与文献 [49, 77, 209] 的研究结果基本相同。

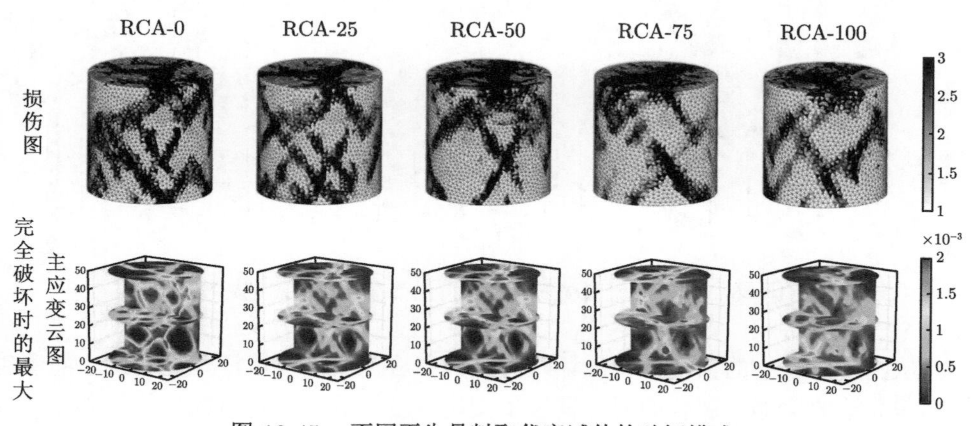

图 10-45 不同再生骨料取代率试件的破坏模式

研究 [188,320] 表明由于各相材料泊松比和弹性模量的不同，在压缩载荷作用下的试件中存在拉应力。界面过渡区是试件中的薄弱部位，拉伸应力集中主要出现在这些薄弱区域。作为再生混凝土拉伸强度较弱的材料相，拉伸应力会使这些部位产生最初的微裂纹。之后，界面过渡区的拉应力被释放，相邻单元的应力集中逐渐增加。随着载荷的增加，一些新的孤立的微裂纹形成并相互桥接。最终在试件中形成几个连续的裂纹，并导致再生混凝土的失稳破坏。

10.2.3 粗骨料体积分数的影响

据文献 [142, 169, 182, 320]，粗骨料体积分数对混凝土的力学性能有很大影响。为了研究其对再生混凝土的影响，建立了五组具有不同粗骨料体积分数的 φ50mm×50mm 圆柱体数值模型，假定再生骨料中老砂浆含量为 42%，再生粗骨料体积分数在 7.5%、15%、22.5%、30%和 37.5%中变化。为了消除骨料分布的影响，每组不同的骨料含量试件包含四个骨料分布不同的试件，得到的四组数值试件分别标记为 AC-7.5 至 AC-37.5 (“AC” 代表骨料体积分数)，每组取一个试件，骨料分布如图 10-46 所示。

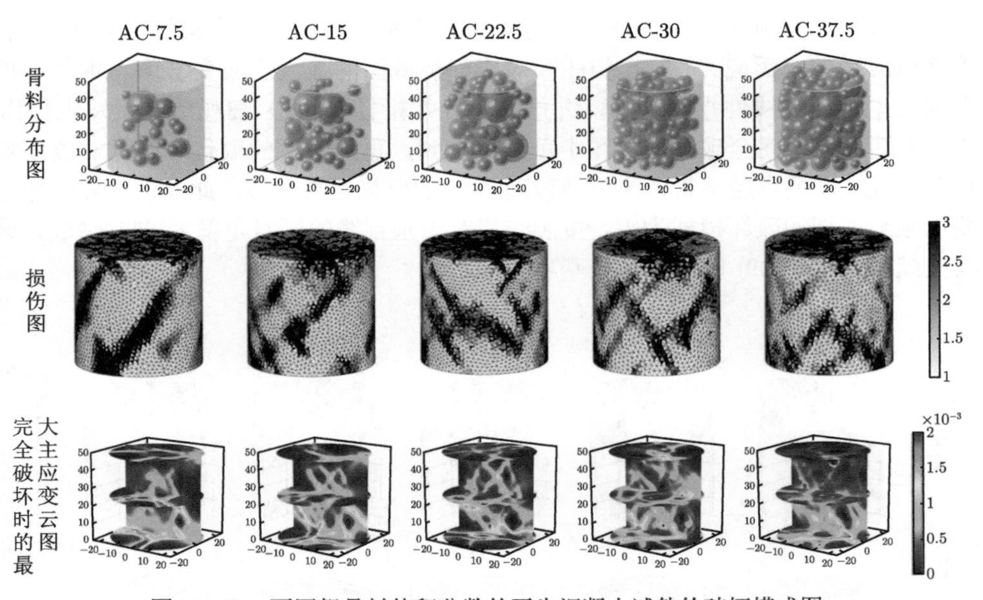

图 10-46 不同粗骨料体积分数的再生混凝土试件的破坏模式图

从图 10-46 中的损伤图和破坏时的最大主应变云图可以清楚地看到，随着骨料体积分数的增加，裂纹的形态发生了变化，连续裂纹的数量减少了，并且形成了一些小的孤立裂纹，同时，连续裂纹的宽度和长度均减小。

如图 10-47(a) 所示为所有试件的应力-应变统计曲线。从图 10-47(a) 中可以看出，各试件的应力-应变曲线的形状基本相似，应力-应变关系在低应力水平下大体呈线性关系，但在较高应力水平下变为非线性，并且根据骨料体积分数水平，骨料分布对低骨料体积分数的试件影响较大 (对于 7.5%的情况)，对高骨料体积分数的试件影响不大 (对于大于 30%的情况)。图 10-47(b)~(e) 给出了抗压强度、弹性模量 (以 0.4 倍峰值应力下的割线模量计算)、峰值应变和极限应变 (对应与 0.6 倍峰值应力的峰后应力) 随粗骨料体积分数的变化趋势。图 10-47(b)~(e) 显示了随着骨料体积分数的增加，弹性模量增加，抗压强度、峰值应变和极限应变均降低。这种现象是由于：随着骨料体积分数的增加，刚度增加，变形能力降低。

同时，骨料的增加导致老水泥砂浆的增加，即薄弱区域的增加，另外，减少了在骨料之间传递应力的介质。仿真结果与其他研究一致[209,320]。

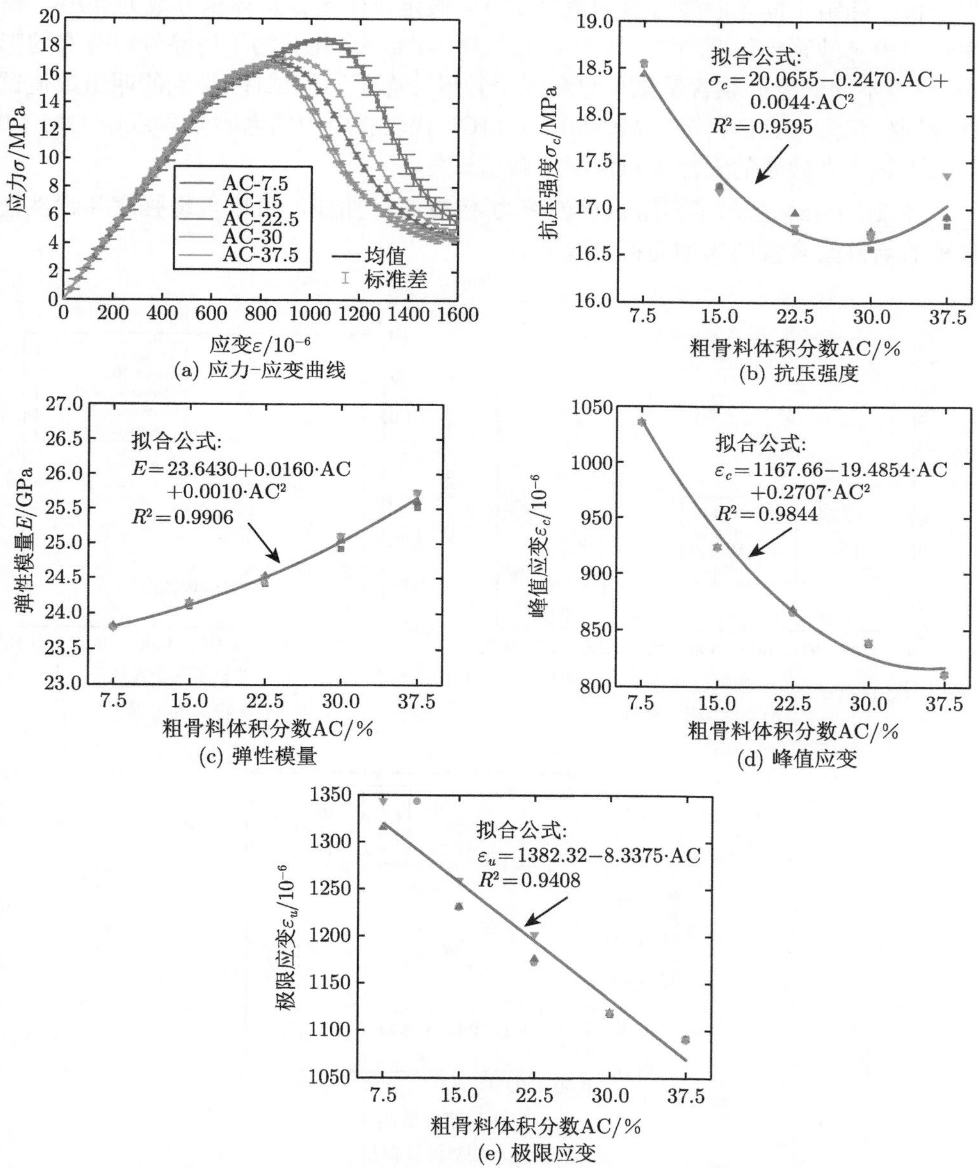

图 10-47 粗骨料体积分数对再生混凝土材料宏观力学响应的影响

10.2.4 再生骨料中老砂浆含量的影响

老黏结水泥砂浆的力学性能对再生混凝土的力学性能有重大影响[37,77,193,320]。

为了减少老水泥砂浆的厚度并改善其性能，进行了广泛的研究 [149,303]。为了分析评估老水泥砂浆含量对再生混凝土的力学性能、破坏模式的影响，本节数值模拟分析了四组不同老砂浆含量的数值试件。假定再生粗骨料体积分数为 30%，再生骨料中老砂浆含量在 0%、30%、42%和 60%中变化。为了消除骨料分布的影响，每组不同的老砂浆含量试件包含四个骨料分布不同的试件，得到的四组数值试件分别标记为 OMC-0 至 OMC-60 (“OMC” 代表骨料中的老砂浆含量)，OMC-0 即为不包含老砂浆的天然骨料混凝土数值试件。

图 10-48(a) 显示了四组试件的应力-应变统计曲线，可以发现强度和弹性模量随着老砂浆含量的增加而持续降低。

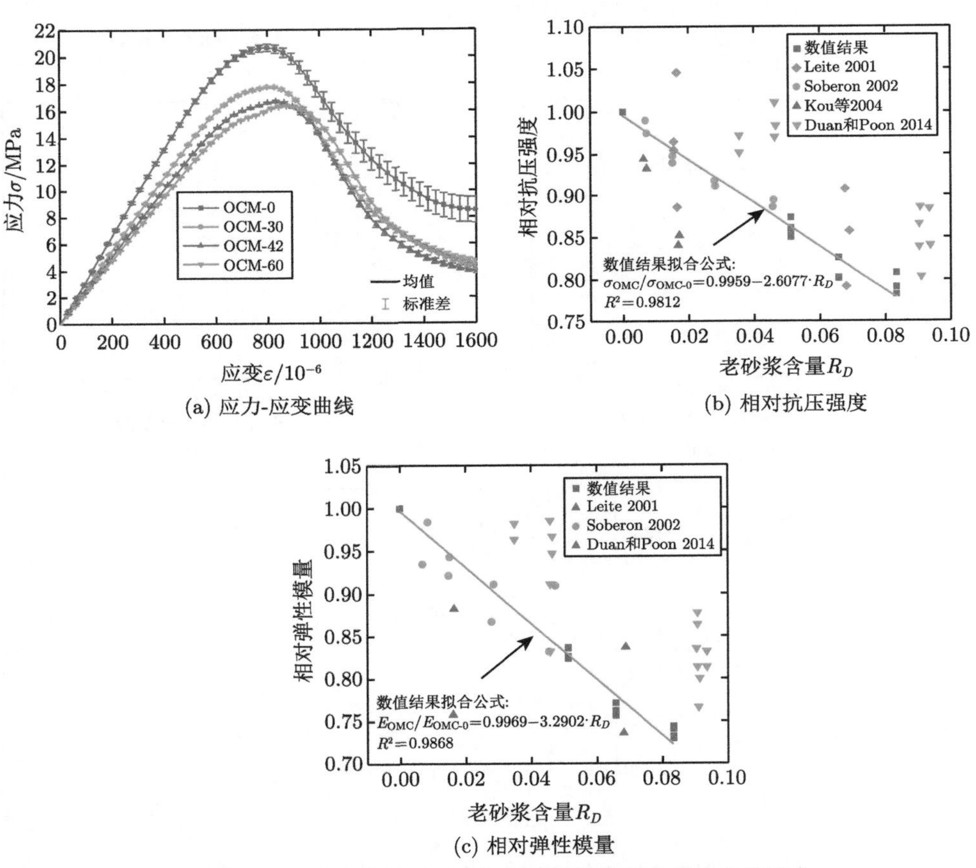

图 10-48 老砂浆含量对再生混凝土材料宏观力学响应的影响

文献 [193] 用系数 R_D 作为表征老砂浆含量影响的参数，其定义是

$$R_D = 1 - \frac{C \cdot \rho_{\text{OM}} + \rho_{\text{NA}}}{(1+C)\,\rho_{\text{NA}}} \tag{10-1}$$

式中，C 为老砂浆含量；ρ_{NA} 和 ρ_{OM} 分别表示天然骨料和老砂浆的密度。

图 10-48(b) 和 (c) 显示了四组试件的相对抗压强度和相对弹性模量随 R_D 的变化趋势，图中相对力学性能是相对于天然骨料混凝土参考试件的力学性能定义的。与不含老砂浆的 OMC-0 相比，OMC-30，OMC-42 和 OMC-60 的抗压强度分别平均降低了 13.92%，19.23%和 20.72%; 弹性模量平均下降了 16.96%，23.84%和 26.37%。此外，图 10-48(b) 和 (c) 总结了文献 [193, 300, 321-323] 的实验结果，这些文献研究了老砂浆含量的影响。从图中可以看出，数值结果在总体趋势上与试验数据吻合良好。老砂浆含量较高时，再生混凝土的力学性能较差的原因主要是老砂浆的强度和弹性模量通常远低于天然骨料 [187,300]，因此，如果再生混凝土中存在更多老砂浆，它将代替骨料颗粒抵抗外力，这自然会导致宏观力学性能的显著下降。

10.2.5 骨料形状的影响

为了分析评估骨料形状对再生混凝土的力学性能、破坏模式的影响，本节数值分析了不同骨料形状的试件。假定粗骨料体积分数为 30%，再生骨料中老砂浆含量为 42%，生成四组具有不同骨料形状的数值试件，并与球形骨料数值试件对比分析。得到的五组数值试件分别标记为 AS-1 至 AS-5 (“AS” 代表骨料形状)，如图 10-49 所示，其中 AS-1 组为球形骨料数值试件。

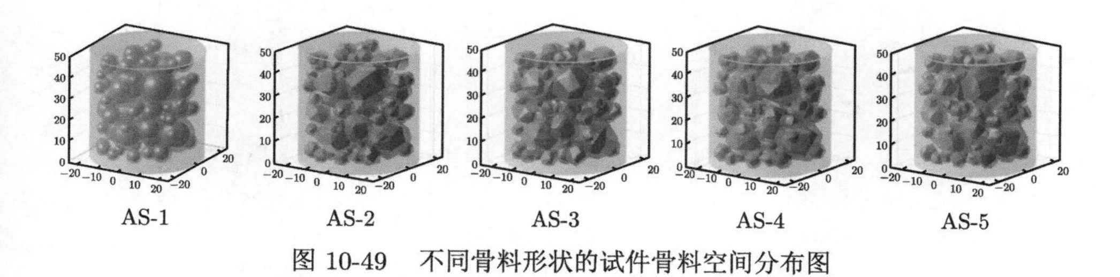

图 10-49 不同骨料形状的试件骨料空间分布图

当试件破坏时，不同骨料形状试件的最大主应变云图如图 10-51 所示。各个试件的应力-应变曲线图以及抗压强度如图 10-50 所示。如图 10-52 所示为峰值载荷处对应的最大主应力云图和最大主应变云图，可以注意到，应力集中在多面体骨料的尖锐边缘，因而更容易萌生微裂纹，导致凸多面体骨料的抗压强度低于球骨料模型。具体而言，球形骨料模型的抗压强度比任意凸多面体骨料模型的抗压强度提高了 5%左右。显然，骨料形状对再生混凝土的抗压强度影响不大，但对裂纹的扩展和分布影响较大。

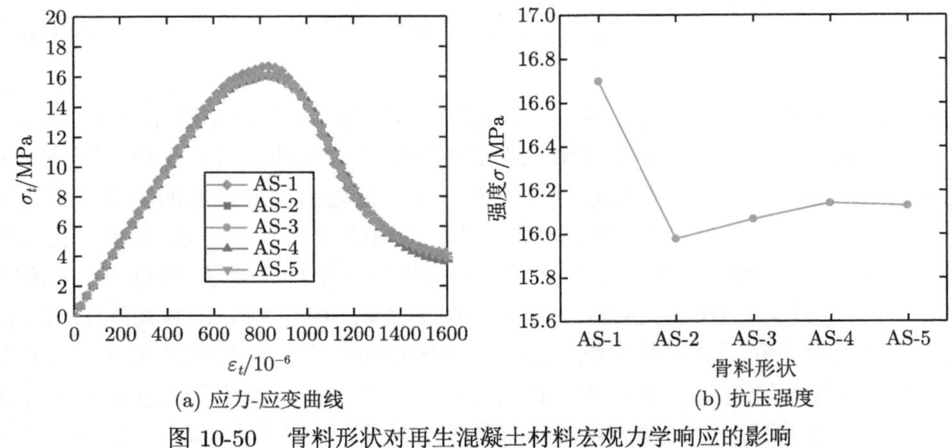

(a) 应力-应变曲线　　(b) 抗压强度

图 10-50　骨料形状对再生混凝土材料宏观力学响应的影响

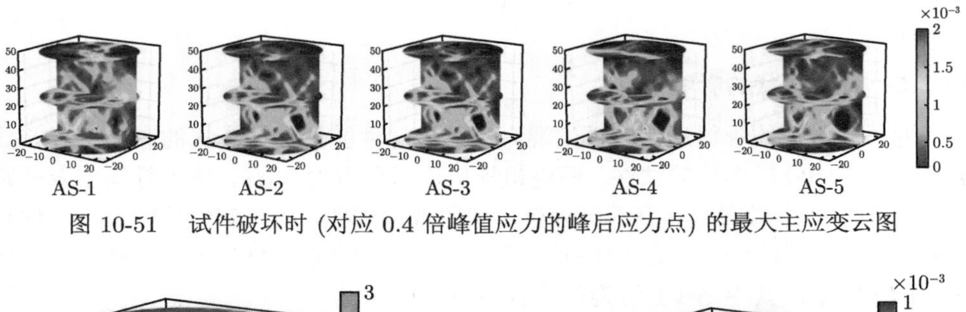

图 10-51　试件破坏时 (对应 0.4 倍峰值应力的峰后应力点) 的最大主应变云图

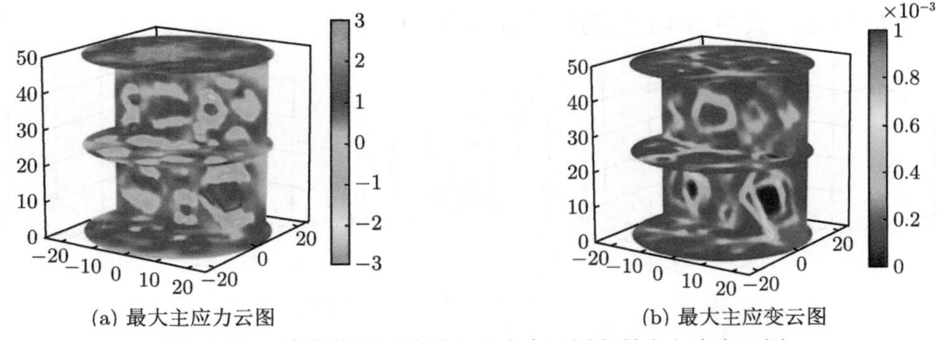

(a) 最大主应力云图　　(b) 最大主应变云图

图 10-52　峰值载荷时的最大主应力云图和最大主应变云图

10.2.6 多轴应力条件的影响

上述研究工作是在单轴载荷条件下进行的。然而，再生混凝土在实际混凝土结构中常常处于多轴应力状态下，例如建筑物中柱与梁之间的内部结点处，或约束混凝土浇筑。文献 [324-328] 进行了许多实验研究，研究再生混凝土在多轴压缩下的强度行为。实验结果表明，多轴压缩下的再生混凝土强度远高于相应的单轴强度，试验还表明，多轴压缩下的再生混凝土强度取决于再生骨料取代率和侧向围压，即混凝土中再生骨料的含量通常会降低再生混凝土的强度，而增加侧向约束应力会提高再生混凝土的强度。然而，对于三轴压缩的再生混凝土，试验数据仍然很少，这给受约束的再生混凝土材料的分析和设计带来了困难，因此，需要研究复杂应力状态下再生混凝土的力学性能，并确定各个因素的影响。

图 10-53 是试验中用于三轴压缩试验的仪器 [329]，图 10-54 显示了再生混凝土三轴应力状态示意图。对于三轴压缩试验，轴向载荷采用逐级位移加载，每一步加载位移为 0.001mm。侧向围压与轴向载荷同步位移加压，每一步的加载位移与轴向加载位移成比例 $\gamma\left(\gamma=\dfrac{\varepsilon_3}{\varepsilon_1}\right)$。

图 10-53 试验中圆柱试件三轴受力 [329]

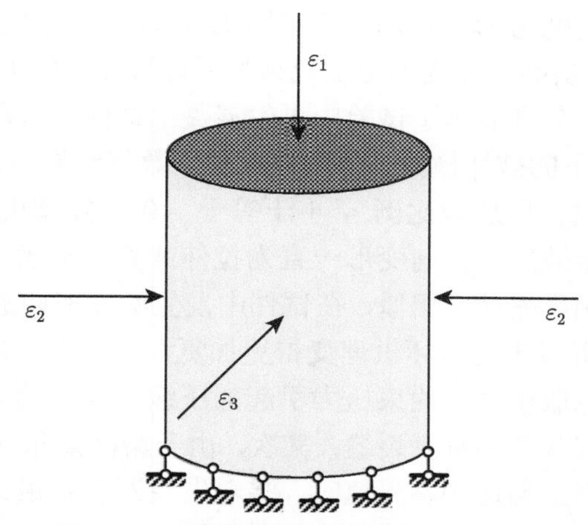

图 10-54 圆柱试件三轴受力状态简图

1. 破坏模式

图 10-55 显示了再生混凝土在三轴压缩试验下的典型破坏模式。从图 10-55 可以看出，围压是影响破坏模式的重要因素。

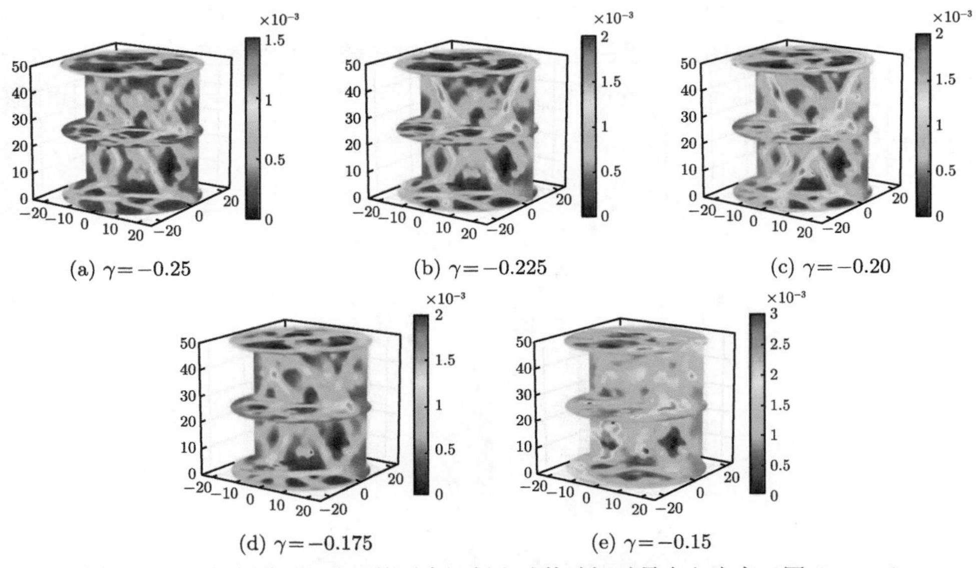

(a) $\gamma=-0.25$　(b) $\gamma=-0.225$　(c) $\gamma=-0.20$

(d) $\gamma=-0.175$　(e) $\gamma=-0.15$

图 10-55　考虑围压影响下的再生混凝土试件破坏时最大主应变云图 (ε:1000)

图 10-55(a)~(e) 分别显示了再生混凝土试件在侧向与轴向位移加载比例 $\gamma=-0.25$、-0.225、-0.2、-0.175 和 -0.15 时的破坏模式，从这些破坏模式之间可观察到明显差异。对于 $\gamma=-0.25$，可明显观察到倾斜剪切的破坏模式，主裂纹相对于垂直线的倾斜角度为 $55°\sim75°$，当围压增大时，该角度减小。当 $\gamma=-0.15$ 时，破坏模式从脆性斜裂破坏变为更加复杂的压碎破坏，文献 [329] 称为非脆性破坏。图 10-56(a)~(c) 分别显示了试验中再生混凝土试件分别在 6MPa、12MPa 和 18MPa 的围压应力下的破坏模式 [329]，可以看到数值结果与试验结果较为一致。

如果侧向与轴向位移加载比例 γ 小于等于 -0.175，则随着所施加的轴向位移的增加，由于泊松效应，侧向变形一直为拉伸或者从压缩逐渐变为拉伸。裂纹的出现和发展与单轴压缩试件相似，在试件中发生脆性剪切破坏。当 γ 增加到超过 -0.15 时，再生混凝土的破坏机理变得更加复杂。首先，来自施加的轴向载荷的拉伸应变不足以克服由侧向约束压力引起的压缩应变，其结果就是没有观察到垂直裂缝或几乎没有观察到垂直裂缝；其次，由于新砂浆和黏附老砂浆发生变形，导致滑移和剪切变形，当达到临界值时，接着发生断裂和最终破坏。与没有任何约束压力的试件相比，这种破坏的突然性或脆性较小，因此为非脆性破坏 [329]。

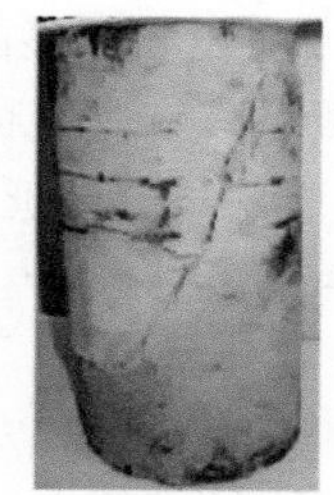
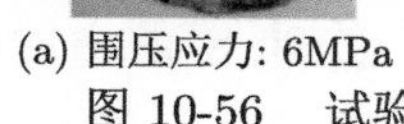

(a) 围压应力: 6MPa (b) 围压应力: 12MPa (c) 围压应力: 18MPa

图 10-56 试验中考虑围压应力影响下的试件破坏模式 [376]

2. 应力-应变曲线

再生混凝土试件和混凝土试件的应力-应变统计曲线如图 10-57(a) 和 (b) 所示。从图中可以看出，应力-应变关系在低应力水平下大体呈线性关系，但在较高应力水平下变为非线性，并且根据围压水平，存在下降分支 (对于 $\gamma \leqslant -0.2$ 的情况)，或水平段 (对于 $\gamma = -0.175$ 的情况)，或微上升段 (对于 $\gamma > -0.15$ 的情况)。

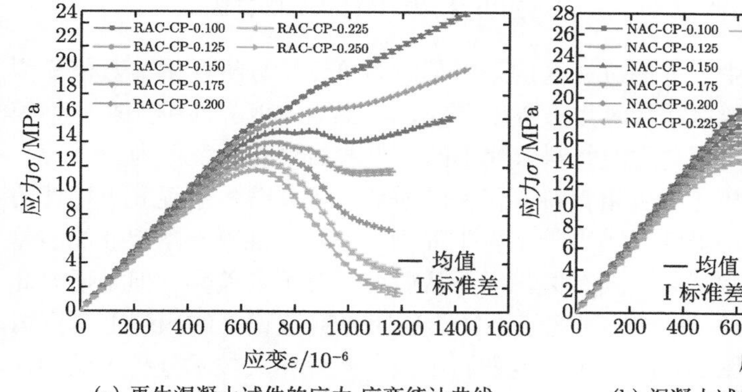

(a) 再生混凝土试件的应力-应变统计曲线

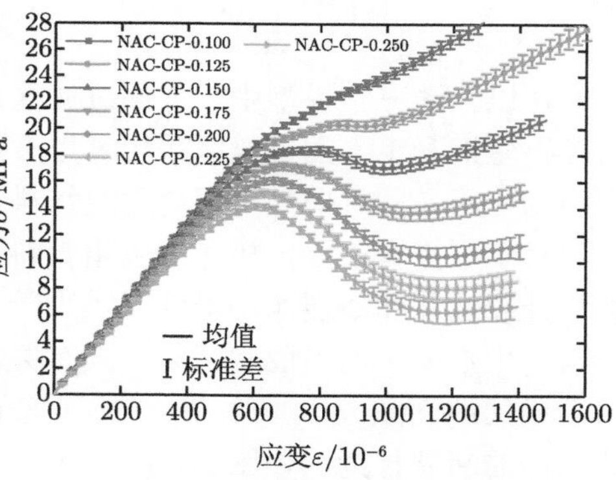

(b) 混凝土试件的应力-应变统计曲线

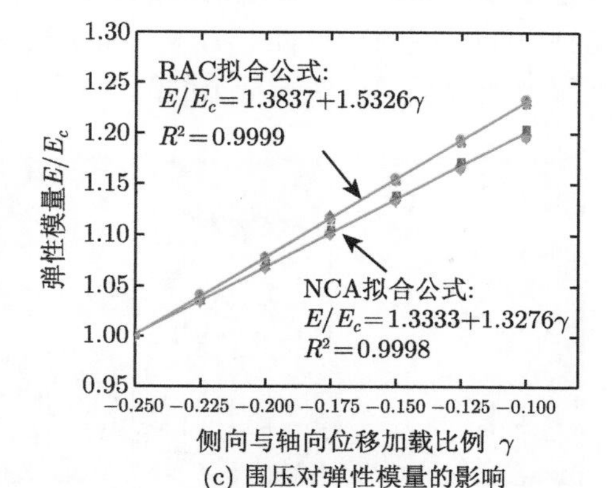

(c) 围压对弹性模量的影响

图 10-57 围压对再生混凝土材料宏观力学响应的影响

可以明显地观察到围压对试件的应力-应变力学行为有相当明显的影响。当 γ 从 -0.25 逐渐变大时，侧向施加的应力逐渐由拉变为压，峰值应变和弹性模量明显在增大，并且应力-应变曲线的下降段分支为逐渐平缓 (即更具延性)，并且当 $\gamma \geqslant -0.125$ 时，在应力-应变曲线中没有观察到下降，且有缓慢上升，这是由于围压限制了横向变形的发展。

图 10-57(c) 显示了混凝土的相对弹性模量与 γ 之间的关系。相对弹性模量是相对于 $\gamma = -0.25$ 时的弹性模量 E_c，可以看出，E/E_c 随 γ 的增加而近似线性增加。使用线性回归分析，提出以下方程式将 E 与 γ 关联

$$E/E_c = \alpha + \beta \cdot \gamma \tag{10-2}$$

式中，混凝土和再生混凝土的 α 分别为 1.3333 和 1.3837，β 分别为 1.3276 和 1.5326。该式表明了约束混凝土具有较好的力学性质，这是因为侧向约束压力有助于限制再生混凝土中新裂纹的发展和现有微裂纹的增长。

10.3 预裂缝三点弯曲梁的模拟与分析

在以上的三维模型中，界面过渡区均采用基面力单元法分析，本节数值模型将在再生混凝土界面过渡区采用零厚度界面单元，验证零厚度界面单元在三维模型中的应用，同时研究不同再生粗骨料取代率的三点弯曲梁的断裂行为。

对于三点弯曲梁，随着再生粗骨料取代率的增加，预裂缝再生混凝土构件的临界开裂位移和断裂能均降低 [32,330-332]。再生混凝土与常规混凝土断裂性能的差异与再生混凝土的组成和开裂方式有关，需要从微细观分析其差异，但是研究此问题相关的文献较少，Li 等 [333] 研究了不同再生粗骨料取代率的预裂缝三点弯曲试样的断裂行为，如图 10-58 所示，他们利用数字图像相关技术分析了试样在断裂过程中的变形特征，观察和讨论了裂纹的形态。本节基于该试验结果，利用数值计算，一方面验证本书模型的可行性，另一方面从细观形变、裂纹形态、裂纹发展和断裂面特征等方面分析了再生混凝土的细观断裂特征及其机理。

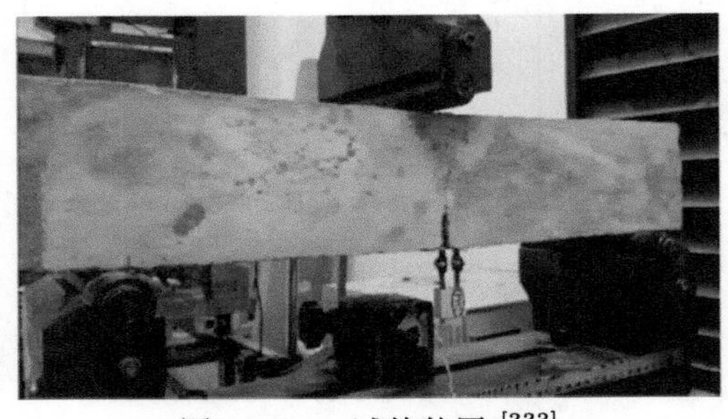

图 10-58 试件装置 [333]

10.3.1 模型建立

试件具体尺寸如图 10-59 所示，根据试件的受力特点，同时考虑到为了减少计算规模，选取试件跨中 50mm 部分作为骨料投放区域。根据试验条件 [333]，骨料最大粒径为 25mm，最小粒径为 5mm。假定骨料颗粒为球体，当再生粗骨料取代率分别为 0，30%，50%，70%和 100%时，生成的骨料投放区域的骨料分布图如图 10-60 所示，并分别标记为 RAR-0 至 RAR-100(“RAR” 代表再生粗骨料取代率)，图中，蓝色为天然骨料，青色为再生骨料。

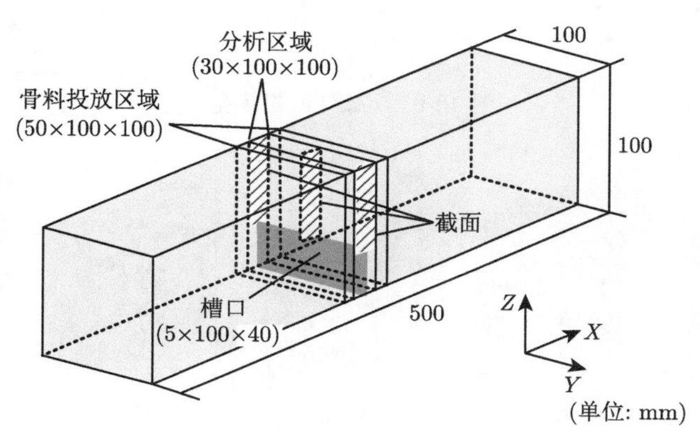

图 10-59 试件几何尺寸

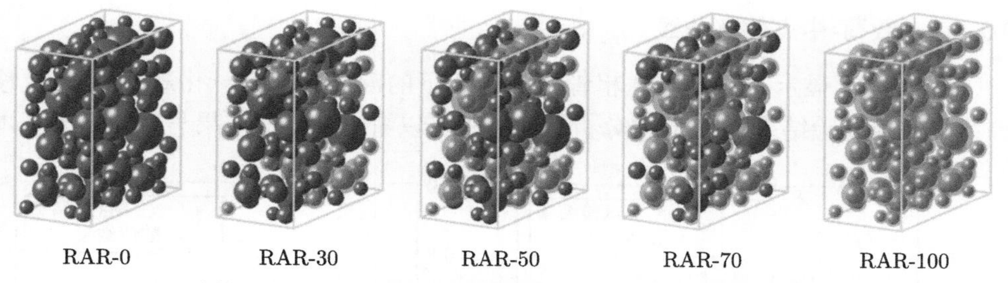

图 10-60 不同再生骨料取代率的试件骨料空间分布图

选取跨中 30mm 部分为分析区域，并且网格加密，再生混凝土整体模型如图 10-61 所示，生成三相介质后在界面过渡区自动插入零厚度界面单元，并对单元的材料性能参数赋值。图 10-62 为不同再生骨料取代率的再生混凝土试件中分析区域的投影网络模型，骨料为蓝色，老砂浆为青色，新砂浆为灰色。

本节中假定新、老砂浆及骨料本构满足多折线损伤演化准则，材料参数与 8.1 节相同。假定零厚度界面单元法向和切向力学性能相同，依据 8.5 节分析，其初始刚度为 1.8×10^4 MPa/mm，起裂时有效相对位移为 0.00017mm，η 为 3。

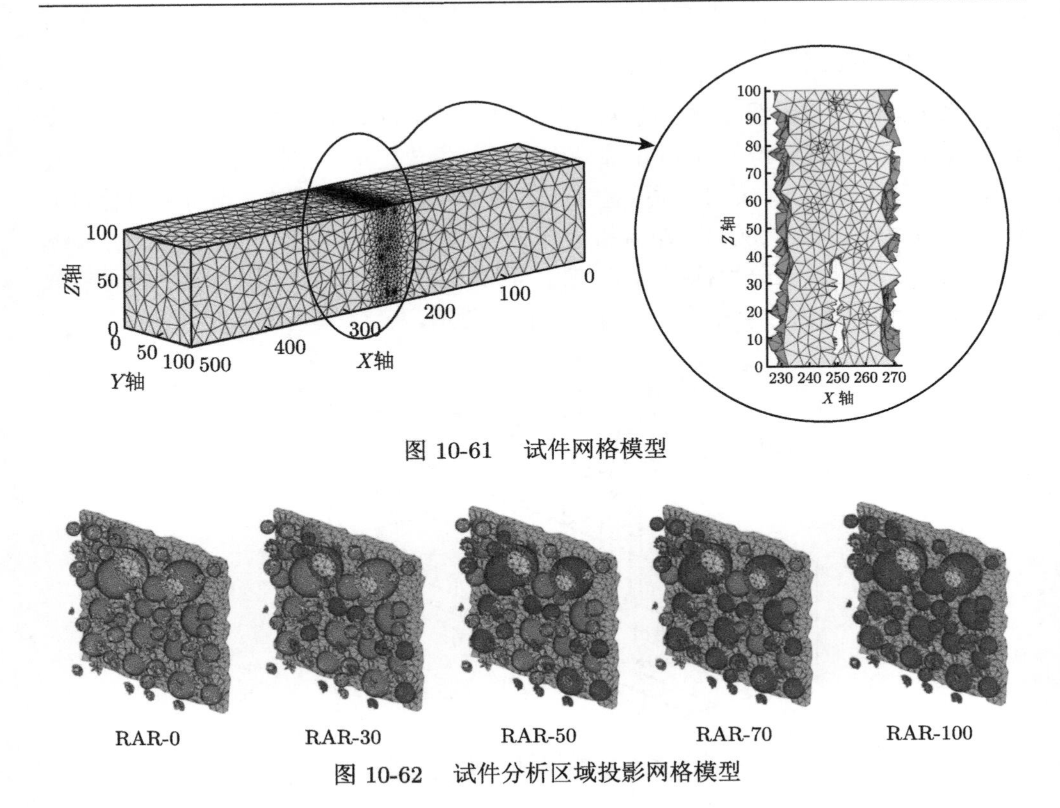

图 10-61 试件网格模型

图 10-62 试件分析区域投影网格模型

10.3.2 载荷-中点位移曲线

图 10-63 显示了不同再生粗骨料取代率下的混凝土的归一化载荷-中点位移曲线，并与试验结果 [333] 对比分析。从图中可以看出，数值结果与试验结果基本

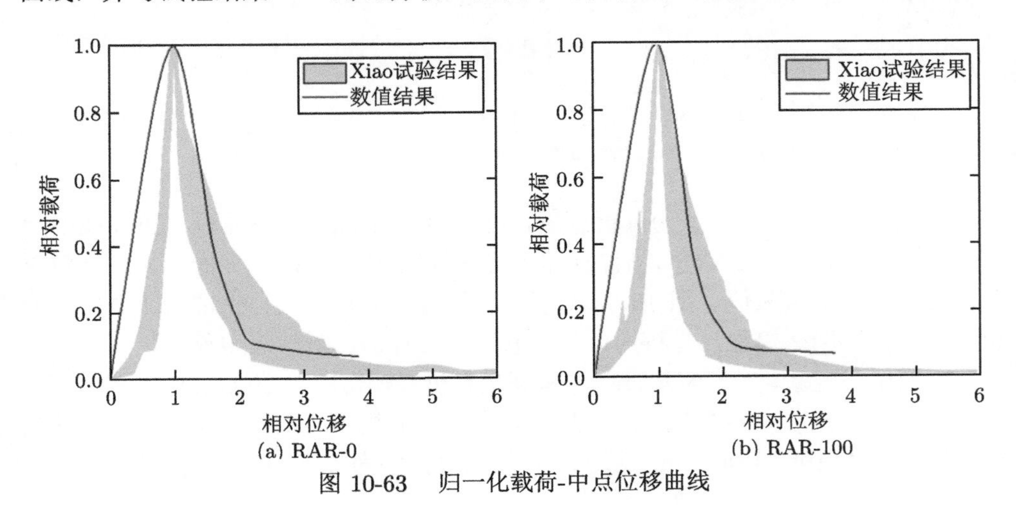

图 10-63 归一化载荷-中点位移曲线

吻合，说明了本研究方法的可行性，同时，曲线的中点位移的下降阶段在较高的再生粗骨料取代率下变得更陡峭，这表明在相同条件下再生混凝土比常规混凝土更脆。图 10-64 显示了载荷-中点位移曲线下降段的特征，数值结果和试验结果均显示出了相同的规律，总体来说，随着再生粗骨料取代率的增加，软化阶段的下降更为明显，这是因为再生粗骨料强度低并且易于断裂，从而开裂后使得裂纹快速传播。

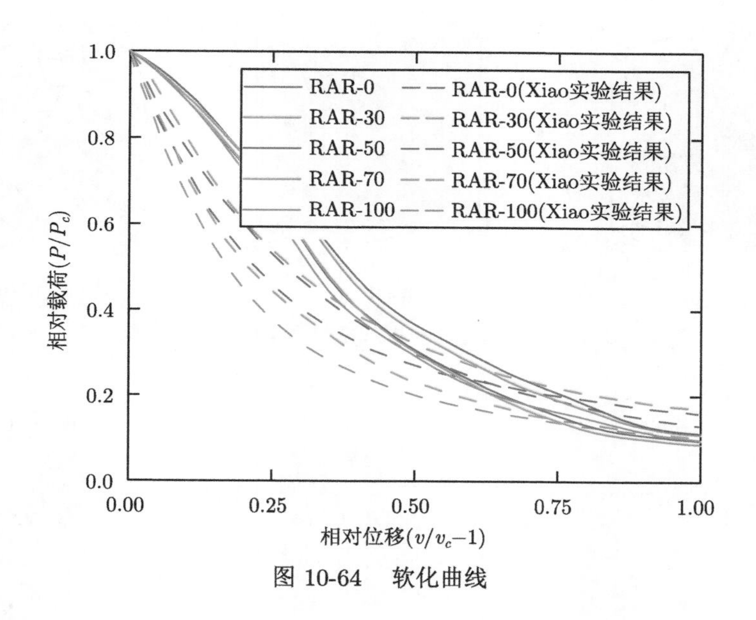

图 10-64 软化曲线

10.3.3 表面裂纹形态

图 10-65 显示了数值模型得到的在不同的再生骨料取代率下再生混凝土的裂纹形态。图 10-66 为试验中不同再生骨料取代率时的试件的裂纹形态及断裂面。数值模型结果和试验结果基本吻合，可以看出，当再生骨料取代率较低时，再生混凝土的裂纹不光滑。当再生粗骨料取代率为零时，此现象会更突出。这是由于在开裂过程中，天然骨料的强度较高，在再生混凝土中，裂纹路径更可能绕过天然骨料，从而可以很好地防止裂纹形成，如果骨料在裂纹发展方向上的强度低，则裂纹将穿过骨料，并且不会发生裂纹分支。在较高的再生粗骨料取代率下，破坏面会更平滑。这也表明了，当再生骨料的含量较小时，试件具有更大的断裂韧性，当再生粗骨料的取代率较大时，试件具有更大的脆性。

将试件在整个加载过程中的损伤和破坏单元数量进行统计，得到不同再生骨料取代率下的位移步-破坏单元数直方图如图 10-67 所示，从图中看出，加载初期，各试件内部的破坏单元数量很少，且彼此之间的数量无明显差别，当载荷达到并超过试件的极限弯拉强度之后，破坏单元数量出现突增，说明试件承受的载荷能力降低，逐渐进入失稳阶段，相同载荷步内，内部结构的不同会使各试件的破坏单元总数出现差异，随着再生骨料取代率的增加，损伤破坏单元数减小，这也表明了在较高的再生粗骨料取代率下，裂纹分支更少，破坏面更平滑，脆性更高。

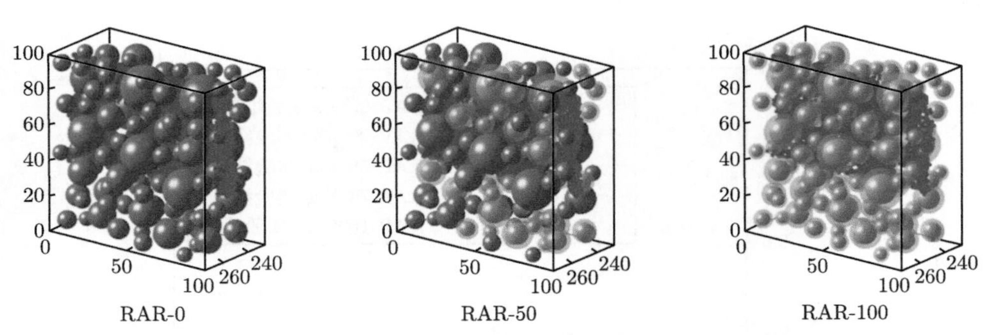

图 10-65 不同的再生骨料取代率时再生混凝土的裂纹形态

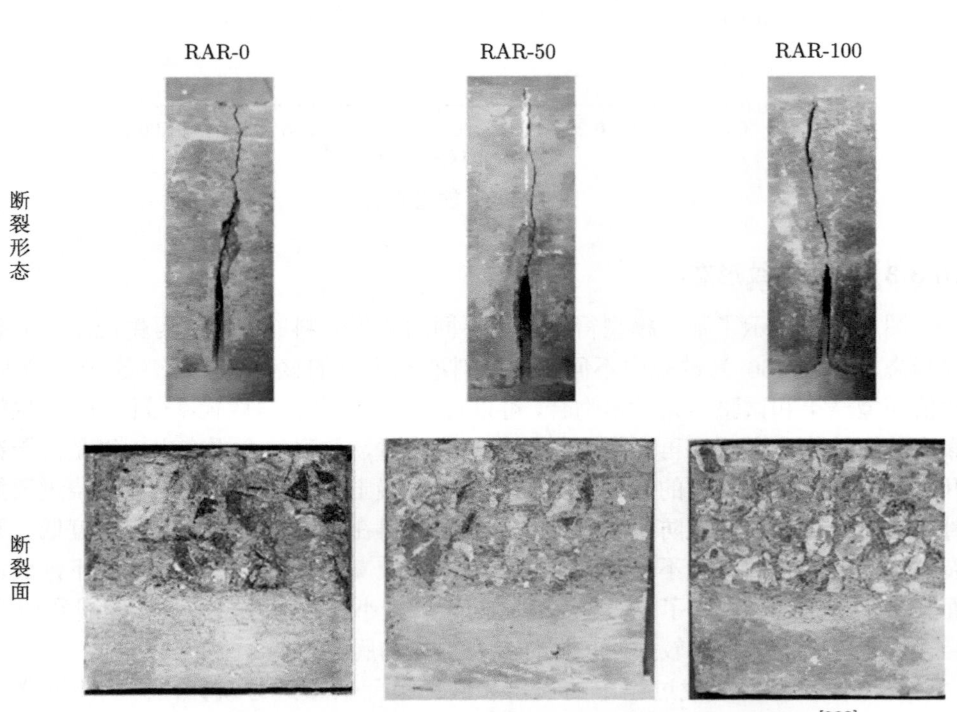

图 10-66 试验中不同再生骨料取代率时的试件的裂纹形态及断裂面 [333]

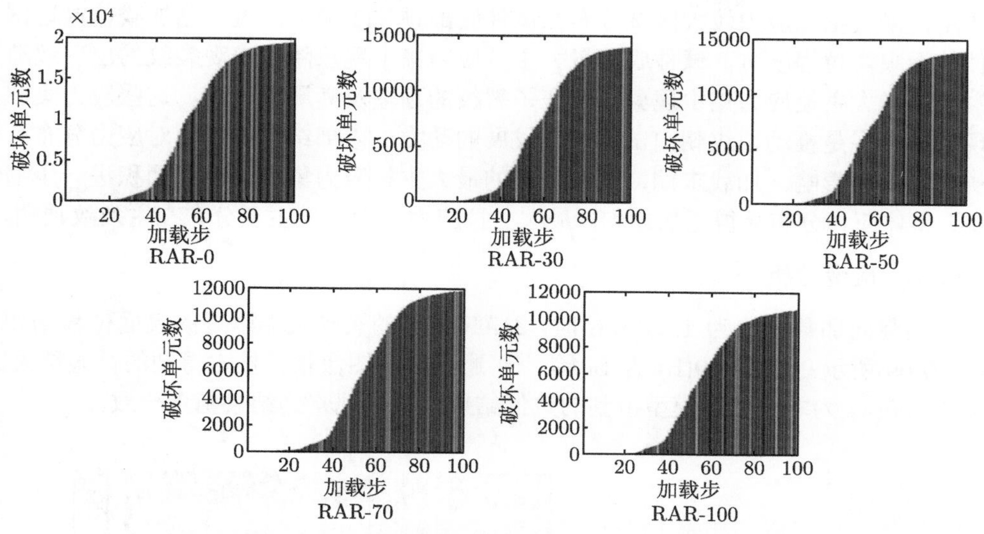

图 10-67 不同再生骨料取代率下的加载步-破坏单元数直方图

10.3.4 应力分析

图 10-68 为试件应力分布图，可以看出加载初期，试件底部主要承受拉应力

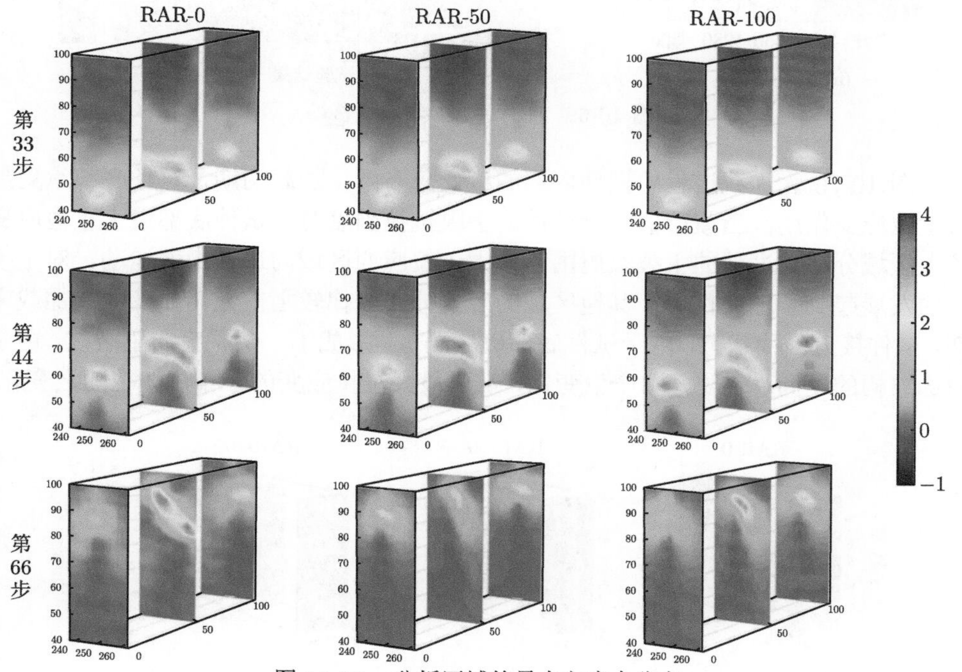

图 10-68 分析区域的最大主应力分布

作用，最大主拉应力较大区域分布在试件底部预裂纹尖端附近。当加载值接近试件的极限弯拉强度时，试件底部最大主拉应力集中现象随着宏观裂纹的出现逐渐消失，最大主拉应力集中现象出现在了裂纹的顶端及其周围区域，这些应力集中现象的出现是推动裂纹朝向试件中部发展的动力，内部结构的不同对应力分布有一定程度的影响。加载末期，试件底部的最大主拉应力集中区域的面积进一步缩小，整体应力分布显得更加均匀，最大主拉应力集中区域主要分布在主裂纹顶端。

10.3.5 应变分析

当竖向加载位移为 1.23 mm 时，RAR-100 的裂纹尖端附近的表面位移场如图 10-69 所示。图 10-69(b) 为 Li 等 [333] 通过数字图像相关技术得到的试验结果，图 10-69(a) 为本节数值模型得到的数值结果，可以观察到结果基本一致。

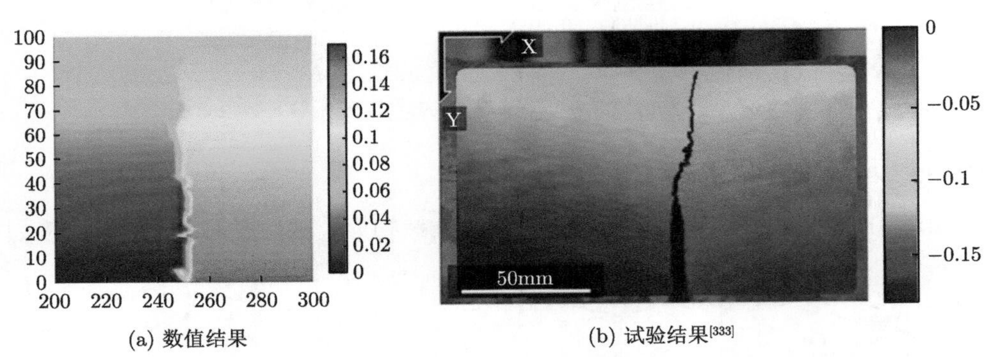

(a) 数值结果 (b) 试验结果[333]

图 10-69 RAR-100 表面位移场

图 10-70 为加载过程中试件内部的应变分布图。加载初期，试件底部承受最大主拉应变作用，当载荷值接近试件的极限抗拉强度时，试件底部最大主拉应变较大区域分布在试件的主裂纹周围，最大主拉应变区域向试件中部运动，对主裂纹的发展起到了辅助作用，其他区域的应变分布规律较之前无明显变化。加载末期，试件接近失稳状态，由于试件底部破坏严重，形成了一条垂直向主裂纹，由于内部结构的不同，裂纹分布产生变化，从而最大主拉应变的分布规律也随之变化。

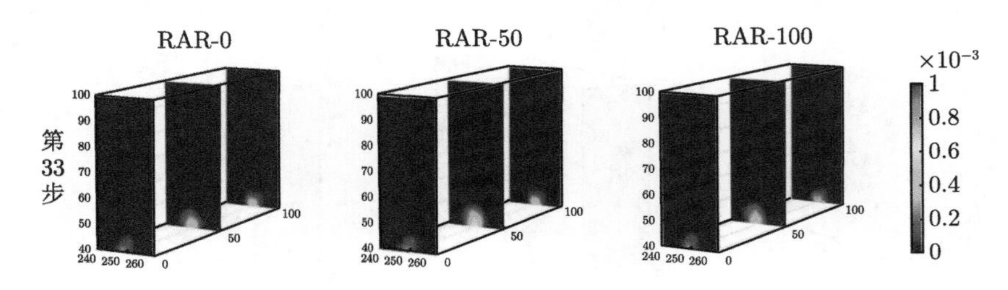

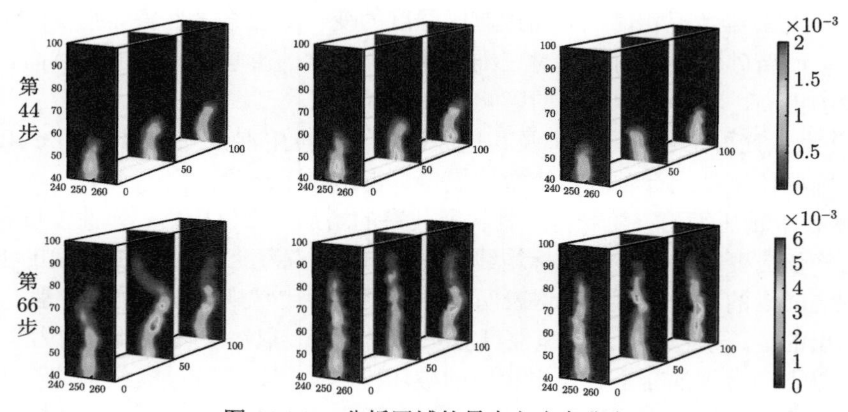

图 10-70 分析区域的最大主应变分布

10.4 本章小结

骨料的形状、分布、体积分数，新、老界面过渡区的厚度以及各相介质的强度对再生混凝土的整体宏观弹性模量、强度以及微裂纹的萌生和扩展的影响起了决定的作用。与平面模型相比，再生混凝土三维细观模型能更真实地展示试件在外载荷作用下损伤破坏的全过程，且能更准确地描述材料的宏观力学性能，本章通过再生混凝土三维基面力元模型进行了系统的研究。

(1) 以尺寸为 50mm×50mm×50mm 带双口槽预裂缝的试件作为代表试件，通过数值仿真试件内部损伤发展过程和参数化分析，研究再生混凝土的抗断裂能力，得到以下结论：

(i) 在轴向拉伸作用下，除骨料在局部区域严重聚集外，再生骨料空间分布形式基本不影响试件的宏观弹性模量及强度。

(ii) 随着骨料体积分数的增加，弹性模量线性增加，峰值应变线性降低，而峰值应力并不是单调的，大约在骨料体积分数 15%时峰值应变最高。

(iii) 再生混凝土抗拉强度和初始弹性模量随老砂浆含量的增加而线性降低，但峰值应变有所增加。

(iv) 弹性模量、峰值应力随着取代率的增加而线性降低，而峰值应变无明显规律。

(v) 圆形骨料模型的抗拉强度和峰值应变均高于凸多面体形状的骨料模型，这意味着采用圆形骨料模型进行细观尺度分析可能会高估混凝土的强度。

(vi) 随着界面过渡区厚度的增加，抗拉强度的降低并不明显，而是随着 ITZ 厚度的增加而达到恒定值，该结果表明，界面过渡区厚度的进一步增加可能对试件的整体强度的影响较小。

(vii) 与二维情况相比，界面过渡区强度的变化对三维试件整体强度的影响要小得多，而新砂浆强度的变化对三维试件整体强度的影响却大得多，然而，随着其强度的提高，其对整体强度的影响逐渐减弱。

(2) 为探究再生骨料取代率及其他关键参数对再生混凝土的影响，对 φ50mm×50mm 圆柱体试件进行轴向压缩数值模拟，得出以下结论：

(i) 在单轴压缩下，随着再生骨料取代率的增加，峰值应力、弹性模量和极限应变与峰值应变之比这三个指标均线性降低，再生混凝土应力-应变曲线的下降段比常规混凝土的下降段更陡，这表明再生混凝土相比常规混凝土脆性更强，但是，应该指出的是，再生混凝土的脆性可能在很大程度上取决于再生骨料的力学性能。再生混凝土和常规混凝土表现出相似的破坏模式，初始不连续裂纹最终会沿着对角线方向形成倾斜的宏观裂纹，破坏平面与垂直载荷之间的倾斜角为 55° ~75°。

(ii) 随着再生骨料体积分数的增加，弹性模量增加，峰值应变和极限应变均降低，抗压强度并不单调，大约在骨料体积分数为 30%时强度最低。

(iii) 随着再生骨料中老砂浆含量的增加，弹性模量和峰值应力均线性降低。

(iv) 侧向围压对再生混凝土的力学性能和变形有显著的影响，在力学性能方面，增大侧向围压，既可以提高峰值应力和弹性模量，又可以改善应力-应变曲线下降段的趋势，在变形方面，随着侧向围压的增加，再生混凝土的破坏模式从脆性斜裂破坏变为更加复杂的压碎破坏，破坏平面与垂直载荷之间的倾斜角度不断减小。

(3) 通过预裂纹三点弯曲梁的数值模拟，并与试验对比分析，验证了零厚度界面单元在界面过渡区应用的可行性，研究了不同再生粗骨料取代率的三点弯曲梁的断裂行为，得出以下结论：

(i) 在相同条件下，再生混凝土的载荷-中点位移曲线下降段均低于常规混凝土，并且随着再生粗骨料取代率的增加，软化阶段的下降更为明显，表明其脆性比常规混凝土更强。

(ii) 当再生骨料取代率较低时，再生混凝土的裂纹不光滑，损伤破坏单元数较多，试件具有更大的断裂韧性。当再生粗骨料的取代率较大时，裂纹会更平滑，损伤破坏单元数较少，试件具有更大的脆性。

第 11 章　三维再生混凝土动态性能的细观损伤分析

对于再生混凝土的应用，工程中往往更关心再生骨料性能及其掺入量对宏观力学性能的影响，因此本章重点放在了在不同应变率加载下，再生骨料取代率、再生骨料体积分数的影响规律。本章针对再生混凝土三维试件的动态损伤问题，运用基于基面力单元法的三维细观数值模型，以哑铃形试件动态拉伸试验和圆盘体动态压缩试验为例论证了模型方法的可行性，同时，从细观角度探讨试件在不同加载速率下的损伤发展规律、强度变化规律、裂纹形态和破坏程度等。

11.1　动态拉伸试验细观数值模拟与分析

11.1.1　模型建立

如图 11-1 所示，试验中常用哑铃形试件研究静载轴拉作用下材料的抗拉强度，而对于动态轴拉试验由于较难实现，试验较少。本节为了探究应变率效应对不同再生骨料取代率的再生混凝土材料拉伸行为的影响，研究了再生混凝土试件动态拉伸试验，试件具体尺寸如图 11-2 所示，根据试件的受力特点，同时考虑到为了减少计算规模，选取中部 20mm 部分进行分析。不考虑骨料形状的影响，假定骨料颗粒为球体，且其最大粒径为 15mm，最小粒径为 5mm，粗骨料体积分数为 35%，再生骨料附着老砂浆质量含量为 42%，根据富勒级配曲线随机产生骨料，采用“取放法”随机投放骨料，建立几何模型。

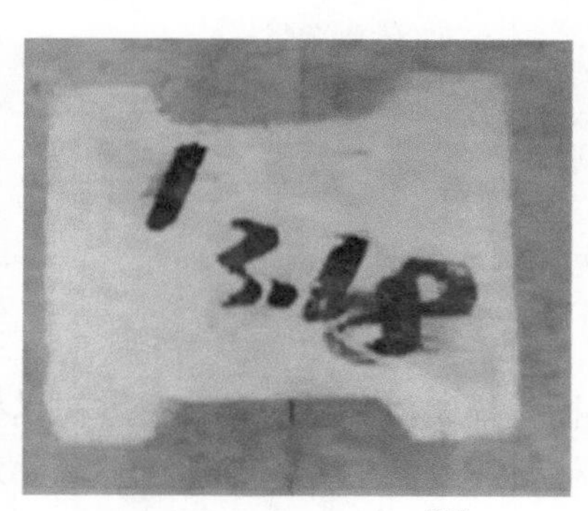

图 11-1　轴拉试件 [77]

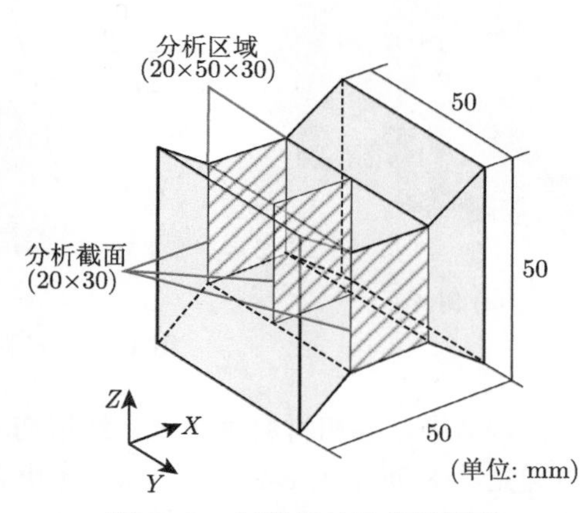

图 11-2　试件尺寸及分析截面

本研究采用表 11-1 的网格参数对几何模型生成背景网格，并用投影网格法建立细观模型。以图 11-3 所示的试件为例，对模型网格划分，生成背景网格如图 11-4 所示，得到投影网格模型如图 11-5 所示。

表 11-1　分析区域的网格尺寸函数

	初始网格尺寸	网格尺寸函数 $h(x)$	加密梯度
天然骨料外	0.5	$\min(\min(1+0.25\times\{\lvert d(x_i,y_i)\rvert\}),3)$	0.25
天然骨料内	0.5	$\min(1+\{\lvert d(x_i,y_i)\rvert\})$	1

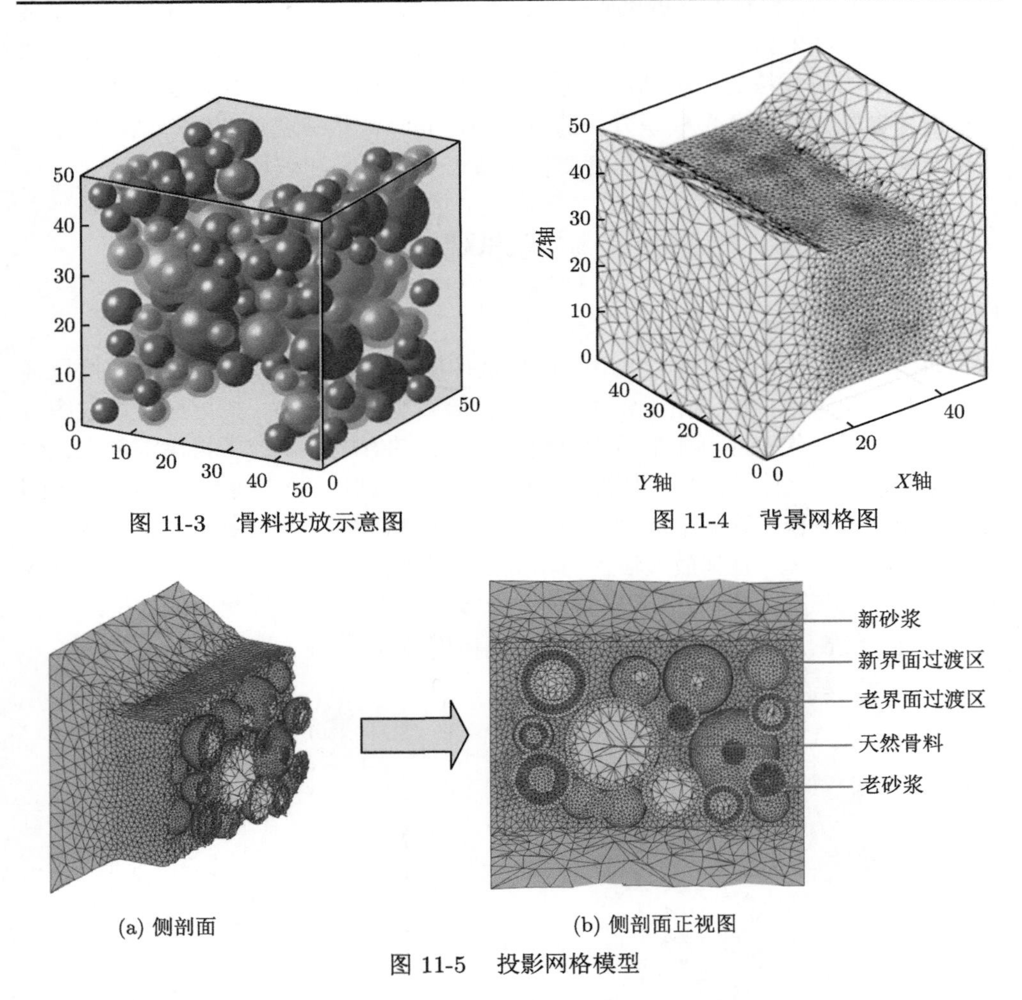

图 11-3　骨料投放示意图

图 11-4　背景网格图

(a) 侧剖面

(b) 侧剖面正视图

图 11-5　投影网格模型

在本节中，各相材料采用多折线损伤本构模型描述，其材料参数及本构模型参数详见第 8 章中表 8-2 和表 8-3。考虑各相材料参数满足 Weibull 概率统计分布的特性 (参考 5.4 节)，各相材料均质度如表 11-2 所示。

表 11-2 各相材料均质度

新砂浆	天然骨料	老界面过渡区	老砂浆	新界面过渡区
12	18	8	12	8

采用本研究中的骨料生成法和投影网格法建立细观计算模型，在不同的应变率条件下 ($0s^{-1}$ (静态)、$0.2s^{-1}$、$1s^{-1}$、$5s^{-1}$、$20s^{-1}$)，对五组不同再生骨料取代率 (取代率为 0%、25%、50%、75%和 100%) 的试件的动态轴拉破坏行为进行细观数值模拟与分析，五组不同再生粗骨料取代率的数值试件分别标记为 RAR-0 至 RAR-100(“RAR” 代表再生粗骨料取代率)，如图 11-6 为不同再生骨料取代率的骨料投放图和投影网格模型剖面图，为避免骨料位置分布对数值结果的影响，每组包含 4 个试件，总共进行 100 次动态轴拉破坏数值模拟。

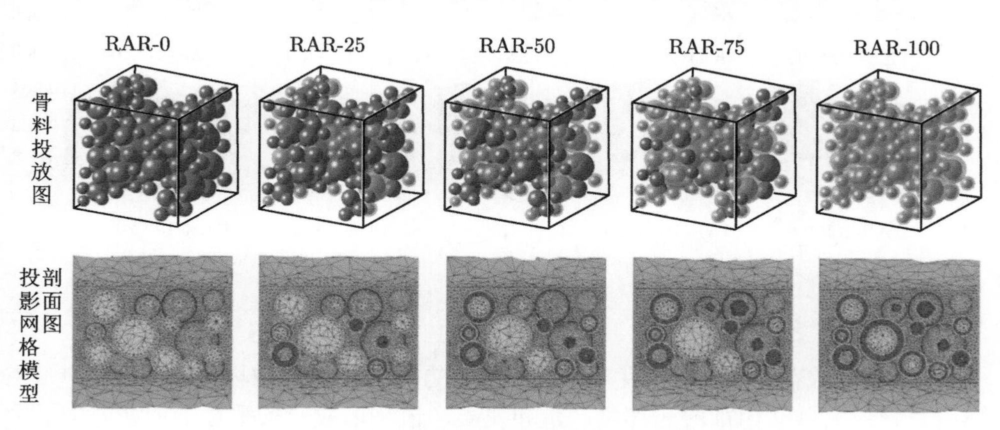

图 11-6 骨料投放及投影网格模型剖面图

采用双向动位移加载，如图 11-7 为加载示意图，设定各应变率加载速率均为从初始时间到 0.005ms 按匀加速度加载，之后为匀速加载。

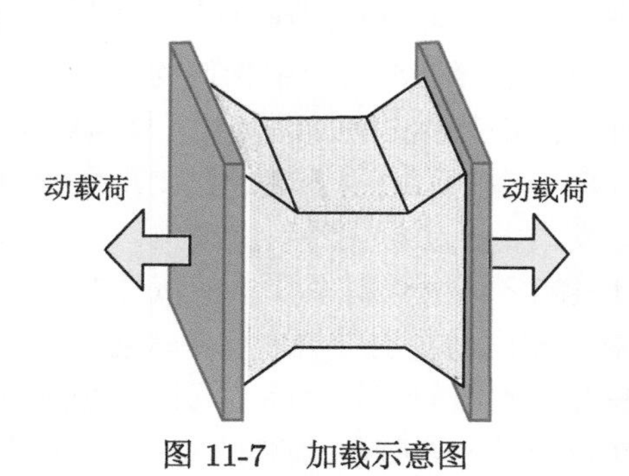

图 11-7 加载示意图

11.1.2　数值结果

1. 试件损伤和破坏分析

本节假设，当试件的残余强度达到峰后最小值时数值试样破坏。为缩小篇幅，分别以 0%和 100%再生骨料取代率的再生混凝土试件中的一个试件为例，在不同应变率条件下，试件的破坏模式如图 11-8 所示。在下文中，为了便于描述试件之间的差别，将每个模型命名为“RAR-再生骨料取代率-应变率”，其中应变率为 0 即为静态载荷条件。

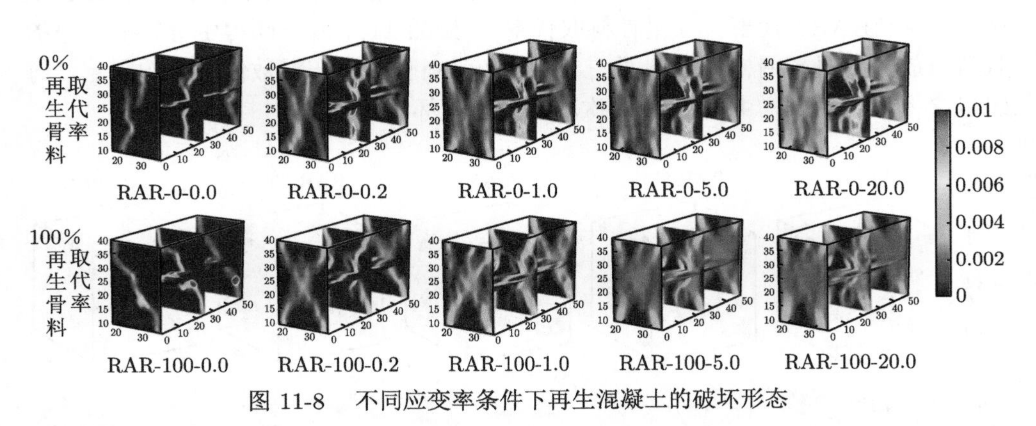

图 11-8　不同应变率条件下再生混凝土的破坏形态

从图 11-8 中可以看出：

(1) 在静载荷作用下，试件在垂直于加载方向发生拉伸破坏，其应变集中带主要沿着骨料与砂浆内部薄弱部位产生和发展，最终形成一条垂直于加载方向的主干式贯穿性裂纹，因此，应变集中带位置与骨料分布及再生骨料取代率关系较大。

(2) 在动载荷作用下，试件的应变集中带数量大大增加，特别是在 20.0s^{-1} 应变率下，应变集中带几乎遍布于整个试件，表明了裂纹几乎弥散在了整个试件当中，较静载荷破坏模式，高应变率下试件的破坏模式发生了很大变化，一些学者在试验中也观察到了类似的破坏现象和规律 [79,153,155,254]，如图 11-9 所示为试验中观察到的典型现象，裂缝主要在混凝土中骨料的界面形成，并穿过骨料之间的砂浆，裂纹扩展的方向随着应变率的增加而变化，模型结果与试验结果较为一致。另外，可以看到，在高应变率下，由于天然骨料比再生骨料强度高、刚度大，在天然骨料表面产生的应变集中区比再生骨料更突出。

图 11-10 为 0%和 100%再生骨料取代率的试件在静、动载荷作用下的损伤单元数-应变曲线图。对于相同的再生骨料取代率，包含了 4 个不同骨料分布的试件。由于再生骨料体积分数不同的试件之间单元网格划分存在差异，因此未讨论再生骨料取代率对损伤单元数的影响。从图 11-10 可以看出，加载初期，不同应

变率下的损伤单元数量都较低，但是随着载荷的增加，在静载荷作用下的试件先进入灾变阶段 (定义为损伤单元数量突增的阶段)，且大于相同阶段内动载荷作用下产生的损伤单元数量，这是因为当试件受静载荷作用产生了大量裂纹并使试件逐渐失稳时，对应的动载荷作用下的试件还未达到其动拉强度，试件内部没有突增大量裂纹。随着载荷的增加，在动载荷作用下的试件依次进入灾变阶段，产生了损伤单元数量突增的现象，并且在很短的时间内就超过了静载荷产生的损伤单元总量，且加载应变率越高，进入灾变时的应变越大。对比最终的损伤单元数量发现，应变率越高，试件产生的破坏单元数越多，即动载荷对再生混凝土试件的破坏力更强。

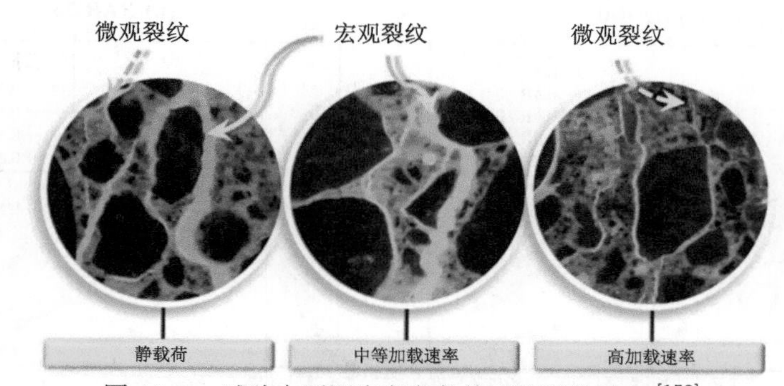

图 11-9 试验中不同应变率条件下的裂纹形态 [153]

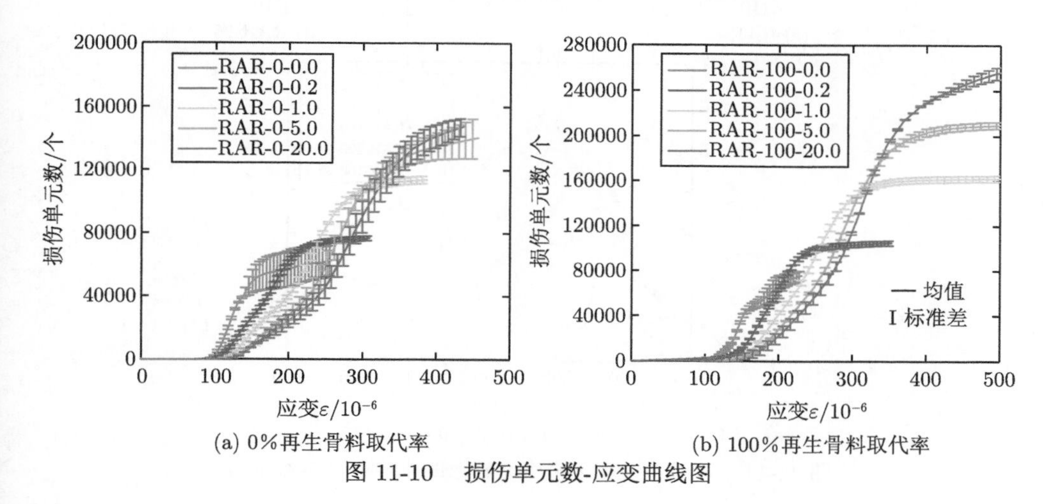

图 11-10 损伤单元数-应变曲线图

2. 应力-应变曲线

图 11-11 显示了不同再生骨料取代率的再生混凝土试件在不同应变率下的应力-应变曲线。

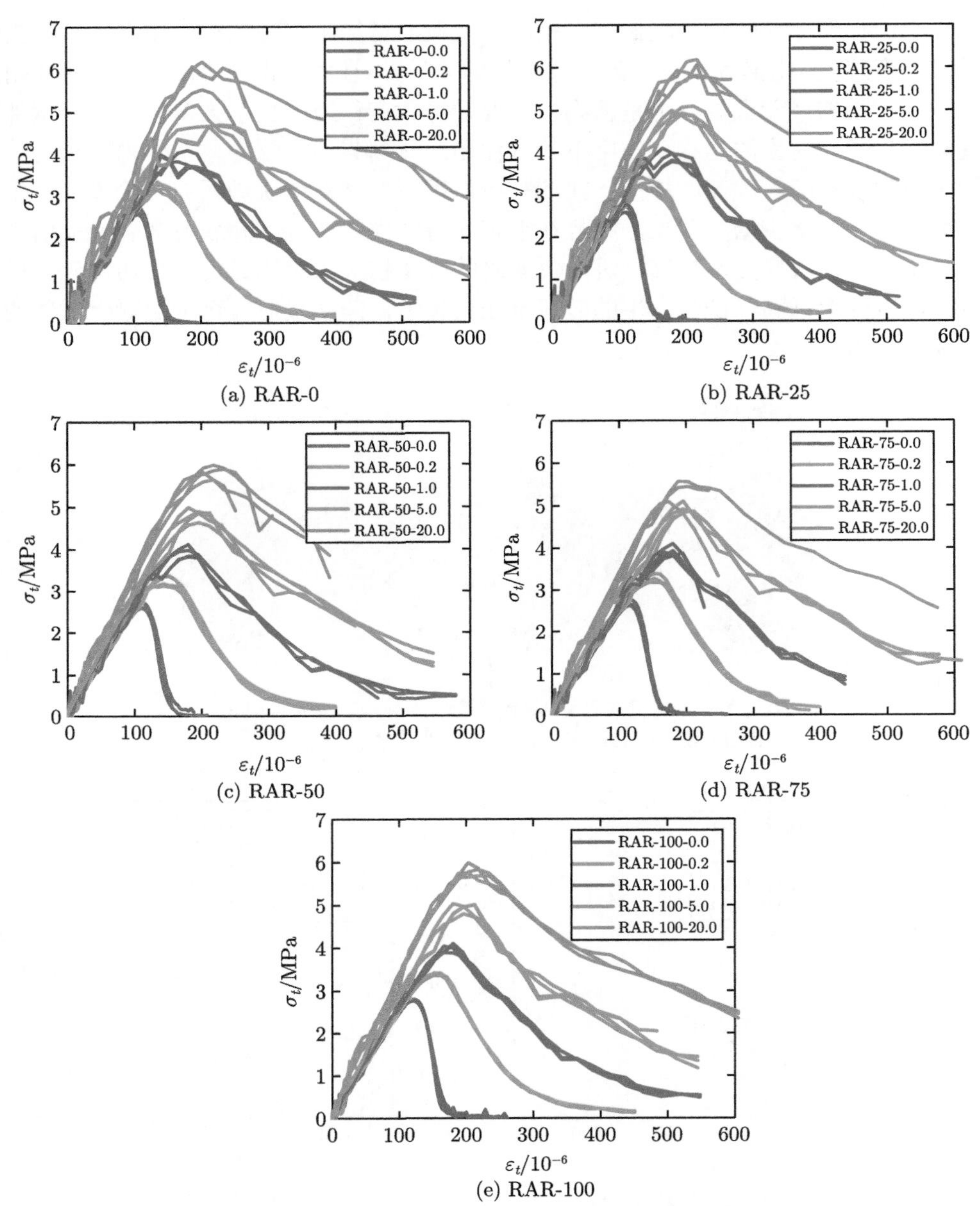

(a) RAR-0　(b) RAR-25　(c) RAR-50　(d) RAR-75　(e) RAR-100

图 11-11　不同应变率下再生混凝土试件的应力-应变曲线

从图 11-11 中可以看出，加载速率对应力-应变曲线的影响很大。随着应变率的增加，峰值应力和初始刚度显著增加。结果表明，不同再生骨料取代率的再生混凝土得到的应力-应变曲线具有共同的特征，随着应变速率的增加，再生混凝土试件的应力-应变曲线变化明显，随应变率的增加，试件强度表现出较大的增长，应力-应变曲线的软化段下降趋势越来越缓，表现出明显的率效应。然而，随着应变率的增加 (大于 $5s^{-1}$ 时)，峰值应变似乎没有明显的变化趋势，这与文献 [153] 中观察到的现象一致。

11.1.3 应变率效应分析

试件的动态抗拉强度随应变率的变化结果如图 11-12 所示，再生混凝土的抗拉强度明显与应变速率有关，且随应变速率的增加而增加。

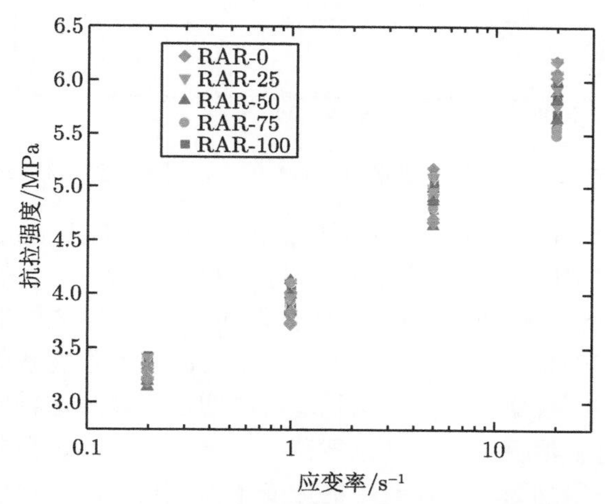

图 11-12 应变速率对再生混凝土试件动态抗拉强度的影响

为了描述再生混凝土强度应变率的大小，引入拉伸动力增强系数 (dynamic increase factor, DIF)，即动态载荷下的强度和静态载荷下的强度的比值。图 11-13 显示了再生混凝土在不同应变率下的拉伸动力增强系数的数值结果，并与其他学者所做的试验结果 [80]、CEB 推荐公式 [315] 进行了比较。从图中可以看出再生混凝土的拉伸动力增强系数增长趋势明显，并且该趋势与其他混凝土材料相似。图中发现，再生混凝土的拉伸动力增强系数比普通混凝土材料稍小，且随着再生骨料取代率的增加而降低，这表明再生混凝土抗拉强度比普通混凝土材料对应变率的敏感度稍低。

图 11-14 显示了不同再生骨料取代率下的拉伸动力增强系数的变化趋势，许多研究者已通过大量试验验证拉伸动力强度系数与应变率之间的关系满足指数关系，因此，本节利用幂函数拟合不同取代率下的拉伸动力强度系数与应变率之间的关系：

$$\text{DIF} = a \cdot \left(\frac{\dot{\varepsilon}}{\dot{\varepsilon}_s}\right)^b \tag{11-1}$$

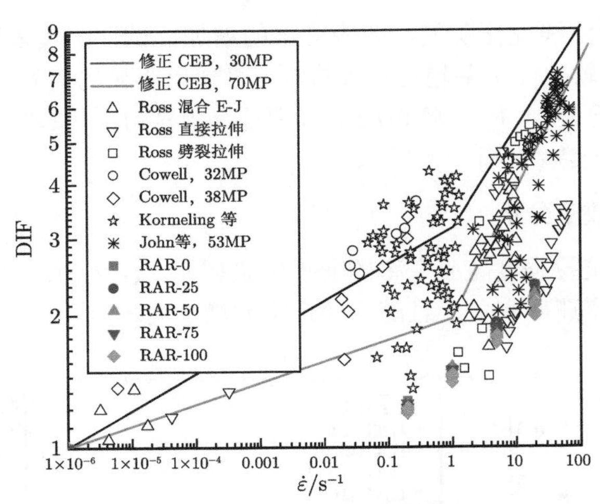

图 11-13　动态拉伸增强因子的数值模拟结果和试验结果对比

如图 11-14(a)~(e) 所示为再生混凝土试件的拉伸 DIF 随应变率的变化及其拟合曲线。图 11-14(f) 比较了不同取代率下的拟合曲线，可以看出，在低应变率下 (小于 $1s^{-1}$)，不同再生骨料取代率的试件的拉伸 DIF 之间的差异较小。然而随着应变率的持续增长 ($5\sim20s^{-1}$)，可以发现拉伸动力强度系数随着再生骨料取代率的增加而减小，应变率越高，这种趋势越明显。造成这种现象的主要原因可以解释如下：当再生混凝土承受动态载荷时，抗拉强度不仅受各相材料性质的影响，而且受惯性作用的影响。在较高的应变率下，材料的几乎所有相共同抵抗变形，材料的强度取决于能量释放最快的路径。与再生骨料相比，天然骨料的强度较高，因此在较高的应变率下抵抗裂缝的发展的效果更加明显，从而导致其率效应更加明显。

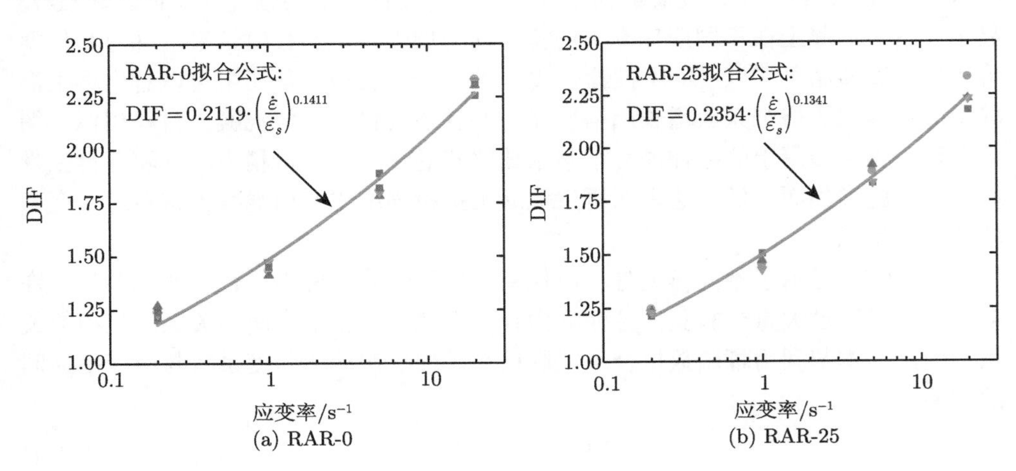

(a) RAR-0　　(b) RAR-25

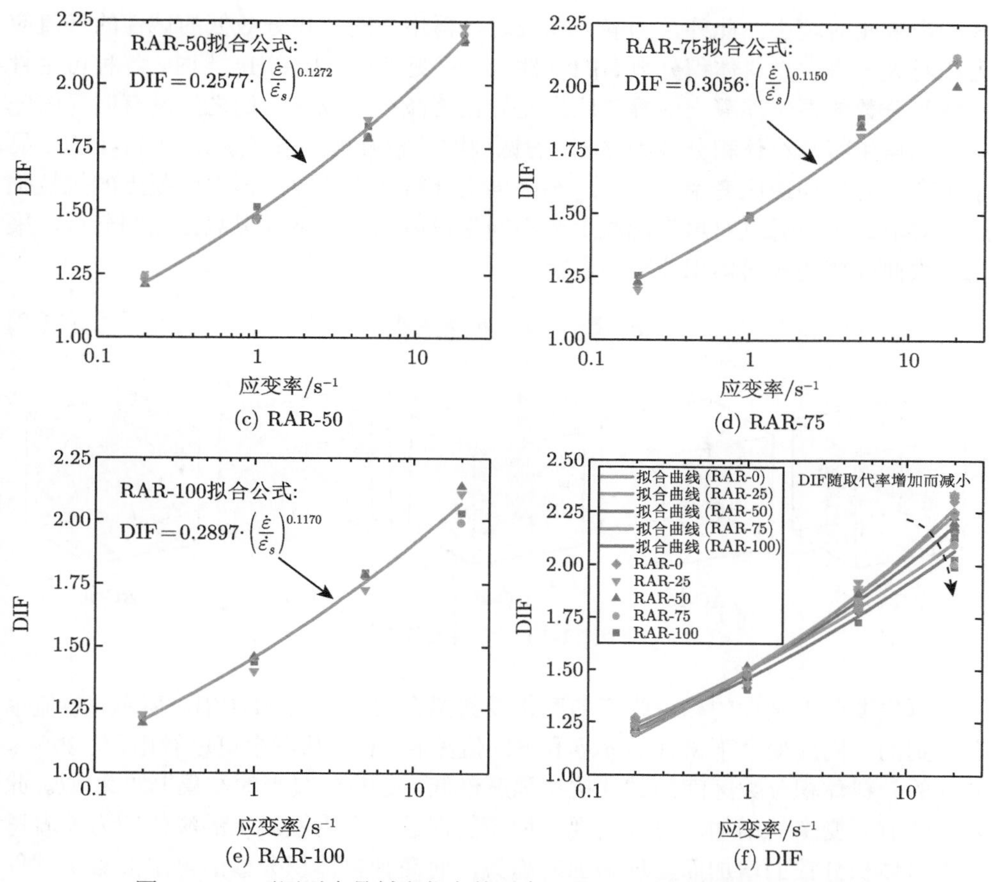

(c) RAR-50 (d) RAR-75

(e) RAR-100 (f) DIF

图 11-14 不同再生骨料取代率的再生混凝土动态拉伸增强因子分析

11.1.4 再生粗骨料体积分数的影响

根据以上讨论的在不同应变率下再生混凝土的率效应，证明了抗拉强度与骨料性质相关。在本节中主要分析不同应变率下再生粗骨料体积分数的影响，为了避免天然骨料的影响，选用 100%再生骨料取代率的试件。再生粗骨料体积分数在 7.5%、15%、25%、35%和 40%中变化，得到的五组数值试件分别标记为 AC-7.5 至 AC-40。为了消除骨料分布的影响，每组不同的骨料体积分数试件包含四个骨料分布不同的试件，总共进行 100 次动态轴拉破坏数值模拟。每组取一个试件为例，骨料投放图如图 11-15 所示。

图 11-16 显示了在不同应变率下具有不同再生粗骨料体积分数的拉伸应力-应变统计关系，可以注意到，再生混凝土的峰值应力受到再生粗骨料体积分数的影响，然而，从图 11-17(a) 可以明显看出，与应变率的影响相比，再生骨料体积分

数的影响相对较小。此外，当静力加载时，再生骨料体积分数低的试件的峰值应力相对大于再生骨料体积分数高的试件。当应变速率增加到 $1s^{-1}$ 时，各种再生骨料体积分数的再生混凝土的峰值应力差异显著减小，或者它们之间没有明显的差异。以再生粗骨料体积分数为 7.5%的试件的抗拉强度为参考值，图 11-17(b) 显示了在不同的加载应变率条件下，不同再生骨料体积分数的再生混凝土的抗拉强度相对值。本节通过对再生混凝土在不同骨料体积分数下模拟数据回归分析，采用二次曲线描述骨料体积分数的影响：

$$\mathrm{ACIF} = a + b \cdot r + c \cdot r^2 \tag{11-2}$$

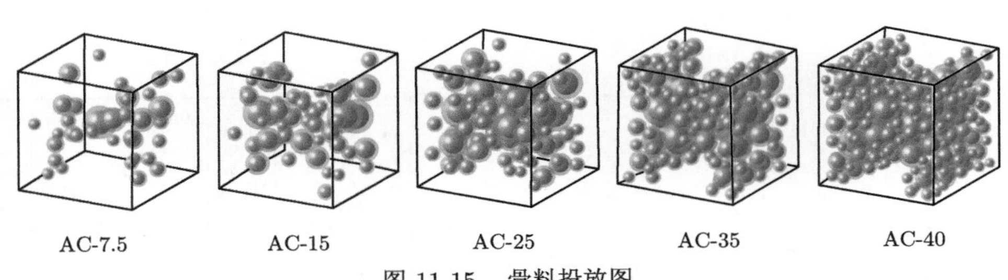

图 11-15　骨料投放图

再生混凝土试件的相对强度的变化及其拟合曲线如图 11-17(b) 所示，数值拟合得到的不同应变率下试件的 a、b 和 c 的值见表 11-3。从图中可以看出，在 25%～35%的骨料体积分数区间的试件抗拉强度最低，这与混凝土的结果 [141] 相似。此外，随着应变率的增加，可以发现一种新的现象：再生混凝土的峰值应力随着再生骨料体积分数的增加而呈现增加的趋势，而高骨料体积分数的再生混凝土试件的变化趋势与低骨料体积分数的试件相比更明显。

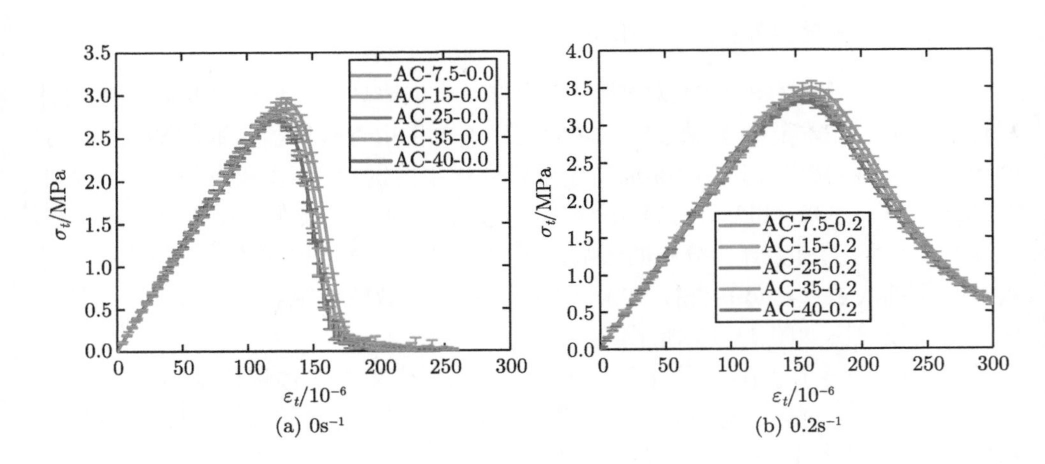

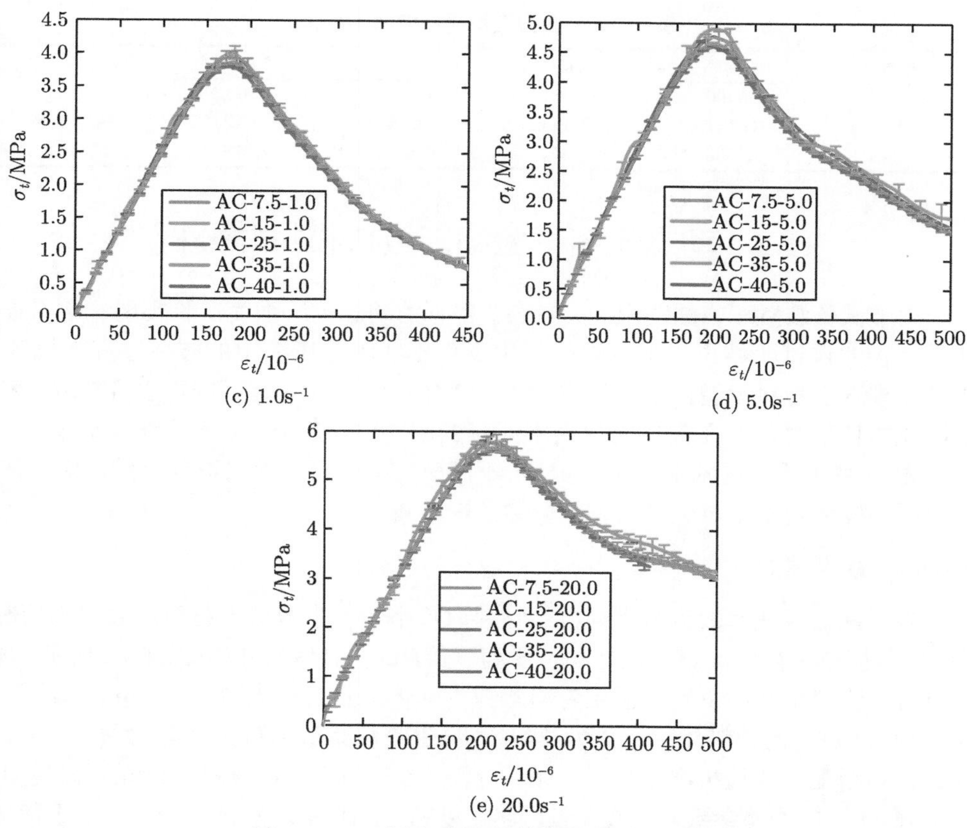

(c) $1.0s^{-1}$　(d) $5.0s^{-1}$

(e) $20.0s^{-1}$

图 11-16　再生混凝土试件的应力-应变曲线

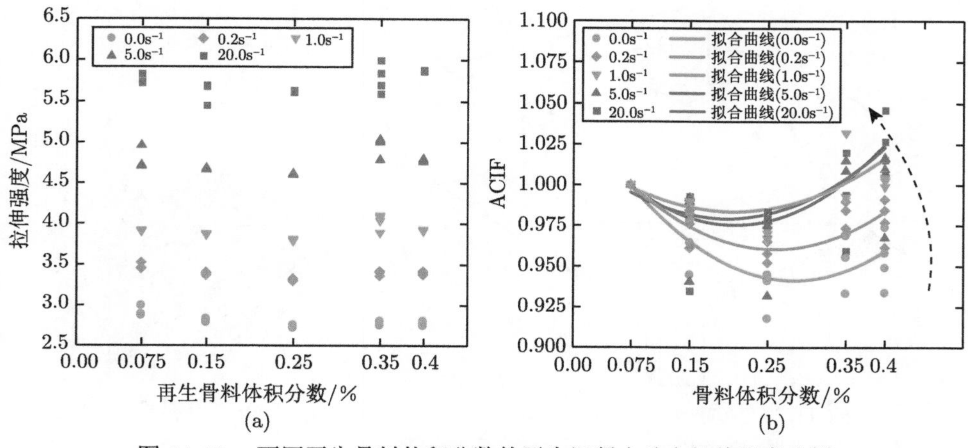

(a)　(b)

图 11-17　不同再生骨料体积分数的再生混凝土动态拉伸强度分析

表 11-3　参数在不同应变率下的值

参数	0.0s^{-1}	0.2s^{-1}	1.0s^{-1}	5.0s^{-1}	20.0s^{-1}
a	1.0490	1.0387	1.0210	1.0213	1.0333
b	−0.7579	−0.6042	−0.3643	−0.4255	−0.5585
c	1.3336	1.1653	0.8816	1.0735	1.3461

11.2　动态压缩试验细观数值模拟与分析

由于试验装置和方法的限制，高应变率下的动态抗压强度试验实现非常困难，而且，仅通过试验结果仍很难理解再生混凝土在动态压缩中的破坏过程和机理。基于三维随机骨料模型，本节将进行以下工作：①建立具有不同再生骨料取代率的圆盘数值试件；②在数值上得到不同应变率 ($0\sim100\text{s}^{-1}$) 下的细观结果，例如应力-应变关系、破坏模式等；③分析不同应变率下再生骨料取代率的影响规律；④分析不同应变率下再生骨料体积分数的影响规律。

11.2.1　模型建立

为了探究应变率效应对不同再生骨料取代率的再生混凝土材料压缩行为的影响，本节模拟了再生混凝土试件动态压缩试验，试件具体尺寸如图 11-18 所示，本节不考虑骨料形状的影响，假定骨料颗粒为球体，且其最大粒径为 15mm，最小粒径为 5mm，粗骨料体积分数为 35%，再生骨料附着老砂浆质量含量为 42%，根据富勒级配曲线随机产生骨料，采用“取放法”随机投放骨料，建立几何模型。采用表 11-1 的网格参数，生成背景网格。以图 11-19 所示的试件为例，生成背景网格如图 11-20 所示，得到投影网格模型如图 11-21 所示。

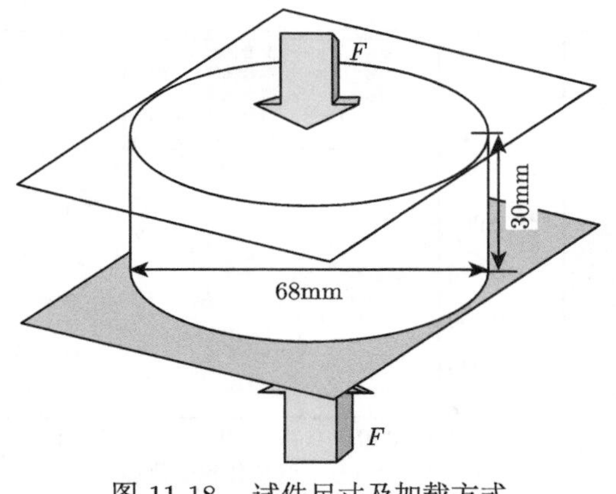

图 11-18　试件尺寸及加载方式

图 11-19　骨料投放示意图

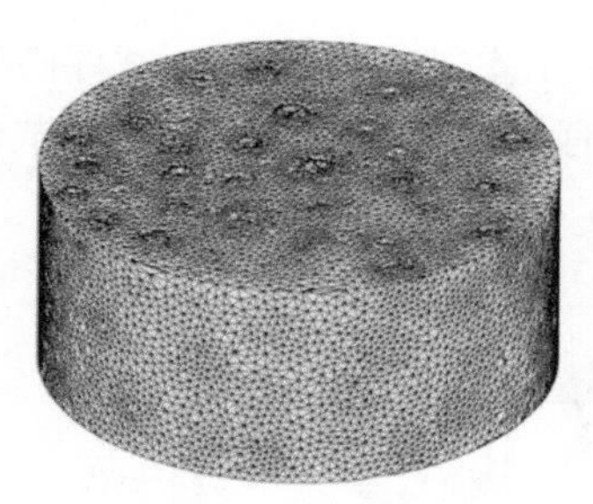

图 11-20　背景网格图

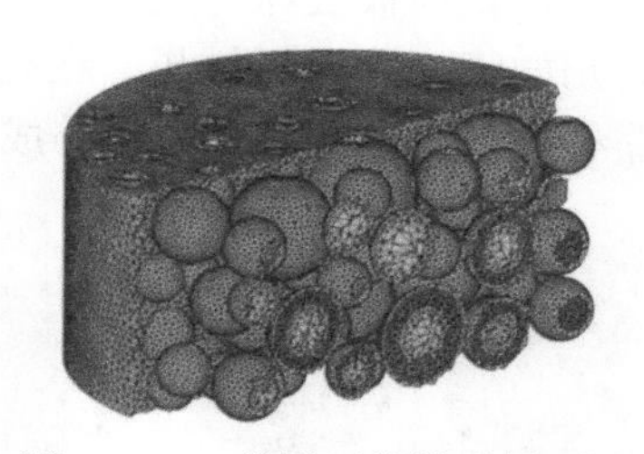

图 11-21　投影网格模型剖面图

在本节中，各相材料采用多折线损伤本构模型描述，其材料参数及本构模型参数详见第 8 章表 8-2 和表 8-3。本节考虑各相材料参数满足 Weibull 概率统计分布的特性 (参考第 5.4 节)，各相材料均质度如表 11-2 所示。

采用双向动位移加载，如图 11-18 所示，设定各应变率加载速率均为从初始时间到 0.05ms 时按匀加速度加载，之后为匀速加载。

通过以上模型的建立过程，本节在不同的应变率条件下 ($0s^{-1}$ (静态)、$1s^{-1}$、$5s^{-1}$、$20s^{-1}$、$50s^{-1}$、$100s^{-1}$)，对五组不同再生骨料取代率 (取代率为 0%、25%、50%、75%和 100%) 的试件的动态轴压破坏行为进行细观数值模拟与分析，五组不同再生粗骨料取代率的数值试件分别标记为 RAR-0 至 RAR-100，如图 11-22 为不同再生骨料取代率的骨料投放图，为避免骨料位置分布对数值结果的影响，每组包含 4 个试件，总共 120 次动态轴压破坏数值模拟试验。

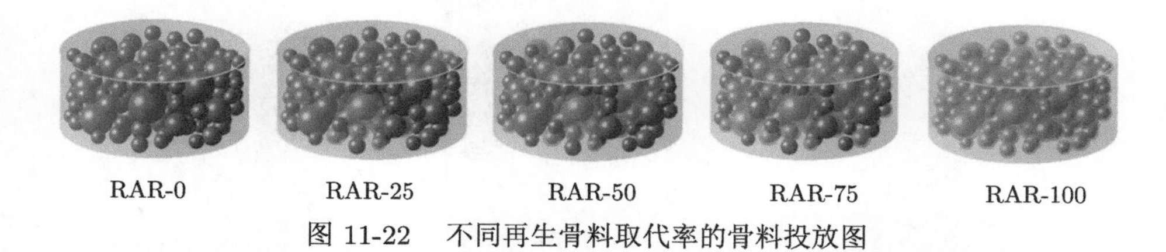

图 11-22　不同再生骨料取代率的骨料投放图

11.2.2　数值结果

1. 试件损伤和破坏

图 11-23 显示了不同再生骨料取代率的再生混凝土试件的破坏模式，一方面，从图可以看出，再生混凝土试件破坏模式属于断裂破坏，这种破坏表现为试件内部大量的微裂纹和主裂纹将试件分成很多碎片。另一方面，通过比较不同再生骨料取代率下的破坏模式，可以发现在高应变率下其破坏模式基本相同，这与文献 [79, 98, 156, 161] 中试件的破坏模式非常相似，如图 11-24 所示。并且随着应变率的增加，破坏越来越严重，在低应变率下，试件出现少量可见的裂纹，在中等

应变率下，试件被破坏为几个较大的一些碎块；在较高应变率下，试件破碎更加严重。正如第 9 章分析结果，在高应变率下没有足够的时间使裂纹沿着试件中最薄弱路径传播，因此试件被粉碎成较小的块状。

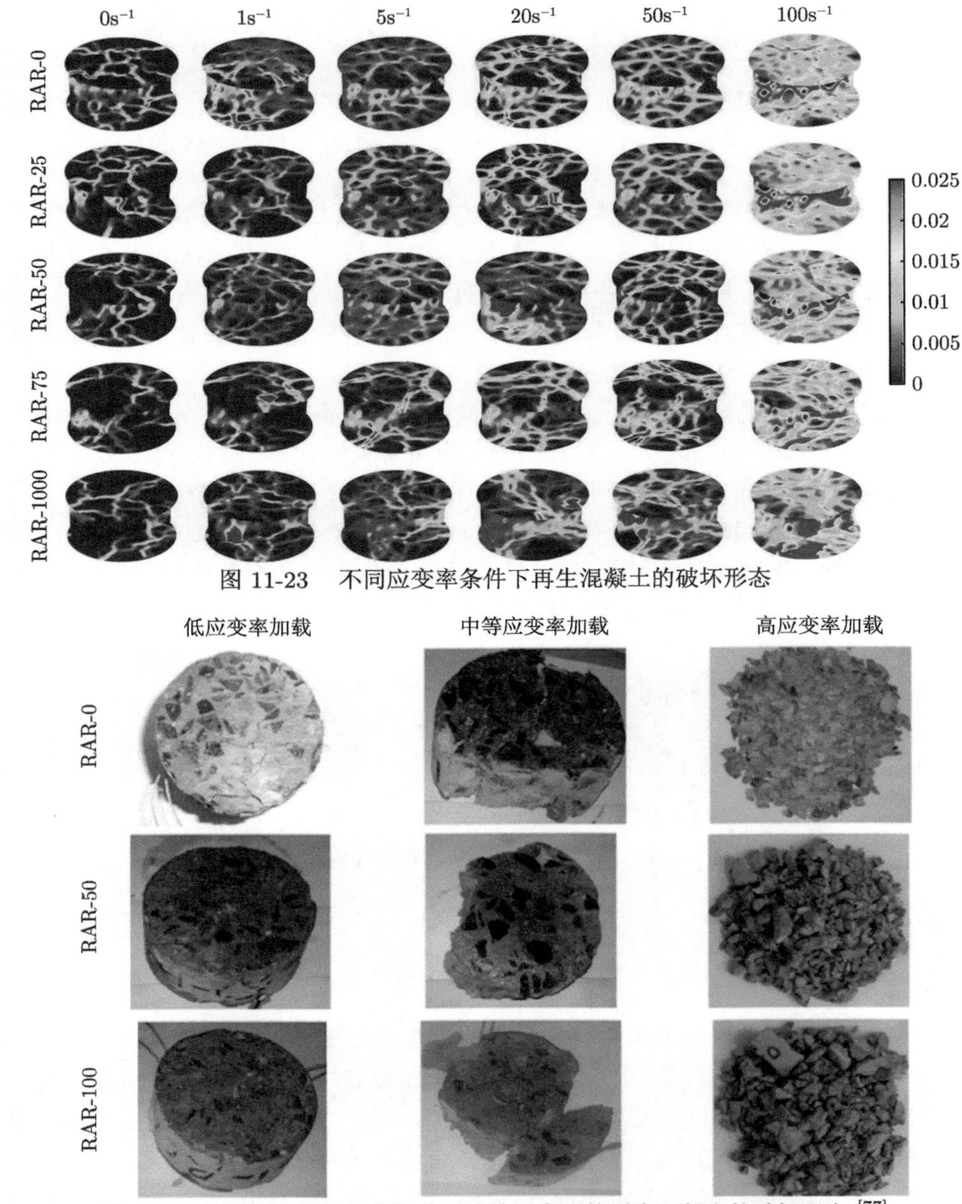

图 11-23　不同应变率条件下再生混凝土的破坏形态

图 11-24　不同应变率加载条件下试验观察到的再生混凝土的破坏形态 [77]

2. 应力-应变曲线

图 11-25 为在不同应变率下的再生混凝土试件平均应力-应变曲线。结果表

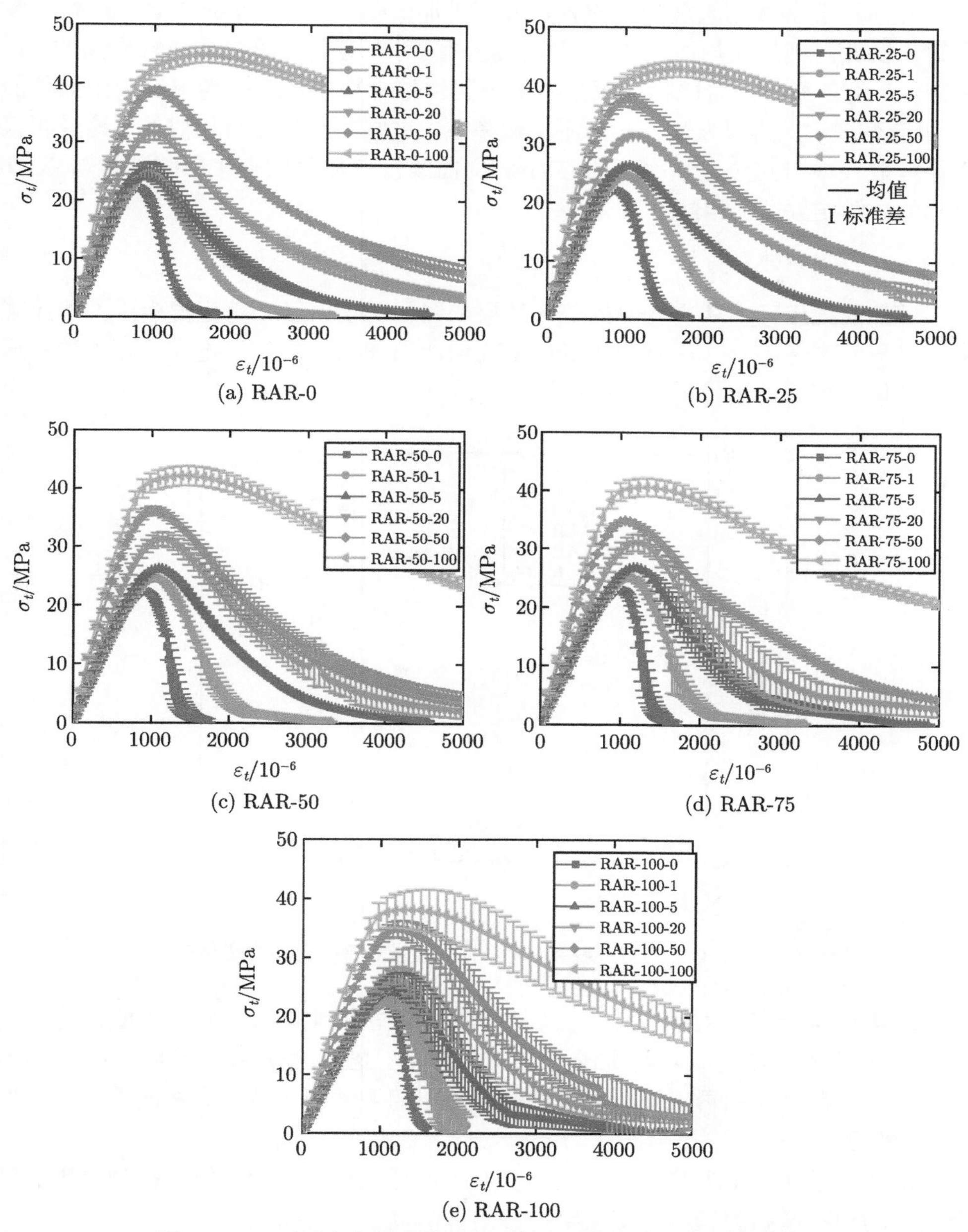

(a) RAR-0

(b) RAR-25

(c) RAR-50

(d) RAR-75

(e) RAR-100

图 11-25 不同应变率下的再生混凝土试件应力-应变统计曲线

明，不同再生骨料取代率的再生混凝土试件在高应变率下得到的应力-应变曲线具有共同的特征。随着应变率的增加再生混凝土试件的应力-应变响应变化明显，表现为强度的提高和软化段下降平缓。同时，从图中可以看出，再生骨料取代率较高时，应力-应变曲线的宏观响应对骨料分布更加敏感，这是由于再生骨料取代率较高时，试件内部的非均质性更加明显，不同的骨料分布有可能造成较严重的“最弱链”产生。另外，对比相同应变率下不同再生骨料取代率的再生混凝土试件的应力-应变曲线，可以发现，在高应变速率下，这些曲线是相对相似的，这说明再生骨料取代率对高应变速率下的应力-应变曲线没有显著的直接影响，这与 Xiao 得到的试验结果 [77] 相同。

11.2.3 应变率效应分析

试件的抗压强度随应变率的变化结果如图 11-26 所示，再生混凝土的抗压强度明显与应变速率有关，且随应变速率的增加而增加，另外，再生混凝土的抗压强度总体上随着再生骨料取代率的增加而降低。

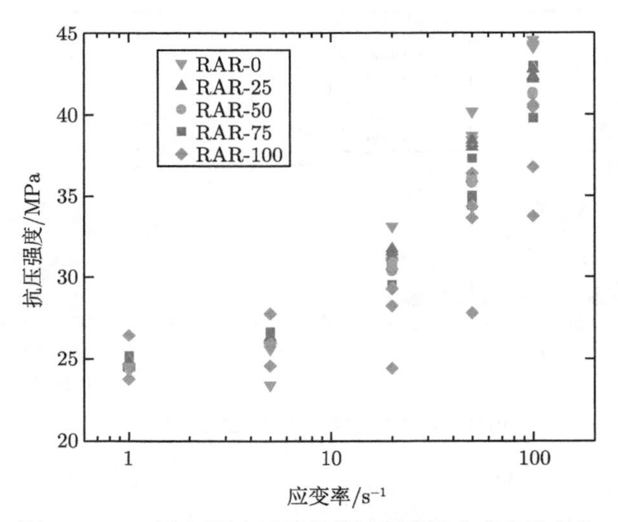

图 11-26 再生混凝土试件的抗压强度随应变率的变化

动态增强因子 (DIF) 定义为动态抗压强度与其对应的准静态强度之比，已被广泛用于量化应变率对类混凝土材料的影响。在本研究中，高应变率下的不同再生骨料取代率的再生混凝土试件的动态压缩增强因子也具有相同的特征，如图 11-27 所示。

本节通过对再生混凝土在不同应变率下模拟数据的回归分析，得到再生混凝土试件的动态增强因子与应变速率的关系可由以下关系描述:

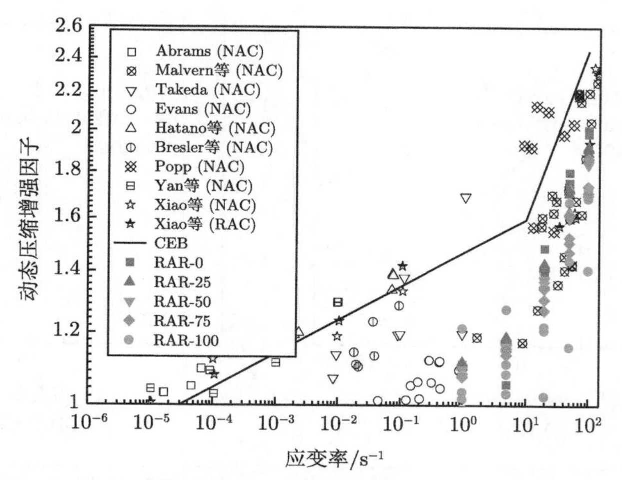

图 11-27 动态压缩增强因子的数值模拟结果和试验结果对比

$$\mathrm{DIF} = \ln(a + b \cdot \dot{\varepsilon}) \tag{11-3}$$

再生混凝土试件的动态压缩增强因子随应变率的变化及其拟合曲线如图 11-28 所示。从图中发现在高应变率下，DIF 随着再生骨料取代率的增加而减小，应变率越高，这种趋势越明显。这种现象与动态拉伸时几乎相同，并且造成这种现象的主要原因也一样：在低应变速率下，材料的强度由试件中“最弱链”确定。但是，在较高的应变率下，材料的几乎所有相共同抵抗变形，材料的强度取决于能量释放最快的路径。与再生骨料相比，天然骨料的强度较高，因此在较高的应变率下抵抗裂缝的发展的效果更加明显，从而导致其率效应更加明显。

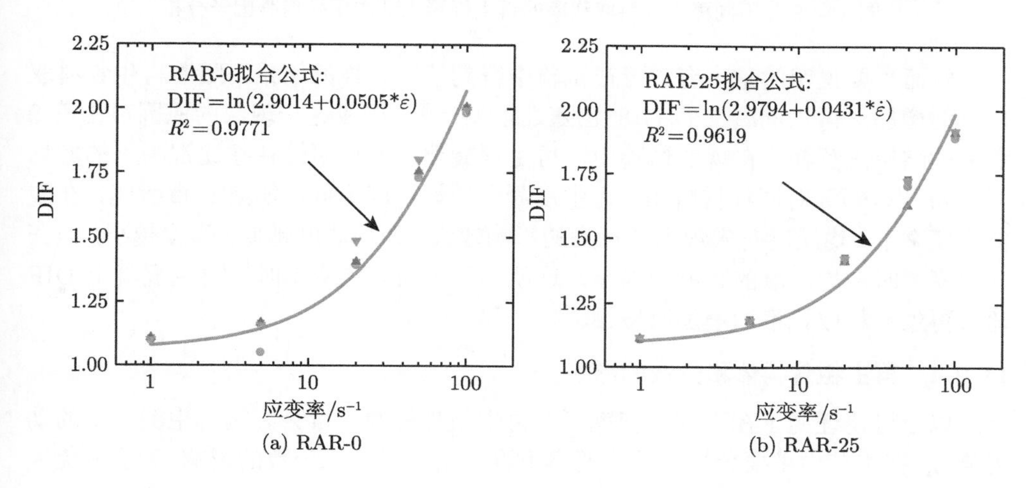

(a) RAR-0

(b) RAR-25

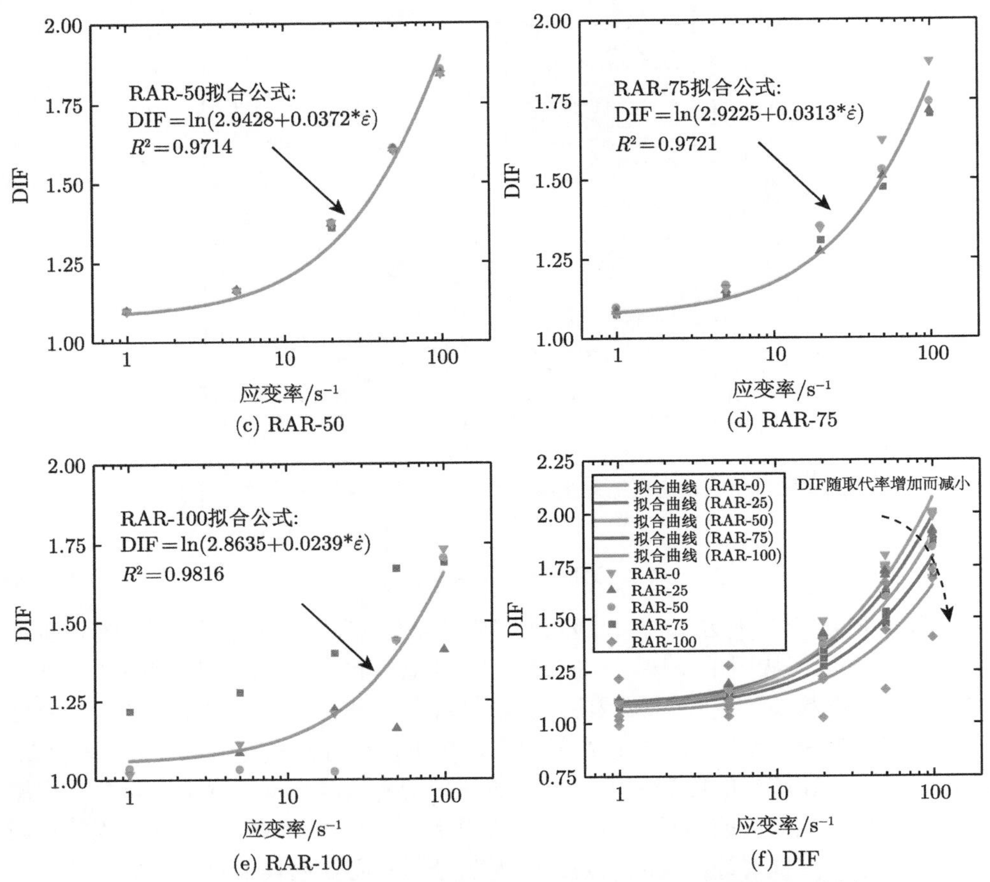

图 11-28　不同再生骨料取代率的再生混凝土动态压缩增强因子分析

然而需要说明的是，有学者在试验中得到了不一样的结果，随着再生骨料取代率的增加，再生混凝土的 DIF 也随之增加 [77]。造成这一现象的原因可由第 9 章中的结论来解释，在现实试验中，再生混凝土的非均质性往往比混凝土的非均质性高 [1]，即针对同种材料相，再生混凝土的均质度更低，如第 9 章所述，在中低应变率下，均质度对宏观力学行为的影响较大，即均质度越低，强度越小，而在高应变率时，均质度的影响却很小，这就导致了在高应变率时，再生混凝土 DIF 随着再生骨料取代率的增加而增加。

11.2.4　再生粗骨料体积分数的影响

以上讨论证明了在不同应变率下，再生粗骨料的含量会影响再生混凝土的动力响应。在本节中主要分析不同应变率下再生粗骨料体积分数的影响，为了避免天然骨料的影响，选用 100%再生骨料取代率的试件。再生粗骨料体积分数在 7.5%、

15%、25%、35%和 40%中变化，得到的五组数值试件分别标记为 AC-7.5 至 AC-40。为了消除骨料分布的影响，每组不同的骨料体积分数试件包含四个骨料分布不同的试件，共 120 次数值试验。每组取一个试件为例，骨料投放图如图 11-29 所示。

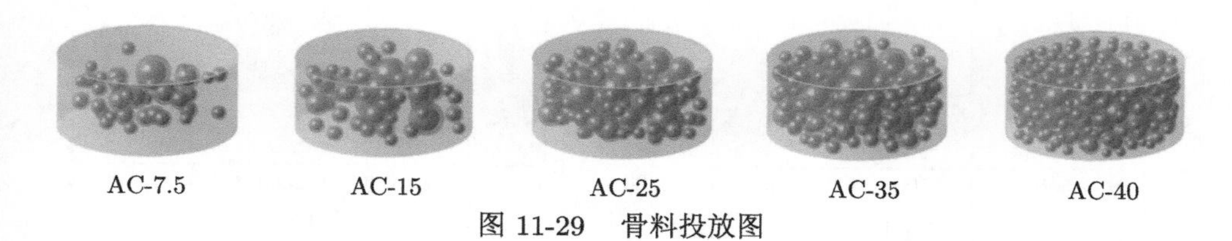

图 11-29 骨料投放图

图 11-30 显示了在不同应变率下具有不同再生粗骨料体积分数的压缩应力-应变统计关系，可以注意到，再生混凝土的动态抗压强度受到再生粗骨料体积分数的影响，然而，从图 11-31(a) 可以明显看出，与应变率的影响相比，再生骨料体积分数的影响相对较小。图 11-31(b) 显示了不同骨料体积分数的再生混凝土的抗压强度与最低骨料体积分数 (7.5%) 的再生混凝土的抗压强度比值。本节通过对再生混凝土在不同骨料体积分数下模拟数据回归分析，采用式 (11-2) 的二次曲线表征骨料体积分数的影响，数值拟合得到的不同应变率下试件的 a、b 和 c 的值见表 11-4。图 11-31(b) 中比较了不同应变率下的拟合曲线，可以看出，当静力加载时，再生骨料体积分数低的试件的峰值应力相对大于再生骨料体积分数高的试件。当应变速率增加到 $1\mathrm{s}^{-1}$ 时，各种再生骨料体积分数的再生混凝土的峰值应力差异显著减小，或者它们之间没有明显的差异，随着应变率的持续增长 ($50\sim100\mathrm{s}^{-1}$)，可以发现一种新的现象：再生混凝土的峰值应力随着再生骨料体积分数的增加而呈现增加的趋势，应变率越高这种现象越明显，这与静态载荷下混凝土抗压强度的现象相反。

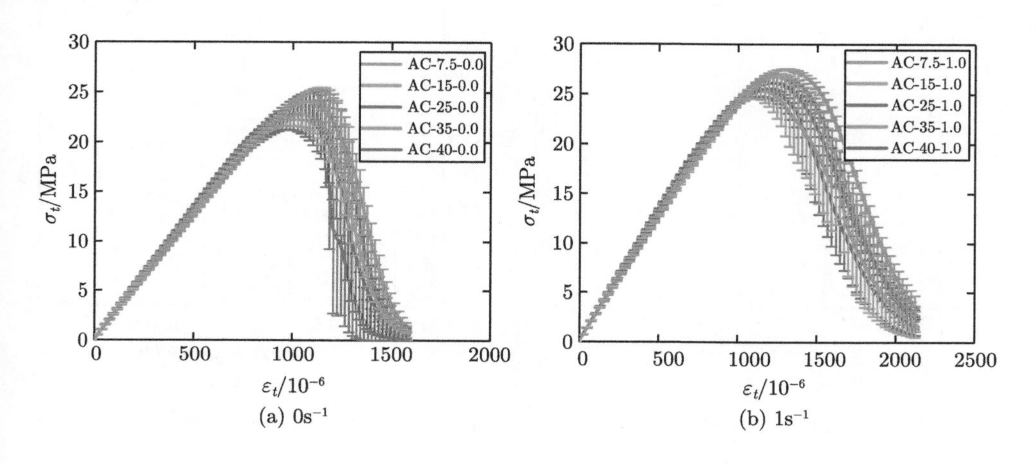

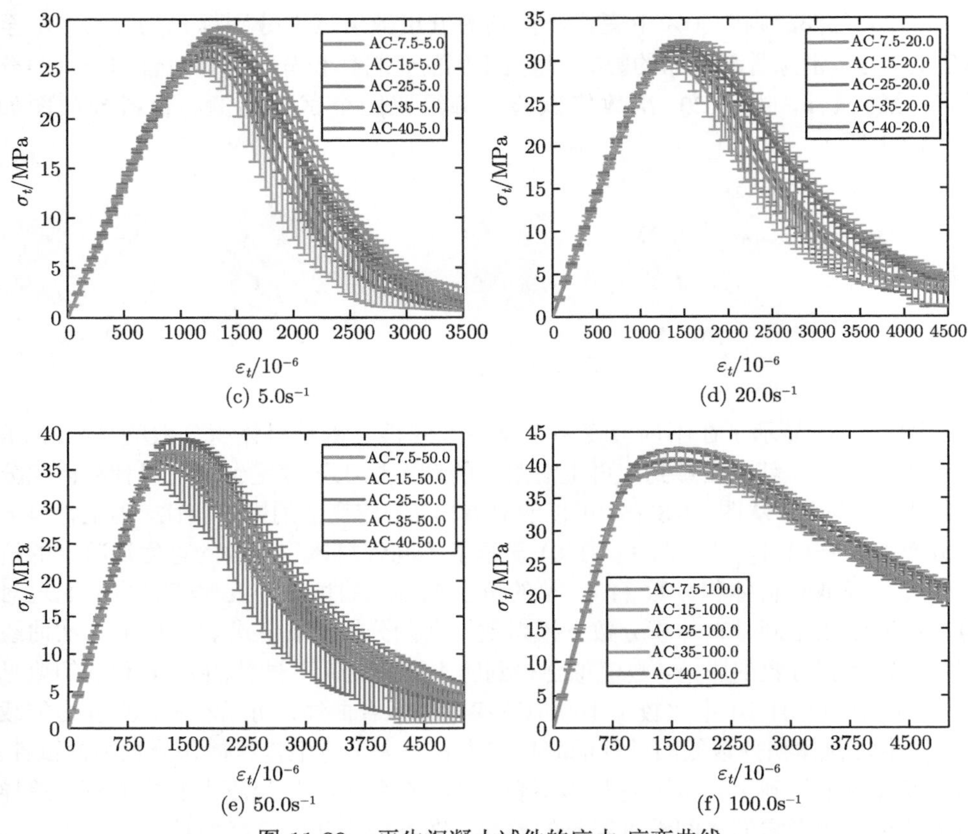

图 11-30　再生混凝土试件的应力-应变曲线

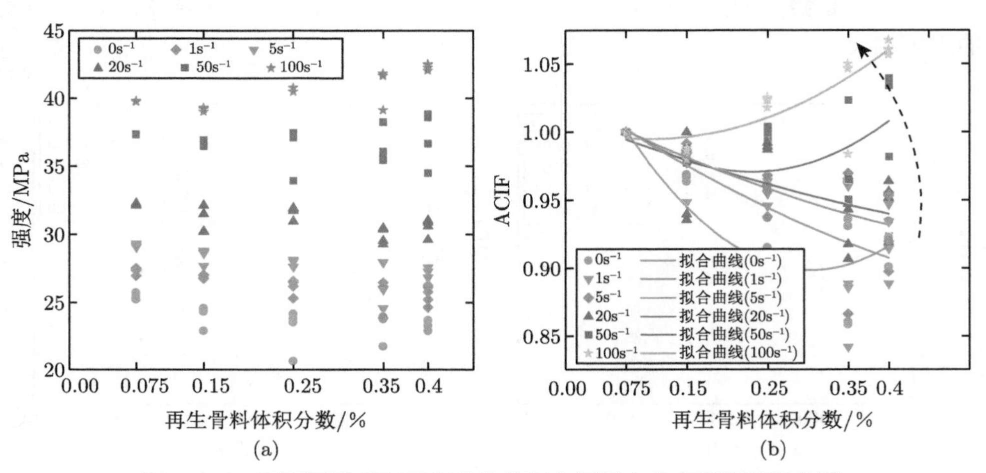

图 11-31　不同再生骨料体积分数的再生混凝土动态压缩强度分析

表 11-4 参数在不同应变率下的值

参数	0.0s^{-1}	1.0s^{-1}	5.0s^{-1}	20.0s^{-1}	50.0s^{-1}	100.0s^{-1}
a	1.0790	1.0228	1.0308	1.0108	1.0400	1.0038
b	−1.1790	−0.3042	−0.4056	−0.2261	−0.6001	−0.1634
c	1.9325	0.1951	0.2455	0.1251	1.3016	0.7643

11.3 本章小结

本章基于基面力单元法，利用三维随机骨料模型进行了数百次数值试验，从细观角度考察再生混凝土试件在单轴拉伸和单轴压缩的不同加载速率下的损伤发展规律、强度变化规律、裂纹形态和破坏程度等，分析研究了不同应变速率下具有不同再生骨料取代率的再生混凝土试件的失效模式和应力-应变关系。此外，通过数值和试验结果，分析了拉伸和压缩条件下的应变率效应和再生粗骨料体积分数的影响。

(1) 为了探究应变率效应对不同再生骨料取代率的再生混凝土材料拉伸行为的影响，研究了哑铃形再生混凝土试件动态拉伸试验，主要结论如下：

(i) 在静载荷作用下，试件在垂直于加载方向上发生拉伸破坏，其应变集中带主要沿着骨料与砂浆内部薄弱部位产生和发展，最终形成一条垂直于加载方向的主干式贯穿性裂纹。

(ii) 在动载荷作用下，试件的应变集中带数量大大增加，特别是在 20.0s^{-1} 应变率下，裂纹几乎弥散在了整个试件当中。

(iii) 加载速率对应力-应变曲线的影响很大，不同再生骨料取代率的再生混凝土得到的应力-应变曲线具有共同的特征，随着应变速率的增加，再生混凝土试件的应力-应变曲线变化明显，随应变率的增加，试件强度表现出较大的增长，应力-应变曲线的软化段下降趋势越来越缓，表现出明显的率效应。

(iv) 在低应变率下 (小于 1s^{-1})，不同再生骨料取代率的试件的拉伸 DIF 之间的差异较小，然而随着应变率的持续增长 ($5\sim20\text{s}^{-1}$)，发现拉伸 DIF 随着再生骨料取代率的增加而减小，应变率越高，这种趋势越明显。

(v) 在高应变率下，再生混凝土的峰值应力随着再生骨料体积分数的增加而呈现增加的趋势，而高骨料体积分数的再生混凝土试件的变化趋势与低骨料体积分数的试件相比更明显。

(2) 为了探究应变率效应对不同再生骨料取代率的再生混凝土材料压缩行为的影响，研究了圆盘体再生混凝土试件动态压缩试验，主要结论如下：

(i) 随着应变率的增加，破坏越来越严重，在低应变率下，试件出现少量可见的裂纹，在中等应变率下，试件被破坏为几个较大的一些碎块；在较高应变率下，试件破碎更加严重。

(ii) 不同再生骨料取代率的再生混凝土试件在高应变率下得到的应力-应变曲线具有共同的特征。随着应变率的增加再生混凝土试件的应力-应变响应变化明显，表现为强度的提高和软化段下降平缓。同时，再生骨料取代率较高时，应力-应变曲线的宏观响应对骨料分布更加敏感。

(iii) 再生混凝土的抗压强度明显与应变速率有关，且随应变速率的增加而增加，另外，再生混凝土的抗压强度总体上随着再生骨料取代率的增加而降低。

(iv) 在高应变率下，DIF 随着再生骨料取代率的增加而减小，应变率越高，这种趋势越明显。

(v) 当应变速率增加到 $1s^{-1}$ 时，不同再生骨料体积分数的再生混凝土的峰值应力差异显著减小，或者它们之间没有明显的差异，随着应变率的持续增长 ($50{\sim}100s^{-1}$)，再生混凝土的峰值应力随着再生骨料体积分数的增加而呈现增加的趋势，这与静态载荷下的现象相反。

第 12 章 结论及展望

再生骨料混凝土的利用有助于解决资源、环境的协调发展问题，目前工程界迫切需要得到关于再生混凝土材料力学性能和机理分析方面的理论指导及分析手段。本书针对再生混凝土材料细观与宏观力学性能的关系课题，系统地研究和提出了静、动态问题的非线性损伤分析基面力单元法，利用并行计算技术研发了一系列高性能计算的基面力单元法分析集成软件，对再生混凝土材料细观结构的破坏机理和破坏规律做了系统计算、分析及研究，取得了大量具有创新性的研究成果，为再生混凝土建筑的设计开发提供了理论基础和技术储备。

12.1 主 要 工 作

(1) 分别建立了平面和空间的基面力单元法模型，提出了动力问题的基面力单元法模型，并进一步提出了静、动态损伤问题的基面力单元法模型，开发了相应的分析软件。

(2) 发展了不同骨料形状的生成算法、骨料颗粒数计算方法和骨料分布算法，生成再生混凝土几何模型。考虑界面过渡区的边界和网格细化区域，通过物理类比桁架结构中的力-位移关系来改善初始网格，得到了高质量的再生混凝土二维和三维网格模型。提出了使用单独的可控厚度的基面力单元和零厚度界面单元表示界面过渡区的两种方法：当使用单独的基面力单元表示时，本研究的网格划分算法可生成界面过渡区厚度可调的网格模型；当使用零厚度界面单元表示界面过渡区时，本研究通过类比二维零厚度界面单元，推导了三维六节点界面单元，采用不可交叉渗透条件纠正了网格交叉渗透的问题，并提出了零厚度界面单元自动插入算法。

(3) 发展了多折线损伤本构模型和分段曲线损伤演化本构模型，提出了一种新的应变空间下的多轴损伤本构模型。研究采用了 Weibull 随机分布函数描述材料的本构参数的空间分布。

(4) 提出了再生混凝土圆骨料复合球等效模型和再生混凝土细观均质化模型，并开发出相应的程序，使再生混凝土细观分析结果相对精确的同时达到计算效率提高的目的。

(5) 研究采用了缩行存储法存储大型稀疏矩阵并采用了基于直接解法的 PARDISO 求解器求解大规模非线性方程，通过基于 OpenMP 的并行编程框架，研发了一系列高性能并行计算的集成软件，其包括了静、动态损伤问题的基面力单元法并行计算模块、前处理可视化建模模块和后处理输出结果可视化模块，实现了混凝土类材料二维和三维的大规模静态、动态数值模拟。

(6) 分别针对二维和三维的再生混凝土静动态损伤问题，建立了多种再生混凝土细观力学模型，论证了本研究中各种基面力单元法细观模型的可行性和有效性，并针对静动态应力-应变软化曲线、静动态强度、静动态变形、应变率影响以及静动态损伤破坏机理等科学问题进行了大规模的验证和分析，取得了丰富的创新性研究成果。针对数值仿真论证并模拟再生混凝土材料细观结构与破坏机理的研究课题，主要完成了以下研究内容。

(i) 针对再生混凝土二维试件的静态损伤问题，运用基于基面力单元法的二维细观数值模型，论证和模拟了再生混凝土材料细观结构和破坏机理，并进一步研究了再生骨料取代率、骨料形状、各组分细观力学参数等的影响规律；论证了基于数字图像技术的二维再生混凝土基面力单元法模型，并与其他数值模型进行了对比分析；探讨了零厚度界面单元在界面过渡区的应用；研究了细观力学参数的非均质性对数值模拟结果的影响；初步验证了细观均质化模型的计算效果。

(ii) 针对再生混凝土二维试件的动态损伤问题，运用基于基面力单元法的二维细观数值模型，对再生混凝土双边缺口试件的单轴拉伸试验进行了详细的数值分析，应变率效应的细观数值分析结果与试验结果一致，验证了数值模拟的可行性；进一步详细模拟分析了再生混凝土试件的动态单轴压缩试验，研究了应变速率在 $0.001\sim100\text{s}^{-1}$ 时的再生混凝土的动态单轴压缩力学行为。

(iii) 针对再生混凝土三维试件的静态损伤问题，运用基于基面力单元法的三维细观数值模型，以带双口槽预裂缝的试件为例进行轴拉数值模拟论证和研究，研究了再生混凝土的抗拉断裂能力，分析了再生混凝土在轴拉载荷作用下的骨料空间分布、粒径分布、体积分数、骨料形状、再生骨料取代率、再生骨料中老砂浆含量、界面厚度和各相材料强度的影响规律；以圆柱形试件为例进行轴压数值模拟论证和研究，研究了不同再生骨料取代率下再生混凝土的宏观力学响应，即应力-应变关系、破坏模式和破坏过程等，分析了再生粗骨料体积分数、老砂浆含量和再生骨料形状的影响规律等，探究了多轴加载条件下再生混凝土的性能；以预裂纹三点弯曲梁为例，通过与试验对比分析，验证了零厚度界面单元在界面过渡区应用的可行性，同时研究了不同再生粗骨料取代率的三点弯曲梁的断裂行为。

(iv) 针对再生混凝土三维试件的动态损伤问题，运用基于基面力单元法的三维细观数值模型，从细观角度考察再生混凝土试件在单轴拉伸和单轴压缩的不同加载速率下的损伤发展规律、强度变化规律、裂纹形态和破坏程度等，分析研究了不同应变速率下具有不同再生骨料取代率的再生混凝土试件的失效模式和应力-应变关系。此外，通过数值结果和试验结果的对比研究，分析了拉伸和压缩条件下的应变率效应和再生粗骨料体积分数的影响。

12.2 主要结论

通过本课题的研究工作，得到以下结论。

(1) 本研究建立的基面力单元法模型的数学模型的推导思路较为新颖，数学表达式更为简洁，物理概念更加清楚，计算、编程更为方便，提出的静、动态损伤问题的基面力单元法模型可应用于材料的有限元损伤分析，具有较为广阔的应用前景。

(2) 本研究方法建立的再生骨料随机分布模型可真实反映再生混凝土中骨料的实际级配、含量和形状；建立的非结构化网格模型的单元几乎等边，具有极高的单元质量和均匀性；提出的两种界面过渡区的处理方法均可有效处理界面过渡区太薄而难以模拟的问题；本研究中发展的损伤演化模型可较为真实地还原材料的损伤过程；考虑了各相材料力学参数的 Weibull 随机分布，可更加合理地描述材料的非均质性。

(3) 本研究研发的高性能计算软件，计算效率高，且需求内存小，与常规编程方法相比计算时间较大缩短，并且与大型通用有限元软件 ABAQUS 相比计算时间也提高了一倍左右，这为本研究中的细观模型可在个人计算机上大规模的计算奠定了坚实基础。此外，本系列计算分析软件不仅针对再生混凝土，还对其他类混凝土材料均可适用，具有巨大的实用价值。

(4) 对再生混凝土材料细观结构的静动态破坏机理和破坏规律做了系统计算、分析和研究，结果表明，本书中的数值模拟方法能够反映再生混凝土在静、动态载荷作用下的变形非线性、应力重分布等破裂现象，能真实地展示试件损伤破坏的全过程，准确地描述材料的宏观力学性能。材料的宏观力学性能是其空间几何构成、各相材料性质及其相互作用等因素的集中体现，骨料的形状、分布、体积分数，新、老界面过渡区的厚度以及各相介质的强度对再生混凝土的整体宏观弹性模量、强度以及微裂纹的萌生和扩展的影响起了决定的作用，本书中的模型适合于从细观角度量化分析再生混凝土的宏观力学行为。本书开展了大规模的参数化统计分析，积累了大量数据，为再生混凝土的设计开发提供了有意义的指导。

12.3 展　望

本书主要对静动态损伤问题的基面力单元法及再生混凝土的细观结构分析进行了较为系统的研究，并取得了较为丰富的研究成果。然而，本书的研究工作中仍有不足和有待发展之处，作者认为可进一步展开如下的研究工作。

(1) 本书研发的高性能分析集成软件，不仅针对再生混凝土，还对其他类混凝土均可适用，因此，可将本书的研究成果进一步扩展到其他类混凝土的研究。

(2) 开展相关的试验研究工作。为配合再生混凝土损伤问题的研究，开展相关的试验研究工作，为细观尺度下的数值研究提供支撑。

(3) 发展基于 XCT 图像处理技术的基面力单元法细观分析模型。基于数字图像的方法适用于分析实际的混凝土试件，因此，将本研究中的基于数字图像技术的二维建模方法扩展到三维，建立能够真实反映各相材料空间分布的三维数值模型，研究再生混凝土的宏观力学性能，具有较好的研究意义。

(4) 研究一种考虑应变梯度效应的基面力单元法。为了解释材料在微观尺度下的尺寸效应现象，应变梯度理论作为一种新理论而发展起来，在进一步的研究工作中，为了将微观和细观联系起来，推导含应变梯度的基面力单元法理论公式，并应用于再生混凝土细微观研究上。

(5) 研发一种具有自适应多尺度的基面力单元法模型。固体变形直至破坏，跨越了从原子结构到宏观的 $9\sim11$ 个尺度量级，结构上的细微观缺陷，在力场的作用下，往往会非线性地涌现为整体的破坏，这使得难于预测破坏性的突发灾难。因此可结合微观、细观和宏观尺度，开发受力过程中可实时自适应网格划分的多尺度基面力单元法模型，即在整个受力过程中，依据单元损伤情况，实时自动判断细微观尺度区域和宏观尺度区域，并且依据单元应力、应变梯度及材料属性确定网格尺寸函数，实时自适应划分网格。本研究中的算法容易扩展到自适应多尺度模型，这也是下一步的主要研究方向。

(6) 发展静动态损伤问题的余能原理基面力单元法。基面力单元法有两种，一种是基于势能原理的基面力单元法，另一种是基于余能原理的基面力单元法。余能原理基面力单元法避免了传统方法因采用数值积分而造成的精度损失，特别是对于大变形问题，该方法简单易行，收敛性好，计算精度高。因此，发展静动态损伤问题的余能原理基面力单元法，将具有较好的应用前景。

参考文献

[1] de Brito J, Agrela F. New Trends in Eco-efficient and Recycled Concrete[M]. Ouxford: Elsevier Woodhead Publishing Series in Civil and Structural Engineering, 2019.

[2] Freedonia. 2012 World Construction Aggregates[R]. The Freedonia Group, Cleveland, OH, USA, 2012.

[3] PMR. 2017 Global Market Study on Construction Aggregates: Crushed Stone Product Type Segment Projected to Register High Value and Volume CAGR During 2017-2025[R]. Persistence Market Research, New York, USA, 2017.

[4] Sandanayake M, Zhang G, Setunge S. Estimation of environmental emissions and impacts of building construction - a decision making tool for contractors[J]. Journal of Building Engineering, 2019, 21: 173-185.

[5] Marques C T, Gomes B M F, Brandli L L. Consumo deágua e energia em canteiros de obra: um estudo de caso do diagnóstico a ações visando à sustentabilidade[J]. Ambient. Constr., 2017, 17(4): 79-90.

[6] Thives L P, Ghisi E. Asphalt mixtures emission and energy consumption: a review[J]. Renewable and Sustainable Energy Reviews, 2017, 72: 473-484.

[7] de Brito J, Silva R V. Current status on the use of recycled aggregates in concrete: where do we go from here?[J]. RILEM Technical Letters, 2016, 1:1-5.

[8] Silva R V, de Brito J, Dhir R K. Availability and processing of recycled aggregates within the construction and demolition supply chain: a review[J]. Journal of Cleaner Production, 2016, 143: 598-614.

[9] Lu W, Webster C, Peng Y, et al. Estimating and calibrating the amount of building-related construction and demolition waste in urban China[J]. International Journal of Construction Management, 2017, 17(1): 13-24.

[10] Ministry of Environment and Forests (MoEF). Report of the Committee to Evolve Road Map on Management of Wastes in India. Ministry of Environment and Forests[R]. New Delhi, India, 2010.

[11] USEPA. Construction and Demolition Debris Generation in the United States[R]. U.S. Environment Protection Agency, Office of Resource Conservation and Recovery, 2016.

[12] Eurostat. Waste Statistics in Europe[R]. 2017.

[13] Samuelson J P. Industrial Waste Environmental Impact, Disposal and Treatment[M]. New York: Nova Science Publishers, USA, 2009.

[14] Soares D, de Brito J, Ferreira J, et al. In situ materials characterization of full-scale recycled aggregates concrete structures[J]. Construction and Building Materials, 2014, 71: 237-245.

[15] Magudeaswaran P, Jagadeesh M, Bhuvaneswari R, et al. Experimental study on self compacting concrete contains partially manufactured sand and recycled clay roof tile[J]. Int. J. Civ. Eng., 2017, 8(3): 599-608.

[16] Yung W H, Yung L C, Hua L H. A study of the durability properties of waste tire rubber applied to self-compacting concrete[J]. Construction and Building Materials, 2013, 41: 665-672.

[17] Preethiwini B, Bharaniraja S, Aravindhan M, et al. Comparative study on durability characteristics of high strength self compacting concrete[J]. Int. J. Civ. Eng., 2017, 8(3): 942-949.

[18] Ali E E, Al-Tersawy S H. Recycled glass as a partial replacement for fine aggregate in self compacting concrete[J]. Construction and Building Materials, 2012, 35: 785-791.

[19] JGJ/T 443—2018. 再生混凝土结构技术标准 [S]. 北京: 中国建筑工业出版社, 北京, 2018.

[20] DJ/TJ08—2018—2007. 再生混凝土应用技术规程 [S]. 上海市建设和交通委员会, 上海, 2007.

[21] Ehe-08. Structural Concrete Regulations[S]. Ministry of Development, Spanish Government, 2010.

[22] Dm-17/01/2018. Technical Standards for Construction[S]. Ministry of Infrastructure and Transport, Italian Government, 2018.

[23] Etxeberria M, Vázquez E, Marí A, et al. Influence of amount of recycled coarse aggregates and production process on properties of recycled aggregate concrete[J]. Cement and Concrete Research, 2007, 37(5): 735-742.

[24] Silva R V, de Brito J, Dhir R K. The influence of the use of recycled aggregates on the compressive strength of concrete: a review[J]. European Journal of Environmental and Civil Engineering, 2015, 19(7): 825-849.

[25] Behera M, Bhattacharyya S K, Minocha A K, et al. Recycled aggregate from C&D waste & its use in concrete——a breakthrough towards sustainability in construction sector: a review[J]. Construction and Building Materials, 2014, 68: 501-516.

[26] Guo H, Shi C J, Guan X M, et al. Durability of recycled aggregate concrete - a review[J]. Cement and Concrete Composites, 2018, 89: 251-259.

[27] Evangelista L, de Brito J. Concrete with fine recycled aggregates: a review[J]. European Journal of Environmental and Civil Engineering, 2014, 18(2): 129-172.

[28] Revilla-Cuesta V, Skaf M, Faleschini F, et al. Self-compacting concrete manufactured with recycled concrete aggregate: an overview[J]. Journal of Cleaner Production, 2020, 262: 121362.

[29] Ajdukiewicz A, Kliszczewicz A. Influence of recycled aggregates on mechanical properties of HS/HPC[J]. Cement and Concrete Composites, 2002, 24(2): 269-279.

[30] McNeil K, Kang T H K. Recycled concrete aggregates: a review[J]. International Journal of Concrete Structures and Materials, 2013, 7(1):61-69.

[31] Xiao J Z, Li W G, Poon C S. Recent studies on mechanical properties of recycled aggregate concrete in China——a review[J]. Science China Technological Sciences, 2012,

55(6): 1463-1480.

[32] Poon C S, Shui Z H, Lam L. Effect of microstructure of ITZ on compressive strength of concrete prepared with recycled aggregates[J]. Construction and Building Materials, 2004, 18(6): 461-468.

[33] Poon C S, Shui Z H, Lam L, et al. Influence of moisture states of natural and recycled aggregates on the slump and compressive strength of concrete[J]. Cement and Concrete Research, 2004, 34(1): 31-36.

[34] Lee G C, Choi H B. Study on interfacial transition zone properties of recycled aggregate by micro-hardness test[J]. Construction and Building Materials, 2013, 40: 455-460.

[35] Xiao J Z, Li W G, Sun Z H, et al. Crack propagation in recycled aggregate concrete under uniaxial compressive loading[J]. Materials Journal, 2012, 109(4): 451-462.

[36] Casuccio M, Torrijos M C, Giaccio G, et al. Failure mechanism of recycled aggregate concrete[J]. Construction and Building Materials, 2007, 22(7): 1500-1506.

[37] Belén G F, Fernando M A, Diego C L, et al. Stress-strain relationship in axial compression for concrete using recycled saturated coarse aggregate[J]. Construction and Building Materials, 2010, 25(5):2335-2342.

[38] Pedro D, de Brito J, Evangelista L. Structural concrete with simultaneous incorporation of fine and coarse recycled concrete aggregates: mechanical, durability and long-term properties[J]. Construction and Building Materials, 2017, 154:294-309.

[39] Le H B, Bui Q B. Recycled aggregate concretes——a state-of-the-art from the microstructure to the structural performance[J]. Construction and Building Materials, 2020, 257:119522.

[40] Mathias V, de Larrard F. Prévision des résistances en compression des bétons au laitier[J]. Revue Française de Génie Civil, 2002, 6(4): 545-562.

[41] de Larrard F. Concrete Mixture-Proportioning: A Scientific Approach, Modern Concrete Technology[M]. 1999.

[42] Ghorbel E, Sedran T, Wardeh G. Propriétés mécaniques instantanées, in de Larrard F. & Colina H. (Dir.), Le béton recyclé. Marne-la-Vallée :Ifsttar[J]. Ouvrages Scientifiques, OSI4, 2018.

[43] Puente de Andrade G, de Castro Polisseni G, Pepe M, et al. Design of structural concrete mixtures containing fine recycled concrete aggregate using packing model[J]. Construction and Building Materials, 2020, 252:119091.

[44] Dao D T, Sedran T, de Larrard F. Optimization of the recycling of concrete in concrete: application to an airport slab[C]. 12th International Symposium on Concrete Road, Prague, Czech Republic, 2014.

[45] Silva R V, de Brito J, Dhir R K. Tensile strength behaviour of recycled aggregate concrete[J]. Construction and Building Materials, 2015, 83:108-118.

[46] Ajdukiewicz A B, Kliszczewicz A T. Comparative tests of beams and columns made of recycled aggregate concrete and natural aggregate concrete[J]. Journal of Advanced Concrete Technology, 2007, 5(2): 259-273.

[47] Khoshkenari A G, Shafigh P, Moghimi M, et al. The role of 0-2mm fine recycled concrete aggregate on the compressive and splitting tensile strengths of recycled concrete aggregate concrete[J]. Materials and Design, 2014, 64:345-354.

[48] Omary S, Ghorbel E, Wardeh G. Relationships between recycled concrete aggregates characteristics and recycled aggregates concretes properties[J]. Construction and Building Materials, 2016, 108: 163-174.

[49] Xiao J Z, Li J B, Zhang C. Mechanical properties of recycled aggregate concrete under uniaxial loading[J]. Cement and Concrete Research, 2004, 35(6): 1187-1194.

[50] Etxeberria M, Vázquez E, Marí A. Microstructure analysis of hardened recycled aggregate concrete[J]. Magazine of Concrete Research, 2006, 58(10): 683-690.

[51] Rahal K. Mechanical properties of concrete with recycled coarse aggregate[J]. Building and Environment, 2005, 42(1): 407-415.

[52] Corinaldesi V. Mechanical and elastic behaviour of concretes made of recycled-concrete coarse aggregates[J]. Construction and Building Materials, 2010, 24(9): 1616-1620.

[53] Bravo M, de Brito J, Pontes J, et al. Durability performance of concrete with recycled aggregates from construction and demolition waste plants[J]. Construction and Building Materials, 2015, 77: 357-369.

[54] Pedro D, de Brito J, Evangelista L. Structural concrete with simultaneous incorporation of fine and coarse recycled concrete aggregates: mechanical, durability and long-term properties[J]. Construction and Building Materials, 2017, 154: 294-309.

[55] Silva R V, de Brito J, Dhir R K. Establishing a relationship between modulus of elasticity and compressive strength of recycled aggregate concrete[J]. Journal of Cleaner Production, 2016, 112: 2171-2186.

[56] Wardeh G, Ghorbel E, Gomart H. Mix design and properties of recycled aggregate concretes: applicability of Eurocode 2[J]. International Journal of Concrete Structures and Materials, 2015, 9(1): 1-20.

[57] Xiao J Z, Zhang K J, Akbarnezhad A. Variability of stress-strain relationship for recycled aggregate concrete under uniaxial compression loading[J]. Journal of Cleaner Production, 2018, 181: 753-771.

[58] GB 50010—2010, 混凝土结构设计规范 [S]. 北京: 中国建筑工业出版社, 北京, 2010.

[59] British Standards Institution. Eurocode 2: Design of Concrete Structures: Part 1-1. General Rules and Rules for Buildings[S]. British Standards Institution, 2004.

[60] Abrams D A. Effect of rate of application of load on the compressive strength of concrete[J]. ASTM J, 1917, 17(2):70-78.

[61] Xiao J Z, Li L, Shen L M, et al. Effects of strain rate on mechanical behavior of modeled recycled aggregate concrete under uniaxial compression[J]. Construction and Building Materials, 2015, 93: 214-222.

[62] Harsh S, Shen Z J, Darwin D. Strain-rate sensitive behavior of cement paste and mortar in compression[J]. Materials Journal, 1990, 87(5): 508-516.

[63] Ross C A, Tedesco J W, Kuennen S T. Effects of strain rate on concrete strength[J].

Materials Journal, 1995, 92(1): 37-47.

[64] Xiao S Y, Li H G, Monteiro P J M. Influence of strain rates and loading histories on the compressive damage behaviour of concrete[J]. Magazine of Concrete Research, 2011, 63(12): 915-926.

[65] Malvern L E, Ross C A. Dynamic Response of Concrete and Concrete Structures[R]. Second Annual Technical Report, AFOSR Contract No. F49620-83-K007, 1985.

[66] Ahmad S H, Shah S P. Behavior of hoop confined concrete under high strain rates[J]. Journal Proceedings, 1985, 82(5): 634-647.

[67] Rossi P, Toutlemonde F. Effect of loading rate on the tensile behaviour of concrete: description of the physical mechanisms[J]. Materials and Structures, 1996, 29(2): 116-118.

[68] Watstein D. Effect of straining rate on the compressive strength and elastic properties of concrete[J]. ACI J. Proc., 1953, 49(8): 729-744.

[69] Dhir R K, Sangha C M. A study of the relationships between time, strength, deformation and fracture of plain concrete[J]. Magazine of Concrete Research, 1972, 24(81): 197-208.

[70] Bischoff P H, Perry S H. Compressive behaviour of concrete at high strain rates[J]. Materials and Structures, 1991, 24(6): 425-450.

[71] Malvar L J, Ross C A. Review of strain rate effects for concrete in tension[J]. Materials Journal, 1998, 95(6): 735-739.

[72] Chen X D, Wu S X, Zhou J K. Experimental study on dynamic tensile strength of cement mortar using split Hopkinson pressure bar technique[J]. Journal of Materials in Civil Engineering, 2013, 26(6): 04014005.

[73] Chen X D, Wu S X, Zhou J K. Quantification of dynamic tensile behavior of cement-based materials[J]. Construction and Building Materials, 2014, 51: 15-23.

[74] Cotsovos D M, Pavlović M N. Numerical investigation of concrete subjected to high rates of uniaxial tensile loading[J]. International Journal of Impact Engineering, 2008, 35(5): 319-335.

[75] Cotsovos D M, Pavlović M N. Numerical investigation of concrete subjected to compressive impact loading. Part 1: a fundamental explanation for the apparent strength gain at high loading rates[J]. Computers & Structures, 2008, 86(1): 145-163.

[76] Malvar L J, Crawford J E. Dynamic Increase Factors for Concrete[R]. DTIC Document, 1998.

[77] Xiao J Z. Recycled Aggregate Concrete Structures[M]. Recycled Aggregate Concrete Structures. Springer Tracts in Civil Engineering. Berlin: Springer, 2018.

[78] 肖建庄. 再生混凝土创新研究与进展 [M]. 北京: 科学出版社, 2020.

[79] Vegt I, Breugel V K, Weerheijm J. Failure mechanisms of concrete under impact loading[J]. Fracture Mechanics of Concrete and Concrete Structures. Italy, Catania: Taylor & Francis Group, 2007: 579-587.

[80] Lambert D E, Ross C A. Strain rate effects on dynamic fracture and strength[J]. International Journal of Impact Engineering, 2000, 24(10): 985-998.

[81] 王礼立, 蒋昭镳, 陈江瑛. 材料微损伤在高速变形过程中的演化及其对率型本构关系的影响 [J]. 宁波大学学报 (理工版), 1996, 9(3): 47-55.

[82] 秦川, 武明鑫, 张楚汉. 混凝土冲击劈拉实验与细观离散元数值仿真 [J]. 水力发电学报, 2013, 32(1): 196-205.

[83] Weerheijm J, van Doormaal J. Tensile failure at high loading rates[C]. Instrumented Spalling Tests: International Conference FraMCoS, 2004.

[84] Ožbolt J, Sharma A, Reinhardt H W. Dynamic fracture of concrete - compact tension specimen[J]. International Journal of Solids and Structures, 2011, 48(10): 1534-1543.

[85] Reinhardt H W, Rossi P, van Mier J G. Joint investigation of concrete at high rates of loading[J]. Materials and Structures, 1990, 23(3):213-216.

[86] Kaplan S A. Factors affecting the relationship between rate of loading and measured compressive strength of concrete[J]. Magazine of Concrete Research, 1980, 32(111): 79-88.

[87] Rossi P, van Mier J G M, Boulay C, et al. The dynamic behavior of concrete - influence of free-water[J]. Materials and Structures, 1992, 25(153): 509-514.

[88] Ross C A, Jerome D M, Tedesco J W, et al. Moisture and strain rate effects on concrete strength[J]. Materials Journal, 1996, 93(3): 293-300.

[89] 闫东明, 林皋, 王哲, 等. 不同环境下混凝土动态直接拉伸特性研究 [J]. 大连理工大学学报, 2005, 45(3): 416-421.

[90] Rossi P, Boulay C. Influence of free water in concrete on the cracking process[J]. Magazine of Concrete Research, 1990, 42(152): 143-146.

[91] Donzé F V, Magnier S A, Daudeville L, et al. Numerical study of compressive behavior of concrete at high strain rates[J]. Journal of Engineering Mechanics, 1999, 125(10): 1154-1163.

[92] Li Q M, Reid S R, Wen H M, et al. Local impact effects of hard missiles on concrete targets[J]. International Journal of Impact Engineering, 2005, 32(1): 224-284.

[93] 陈滔. 混凝土材料强度率无关性研究 [D]. 北京: 清华大学, 2014.

[94] 潘峰. 考虑细观结构的混凝土材料动强度提高机理研究 [D]. 西安: 西安理工大学, 2017.

[95] 江见鲸, 冯乃谦. 混凝土力学 [M]. 北京: 中国铁道出版社, 1991.

[96] Naderi S, Tu W L, Zhang M Z. Meso-scale modelling of compressive fracture in concrete with irregularly shaped aggregates[J]. Cement and Concrete Research, 2021, 140: 139-156.

[97] 何国威, 夏蒙棼, 柯孚久, 等. 多尺度耦合现象: 挑战和机遇 [J]. 自然科学进展, 2004, 14(2): 3-6.

[98] Nguyen V P, Stroeven M, Sluys L J. Multiscale failure modeling of concrete: micromechanical modeling, discontinuous homogenization and parallel computations[J]. Computer Methods in Applied Mechanics and Engineering, 2011, 201: 139-156.

[99] Hu Z. Five-phase modelling for effective diffusion coefficient of chlorides in recycled concrete[J]. Magazine of Concrete Research, 2018, 70(11): 583-594.

[100] Garboczi E J. Computational materials science of cement-based materials[J]. Materials and Structures, 1993, 26(4): 191-195.

[101] Diamond S. Considerations in image analysis as applied to investigations of the ITZ in concrete[J]. Cement and Concrete Composites, 2001, 23(2): 171-178.

[102] Diamond S. The microstructure of cement paste and concrete——a visual primer[J]. Cement and Concrete Composites, 2004, 26(8): 919-933.

[103] Scrivener K L. Backscattered electron imaging of cementitious microstructures: understanding and quantification[J]. Cement and Concrete Composites, 2004, 26(8): 935-945.

[104] Scrivener K L, Crumbie A K, Laugesen P. The interfacial transition zone (ITZ) between cement paste and aggregate in concrete[J]. Interface Science, 2004, 12(4): 411-421.

[105] Bonifazi G, Capobianco G, Serranti S, et al. The ITZ in concrete with natural and recycled aggregates: study of microstructures based on image and SEM analysis[C]. Euroseminar on Microscopy Applied to Building Materials, Delft, 2015.

[106] Zhao Z F, Remond S, Damidot D, et al. Influence of fine recycled concrete aggregates on the properties of mortars[J]. Construction and Building Materials, 2015, 81: 179-186.

[107] Zegardło B, Szelag M, Ogrodnik P. Ultra-high strength concrete made with recycled aggregate from sanitary ceramic wastes——the method of production and the interfacial transition zone[J]. Construction and Building Materials, 2016, 122: 736-742.

[108] Boudali S, Soliman A M, Abdulsalam B, et al. Microstructural properties of the interfacial transition zone and strength development of concrete incorporating recycled concrete aggregate[J]. Int. J. Struct. Constr. Eng., 2017, 11(8): 1012-1016.

[109] Guedes M, Evangelista L, de Brito J, et al. Microstructural characterization of concrete prepared with recycled aggregates[J]. Microscopy and Microanalysis, 2013, 19(5): 1222-1230.

[110] 郝圣旺, 白以龙, 夏蒙棼, 等. 准脆性固体的灾变破坏及其物理前兆 [J]. 中国科学: 物理学 力学 天文学, 2014, 44(12): 1262-1274.

[111] Guo H, Ooi E T, Saputra A A, et al. A quadtree-polygon-based scaled boundary finite element method for image-based mesoscale fracture modelling in concrete[J]. Engineering Fracture Mechanics, 2019, 211: 420-441.

[112] Unger J F, Eckardt S. Multiscale modeling of concrete[J]. Archives of Computational Methods in Engineering, 2011, 18(3): 341-393.

[113] Wriggers P, Moftah S O. Mesoscale models for concrete: homogenisation and damage behaviour[J]. Finite Elements in Analysis & Design, 2005, 42(7): 623-636.

[114] Comby-Peyrot I, Bernard F, Bouchard P O, et al. Development and validation of a 3D computational tool to describe concrete behaviour at mesoscale. Application to the alkali-silica reaction[J]. Computational Materials Science, 2009, 46(4): 1163-1177.

[115] 张楚汉, 唐欣薇, 周元德, 等. 混凝土细观力学研究进展综述 [J]. 水力发电学报, 2015, 34(12): 1-18.

[116] Hentz S, Daudeville L, Donze F V. Identification and validation of a discrete element model for concrete[J]. Journal of Engineering Mechanics, 2004, 130(6): 709-719.

[117] Azevedo N M, Lemos J V, de Almeida J R. Influence of aggregate deformation and contact behaviour on discrete particle modelling of fracture of concrete[J]. Engineering Fracture Mechanics, 2008, 75(6): 1569-1586.

[118] 王卓琳, 林峰, 顾祥林. Numerical simulation of failure process of concrete under compression based on mesoscopic discrete element model[J]. 清华大学学报自然科学版 (英文版), 2008, 13(S1): 19-25.

[119] Suchorzewski J, Tejchman J, Nitka M. Experimental and numerical investigations of concrete behaviour at meso-level during quasi-static splitting tension[J]. Theoretical and Applied Fracture Mechanics, 2017, 96: 720-739.

[120] Yip M, Li Z, Liao B, et al. Irregular lattice models of fracture of multiphase particulate materials[J]. International Journal of Fracture, 2006, 140(1-4): 113-124.

[121] Nagai K, Sato Y, Ueda T. Mesoscopic simulation of failure of mortar and concrete by 2D RBSM[J]. Journal of Advanced Concrete Technology, 2004, 2(3): 359-374.

[122] Nagai K, Sato Y, Ueda T. Mesoscopic simulation of failure of mortar and concrete by 3D RBSM[J]. Journal of Advanced Concrete Technology, 2005, 3(3): 385-402.

[123] Bolander J E, Saito S. Fracture analyses using spring networks with random geometry[J]. Engineering Fracture Mechanics, 1998, 61(5): 569-591.

[124] Zubelewicz A, Bazant Z P. Interface element modeling of fracture in aggregate composites[J]. Journal of Engineering Mechanics, 1987, 113(11): 1619-1630.

[125] Pan Z C, Chen A, Ma R J, et al. Three-dimensional lattice modeling of concrete carbonation at meso-scale based on reconstructed coarse aggregates[J]. Construction and Building Materials, 2018, 192: 253-271.

[126] Thilakarathna P S M, Baduge K S K, Mendis P, et al. Mesoscale modelling of concrete - a review of geometry generation, placing algorithms, constitutive relations and applications[J]. Engineering Fracture Mechanics, 2020, 106974.

[127] Wang X F, Yang Z J, Yates J R, et al. Monte Carlo simulations of mesoscale fracture modelling of concrete with random aggregates and pores[J]. Construction and Building Materials, 2015, 75: 35-45.

[128] Yang Z J, Li B B, Wu J Y. X-ray computed tomography images based phase-field modeling of mesoscopic failure in concrete[J]. Engineering Fracture Mechanics, 2019, 208: 151-170.

[129] Nagai G, Yamada T, Wada A. Three-dimensional nonlinear finite element analysis of the macroscopic compressive failure of concrete materials based on real digital image[C]. Comput. Civ. Build. Eng., Reston, VA: American Society of Civil Engineers, 2000: 449-456.

[130] Han W, Eckschlager A, Böhm H J. The effects of three-dimensional multi-particle arrangements on the mechanical behavior and damage initiation of particle-reinforced MMCs[J]. Composites Science and Technology, 2001, 61(11): 1581-1590.

[131] Escoda J, Jeulin D, Willot F, et al. Three-dimensional morphological modelling of concrete using multiscale Poisson polyhedra.[J]. Journal of Microscopy, 2015, 258(1):

31-48.

[132] Landis E N, Bolander J E. Explicit representation of physical processes in concrete fracture[J]. Journal of Physics D: Applied Physics, 2009, 42(21): 214002.

[133] Wang L B, Frost J D, Voyiadjis G Z, et al. Quantification of damage parameters using X-ray tomography images[J]. Mechanics of Materials, 2003, 35(8): 777-790.

[134] Ren W Y, Yang Z J, Sharma R, et al. Two-dimensional X-ray CT image based meso-scale fracture modelling of concrete[J]. Engineering Fracture Mechanics, 2015, 133: 24-39.

[135] Huang Y J, Yang Z J, Ren W Y, et al. 3D meso-scale fracture modelling and validation of concrete based on in-situ X-ray computed tomography images using damage plasticity model[J]. International Journal of Solids and Structures, 2015, 67-68: 340-352.

[136] Liu T J, Qin S S, Zou D J, et al. Mesoscopic modeling method of concrete based on statistical analysis of CT images[J]. Construction and Building Materials, 2018, 192: 429-441.

[137] Yu Q L, Liu H Y, Yang T H, et al. 3D numerical study on fracture process of concrete with different ITZ properties using X-ray computerized tomography[J]. International Journal of Solids and Structures, 2018, 147: 204-222.

[138] Huang Y J, Yan D M, Yang Z J, et al. 2D and 3D homogenization and fracture analysis of concrete based on in-situ X-ray computed tomography images and Monte Carlo simulations[J]. Engineering Fracture Mechanics, 2016, 163: 37-54.

[139] Huang Y J, Yang Z J, Chen X W, et al. Monte Carlo simulations of meso-scale dynamic compressive behavior of concrete based on X-ray computed tomography images[J]. International Journal of Impact Engineering, 2016, 97: 102-115.

[140] 徐沛保. 混凝土 3D 细观力学模型研究及其应用 [D]. 合肥: 中国科学技术大学, 2016.

[141] Kim S M, Al-Rub R K. Meso-scale computational modeling of the plastic-damage response of cementitious composites[J]. Cement and Concrete Research, 2010, 41(3): 339-358.

[142] Wang X F, Yang Z J, Jivkov A P. Monte Carlo simulations of mesoscale fracture of concrete with random aggregates and pores: a size effect study[J]. Construction and Building Materials, 2015, 80: 262-272.

[143] Häfner S, Eckardt S, Luther Torsten , et al. Mesoscale modeling of concrete: geometry and numerics[J]. Computers and Structures, 2005, 84(7): 450-461.

[144] Wang X F, Zhang M Z, Jivkov A P. Computational technology for analysis of 3D meso-structure effects on damage and failure of concrete[J]. International Journal of Solids and Structures, 2016, 80: 310-333.

[145] Leite J P B, Slowik V, Apel J. Computational model of mesoscopic structure of concrete for simulation of fracture processes[J]. Computers and Structures, 2006, 85(17): 1293-1303.

[146] Pedersen R R, Simone A, Sluys L J. Mesoscopic modeling and simulation of the dynamic tensile behavior of concrete[J]. Cement and Concrete Research, 2013, 50: 74-87.

[147] Pedersen R R, Simone A, Stroeven M, et al. Mesoscopic modelling of concrete under impact[J]. Fracture Mechanics of Concrete and Concrete Structures, 2007, 3: 571-578.

[148] Du X L, Jin L, Ma G W. Numerical simulation of dynamic tensile-failure of concrete at meso-scale[J]. International Journal of Impact Engineering, 2014, 66: 5-17.

[149] Musiket K, Vernerey F, Xi Y. Numeral modeling of fracture failure of recycled aggregate concrete beams under high loading rates[J]. International Journal of Fracture, 2017, 203(1-2): 263-276.

[150] Musiket K, Rosendahl M, Xi Y. Fracture of recycled aggregate concrete under high loading rates[J]. Journal of Materials in Civil Engineering, 2016, 28: 1-10.

[151] 熊学玉, 肖启晟. 基于内聚力模型的混凝土细观拉压统一数值模拟方法 [J]. 水利学报, 2019, 50(4): 448-462.

[152] 杨贞军, 黄宇劼, 尧锋, 等. 基于粘结单元的三维随机细观混凝土离散断裂模拟 [J]. 工程力学, 2020, 37(8): 158-166.

[153] Naderi S, Zhang M Z. Meso-scale modelling of static and dynamic tensile fracture of concrete accounting for real-shape aggregates[J]. Cement and Concrete Composites, 2021, 116: 103889.

[154] Zhou R X, Chen H M. Mesoscopic investigation of size effect in notched concrete beams: the role of fracture process zone[J]. Engineering Fracture Mechanics, 2019, 212:136-152.

[155] Jin L, Yu W X, Du X L, et al. Dynamic size effect of concrete under tension: a numerical study[J]. International Journal of Impact Engineering, 2019, 132: 103318.

[156] Jin L, Yu W X, Du X L, et al. Meso-scale modelling of the size effect on dynamic compressive failure of concrete under different strain rates[J]. International Journal of Impact Engineering, 2018, 125: 1-12.

[157] Jin L, Yu W X, Du X L, et al. Mesoscopic numerical simulation of dynamic size effect on the splitting-tensile strength of concrete[J]. Engineering Fracture Mechanics, 2019, 209: 317-332.

[158] 金浏, 余文轩, 杜修力, 等. 基于细观模拟的混凝土动态压缩强度尺寸效应研究 [J]. 工程力学, 2019, 36(11): 50-61.

[159] 金浏, 杨旺贤, 余文轩, 等. 骨料粒径对混凝土动态拉伸强度及尺寸效应影响分析 [J]. 振动与冲击, 2020, 39(9): 24-34.

[160] 金浏, 余文轩, 杜修力. 应变率突增对混凝土动态拉伸破坏影响的细观模拟 [J]. 振动与冲击, 2021, 40(2): 39-48.

[161] Wu Z Y, Zhang J H, Yu H F, et al. Coupling effect of strain rate and specimen size on the compressive properties of coral aggregate concrete: a 3D mesoscopic study[J]. Composites Part B, 2020, 200: 108299.

[162] Hao Y F, Hao H. Finite element modelling of mesoscale concrete material in dynamic splitting test[J]. Advances in Structural Engineering, 2016, 19(6): 1027-1039.

[163] Snozzi L, Caballero A, Molinari J F. Influence of the meso-structure in dynamic fracture simulation of concrete under tensile loading[J]. Cement and Concrete Research, 2011, 41(11): 1130-1142.

[164] Snozzi L, Gatuingt F, Molinari J F. A meso-mechanical model for concrete under dynamic tensile and compressive loading[J]. International Journal of Fracture, 2012, 178 (1-2): 179-194.

[165] Caballero A, López C M, Carol I. 3D meso-structural analysis of concrete specimens under uniaxial tension[J]. Computer Methods in Applied Mechanics and Engineering, 2005, 195(52): 7182-7195.

[166] López C M, Carol I, Aguado A. Meso-structural study of concrete fracture using interface elements. I: numerical model and tensile behavior[J]. Materials and Structures, 2008, 41(3): 41: 583-599.

[167] López C M, Carol I, Aguado A. Meso-structural study of concrete fracture using interface elements. Ⅱ: compression, biaxial and Brazilian test[J]. Materials and Structures, 2008, 41(3): 601-620.

[168] Grondin F, Dumontet H, Hamida A B, et, al. Multi-scales modelling for the behaviour of damaged concrete[J]. Cement and Concrete Research, 2007, 37(10): 1453-1462.

[169] Xi X, Yang S T, Li C Q, et al. Meso-scale mixed-mode fracture modelling of reinforced concrete structures subjected to non-uniform corrosion[J]. Engineering Fracture Mechanics, 2018, 199: 114-130.

[170] Xi X, Yang S T, Li C Q. A non-uniform corrosion model and meso-scale fracture modelling of concrete[J]. Cement and Concrete Research, 2018, 108: 87-102.

[171] 李万金, 郭力, 周鑫, 等. 氯离子侵蚀混凝土及细观参数影响的近场动力学模拟 [J]. 东南大学学报 (自然科学版), 2021, 51(1): 30-37.

[172] 张斌, 陈红帅, 张权, 等. 细观层次开裂混凝土中氯离子扩散数值模拟 [J]. 公路交通科技 (应用技术版), 2020, 16(6): 124-129.

[173] 杜修力, 金浏, 张仁波. 压缩荷载作用下混凝土中氯离子扩散行为细观模拟 [J]. 建筑材料学报, 2016, 19(1): 65-71.

[174] Gangnant A, Saliba J, La Borderie C, et al. Modeling of the quasibrittle fracture of concrete at meso-scale: effect of classes of aggregates on global and local behavior[J]. Cement and Concrete Research, 2016, 89: 35-44.

[175] Zhou R X, Song Z H, Lu Y. 3D mesoscale finite element modelling of concrete[J]. Computers and Structures, 2017, 192: 96-113.

[176] Feng X Q. Damage micromechanics for constitutive relations and failure of microcracked quasi-brittle materials[J]. International Journal of Damage Mechanics, 2010, 19(8): 911-948.

[177] Feng X Q, Qin Q H, Yu S W. Quasi-micromechanical damage model for brittle solids with interacting microcracks[J]. Mechanics of Materials, 2004, 36(3): 261-273.

[178] Feng X Q, Li J Y, Yu S W. A simple method for calculating interaction of numerous microcracks and its applications[J]. International Journal of Solids and Structures, 2003, 40(2): 447-464.

[179] Feng X Q. On estimation methods for effective moduli of microcracked solids[J]. Archive of Applied Mechanics, 2001, 71(8): 537-548.

[180] Lu Y, Tu Z G. Mesoscale modelling of concrete for static and dynamic response analysis Part 2: numerical investigations[J]. Structural Engineering and Mechanics, 2011, 37(2): 215-231.

[181] 黎超, 杨贞军, 黄宇劼. 基于 CT 图像的细观混凝土模型中低应变率冲击下端部摩擦效应研究 [J]. 计算力学学报, 2019, 36(3): 383-388.

[182] Caballero A, Carol I, López C M. 3D meso-mechanical analysis of concrete specimens under biaxial loading[J]. Fatigue & Fracture of Engineering Materials & Structures, 2007, 30: 877-886.

[183] Dupray F, Malecot Y, Daudeville L, et al. A mesoscopic model for the behaviour of concrete under high confinement[J]. International Journal for Numerical & Analytical Methods in Geomechanics, 2010, 33(11): 1407-1423.

[184] Zheng J J, Xiong F F, Wu Z M, et al. A numerical algorithm for the ITZ area fraction in concrete with elliptical aggregate particles[J]. Magazine of Concrete Research, 2009, 61(2): 109-117.

[185] Zhou X Q, Hao H. Mesoscale modelling of concrete tensile failure mechanism at high strain rates[J]. Computers and Structures, 2008, 86(21): 2013-2026.

[186] Xiao J Z, Li W G, Corr D J, et al. Effects of interfacial transition zones on the stress-strain behavior of modeled recycled aggregate concrete[J]. Cement and Concrete Research, 2013, 52: 82-99.

[187] Xiao J Z, Li W G, Sun Z H, et al. Properties of interfacial transition zones in recycled aggregate concrete tested by nanoindentation[J]. Cement and Concrete Composites, 2013, 37: 276-292.

[188] Xiao J Z, Li W G, Corr D J, et al. Simulation study on the stress distribution in modeled recycled aggregate concrete under uniaxial compression[J]. Journal of Materials in Civil Engineering, 2013, 25(4): 504-518.

[189] Liu Z, Peng H, Cai C S. Mesoscale analysis of stress distribution along ITZs in recycled concrete with variously shaped aggregates under uniaxial compression[J]. Journal of Materials in Civil Engineering, 2015, 27(11): 04015024.

[190] Wang C H, Xiao J Z, Zhang G Z, et al. Interfacial properties of modeled recycled aggregate concrete modified by carbonation[J]. Construction and Building Materials, 2016, 105:307-320.

[191] Mazzucco G, Xotta G, Pomaro B, et al. Elastoplastic-damaged meso-scale modelling of concrete with recycled aggregates[J]. Composites Part B, 2018, 140: 145-156.

[192] Guo M H, Grondin F, Loukili A. Numerical analysis of the failure of recycled aggregate concrete by considering the random composition of old attached mortar[J]. Journal of Building Engineering, 2020, 28: 101040.

[193] Yu Y, Zheng Y, Zhao X Y. Mesoscale modeling of recycled aggregate concrete under uniaxial compression and tension using discrete element method[J]. Construction and Building Materials, 2020, 268: 121116.

[194] Gao Y C. A new description of the stress state at a point with applications[J]. Archive

of Applied Mechanics, 2003, 73(3-4): 171-183.

[195] 高玉臣. 弹性大变形的余能原理 [J]. 中国科学: 物理学 力学 天文学, 2006, 36(3): 298-311.

[196] 彭一江. 基于基面力概念的新型有限元方法 [D]. 北京: 北京交通大学, 2006.

[197] 彭一江, 金明. 基于基面力概念的一种新型余能原理有限元方法 [J]. 应用力学学报, 2006, 23(4): 649-652.

[198] 彭一江, 金明. 基面力概念在余能原理有限元中的应用 [J]. 北京工业大学学报, 2007, 33(5): 487-492.

[199] 彭一江, 金明. 基于基面力概念的余能原理任意网格有限元方法 [J]. 工程力学, 2007, 24(10): 41-45.

[200] 彭一江, 雷文贤, 彭红涛. 基于基线力概念的平面 4 节点余能有限元模型 [J]. 北京工业大学学报, 2009, 35(11): 50-56.

[201] 彭一江, 金明. 基于基面力概念的一种新型余能原理有限元方法 [J]. 应用力学学报, 2006, 23(4): 649-652.

[202] 彭一江, 金明. 基面力的概念在势能原理有限元中的应用 [J]. 北京交通大学学报, 2007, 31(4): 1-4.

[203] 彭一江, 刘应华. 基面力概念在几何非线性余能有限元中的应用 [J]. 力学学报, 2008, 40(4): 496-501.

[204] 彭一江, 刘应华. 一种基于基线力的平面几何非线性余能原理有限元模型 [J]. 固体力学学报, 2008, 29(4): 365-372.

[205] 彭一江, 刘应华. 基于余能原理的有限变形问题有限元列式 [J]. 计算力学学报, 2009, 26(4): 460-465.

[206] Peng Y J, Liu Y H. Base force element method of complementary energy principle for large rotation problems[J]. Acta Mechanica Sinica, 2009, 25(4): 507-515.

[207] Peng Y J, Liu Y H, Pu J W, et al. Application of base force element method to mesomechanics analysis for recycled aggregate concrete[J]. Mathematical Problems in Engineering, 2013, 2013: 1-8.

[208] Peng Y J, Pu J W. Micromechanical investigation on size effect of tensile strength for recycled aggregate concrete using BFEM[J]. International Journal of Mechanics and Materials in Design, 2016, 12(4): 525-538.

[209] Wang Y, Peng Y J, Kamel M M A, et al. 2D numerical investigation on damage mechanism of recycled aggregate concrete prism[J]. Construction and Building Materials, 2019, 213: 91-99.

[210] Peng Y J, Chen X Y, Ying L P, et al. Mesoscopic numerical simulation of fracture process and failure mechanism of concrete based on convex aggregate model[J]. Advances in Materials Science and Engineering, 2019: 1-17.

[211] Peng Y J, Chen X Y, Ying L P, et al. Research on softening curve of recycled concrete using base force element method in meso-level[J]. Engineering Computations, 2019, 36(7): 2414-2429.

[212] Ying L P, Peng Y J, Yang H M. Meso-analysis of dynamic compressive behavior of

recycled aggregate concrete using BFEM [J]. International Journal of Computational Methods, 2020, 17(6): 1950013.

[213] Peng Y J, Wang Q, Ying L P, et al. Numerical simulation of dynamic mechanical properties of concrete under uniaxial compression[J]. Materials, 2019, 12(4): 1-16.

[214] Peng Y J, Ying L P, Kamel M M A, et al. Meso-scale fracture analysis of recycled aggregate concrete based on digital image processing technique[J]. Structural Concrete, 2020, 22(S1): E33-E47.

[215] 彭一江, 应黎坪. 再生混凝土细观分析方法 [M]. 北京: 科学出版社, 2018.

[216] 彭一江, 陈世才, 彭凌云. 弹性力学 [M]. 北京: 科学出版社, 2015.

[217] Xie Y T, Corr D J, Jin F, et al. Shah. Experimental study of the interfacial transition zone (ITZ) of model rock-filled concrete (RFC)[J]. Cement and Concrete Composites, 2015, 55: 223-231.

[218] Akhtar A, Sarmah A K. Construction and demolition waste generation and properties of recycled aggregate concrete: a global perspective[J]. Journal of Cleaner Production, 2018, 186: 262-281.

[219] Walraven J C, Reinhardt H W. Theory and experiments on the mechanical behavior of cracks in plain and reinforced concrete subjected to shear loading[J]. HERON, 1981, 26(1A): 1-68.

[220] 肖建庄, 刘琼, 李文贵, Vivian Tam. 再生混凝土细微观结构和破坏机理研究 [J]. 青岛理工大学学报, 2009, 30(4): 24-30.

[221] 沈大钦. 再生骨料混凝土性能的研究 [D]. 北京: 北京交通大学, 2006.

[222] de Juan M S, Gutiérrez P A. Study on the influence of attached mortar content on the properties of recycled concrete aggregate[J]. Construction and Building Materials, 2008, 23(2): 872-877.

[223] 赵良颖, 郑建军. 二维骨科密度分布的边界效应 [J]. 四川建筑科学研究, 2002, 28(2): 57-60.

[224] Mehta P K, Monteiro P J M. Concrete: Microstructure, Properties, and Materials[M]. Upper Saddle River: Prentice-Hall, 2013.

[225] Bazant Z P, Tabbara M R, Kazemi M T, et al. Random particle model for fracture of aggregate or fiber composites[J]. Journal of Engineering Mechanics, 1990, 116(8): 1686-1705.

[226] Schlangen E. Fracture simulations of concrete using lattice models: computational aspects[J]. Engineering Fracture Mechanics, 1997, 57(2): 319-332.

[227] 彭国军, 郑建军, 周颖琼. 考虑骨料形状时混凝土氯离子扩散系数预测的数值方法 [J]. 水利水电科技进展, 2009, 29(6): 13-16.

[228] 秦川, 郭长青, 张楚汉. 基于背景网格的混凝土细观力学预处理方法 [J]. 水利学报, 2011, 42(8): 63-70.

[229] 高政国, 刘光延. 二维混凝土随机骨料模型研究 [J]. 清华大学学报: 自然科学版, 2003, 43(5): 710-714.

[230] 唐欣薇, 张楚汉. 基于改进随机骨料模型的混凝土细观断裂模拟 [J]. 清华大学学报自然科学版, 2008, 48(3): 348-351.

[231] 刘光延, 高政国. 三维凸型混凝土骨料随机投放算法 [J]. 清华大学学报: 自然科学版, 2003, 43(8): 1120-1123.

[232] 杜成斌, 孙立国. 任意形状的混凝土骨料的数值模拟及其应用 [J]. 水利学报，2006, 37(6): 662-667.

[233] 李运成, 马怀发, 陈厚群, 等. 混凝土随机凸多面体骨料模型生成及细观有限元剖分 [J]. 水利学报, 2006, 37(5): 588-591.

[234] 刘琼. 再生混凝土破坏机理的试验研究和格构数值模拟 [D]. 上海: 同济大学, 2010.

[235] Zohdi T I, Wriggers P. Aspects of the computational testing of the mechanical properties of microheterogeneous material samples[J]. International Journal for Numerical Methods in Engineering, 2001, 50(11): 2573-2599.

[236] Schutter G, Taerwe L. Random particle model for concrete based on Delaunay triangulation[J]. Materials and Structures, 1993, 26(2): 67-73.

[237] Wang Z M, Kwan A K H, Chan H C. Mesoscopic study of concrete I: generation of random aggregate structure and finite element mesh[J]. Computers and Structures, 1999, 70(5): 533-544.

[238] Kwan A K H, Wang Z M, Chan H C. Mesoscopic study of concrete Ⅱ: nonlinear finite element analysis[J]. Computers and Structures, 1999, 70(5): 545-56.

[239] Eckardt S, Häfner S, Könke C. Simulation of the fracture behaviour of concrete using continuum damage models at the mesoscale[C]. Proc. ECCOMAS 2004, Jyväskylä, 2004.

[240] Li S G, Li Q B. Method of meshing ITZ structure in 3D meso-level finite element analysis for concrete[J]. Finite Elements in Analysis & Design, 2015, 93: 96-106.

[241] Si H. TetGen, a delaunay-based quality tetrahedral mesh generator[J]. ACM Transactions on Mathematical Software (TOMS), 2015, 41(2): 11.

[242] Persson P O, Strang G. A simple mesh generator in matlab[J]. SIAM Review, 2004, 46(2): 329-345.

[243] Shewchuk J R. Reprint of: delaunay refinement algorithms for triangular mesh generation[J]. Computational Geometry: Theory and Applications, 2014, 47(7): 741-778.

[244] Field D A. Qualitative measures for initial meshes[J]. International Journal for Numerical Methods in Engineering, 2000, 47(4): 887-906.

[245] Tasong W A, Lynsdale C J, Cripps J C. Aggregate-cement paste interface: Part I. influence of aggregate geochemistry[J]. Cem. Concr. Res., 1999, 29: 1019-1025.

[246] Rodrigues E A, Manzoli O L, Bitencourt Jr L A G, et al. Bittencourt. 2D mesoscale model for concrete based on the use of interface element with a high aspect ratio[J]. International Journal of Solids and Structures, 2016, 94-95: 112-124.

[247] Sáez del Bosque I F, Zhu W, Howind T, et al. Properties of interfacial transition zones (ITZs) in concrete containing recycled mixed aggregate[J]. Cement and Concrete Composites, 2017, 81: 25-34.

[248] Goodman R E, Taylor R L, Brekke T L. A model for the mechanics of jointed rock[J]. J. Soil Mech. Found Div., 1968, 94: 637-659.

[249] Wu Z J, Cui W J, Fan L F, et al. Mesomechanism of the dynamic tensile fracture and fragmentation behaviour of concrete with heterogeneous mesostructure[J]. Construction and Building Materials, 2019, 217: 573-591.

[250] Zhou W, Tang L W, Liu X H, et al. Mesoscopic simulation of the dynamic tensile behaviour of concrete based on a rate-dependent cohesive model[J]. International Journal of Impact Engineering, 2016, 95: 165-175.

[251] Trawiński W, Bobiński J, Tejchman J. Two-dimensional simulations of concrete fracture at aggregate level with cohesive elements based on X-ray μCT images[J]. Engineering Fracture Mechanics, 2016, 168: 204-226.

[252] Xu Y J, Zhao S, Jin G H, et al. Explicit dynamic fracture simulation of two-phase materials using a novel meso-structure modelling approach[J]. Composite Structures, 2018, 208: 407-417.

[253] Trawiński W, Tejchman J, Bobiński J. A three-dimensional meso-scale modelling of concrete fracture, based on cohesive elements and X-ray μCT images[J]. Engineering Fracture Mechanics, 2018, 189: 27-50.

[254] Tang L W, Zhou W, Liu X H, et al. Three-dimensional mesoscopic simulation of the dynamic tensile fracture of concrete[J]. Engineering Fracture Mechanics, 2019, 211: 269-281.

[255] Tu Z, Lu Y. Mesoscale modelling of concrete for static and dynamic response analysis - Part I: model development and implementation[J]. Structural Engineering & Mechanics, 2011, 37(2): 197-213.

[256] Gal E, Ganz A, Hadad L, et al. Development of a concrete unit cell[J]. International Journal for Multiscale Computational Engineering, 2009, 6(5): 499-510.

[257] Shahbeyk S, Hosseini M, Yaghoobi M. Mesoscale finite element prediction of concrete failure[J]. Computational Materials Science, 2011, 50(7): 1973-1990.

[258] Häfner S, Eckardt S, Könke C. A geometrical inclusion-matrix model for the finite element analysis of concrete at multiple scales[C]. Proc. 16th IKM 2003, Gurlebeck, Hempel, Könke (eds.), Weimar, 2003.

[259] Qian Z. Multiscale modeling of fracture processes in cementitious materials[D]. Delft: Technische Universiteit Delft, 2012.

[260] Zhang H, Sheng P, Zhang J Z, et al. Realistic 3D modeling of concrete composites with randomly distributed aggregates by using aggregate expansion method[J]. Construction and Building Materials, 2019, 225: 927-940.

[261] Zhang J, Wang Z Y, Yang H W, et al. 3D meso-scale modeling of reinforcement concrete with high volume fraction of randomly distributed aggregates[J]. Construction and Building Materials, 2018, 164: 350-361.

[262] Zhang Y H, Chen Q Q, Wang Z Y, et al. 3D mesoscale fracture analysis of concrete under complex loading[J]. Engineering Fracture Mechanics, 2019, 220: 106646.

[263] 洪丽, 顾祥林. 骨料表面粗糙度及骨料形状对混凝土力学性能的影响 [M]. 上海: 同济大学出版社, 2018.

[264] Meddah M S, Zitouni S, Belâabes S. Effect of content and particle size distribution of coarse aggregate on the compressive strength of concrete[J]. Construction and Building Materials, 2009, 24(4): 505-512.

[265] Contrafatto L, Cuomo M, Gazzo S. A concrete homogenisation technique at meso-scale level accounting for damaging behaviour of cement paste and aggregates[J]. Computers and Structures, 2016, 173: 1-18.

[266] Zhang S L, Zhang C S, Liao L, et al. Numerical study of the effect of ITZ on the failure behaviour of concrete by using particle element modelling[J]. Construction and Building Materials, 2018, 170: 776-789.

[267] Rodrigues E A, Manzoli O L, Bitencourt L A G. 3D concurrent multiscale model for crack propagation in concrete[J]. Computer Methods in Applied Mechanics and Engineering, 2020, 361: 112813.

[268] Schlangen E, Mier J G M. Simple lattice model for numerical simulation of fracture of concrete materials and structures[J]. Materials and Structures, 1992, 25(9): 534-542.

[269] Wittmann F H, Roelfstra P E, Sadouki H. Simulation and analysis of composite structures[J]. Materials Science and Engineering, 1985, 68(2): 239-248.

[270] Grassl P, Jirásek M. Meso-scale approach to modelling the fracture process zone of concrete subjected to uniaxial tension[J]. International Journal of Solids and Structures, 2009, 47(7): 957-968.

[271] Zhou X Q, Hao H. Mesoscale modelling and analysis of damage and fragmentation of concrete slab under contact detonation[J]. International Journal of Impact Engineering, 2009, 36(12): 1315-1326.

[272] Du X L, Jin L, Ma G W. A meso-scale numerical method for the simulation of chloride diffusivity in concrete[J]. Finite Elements in Analysis & Design, 2014, 85: 87-100.

[273] Man H K, van Mier J G M. Influence of particle density on 3D size effects in the fracture of (numerical) concrete[J]. Mechanics of Materials, 2007, 40(6): 470-486.

[274] Skarżyński Ł, Nitka M, Tejchman J. Modelling of concrete fracture at aggregate level using FEM and DEM based on X-ray μCT images of internal structure[J]. Engineering Fracture Mechanics, 2015, 147: 13-35.

[275] Jin L, Wang T, Jiang X, et al. Size effect in shear failure of RC beams with stirrups: simulation and formulation[J]. Engineering Structures, 2019, 199: 109573.

[276] Zhu W C, Teng J G, Tang C A. Mesomechanical model for concrete. Part I: model development[J]. Magazine of Concrete Research, 2004, 56(6): 313-330.

[277] Zhu W C, Tang C A, Wang S Y. Numerical study on the influence of mesomechanical properties on macroscopic fracture of concrete[J]. Structural Engineering and Mechanics, 2005, 19(5): 519-533.

[278] Tang X W, Zhang C H, Shi J J. A multiphase mesostructure mechanics approach to the study of the fracture-damage behavior of concrete[J]. Science in China Series E:

Technological Sciences, 2008, 51(2): 8-24.

[279] Yilmaz O, Molinari J F. A mesoscale fracture model for concrete[J]. Cement and Concrete Research, 2017, 97: 84-94.

[280] Zhou R X, Chen H M, Lu Y. Mesoscale modelling of concrete under high strain rate tension with a rate-dependent cohesive interface approach[J]. International Journal of Impact Engineering, 2020, 139: 103500.

[281] 马怀发, 陈厚群. 全级配大坝混凝土动态损伤破坏机理研究及其细观力学分析方法 [M]. 北京: 中国水利水电出版社, 2008.

[282] 钱济成, 周建方. 混凝土的两种损伤模型及其应用 [J]. 河海大学学报: 自然科学版, 1989, 17(3): 40-47.

[283] Ottosen N S. A failure criterion for concrete[J]. Journal of Engineering Mechanics, 1977, 103(4): 527-535.

[284] 江见鲸, 陆新征. 混凝土结构有限元分析 [M]. 北京: 清华大学出版社, 2005.

[285] 黄胜前, 杨永清, 李晓斌. 复杂形变状态下混凝土的应变空间破坏准则 [J]. 材料导报, 2013, 27(4): 159-162.

[286] 宋玉普. 多种混凝土材料的本构关系和破坏准则 [M]. 北京: 中国水利水电出版社, 2002.

[287] 过镇海. 混凝土的强度和本构关系——原理与应用 [M]. 北京: 中国建筑工业出版社, 2004.

[288] Jiang J. Finite element techniques for static analysis of structures in reinforced concrete[D]. Gotebory, Sweden: Department of Structural Mechanics, Chalmers University of Technology, 1983.

[289] Contrafatto L, Cuomo M, Greco L. Meso-scale simulation of concrete multiaxial behaviour[J]. European Journal of Environmental and Civil Engineering, 2017, 21(7-8): 896-911.

[290] 唐欣薇, 石建军, 郭长青, 等. 自密实混凝土强度尺寸效应的试验与数值仿真 [J]. 水力发电学报, 2011, 30(3): 145-151.

[291] 唐春安, 朱万成. 混凝土损伤与断裂-数值试验 [M]. 北京: 科学出版社, 2003.

[292] Du X L, Jin L, Ma G W. A meso-scale analysis method for the simulation of nonlinear damage and failure behavior of reinforced concrete members[J]. International Journal of Damage Mechanics, 2013, 22(6): 878-904.

[293] Du X L, Jin L, Ma G W. Meso-element equivalent method for the simulation of macro mechanical properties of concrete[J]. International Journal of Damage Mechanics, 2013, 22(5): 617-642.

[294] Du X L, Jin L, Ma G W. Macroscopic effective mechanical properties of porous dry concrete[J]. Cement & Concrete Research, 2013, 44(1): 87-96.

[295] Grimvall G. Thermophysical Properties of Materials[M]. North-Holland, 1986.

[296] Gould N I M, Scott J A, Hu Y F. A numerical evaluation of sparse direct solvers for the solution of large sparse symmetric linear systems of equations[J]. ACM Transactions on Mathematical Software (TOMS), 2007, 33(2): 10.

[297] 付晓东, 盛谦, 张勇慧. 基于 OpenMP 的非连续变形分析并行计算方法 [J]. 岩土力学, 2014, 35(8): 2401-2407.

[298] Schenk O, Gaertner K. Solving unsymmetric sparse systems of linear equations with PARDISO[J]. Future Generation Computer Systems, 2004, 20(3): 475-487.

[299] Bin X, Tianya L, Longwei C. Direct solutions of 3-D magnetotelluric fields using edge-based finite element[J]. Journal of Applied Geophysics, 2018, 159:204-208.

[300] Duan Z H, Poon C S. Properties of recycled aggregate concrete made with recycled aggregates with different amounts of old adhered mortars[J]. Materials and Design, 2014, 58: 19-29.

[301] 张济忠. 分形 [M]. 北京: 清华大学出版社, 1995: 122-127.

[302] 商效瑀, 杨经纬, 李江山. 基于 CT 图像的再生混凝土细观破坏裂纹分形特征 [J]. 复合材料学报, 2020, 37(7): 1774-1784.

[303] Li L, Poon C S, Xiao J Z, et al. Effect of carbonated recycled coarse aggregate on the dynamic compressive behavior of recycled aggregate concrete[J]. Construction and Building Materials, 2017, 151: 52-62.

[304] 肖建庄, 杜江涛, 刘琼. 基于格构模型再生混凝土单轴受压数值模拟 [J]. 建筑材料学报, 2009, 12(5): 511-514.

[305] Busse D, Empelmann M. Bending behavior of high-performance, micro-reinforced concrete[J]. Structural Concrete, 2019, 20(2): 720-729.

[306] Pan T, Chen C, Yu Q. Microstructural and multiphysics study of alkali-silica reaction in Portland cement concrete[J]. Structural Concrete, 2018, 19: 1387-1398.

[307] Beckmann B, Schicktanz K, Reischl D, et al. DEM simulation of concrete fracture and crack evolution[J]. Structural Concrete, 2012, 13(4): 213-220.

[308] Mehrpay S, Wang Z, Ueda T. Development and application of a new discrete element into simulation of nonlinear behavior of concrete[J]. Structural Concrete, 2020, 21(2): 548-569.

[309] Winkler B J. Traglstuntersuchungen von unbewehrten und bewehrten Betonstrukturen auf der Grundlage eines obiecktiven Werkstoffgesetzes für Beton[D]. Austria: Innsbruck University, 2001.

[310] 唐欣薇. 基于宏细观力学的混凝土破损行为研究 [D]. 北京: 清华大学, 2009.

[311] 杜修力, 金浏, 黄景琦. 基于扩展有限元法的混凝土细观断裂破坏过程模拟 [J]. 计算力学学报, 2012, 29(6): 940-947.

[312] Skarżyński Ł, Suchorzewski J. Mechanical and fracture properties of concrete reinforced with recycled and industrial steel fibers using digital image correlation technique and X-ray micro computed tomography[J]. Construction and Building Materials, 2018, 183: 283-299.

[313] 唐欣薇, 张楚汉. 混凝土细观力学模型研究: 非均质影响 [J]. 水力发电学报, 2009, 28(4): 56-62.

[314] Yan D M, Lin G. Dynamic properties of concrete in direct tension[J]. Cement and Concrete Research, 2006, 36(7): 1371-1378.

[315] Comité Eurointernational du Béton (CEB). CEB-FIP model code 1990[Z]. Thomas Thelford, London, 1993.

[316] Li L, Xiao J Z, Poon C S. Dynamic compressive behavior of recycled aggregate concrete[J]. Materials and Structures, 2016, 49(11): 4451-4462.

[317] Grote D L, Park S W, Zhou M. Dynamic behavior of concrete at high strain rates and pressures: I. experimental characterization[J]. International Journal of Impact Engineering, 2001, 25(9): 869-886.

[318] Stock A F, Hannantt D J, Williams R I T. The effect of aggregate concentration upon the strength and modulus of elasticity of concrete[J]. Magazine of Concrete Research, 1979, 31(109): 225-234.

[319] Rao M C, Bhattacharyya S K, Barai S V. Systematic Approach of Characterisation and Behaviour of Recycled Aggregate Concrete[M]. Singapore: Springer, 2019.

[320] Jayasuriya A, Adams M P, Bandelt M J. Understanding variability in recycled aggregate concrete mechanical properties through numerical simulation and statistical evaluation[J]. Construction and Building Materials, 2018, 178: 301-312.

[321] Gómez-Soberón J M V. Porosity of recycled concrete with substitution of recycled concrete aggregate[J]. Cement and Concrete Research, 2002, 32(8): 1301-1311.

[322] Leite M. Evaluation of the mechanical properties of concrete made with recycled aggregates from construction and demolition waste[D]. Porto Alegre: Federal University of Rio Grande do Sul, 2001.

[323] Kou S C, Poon C S, Chan D. Properties of steam cured recycled aggregate fly ash concrete[C]. International RILEM conference on the use of recycled materials in buildings and structures, Barcelona, Spain, 2004.

[324] Deng Z H, Wang Y M, Sheng J, et al. Strength and deformation of recycled aggregate concrete under triaxial compression[J]. Construction and Building Materials, 2017, 156:1043-1052.

[325] Meng E, Yu Y L, Yuan J, et al. Triaxial compressive strength experiment study of recycled aggregate concrete after high temperatures[J]. Construction and Building Materials, 2017, 155: 542-549.

[326] Sas W, Głuchowski A, Gabryś K, et al. Deformation behavior of recycled concrete aggregate during cyclic and dynamic loading laboratory tests[J]. Materials, 2016, 9(9): 1-17.

[327] 鹿群, 张波, 王丽. 三轴受压再生混凝土强度及变形性能试验研究 [J]. 世界地震工程, 2015, 31(3): 243-250.

[328] He Z J, Cao W L, Zhang J X, et al. Multiaxial mechanical properties of plain recycled aggregate concrete[J]. Magazine of Concrete Research, 2015, 67(8): 401-413.

[329] Chen Y L, Chen Z P, Xu J J, et al. Performance evaluation of recycled aggregate concrete under multiaxial compression[J]. Construction and Building Materials, 2019, 229: 116935.

[330] Ghorbel E, Wardeh G. Influence of recycled coarse aggregates incorporation on the fracture properties of concrete[J]. Construction and Building Materials, 2017, 154: 51-60.

[331] Kou S C, Poon C S, Etxeberria M. Influence of recycled aggregates on long term mechanical properties and pore size distribution of concrete[J]. Cement and Concrete Composites, 2011, 33(2): 286-291.
[332] Ma Z M, Zhao T J, Yang J. Fracture behavior of concrete exposed to the freeze-thaw environment[J]. Journal of Materials in Civil Engineering, 2017, 29: 04017071.
[333] Li T, Xiao J Z, Zhang Y M, et al. Fracture behavior of recycled aggregate concrete under three-point bending[J]. Cement and Concrete Composites, 2019, 104: 103353.